浙江省土地质量地质调查行动计划系列成果
浙江省土地质量地质调查成果丛书

宁波市土壤元素背景值

NINGBO SHI TURANG YUANSU BEIJINGZHI

韦继康　胡荣荣　王保欣　吴梦璐　王　刚　王国强　等著

图书在版编目(CIP)数据

宁波市土壤元素背景值/韦继康等著. —武汉:中国地质大学出版社,2023.10
ISBN 978-7-5625-5532-2

Ⅰ.①宁… Ⅱ.①韦… Ⅲ.①土壤环境-环境背景值-宁波 Ⅳ.①X825.01

中国国家版本馆 CIP 数据核字(2023)第 053204 号

宁波市土壤元素背景值	韦继康 胡荣荣 王保欣 吴梦璐 王 刚 王国强 等著	
责任编辑:唐然坤	选题策划:唐然坤	责任校对:徐蕾蕾
出版发行:中国地质大学出版社(武汉市洪山区鲁磨路 388 号)		邮政编码:430074
电　话:(027)67883511	传　真:(027)67883580	E-mail:cbb @ cug.edu.cn
经　销:全国新华书店		http://cugp.cug.edu.cn
开本:880 毫米×1230 毫米 1/16	字数:380 千字	印张:12
版次:2023 年 10 月第 1 版	印次:2023 年 10 月第 1 次印刷	
印刷:湖北新华印务有限公司		
ISBN 978-7-5625-5532-2		定价:178.00 元

如有印装质量问题请与印刷厂联系调换

《宁波市土壤元素背景值》编委会

领导小组

名誉主任	陈铁雄
名誉副主任	黄志平　潘圣明　马　奇　张金根
主　任	陈　龙
副主任	邵向荣　陈远景　胡嘉临　李家银　邱建平　周　艳　张根红
成　员	邱鸿坤　孙乐玲　吴　玮　肖常贵　鲍海君　章　奇　龚日祥
	蔡子华　褚先尧　冯立新　戚春良　丁永平　俞建强　易理强
	单　平　汪燕林　陈焕元　蔡伟忠　张　军　汪晓亮　赵国法
	张　帆　杨海波　张立勇　林　海　王国贤　孙祥民　杜兴胜

编制技术指导组

组　长	王援高
副组长	董岩翔　孙文明　林钟扬
成　员	陈忠大　范效仁　严卫能　何蒙奎　龚新法　陈焕元　叶泽富
	陈俊兵　钟庆华　唐小明　何元才　刘道荣　李巨宝　欧阳金保
	陈红金　朱有为　孔海民　俞　洁　汪庆华　翁祖山　周国华
	吴小勇

编辑委员会

主　编	韦继康　胡荣荣　王保欣　吴梦璐　王　刚　王国强
编　委	陈　炳　张玉城　余晓霞　邱雨欣　陶清华　潘　波　解怀生
	阳　翔　王岩国　徐明忠　林钟扬　汪一凡　张　翔　郑伟军
	王海宝　金　希　杨国杏　刘锦文　付立冬　王　超　刘华军
	陈江伟　饶　硕　徐　奕　王　剑　严慧敏　邹　曦　梁倍源
	陈建波　潘远见　贾　飞　杨　波　蒋　涛

《宁波市土壤元素背景值》组织委员会

主办单位：
    浙江省自然资源厅
    浙江省地质院
    自然资源部平原区农用地生态评价与修复工程技术创新中心

协办单位：
    宁波市自然资源和规划局
    宁波市自然资源和规划局海曙分局
    宁波市自然资源和规划局江北分局
    宁波市自然资源和规划局镇海分局
    宁波市自然资源和规划局北仑分局
    宁波市自然资源和规划局鄞州分局
    宁波市自然资源和规划局奉化分局
    余姚市自然资源和规划局
    慈溪市自然资源和规划局
    宁海县自然资源和规划局
    象山县自然资源和规划局
    浙江省自然资源集团有限公司

承担单位：
    浙江省水文地质工程地质大队
    浙江省工程勘察设计院集团有限公司

序 一

土地质量地质调查,是以地学理论为指导、以地球化学测量为主要技术手段,通过对土壤及相关介质(岩石、风化物、水、大气、农作物等)环境中有益和有害元素含量的测定,进而对土地质量的优劣做出评判的过程。2016 年,浙江省国土资源厅(现为浙江省自然资源厅)启动了"浙江省土地质量地质调查行动计划(2016—2020 年)",并在"十三五"期间完成了浙江省 85 个县(市、区)的 1∶5 万土地质量地质调查(覆盖浙江省耕地全域),获得了 20 余项元素/指标近 500 万条土壤地球化学数据。

浙江省的地质工作历来十分重视土壤元素背景值的调查研究。早在 20 世纪 60—70 年代,浙江省就开展了全省 1∶20 万区域地质填图,对土壤中 20 余项元素/指标进行了分析;20 世纪 80 年代,开展了浙江省 1∶20 万水系沉积物测量工作,分析了沉积物中 30 余项元素/指标;20 世纪 90 年代末,开展了 1∶25 万多目标区域地球化学调查,分析了表层和深层土壤中 50 余项元素/指标;2016—2020 年,开展了浙江省土地质量地质调查,系统部署了 1∶5 万土壤地球化学测量工作,重点分析了土壤中的有益元素(如 N、P、K、Ca、Mg、S、Fe、Mn、Mo、B、Se、Ge 等)和有害元素(如 Cd、Hg、Pb、As、Cr、Ni、Cu、Zn 等)。上述各时期的调查都进行了元素地球化学背景值的统计计算,早期的土壤元素背景值调查为本次开展浙江省土壤元素背景值研究奠定了扎实的基础。

元素地球化学背景值的研究,不仅具有重要的科学意义,同时也具有重要的应用价值。基于本轮土地质量地质调查获得的数百万条高精度土壤地球化学数据,结合 1∶25 万多目标区域地球化学调查数据,浙江省自然资源厅组织相关单位和人员对不同行政区、土壤母质类型、土壤类型、土地利用类型、水系流域类型、地貌类型和大地构造单元的土壤元素/指标的基准值和背景值进行了统计,编制了浙江省及 11 个设区市(杭州市、宁波市、温州市、湖州市、嘉兴市、绍兴市、金华市、衢州市、舟山市、台州市、丽水市)的"浙江省土地质量地质调查成果丛书"。

该丛书具有数据基础量大、样本体量大、数据质量高、元素种类多、统计参数齐全的特点,是浙江省土地质量地质调查的一项标志性成果,对深化浙江省土壤地球化学研究、支撑浙江省第三次全国土壤普查工作成果共享、推进相关地方标准制定和成果社会化应用均具有积极的作用。同时该丛书还具有公共服务性的特点,可作为农业、环保、地质等技术工作人员的一套"工具书",能进一步提升各级政府管理部门、科研院所在相关工作中对"浙江土壤"的基本认识,在自然资源、土地科学、农业种植、土壤污染防治、农产品安全追溯等行政管理领域具有广泛的科学价值和指导意义。

值此丛书出版之际,对参加项目调查工作和丛书编写工作的所有地质科技工作者致以崇高的敬意,并表示热烈的祝贺!

中国科学院院士

2023 年 10 月

2002年，全国首个省部合作的农业地质调查项目落户浙江省，自此浙江省的农业地质工作犹如雨后春笋般不断开拓前行。农业地质调查成果支撑了土地资源管理，也服务了现代农业发展及土壤污染防治等诸多方面。2004—2005年，时任浙江省委书记习近平同志在两年间先后4次对浙江省的农业地质工作做出重要批示指示，指出"农业地质环境调查有意义，要应用其成果指导农业生产""农业地质环境调查有意义，应继续开展并扩大成果"。

近20年来，浙江省坚定不移地贯彻习近平总书记的批示指示精神，积极探索，勇于实践，将农业地质工作不断推向新高度。2016年，在实施最严格耕地保护政策、推动绿色发展和开展生态文明建设的时代背景下，浙江省国土资源厅（现为浙江省自然资源厅）立足于浙江省经济社会发展对地质工作的实际需求，启动了"浙江省土地质量地质调查行动计划（2016—2020年）"，旨在通过行动计划的实施，全面查明浙江省的土地质量现状，建立土地质量档案，推进成果应用转化，为实现土地数量、质量和生态"三位一体"管护提供技术支持。

本轮土地质量调查覆盖了浙江省85个县（市、区），历时5年完成，涉及18家地勘单位、10家分析测试单位，有近千名技术人员参加，取得了多方面的成果。一是查明了浙江省耕地土壤养分丰缺状况，土壤重金属污染状况和富硒、富锗土地分布情况，成为全国首个完成1∶5万精度县级全覆盖耕地质量调查的省份；二是采用"文-图-卡-码-库五位一体"表达形式，建成了浙江省1000万亩（1亩≈666.67 m^2）永久基本农田示范区土地质量地球化学档案；三是汇集了土壤、水、生物等750万条实测数据，建成了浙江省土地质量地质调查数据库与管理平台；四是初步建立了2000个浙江省耕地质量地球化学监测点；五是圈定了334万亩天然富硒土地、680万亩天然富锗土地，并编制了相关区划图；六是圈出了约2575万亩清洁土地，建立了最优先保护和最优先修复耕地类别清单。

立足于地学优势、以中大比例尺精度开展的浙江省土地质量地质调查在全国尚属首次。此次调查积累了大量的土壤元素含量实测数据和相关基础资料，为全省土壤元素地球化学背景的研究奠定了坚实基础。浙江省及11个设区市的土壤元素背景值研究是浙江省土地质量地质调查行动计划取得的一项重要基础性研究成果，该研究成果的出版将全面更新浙江省的土地（土壤）资料，大大提升浙江省土地科学的研究程度，也将为自然资源"两统一"职责履行、生态安全保障提供重要的基础支撑，从而助力乡村振兴，助推共同富裕示范区建设。

浙江省土地质量地质调查行动计划是迄今浙江省乃至全国覆盖范围最广、调查精度最高的县级尺度土壤地球化学调查行动计划。基于调查成果编写而成的"浙江省土地质量地质调查成果丛书"，具有数据样本大、数据质量高、元素种类多、统计参数全的特点，实现了土壤学与地学的有机融合，是对数十年来浙江省土壤地球化学调查工作的系统总结，也是全面反映浙江省土壤元素环境背景研究的最新成果。该丛书可供地质、土壤、环境、生态、农学等相关专业技术人员以及有关政府管理部门和科研院校参考使用。

原浙江省国土资源厅党组书记、厅长

2023年10月

前　言

土壤元素背景值一直是国内外学者关注的重点。20世纪70年代,国家"七五"重点科技攻关项目建立了全国41个土类60余种元素的土壤背景值,并出版了《中国土壤环境背景值图集》。同期,农业部(现为农业农村部)主持完成了我国13个省(自治区、直辖市)主要农业土壤及粮食作物中几种污染元素背景值研究,建立了我国主要粮食生产区土壤与粮食作物背景值。21世纪初,国土资源部(现为自然资源部)中国地质调查局与有关省(自治区、直辖市)联合,在全国范围内部署开展了1∶25万多目标区域地球化学调查工作,累计完成调查面积260余万平方千米,相继出版了部分省(自治区、直辖市)或重要区域的多目标区域地球化学图集,发布了区域土壤背景值与基准值研究成果。不同时期各地各部门研究学者针对各地区情况陆续开展了大量的背景值调查研究工作,获得的许多宝贵数据资料为区域背景值研究打下了坚实基础。

土壤元素背景值是指在一定历史时期、特定区域内,在不受或者很少受人类活动和现代工业污染的影响下(排除局部点源污染影响)的土壤元素与化合物的含量水平,是一种原始状态或近似原始状态下的物质丰度,也代表了地质演化与成土过程发展到特定历史阶段,土壤与各环境要素之间物质和能量交换达到动态平衡时元素与化合物的含量状态。土壤元素背景值是制定土壤环境质量标准的重要依据。元素背景值研究必须具备3个条件:一是要有一定面积区域范围的系统调查资料;二是要有统一的调查采样与测试分析方法;三是采用科学的数理统计方法。多年来,浙江省的土地质量地质调查(含1∶25万多目标区域地球化学调查)工作均符合上述元素背景值研究条件,这为浙江省级、市级土壤元素背景值研究提供了充分必要条件。

2002—2016年,1∶25万多目标区域地球化学调查工作实现了对宁波市陆域的全覆盖。项目由浙江省地质调查院、中国地质科学院地球物理地球化学勘查研究所、浙江省水文地质工程地质大队承担,共获得2106件表层土壤组合样、658件深层土壤组合样。样品测试由中国地质科学院地球物理地球化学勘查研究所实验测试中心、浙江省地质矿产研究所承担,分析测试了Ag、As、Au、B、Ba、Be、Bi、Br、Cd、Ce、Cl、Co、Cr、Cu、F、Ga、Ge、Hg、I、La、Li、Mn、Mo、N、Nb、Ni、P、Pb、Rb、S、Sb、Sc、Se、Sn、Sr、Th、Ti、Tl、U、V、W、Y、Zn、Zr、SiO_2、Al_2O_3、TFe_2O_3、MgO、CaO、Na_2O、K_2O、TC、Corg、pH共54项元素/指标,获取分析数据14.93万条。2016—2020年,宁波市系统开展了11个县(市、区)(包括东钱湖旅游度假区)的土地质量地质调查工作,按照平均9～10件/km^2的采样密度,共采集24 526件表层土壤样品,分析测试了As、B、Cd、Co、Cr、Cu、Ge、Hg、Mn、Mo、N、Ni、P、Pb、Se、V、Zn、K_2O、Corg、pH共20项元素/指标,获取分析数据49.05万条。浙江省水文地质工程地质大队、浙江省第四地质大队、浙江省第一地质大队、浙江省地球物理地球化学勘查院、浙江省第九地质大队、湖北省第八地质大队、江西省核工业地质局测试研究中心7家单位承担了调查工作。样品测试由辽宁省地质矿产研究院有限责任公司、河南省岩石矿物测试中心、湖北省地质实验测试中心、华北有色(三河)燕郊中心实验室有限公司、湖南省地质实验测试中心5家单位承担。严格按照相关规范要求,开展样品采集与测试分析,从而确保调查数据质量,通过数据整理、分布形态检验、异常值剔除等,进行了土壤元素背景值参数的统计与计算。

宁波市土壤元素背景值研究是宁波市土地质量地质调查（含1∶25万多目标区域地球化学调查）工作的集成性、标志性成果之一，而《宁波市土壤元素背景值》的出版，不仅为科学研究、地方土壤环境标准制定、环境演化研究与生态修复等提供了最新基础数据，也填补了宁波市土壤元素背景值研究的空白。

本书共分为6章。第一章区域概况，简要介绍了宁波市自然地理与社会经济、区域地质特征、土壤资源与土地利用现状，由王保欣、韦继康、吴梦璐、王国强、陈炳等执笔；第二章数据基础及研究方法，详细介绍了项目工作的数据来源、质量监控及土壤元素背景值的计算方法，由韦继康、胡荣荣、王刚、张玉城等执笔；第三章土壤地球化学基准值，介绍了宁波市土壤地球化学基准值，由韦继康、吴梦璐、王刚、王国强等执笔；第四章土壤元素背景值，介绍了宁波市土壤元素背景值，由王刚、韦继康、吴梦璐、王国强、陈炳等执笔；第五章土壤碳与特色土地资源开发建议，介绍了宁波市土壤碳与特色土地资源评价结果，由韦继康、王刚、吴梦璐、王保欣等执笔；第六章结语由王保欣、韦继康执笔；全书由韦继康、胡荣荣、王保欣负责统稿。

本书在编写过程中得到了浙江省生态环境厅、浙江省农业农村厅、浙江省生态环境监测中心、浙江省耕地质量与肥料管理总站、浙江省国土整治中心、浙江省自然资源调查登记中心等单位的大力支持与帮助。中国地质调查局奚小环教授级高级工程师、中国地质科学院地球物理地球化学勘查研究所周国华教授级高级工程师、中国地质大学（北京）杨忠芳教授、浙江大学翁焕新教授等对本书内容提出了诸多宝贵意见和建议，在此一并表示衷心的感谢！

"浙江省土壤元素背景值"是一项具有公共服务性的基础性研究成果，特点为样本体量大、数据质量高、元素种类多、统计参数齐全，亮点是做到了土壤学与地学的结合。为尽快实现背景值调查研究成果的共享，根据浙江省自然资源厅的要求，本次公开出版不同层级（省级、地级市）的土壤元素背景值研究专著，这也是对浙江省第三次全国土壤普查工作成果共享的支持。《宁波市土壤元素背景值》是地级市的系列成果之一，在编制过程中得到了宁波市及各县（市、区）自然资源主管部门的积极协助，得到了农业、环保等部门的大力支持。中国地质大学出版社为本专著的出版付出了辛勤劳动。

受水平所限，书中难免有疏漏，敬请各位读者不吝赐教！

著　者

2023年6月

目 录

第一章 区域概况 …………………………………………………………………………………… (1)

　第一节 自然地理与社会经济 ……………………………………………………………………… (1)

　　一、自然地理 ……………………………………………………………………………………… (1)

　　二、社会经济概况 ………………………………………………………………………………… (2)

　第二节 区域地质特征 ……………………………………………………………………………… (3)

　　一、地层岩石 ……………………………………………………………………………………… (3)

　　二、岩浆岩 ………………………………………………………………………………………… (4)

　　三、区域构造 ……………………………………………………………………………………… (5)

　　四、矿产资源 ……………………………………………………………………………………… (5)

　　五、水文地质 ……………………………………………………………………………………… (5)

　第三节 土壤资源与土地利用 ……………………………………………………………………… (6)

　　一、土壤母质类型 ………………………………………………………………………………… (6)

　　二、土壤类型 ……………………………………………………………………………………… (7)

　　三、土壤酸碱性 …………………………………………………………………………………… (10)

　　四、土壤有机质 …………………………………………………………………………………… (10)

　　五、土地利用现状 ………………………………………………………………………………… (12)

第二章 数据基础及研究方法 ……………………………………………………………………… (14)

　第一节 1∶25万多目标区域地球化学调查 ……………………………………………………… (14)

　　一、样品布设与采集 ……………………………………………………………………………… (14)

　　二、分析测试与质量控制 ………………………………………………………………………… (17)

　第二节 1∶5万土地质量地质调查 ……………………………………………………………… (19)

　　一、样点布设与采集 ……………………………………………………………………………… (20)

　　二、分析测试与质量监控 ………………………………………………………………………… (22)

　第三节 土壤元素背景值研究方法 ………………………………………………………………… (24)

　　一、概念与约定 …………………………………………………………………………………… (24)

　　二、参数计算方法 ………………………………………………………………………………… (24)

　　三、统计单元划分 ………………………………………………………………………………… (25)

　　四、数据处理与背景值确定 ……………………………………………………………………… (25)

第三章 土壤地球化学基准值 ……………………………………………………………………… (27)

　第一节 各行政区土壤地球化学基准值 …………………………………………………………… (27)

一、宁波市土壤地球化学基准值	(27)
二、余姚市土壤地球化学基准值	(27)
三、慈溪市土壤地球化学基准值	(32)
四、海曙区土壤地球化学基准值	(32)
五、江北区土壤地球化学基准值	(37)
六、镇海区土壤地球化学基准值	(37)
七、鄞州区土壤地球化学基准值	(42)
八、北仑区土壤地球化学基准值	(42)
九、奉化区土壤地球化学基准值	(42)
十、宁海县土壤地球化学基准值	(49)
十一、象山县土壤地球化学基准值	(49)

第二节　主要土壤母质类型地球化学基准值 (54)

一、松散岩类沉积物土壤母质地球化学基准值	(54)
二、中基性火成岩类风化物土壤母质地球化学基准值	(54)
三、碎屑岩类风化物土壤母质地球化学基准值	(59)
四、中酸性火成岩类风化物土壤母质地球化学基准值	(59)
五、紫色碎屑岩类风化物土壤母质地球化学基准值	(59)

第三节　主要土壤类型地球化学基准值 (66)

一、黄壤土壤地球化学基准值	(66)
二、红壤土壤地球化学基准值	(66)
三、粗骨土土壤地球化学基准值	(66)
四、紫色土土壤地球化学基准值	(73)
五、水稻土土壤地球化学基准值	(73)
六、潮土土壤地球化学基准值	(73)
七、滨海盐土土壤地球化学基准值	(80)

第四节　主要土地利用类型地球化学基准值 (80)

一、水田土壤地球化学基准值	(80)
二、旱地土壤地球化学基准值	(80)
三、园地土壤地球化学基准值	(87)
四、林地土壤地球化学基准值	(87)

第四章　土壤元素背景值 (92)

第一节　各行政区土壤元素背景值 (92)

一、宁波市土壤元素背景值	(92)
二、余姚市土壤元素背景值	(92)
三、慈溪市土壤元素背景值	(97)
四、海曙区土壤元素背景值	(97)
五、江北区土壤元素背景值	(102)
六、镇海区土壤元素背景值	(102)
七、鄞州区土壤元素背景值	(107)
八、北仑区土壤元素背景值	(107)

九、奉化区土壤元素背景值 …………………………………………………………………………… (112)
　　十、宁海县土壤元素背景值 …………………………………………………………………………… (112)
　　十一、象山县土壤元素背景值 ………………………………………………………………………… (117)
第二节　主要土壤母质类型元素背景值 ……………………………………………………………………… (117)
　　一、松散岩类沉积物土壤母质元素背景值 …………………………………………………………… (117)
　　二、碎屑岩类风化物土壤母质元素背景值 …………………………………………………………… (120)
　　三、紫色碎屑岩类风化物土壤母质元素背景值 ……………………………………………………… (120)
　　四、中酸性火成岩类风化物土壤母质元素背景值 …………………………………………………… (127)
　　五、中基性火成岩类风化物土壤母质元素背景值 …………………………………………………… (127)
第三节　主要土壤类型元素背景值 …………………………………………………………………………… (132)
　　一、黄壤土壤元素背景值 ……………………………………………………………………………… (132)
　　二、红壤土壤元素背景值 ……………………………………………………………………………… (132)
　　三、粗骨土土壤元素背景值 …………………………………………………………………………… (132)
　　四、紫色土土壤元素背景值 …………………………………………………………………………… (137)
　　五、水稻土土壤元素背景值 …………………………………………………………………………… (137)
　　六、潮土土壤元素背景值 ……………………………………………………………………………… (144)
　　七、滨海盐土土壤元素背景值 ………………………………………………………………………… (144)
第四节　主要土地利用类型元素背景值 ……………………………………………………………………… (144)
　　一、水田土壤元素背景值 ……………………………………………………………………………… (144)
　　二、旱地土壤元素背景值 ……………………………………………………………………………… (149)
　　三、园地土壤元素背景值 ……………………………………………………………………………… (149)
　　四、林地土壤元素背景值 ……………………………………………………………………………… (156)

第五章　土壤碳与特色土地资源开发建议 ……………………………………………………………… (159)

第一节　土壤碳储量估算 ……………………………………………………………………………………… (159)
　　一、土壤碳与有机碳的区域分布 ……………………………………………………………………… (159)
　　二、单位土壤碳量与碳储量计算方法 ………………………………………………………………… (160)
　　三、土壤碳密度分布特征 ……………………………………………………………………………… (162)
　　四、土壤碳储量分布特征 ……………………………………………………………………………… (162)
第二节　天然富硒土地资源开发建议 ………………………………………………………………………… (170)
　　一、土壤硒地球化学特征 ……………………………………………………………………………… (170)
　　二、富硒土地评价及开发保护建议 …………………………………………………………………… (173)

第六章　结　语 …………………………………………………………………………………………… (178)

主要参考文献 ………………………………………………………………………………………………… (179)

第一章　区域概况

第一节　自然地理与社会经济

一、自然地理

1. 地理区位

宁波市位于浙江省东部,长江三角洲地区(简称长三角)南翼,东有舟山群岛,北濒宁波湾,西接绍兴市的嵊州市、新昌县、上虞区,南临三门湾,并与台州市的三门县、天台县相连。宁波市介于东经120°55′—122°16′和北纬28°51′—30°33′之间。全市土地面积9816km², 海岸线总长为1678km, 约占浙江省海岸线的1/4。

2. 地形地貌

宁波市域内发育地貌分为山地、丘陵、台地、谷(盆)地和平原。全市山地面积占陆域面积的24.9%, 丘陵占25.2%, 台地占1.5%, 谷(盆)地占8.1%, 平原占40.3%。北侧、东侧海域广阔,海岸曲折多港湾,发育海岸侵蚀、堆积地貌。

宁波市地势西南高、东北低。依据浙江省地貌分区,宁波市西部属浙东低山丘陵区的一部分,由四明山脉、天台山余脉组成,地形起伏相对较小,海拔高度以400m左右最为普遍,有少数山峰在700~1000m之间,如黄泥浆岗(978m)、东岗山(754m)、蟹背尖(945m)等。宁波市东部属浙东南沿海丘陵平原及岛屿区的一部分,丘陵多呈北东向展布,为天台山余脉之延伸,滨海平原地势低平,河网密布,基岩海岸曲折,近岸水深湾阔,岬湾相间,岸外岛屿众多。宁波市北部属宁绍平原,由滨海和湖沼环境的泥沙堆积而成,地势平坦,海拔多在10m以下,湖塘众多,水网纵横,主要有奉化江水系、姚江水系和甬江河道,平原区其他支流不计其数,常有零星孤山残丘。

全市地貌按成因类型总体可分为侵蚀地貌、堆积地貌、海岸带地貌3个大类9个亚类(表1-1)。

3. 行政区划

根据《2022年宁波市国民经济和社会发展统计公报》,截至2022年底,宁波市辖海曙区、江北区、镇海区、北仑区、鄞州区(包括东钱湖旅游度假区)、奉化区6个区,宁海县、象山县2个县,代管慈溪市、余姚市2个县级市。全市共有73个镇、10个乡、73个街道办事处,以及734个居民委员会和2477个村民委员会。截至2022年底,全市拥有户籍人口621.1万人,常住人口961.8万人。

表 1-1　宁波市地貌分类分区表

地貌分类	亚类	主要分布区
侵蚀地貌	构造侵蚀地貌	余姚市大岚镇至宁海县西部四明山区、象山港北岸局部地带
	侵蚀剥蚀地貌	平原区周边丘陵除侵蚀地貌区以外的区域
堆积地貌	海积平原	骆驼—镇海—穿山公路以北一带
	冲海积平原	镇海甬江河口和余慈平原北部
	冲湖积平原	宁波平原、大碶平原穿山公路以南、余慈平原南部以及姚江谷底等
	冲积平原	鄞江、剡溪、县江以及东江等较大的山间河谷一带
	坡洪积斜地	丘陵区山前地带
海岸带地貌	海岸地貌	海陆交互地带
	潮间带地貌	穿山半岛沿海山体延申的岬角、小海湾等

4. 气候与水文

宁波市属亚热带季风气候，温和湿润，四季分明，多年平均气温16.4℃，极端气温最高为41.2℃，最低气温为-10℃。多年平均降水量1480mm，主要雨季有3—6月的春雨连梅雨、8—9月的台风雨及秋雨，主汛期5—9月的降水量占全年的60%。主要灾害性天气有低温连阴雨、干旱、台风、暴雨洪涝、冰雹、雷雨大风、霜冻、寒潮等。

根据宁波市自然地理条件、流域分布、社会经济发展及其供水方向等，全市可划分为"甬江流域区"和"象山港三门湾区"两个市级一级区，其中甬江流域区又划分为"姚慈区"和"城市供水区"两个亚区，此外尚有属于曹娥江流域的"入曹小区"。根据河流类型，全市河流又可以分为两类：一类是以位于宁波中部和北部的甬江水系为主体的平原型河流；另一类是位于宁海县、象山县等的山溪型河流。

甬江水系由姚江、奉化江和甬江干流组成，流域面积5540km²，年均径流量为35亿m³。姚江发源于四明山夏家岭，全长105km，流域面积2940km²，属于封闭或半封闭河流；奉化江发源于四明山东麓的秀尖山，干流长98km，流域面积2590km²，有剡江、县江、东江和鄞江四大支流；甬江干流起自姚江和奉化江，在三江口汇合，流至镇海大小游山入海口，全长26km。

二、社会经济概况

宁波市作为计划单列市、副省级城市，经济高度发展。根据宁波市人民政府数据，2022年全市实现地区生产总值15 704.3亿元，按可比价格计算，比上年增长3.5%。2022年全市完成财政总收入3 358.6亿元，比上年增长2.9%。2022年全市第一产业增加值382.0亿元，比上年增长4.1%；第二产业增加值7 413.5亿元，比上年增长3.2%；第三产业增加值7 908.8亿元，比上年增长3.8%。

2022年全市完成农林牧渔业增加值400.4亿元，比上年增长4.2%。粮食产量71.6万t，比上年增长5.6%；肉类总产量9.3万t，比上年增长9.1%；禽蛋产量3.5万t，比上年下降5.4%；牛奶产量4.3万t，比上年增长2.4%；水产品总产量114.0万t，比上年增长6.2%。2022年全市规模以上工业实现增加值6 681.7亿元，比上年增长3.3%。

第二节 区域地质特征

宁波市地处浙北平原区、浙东低山丘陵区、浙东南沿海丘陵平原及岛屿区。全市地层出露齐全，构造发育，火山岩浆活动较频繁。区域性断裂发育，丘陵山区主要出露早白垩世酸性、中酸性火山岩和沉积岩，以及小面积酸性、富碱性侵入岩。平原区主要出露第四系更新统、全新统沉积岩。侵入岩主要为燕山期花岗岩、喜马拉雅期正长岩等。

一、地层岩石

(一)前第四系岩性特征

1. 中元古界

中元古界主要为陈蔡群下吴宅组(Pt_1xw)，以小面积中厚层状分布于余姚市西侧丘陵区。岩性为黑云母石英片岩、含石榴石或夕线石斜长片麻岩等，厚约439.4m，面积约12.0km²。

2. 下侏罗统

下侏罗统主要为枫坪组(J_1f)，出露于镇海区九龙湖镇北侧。岩性为灰白色中粗粒长石石英砂岩夹少量灰黄色粉砂岩及黑色泥岩。该组中上部变质较浅，为中粗粒石英砂岩与千枚状泥岩、粉砂质泥岩互层，夹硅质泥岩。岩石局部变质较深，出现较多红柱石板岩及片理化石英砂岩，局部有不同程度的混合岩化。

3. 下白垩统

下白垩统分布范围广泛，出露有大爽组、高坞组、西山头组、茶湾组、九里坪组、馆头组、朝川组和方岩组。

(1)大爽组(K_1d)：零星分布于余姚市中部孤山区，以及慈溪市丘陵山区北侧一带。岩性主要为深灰色、浅灰色流纹质含角砾晶屑玻屑熔结凝灰岩。

(2)高坞组(K_1g)：分布范围较广，主要分布于横街镇至梁弄镇间及龙观乡西部、四明山镇南部、溪口镇南部、北仑区和霞浦县等地。岩性较为单一，主要为灰色、紫灰色流纹质含晶屑玻屑熔结凝灰岩、流纹质晶屑熔结凝灰岩。

(3)西山头组(K_1x)：分布范围广泛，主要分布于余姚市四明山镇及宁海县深甽镇东部、南部等地。岩性以灰色、灰绿色、灰紫色流纹质含晶屑玻屑熔结凝灰岩、角砾含晶屑玻屑熔结凝灰岩为主。

(4)茶湾组(K_1c)：小面积出露于溪口镇东南部、余姚市三七市镇、东钱湖、郭巨镇等地，为火山-沉积相。岩性为凝灰质砂岩、粉砂岩、沉凝灰岩和玻屑凝灰岩。

(5)九里坪组(K_1j)：主要分布于四明山镇和龙观乡之间的周公宅水库附近及奉化区亭下水库西部、南部，象山县白仙山，北仑区龙山等地。岩性为灰紫色、灰绿色火山喷溢相流纹斑岩。

(6)馆头组(K_1gt)：分布于大岚镇周边、四明山镇西部、龙观乡西部及溪口镇西南角。岩性：底部为灰紫色砾岩、砂砾岩；下部为深灰色玄武岩与砂岩互层；中部为灰绿色、灰紫色流纹质角砾玻屑凝灰岩、凝灰质砂岩等；上部为浅灰色、紫色流纹质玻屑熔结凝灰岩。

(7)朝川组(K_1cc)：小面积分布于龙观乡至章水镇及溪口镇西部。岩性主要为赤红色、灰绿色泥质粉砂岩和含钙质结核粉砂岩，夹流纹质玻屑凝灰岩等。

(8)方岩组(K_1f):分布于章水镇东部,北至横街镇,南至龙观乡。该岩层下部为灰紫色砂砾岩、砂岩夹紫红色粉砂岩;中部以中细粒砂岩、泥质粉砂岩为主,夹砂砾岩及少量凝灰岩、沉凝灰岩和泥灰岩;上部以灰黑色泥质粉砂岩为主,夹凝灰质砂砾岩。

4. 上新统

上新统嵊县组(N_2s)主要分布于宁海县,在鄞州区、慈溪市有少量分布。岩性主要为玄武岩夹潟湖相砾岩、砂岩和黏土等。

(二)第四系地质特征

全市第四系包括更新统及全新统,分布于宁波平原、姚慈平原、大碶平原、丹城平原、定塘平原、咸祥平原及沟谷和坡麓地带,其分布、成因及厚度受地貌和新构造运动控制。山麓沟谷区第四系岩性单一,厚度小,一般小于20m,呈裙带状分布;平原区第四系厚度在山前地带为30~50m,平原中部为80~100m,到沿海一带可达到120m以上。

1. 更新统(Qp)

更新统零星分布于海曙区鄞江镇、奉化区西侧山麓附近,少量分布于滨海平原区。

丘陵区更新统以洪积为主,次有冲洪积和坡积等,微地貌组成以洪积扇、洪积阶地等为主。岩性组成主要为灰黄色、浅棕黄色砂砾石、含砾粉砂土、粉砂质黏土等,厚度变化较大,一般为数米至数十米。

滨海平原区更新统在地表不出露,一般埋于沿海平原下部。据1:20万和1:5万水文地质普查钻孔资料,更新统以洪积、海积为主,岩性组成以砂砾石、砂、粉砂及亚黏土等为主,厚度为30~149.3m。

2. 全新统(Qh)

全新统广泛分布于宁波平原区。

山地丘陵区全新统主要分布于较大河谷及山间盆地中,以洪积、冲积及湖沼相沉积为主,自上游至下游同期沉积物磨圆度、分选性、粒度和成分往往变化较明显。岩性以砂砾石、砂石为主,以黏性土含量少、结构松散为特征,厚度一般为5~9m。

滨海平原区全新统构成平原区上部地层,层底埋深十米至几十米不等,以海积、冲海积为主。据代表性钻孔资料,岩性组成可分为上、中、下3个部分:下部主要为灰色—灰黑色亚黏土、淤泥质亚黏土、砂土和粉细砂;中部由灰色—深灰色、灰绿色、灰黑色淤泥质黏土和淤泥质亚黏土组成;上部为青灰色—灰黄色淤泥质亚黏土、黏土与粉细砂、亚砂土互层。

二、岩浆岩

1. 侵入岩

区内侵入岩主要分布在余姚市梁弄镇南侧、奉化区裘村镇及莼湖镇周边、奉化区大堰镇西北侧、宁海县西店镇等局部地区。其中,余姚市梁弄镇南侧出露的二长花岗岩,面积约15km²;奉化区裘村镇岩体岩性主要为中细粒花岗岩,出露面积为77km²;奉化区大堰镇细粒钾长花岗岩体出露面积约114km²;宁海县西店镇出露的细中粒二长花岗岩,面积约22km²。此外,宁海县前童镇、象山县墙头镇、慈溪市龙山镇南侧等局部区域亦出露小规模的侵入岩,岩性包括细粒二长花岗岩、细粒钾长花岗岩、石英正长岩、辉橄岩等。

火山岩仅小面积产于大岚镇、四明山镇及宁海县岔路镇等地,岩性主要为灰黑色、深灰绿色玄武岩,常呈层状产出,以发育柱状节理、气孔状构造等为特征。

2. 潜火山岩

区内潜火山岩分布范围较小,主要有潜流纹斑岩和潜霏细斑岩。

(1)潜流纹斑岩:主要分布于鄞州区东吴镇北侧、东侧和南侧,以及东钱湖东侧山区,为早白垩世火山旋回的产物。岩石呈浅肉红色、灰黄色,斑状结构,流纹构造;斑晶以钾长石为主,石英次之;基质以钾长石为主,石英次之。

(2)潜霏细斑岩:主要分布于北仑区小港镇东侧山区,为早白垩世火山旋回的产物。岩石呈浅黄色、灰黄色,斑状结构,块状构造;斑晶主要为钾长石;基质以长石为主,石英次之。

三、区域构造

宁波市位于浙东沿海地区,在大地构造上属于华南褶皱的二级构造浙东南隆起区。燕山运动奠定了浙东地区的地质构造格局,中生代火山岩大面积覆盖,并形成了一系列以北东向为主的断块构造,褶皱不发育。断裂位置大多继承早期断裂并持续发展,以北北东向、北东向、东西向和北西向4组为主,各组断裂均有过多期活动。其中,北北东向断裂占主导地位,与其他几组断裂构成了本区主要的构造格架,并对本区的火山活动、岩浆侵入、沉积盆地发生和发展、成矿作用等起控制作用。

四、矿产资源

宁波市矿产资源的特点是建筑石料矿产资源丰富,陶土、叶蜡石、珍珠岩、沸石、萤石、石英岩、地热等资源有一定远景,金属矿产资源储量少,能源矿产资源缺乏。

1. 金属矿产

金属矿产主要有铅、锌、多金属等矿种,仅宁海县储家铅锌矿为小型矿床,其余均为矿(化)点,均未开采利用。

2. 非金属矿产

非金属矿产相对丰富,主要为建筑石料矿和石材矿、萤石矿、陶土矿、叶蜡石矿、石英岩矿等。其中,建筑石料矿、石材矿储量较大,均分布在低山丘陵区,主要由火山岩组成;萤石矿主要分布于余姚市、鄞州区、象山县、北仑区等县(市、区)丘陵山区;陶土矿和叶蜡石矿主要分布于宁海县;石英岩矿主要分布于镇海区。

3. 能源矿产

能源矿产主要为泥炭,主要分布于镇海区和海曙区,均未进行详细勘查。

4. 天然矿泉水、地热

天然矿泉水零星分布于余姚市、奉化区、宁海县、象山县、鄞州区、北仑区、镇海区等地。地热主要分布于宁海县、余姚市和象山县。

五、水文地质

全市地势以山地丘陵、平原为主,河流水系发育。按照地下水赋存条件、水理性质、水力特征等可划分为松散岩类孔隙水、红层孔隙裂隙水和基岩裂隙水三大类。

1. 松散岩类孔隙水

松散岩类孔隙水主要分布于区内中心城区、余姚市、慈溪市等城区及周边水网平原区、低山丘陵区的河流谷地区,包括孔隙潜水、孔隙承压水。

孔隙潜水包括全新统冲积、洪积含水岩组,全新统海积、冲湖积含水岩组,上更新统洪积、坡洪积含水岩组3个含水岩组,主要分布于奉化县剡溪、鄞州区鄞江、慈溪市伏龙山以南平原区、北仑区柴桥街道白虎山以北平原、甬江两岸及平原区第四系潜水含水层两侧山前地带与短小溪流地区。孔隙潜水水质类型以$HCO_3 \cdot Cl-Ca \cdot Na$型为主,水质以淡水为主。

孔隙承压水包括上更新统冲海积、冲积、冲(洪)积、中更新统冲积、冲(洪)积5个含水层组,主要分布于宁波平原、大碶平原广大平原区的深部。淡水、微咸水、咸水均有,水量以中等为主,单井涌水量一般为100~990 m^3/d。

2. 红层孔隙裂隙水

红层孔隙裂隙水主要包括下白垩统碎屑岩夹火山岩和下白垩统碎屑岩两个含水岩组,分布于宁波平原西部、西南部及北部平原底部。平原西部、西南部一带水质均为淡水,北部为咸水,西部、西南部单井涌水量小于100 m^3/d,北部单井涌水量为100~1000 m^3/d。

3. 基岩裂隙水

基岩裂隙水包括以下白垩统火山碎屑岩为主的含水岩组、燕山早期侵入岩、早白垩世潜火山岩含水岩组和新近系嵊县组玄武岩含水岩组,分布于丘陵区广大区域。水质以低矿化度(TDS)为主,水量比较贫乏,单井涌水量一般小于100 m^3/d。

第三节 土壤资源与土地利用

一、土壤母质类型

地质背景决定了成土母质或母岩,是除气候、地貌、生物等因素之外,对土壤形成类型、分布及其地球化学特征有影响的关键因素。土壤母质,即成土母质,是指母岩(基岩)经风化剥蚀、搬运及堆积等作用后于地表形成的松散风化壳的表层。因此,成土母质对母岩具有较强的承袭性。成土母质又是形成土壤的物质基础,对土壤的形成和发育具有特别重要的意义,在一定的生物、气候条件下,成土母质的差异性往往成为土壤分异的主要因素。

按岩石的地质成因及地球化学特征,宁波市土壤成土母质可划分为2种成因类型5种成土母质类型(表1-2,图1-1)。

运积型成土母质:主要母质类型为松散岩类沉积物,在区域分布上,该类成土母质主要分布于平原区和山间河流谷地与河口平原区。受流水作用,成土母质经基岩风化后,存在一定的搬运距离,按搬运距离由近到远,沉积物颗粒逐渐由粗变细,岩石物质成分混杂。在地形地貌上,该类成土母质主要涉及区内的水网平原、河谷平原等地貌类型。主要岩性包括河流相冲积、冲(洪)积沉积物,河口相淤泥、粉砂沉积物,滨海相淤泥、砂(粉砂)等沉积物,以及湖沼相淤泥、碳质淤泥、粉砂质淤泥等沉积物。

残坡积型成土母质:经基岩风化形成后,未出现明显搬运或搬运距离有限,母质中砾石岩性成分可识别,并与周边基岩有一定的对应性。全市根据岩石地球化性质,总体划分为碎屑岩类风化物、中酸性火成岩类风化物、中基性火成岩类风化物和紫色碎屑岩类风化物四大类。该类成土母质主要分布于山地丘陵区,表现为质地较粗,形成的土壤对原岩具有明显的续承性特征。

表 1-2 宁波市主要成土母质分类表

成因类型	成土母质类型	地形地貌	主要岩性与岩石类型特征
运积型	松散岩类沉积物	水网平原	滨海相淤泥、粉砂质淤泥、砂(粉砂)等沉积物
			湖沼相淤泥、碳质淤泥、粉砂质淤泥等沉积物
		河谷平原	河口相淤泥、粉砂沉积物
			河流相冲积、冲(洪)积沉积物
残坡积型	中酸性火成岩类风化物	山地丘陵区	花岗岩、流纹斑岩、中酸性次火山岩类等风化物
			中酸性火山碎屑岩类风化物
	碎屑岩类风化物		粉砂岩、砾岩、砂(砾)岩类风化物
	中基性火成岩类风化物		基性、中基性侵入岩类风化物
			玄武岩等中基性喷出岩类风化物
	紫色碎屑岩类风化物		紫色、红色砾岩、砂砾岩、粉砂岩类风化物

二、土壤类型

宁波市土壤主要包括红壤、黄壤、紫色土、粗骨土、水稻土、潮土、滨海盐土7种类型,此外还包括小面积的石质土和山地草甸土等。平原地区主要为水稻土,次为潮土、滨海盐土;丘陵山区主要为红壤、粗骨土,次为黄壤、紫色土(图1-2)。

1. 红壤

红壤包括黄红壤及典型红壤两个亚类,是宁波市重要的土壤资源,面积约占全市土壤总面积的25.7%,主要分布在西北部及南部丘陵区,成土母质主要为下白垩统凝灰岩类。土体较厚,厚度一般在0.5~1.0m之间,剖面分化不明显,属A-[B]-C型。土壤呈土黄色,质地以壤土为主。A层土体通透性好,含较多植物根系;[B]层一般较A层紧实,植物根系明显减少;C层一般无植物根系,紧实,普遍含有强风化母质碎石。该类土壤区植被茂密,是山区主要的农业种植区。

2. 黄壤

区内分布范围较小,包括典型黄壤和黄壤性土两个亚类,主要分布于大岚镇、四明山镇、黄坛镇西部、深甽镇局部等海拔高于500m的地带,面积约占全市土壤总面积的2.5%,是一种在山地特定的生物-气候条件下形成的强风化、强淋溶的富铝化土壤。主要成土母质类型为下白垩统凝灰岩。土体厚度一般在1.0m左右,一般较红壤厚。剖面分化不明显,属A-[B]-C型。土体一般偏黄色、橙黄色,较紧实,缺乏松脆性和多孔性,质地以黏壤、壤土为主,比红壤质地粗,粉砂性较显著,常处于强风化状态的母质碎石内。黄壤一般呈酸性—强酸性,矿物组成以石英、长石为主,黏粒矿物以蛭石、绿泥石及高岭石为主。

3. 紫色土

紫色土主要为酸性紫色土亚类,小面积分布于奉化区溪口镇北侧、西部,分布形态特征主要受母岩分布形态的控制,面积约占全市土壤总面积的0.8%。成土母岩为紫红色砂砾岩、粉砂岩等。土体一般较薄,山间缓坡地带相对较厚,但不超过1.0m。剖面分化不明显,属A-[B]-C型。土体中普遍含有较多母质砾石,常保留母岩某些特性,土体一般呈浅紫色,质地以砂壤土为主。土壤结持性差,表土易遭冲刷,水土流失严重。主要矿物组成为石英、长石等,黏粒矿物类型主要为伊利石,高岭石、蛭石、蒙脱石次之。

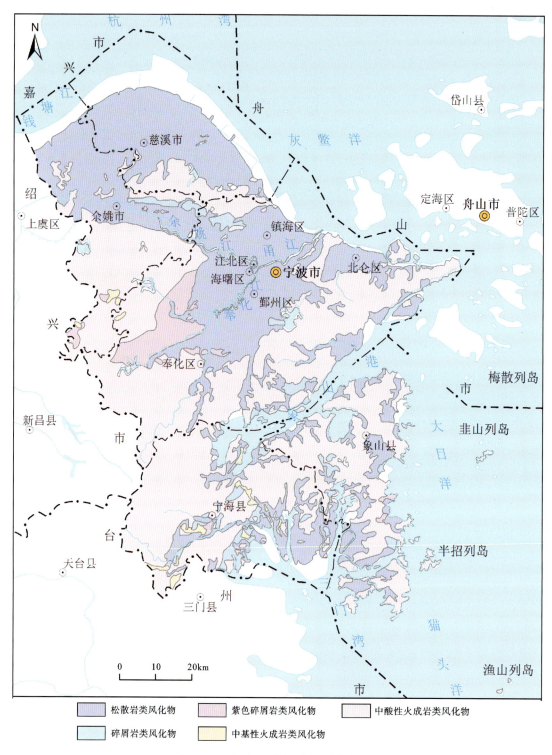

图 1-1 宁波市不同土壤母质分布图

4. 粗骨土

粗骨土包括酸性粗骨土和中性粗骨土两个亚类,主要分布于海曙区章水镇周边、宁海县西部山区及象山县南部山区,多处于山体陡峭、植被稀疏地段,面积约占全市土壤总面积的15.5%。粗骨土主要母岩类型为中—细粒花岗岩及中酸性火山岩、砂岩、砾岩等,土体厚度不足1.0m,一般为0.5m。剖面分化不明

图 1-2 宁波市不同土壤类型分布图

显,属 A-C 型。颜色随母质岩石和植被类型的变化而变化,常呈浅灰紫色—灰色、土黄色,质地以砂壤土、壤土为主,含较多的碎石和砂粒。粗骨土常呈微酸性、酸性,植被较红壤区、黄壤区稀疏,靠近山顶部位局部基岩出露,坡麓土体较厚处局部有农业种植。

5. 水稻土

水稻土主要包括渗育水稻土、潴育水稻土、淹育水稻土、脱潜水稻土和潜育水稻土5个亚类,是全市面积最大的土壤资源,主要分布于水网平原区,面积约占全市土壤总面积的26.0%。水稻土是在各类母质上经过平整造田和淹水种稻,在周期性的耕耘、灌、排、施肥、轮作基础上逐步形成的。水稻土土壤剖面发育类型有 A-Ap-P-C 型、A-Ap-P-W-C 型或 A-Ap-W-C 型、A-Ap-Gw-G 型、A-Ap-C 型、A-Ap-G 型等。水稻土呈酸性,表层 pH 一般在 4.5~6.5 之间,土体厚,由蓝灰色、褐色、青灰色亚黏土、黏土组成,局部夹碎屑物质、腐泥和泥炭层,矿物组成主要为石英、伊利石、长石、蒙脱石、方解石等。水稻土腐殖质含量高,保肥蓄水性强,是全市最肥沃的土壤资源。

6. 潮土

潮土包括灰潮土和盐化潮土两个亚类,主要分布于慈溪市、余姚市北部滨海平原区,小面积分布于章水镇沟谷,面积约占全市土壤总面积的6.4%,是一种处于周期性渍水影响,且经历脱盐淡化、潴育化和耕作熟化过程后形成的土壤类型。发育完整的潮土剖面发生层可分为耕作层、亚耕层、心土层和底土层,其中耕作层一般厚 10~15cm,多含植物根系,心土层和底土层常有铁锰斑纹。土体厚度较大,质地从砂质壤土至黏土均有分布,pH 一般在 7~8 之间。

7. 滨海盐土

滨海盐土包括典型滨海盐土和滨海潮滩盐土两个亚类,主要分布于慈溪市、余姚市、镇海区、北仑区、宁海县、象山县滨海平原区,面积约占全市土壤总面积的23.1%。它是由近代海相或冲海相沉积物经盐渍化、脱盐化过程发育而成的,经历历史短、剖面发育差,含盐量高,质地变化大,从砂质壤土至黏土皆有分布。黏粒矿物以伊利石为主,高岭石、蒙脱石、蛭石、绿泥石次之。本类土壤 pH 介于 7.5~8.5 之间,呈碱性。

三、土壤酸碱性

宁波市表层土壤 pH 含量变化区间为 3.24~10.01,平均值为 5.01,整体表现为北部和南部滨海地带高、丘陵区及山脚河网平原低的特点(图 1-3)。其中,pH 小于 5 的强酸性区域均分布在丘陵区,受酸性火山岩、侵入岩分布的控制;pH 为 5~6.5 的酸性区域分布于城区周边平原及丘陵区局部区域;pH 为 6.5~7.5 的中性区域零星分布于平原局部区域,为酸性向沿海碱性围垦区过渡区域;pH 为 7.5~8.5 的碱性区域主要分布于慈溪市至余姚市平原广大区域,及宁海县和象山县滨海局部区域;pH 大于 8.5 的强碱性土壤小面积零星分布于余姚市北部、慈溪市北部及宁海县和象山县滨海地带。综合来看,pH 的总体分布规律与成土母质和围垦活动关系密切。如北部、南部靠近海岸地带海相沉积母质分布区均为碱性和强碱性(pH 大于 7.5),水网平原湖相、潟湖相沉积母质区总体为酸性(pH 为 5~6.5),丘陵区酸性、中酸性火山岩、侵入岩母质区均为酸性、强酸性(以 pH 小于 5.0 为主)。

四、土壤有机质

土壤有机质是指土壤中各种动植物残体在土壤生物作用下形成的一种化合物,具有矿化作用和腐殖化作用,它可以促进土壤结构形成,改善土壤物理性质。因此,土壤有机质是土壤质量评价中的一项重要指标。

宁波市土壤有机质含量变化区间为 0.08%~10.25%,平均值为 2.65%,总体分布具有北部滨海平原低、南部平原和丘陵区高的特征(图 1-4)。土壤有机质含量大于 2.07% 的区域主要分布于中心城区周边、

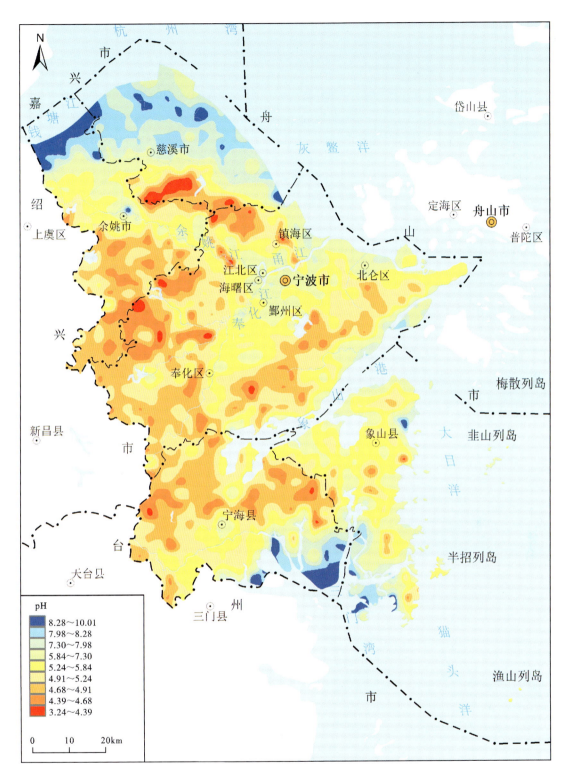

图1-3 宁波市表层土壤酸碱度分布图

余姚市城区周边及余姚市和海曙区交界等丘陵区的局部区域,其中浓集中心区位于中心城区周边;中低值含量区主要分布于北部滨海一带平原区,与滨海盐土、潮土分布区吻合,低背景值中心区位于北部滩涂区。土壤有机质分布特征表明,有机质含量主要与成土母质、土壤类型、种植特点等有关。

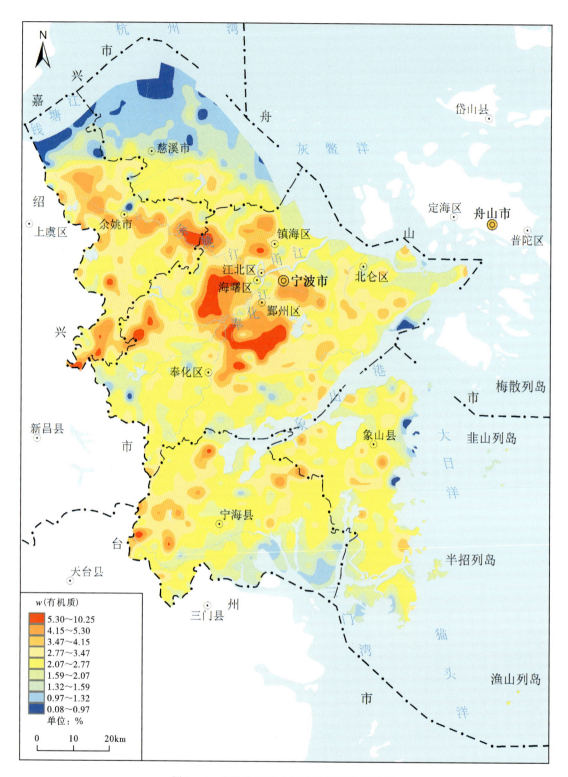

图 1-4 宁波市表层土壤有机质地球化学图

五、土地利用现状

根据宁波市第三次全国国土调查(2018—2021)结果,宁波市域土地总面积为 975 062.82 hm²。其中,耕地面积为 145 521.56 hm²,占比 14.92%;园地面积为 66 705.06 hm²,占比 6.84%;林地面积为 411 669.75 hm²,

占比42.22%;草地面积为11 142.42hm²,占比1.14%;湿地面积为51 734.49hm²,占比5.31%;城镇村及工矿用地面积为171 397.50hm²,占比17.58%;交通运输用地面积为30 632.96hm²,占比3.14%;水域及水利设施用地面积为86 259.08hm²,占比8.85%。宁波市土地利用现状统计见表1-3。

表1-3 宁波市土地利用现状(利用结构)统计表

地类		面积/hm²		占比/%
		分项面积	小计	
耕地	水田	107 934.32	145 521.56	14.92
	旱地	37 587.24		
园地	果园	50 019.41	66 705.06	6.84
	茶园	9 629.89		
	其他园地	7 055.76		
林地	乔木林地	273 287.66	411 669.75	42.22
	竹林地	88 584.70		
	灌木林地	4 360.65		
	其他林地	45 436.74		
草地	其他草地	11 142.42	11 142.42	1.14
湿地	内陆滩涂	710.22	51 734.49	5.31
	沿海滩涂	51 023.86		
	沼泽地	0.41		
城镇村及工矿用地	城市用地	49 344.20	171 397.50	17.58
	建制镇用地	44 455.78		
	村庄用地	70 879.41		
	采矿用地	3 652.76		
	风景名胜及特殊用地	3 065.35		
交通运输用地	铁路用地	947.84	30 632.96	3.14
	轨道交通用地	296.82		
	公路用地	16 717.74		
	农村道路	10 278.79		
	机场用地	501.62		
	港口码头用地	1 828.92		
	管道运输用地	61.23		
水域及水利设施用地	河流水面	31 223.35	86 259.08	8.85
	湖泊水面	2 249.86		
	水库水面	11 967.57		
	坑塘水面	32 788.40		
	沟渠	3 938.25		
	水工建筑用地	4 091.65		
土地总面积		975 062.82	975 062.82	100.00

第二章　数据基础及研究方法

自 2002 年至 2022 年,20 年间宁波市相继开展了 1∶25 万、1∶5 万等尺度的多目标区域地球化学调查、土地质量地质调查,积累了大量的元素含量实测数据和相关基础资料,为该地区土壤元素地球化学背景研究奠定了基础。

第一节　1∶25 万多目标区域地球化学调查

多目标区域地球化学调查是一项基础性地质调查工作,通过系统的"双层网格化"土壤地球化学调查,获得了高精度、高质量的地球化学数据,为基础地质、农业生产、生态环境研究等提供多层级、多领域基础资料。

宁波市 1∶25 万多目标区域地球化学调查始于 2002 年,于 2018 年结束,前后历经 3 个阶段,完成了全域覆盖的系统调查工作(表 2-1,图 2-1)。

表 2-1　宁波市 1∶25 万多目标区域地球化学调查工作统计表

时间	项目名称	主要负责人	调查区域	备注
2002—2005 年	浙江省 1∶25 万多目标区域地球化学调查	吴小勇	宁波市东部平原区	采集深层、表层土壤样品
2011—2013 年	宁波市生态农业地质环境调查(1∶25 万多目标区域地球化学调查)	韦继康	宁波市西部丘陵区	采集表层土壤样品
2016—2018 年	浙东地区 1∶25 万多目标区域地球化学调查	周国华、孙彬彬	宁波市西部丘陵区	采集深层土壤样品

2002—2005 年,在省部合作的"浙江省农业地质环境调查"项目中,浙江省地质调查院组织开展了"浙江省 1∶25 万多目标区域地球化学调查"项目,调查覆盖宁波市东部平原地区。2011—2013 年,宁波市国土资源局组织开展了"宁波市生态农业地质环境调查"项目(1∶25 万多目标区域地球化学调查),以丘陵区为主,采集了表层土壤样品。2016—2018 年,中国地质调查局开展的"浙东地区 1∶25 万多目标区域地球化学调查"项目覆盖了宁波市西部丘陵区,以深层土壤调查为主。至此,宁波市完成了 1∶25 万多目标区域地球化学调查全覆盖。

一、样品布设与采集

调查的方法技术主要依据中国地质调查局的《多目标区域地球化学调查规范(1∶250 000)》(DZ/T 0258—2014)、《区域地球化学勘查规范》(DZ/T 0167—2006)、《土壤地球化学测量规范》(DZ/T 0145—2017)、

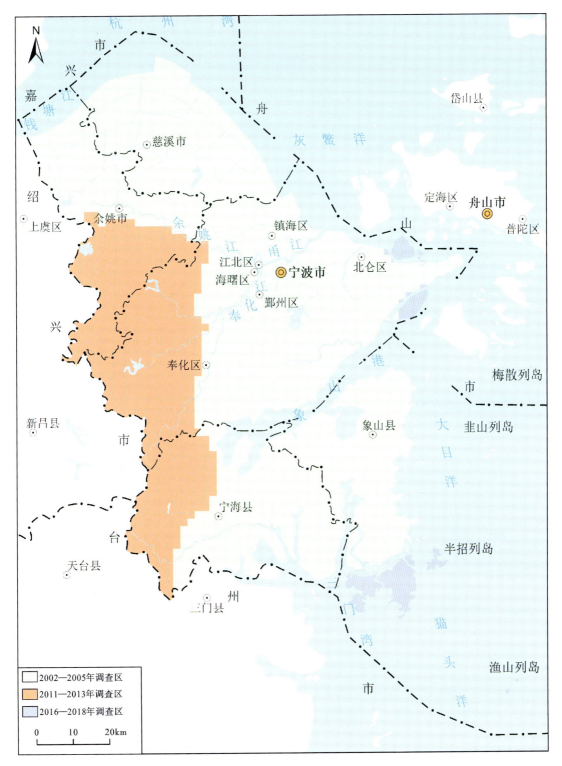

图 2-1 宁波市 1∶25 万多目标区域地球化学调查工作程度图

《区域生态地球化学评价规范》(DZ/T 0289—2015)等规范。

(一)样品布设和采集

1∶25 万多目标区域地球化学调查分表层土壤(采样深度 0~20cm)和平原区深层土壤(采样深度 150cm 以下)、低山丘陵区深层土壤(采样深度 120cm 以下)分别进行。

1∶25万多目标区域地球化学调查,采用"网格＋图版"双层网格化方式布设,样点布设以代表性为首要原则,兼顾均匀性、特殊性。代表性原则指按规定的基本密度,将样点布设在网格单元内主要土地利用类型、主要土壤类型或地质单元的最大图版内。均匀性原则指样点与样点之间应保持相对固定的距离,以规定的基本密度形成网格。一般情况下,样点应布设于网格中心部位,每个网格均应有样点控制,不得出现连续4个或以上的空白小格。特殊性原则指水库、湖泊等采样难度较大区域,按照最低采样密度要求进行布设,一般选择沿水域边部采集水下淤泥物质。城镇、居民区等区域样点布设可适当放宽均匀性原则,一般布设于公园、绿化地等"老土"区域。

1. 表层土壤样

表层土壤样布设以1∶5万标准地形图 $4km^2$ 的方里网格为采样大格,以 $1km^2$ 为采样单元格,再按 $1件/4km^2$ 的密度组合样品作为该单元的分析样品。样品自左向右、自上而下依次编号。

在平原区及山间盆地区,样点布设于单元格中间部位,以耕地为主要采集对像,根据实地情况采用"X"形或"S"形进行多点组合采样,注意远离村庄、主干交通线,避开田间堆肥区及养殖场等人为影响区域。

在丘陵坡地区,样点布设于沟谷下部、平缓坡地、山间平坝等土壤易于汇集处,在布设的采样点周边100m范围内多点采集子样组合成1件样品,在采样时主要选择单元格中大面积分布的土地利用类型区,如林地区、园地区等,同时兼顾面积较大的耕地区。

在湖泊、水库及宽大的河流水域区,当水域面积超过2/3单元格面积时,于单元格中间近岸部位采集水底沉积物样品,当水域面积较小时采集岸边土壤样品。

在中低山林地区,由于通行困难,局部地段土层较薄,选山脊、鞍部或相对平坦、土层较厚、土壤发育成熟地段进行多点组合样品采集。

采集深度为0～20cm,采集过程中去除表层枯枝落叶及样品中的砾石、草根等杂物,上下均匀采集。土壤样品原始质量超过1000g,采样时远离矿山、工厂等污染源,严禁采集人工搬运的堆积土等。

在样品采集过程中,原则上要求按照样品布设点位图进行采集,为保证样点在图面上分布的均匀性、代表性,不得随意移动采样点位。但在实际采样中,由于通行条件困难,或受单元格中矿点、工厂等污染分布的影响,可根据实际情况适当合理地移动采样点位,并在备注栏中说明,同时该采样点与四临样点间距离不小于500m。

2. 深层土壤样

深层土壤样品以 $1件/4km^2$ 的密度布设,再按 $1件/16km^2$ 的密度进行组合,作为该单元($4km \times 4km$)的分析样品。样品布设以1∶10万标准地形图 $16km^2$ 的方里网格为采样大格,以 $4km^2$ 为采样单元格,自左向右、自上而下依次编号。

在平原及山间盆地区,样品布设采集于单元格中间部位。采集深度为150cm以下,样品为10～50cm的长土柱。

在山地丘陵及中低山区,样品采集于沟谷下部平缓部位或是山脊、鞍部土层较厚地区。由于土层较薄,采样深度控制在120cm以下;当反复尝试发现土壤厚度达不到要求时,采样控制深度可放松至100cm以下。当单孔样品量不足时,可在周边选择合适地段,采用多孔平行孔进行采集。

土壤样品原始质量超过1000g,样品采集为成熟土壤,避开山区河谷中的砂砾石层及山坡上残坡积物下部(半)风化的基岩层。

在样品采集过程中,原则上同表层土壤样品相同,按照样品布设点位图进行采集,不得随意移动采样点位。但在实际采样中,可根据实际点位处土层厚度、土壤成熟度等情况适当合理地移动采样点位,并在备注栏中说明,同时该采样点与四临样点间距离不小于1000m。

(二)样品加工与组合

样品加工选择在干净、通风、无污染场地进行,加工时对加工工具进行全面清洁,防止发生人为玷污。样品采用日光晒干和自然风干,干燥后采用木棰敲打达到自然粒级,用20目尼龙筛全样过筛。加工过程中表层、深层样加工工具分开为两套独立工具,样品加工好后保留副样500~550g,分析测试子样质量达70g以上,认真核对填写标签,并装瓶、装袋。装瓶样品及分析子样按(表层1∶5万、深层1∶10万)图幅排放整理,填写副样单或子样清单,移交样品库管理人员,做好交接手续。

组合样品质量不少于200g,组合分析样品在样品库管理人员监督指导下进行。每次只取4件需组合的分析子样,等量取样称重后进行组合,并充分混合均匀后装袋。填写送样单并核对,在技术人员检查清点后,送往实验室进行分析。

(三)样品库建设

区域土壤地球化学调查采集的土壤实物样品将长期保存。样品按图幅号存放,并根据表层土壤和深层土壤样品编码图建立样品资料档案。样品库保持定期通风、干燥、防火、防虫。建立定期检查制度,发现样品标签不清、样品瓶破损等情况后要及时处理。样品出入库时办理交接手续。

(四)样品采集质量控制

质量检查及对样品采集、加工、组合、副样入库等进行全过程质量跟踪监管,从采样点位的代表性,采样深度,野外标记,记录的客观性、全面性等方面抽查。野外检查内容主要包括:①样品采集质量,样品防玷污措施,记录卡填写内容的完整性、准确性,记录卡、样品、点位图的一致性;②GPS航点航迹资料的完整性及存储情况等;③样品加工检查,对野外采样组移交的样品进行一致性核对,要求样袋完整、编号清楚、原始质量满足要求,样本数与样袋数一致,样品编号与样袋编号对应;④填写野外样品加工日常检查登记表,组合与副样入库等过程符合规范要求。

二、分析测试与质量控制

1. 分析指标

本次1∶25万多目标区域地球化学调查土壤样品测试由中国地质科学院地球物理地球化学勘查研究所实验测试中心、浙江省地质矿产研究所承担,共分析54项元素/指标:银(Ag)、砷(As)、金(Au)、硼(B)、钡(Ba)、铍(Be)、铋(Bi)、溴(Br)、碳(C)、镉(Cd)、铈(Ce)、氯(Cl)、钴(Co)、铬(Cr)、铜(Cu)、氟(F)、镓(Ga)、锗(Ge)、汞(Hg)、碘(I)、镧(La)、锂(Li)、锰(Mn)、钼(Mo)、氮(N)、铌(Nb)、镍(Ni)、磷(P)、铅(Pb)、铷(Rb)、硫(S)、锑(Sb)、钪(Sc)、硒(Se)、锡(Sn)、锶(Sr)、钍(Th)、钛(Ti)、铊(Tl)、铀(U)、钒(V)、钨(W)、钇(Y)、锌(Zn)、锆(Zr)、硅(SiO_2)、铝(Al_2O_3)、铁(Fe_2O_3)、镁(MgO)、钙(CaO)、钠(Na_2O)、钾(K_2O)、有机碳(Corg)、pH。

2. 分析方法及检出限

优化选择以X射线荧光光谱法(XRF)、电感耦合等离子体质谱法(ICP-MS)为主,以发射光谱法(ES)、原子荧光光谱法(AFS)、催化分光光度法(COL)以及离子选择性电极法(ISE)等为辅的分析方法配套方案。该套分析方案技术参数均满足中国地质调查局规范要求。分析测试方法和要求方法的检出限列于表2-2。

表 2-2 各元素/指标分析方法及检出限

元素/指标		分析方法	检出限	元素/指标		分析方法	检出限
Ag	银	ES	0.02μg/kg	Mn	锰	ICP-OES	10mg/kg
Al_2O_3	铝	XRF	0.05%	Mo	钼	ICP-MS	0.2mg/kg
As	砷	HG-AFS	1mg/kg	N	氮	KD-VM	20mg/kg
Au	金	GF-AAS	0.2μg/kg	Na_2O	钠	ICP-OES	0.05%
B	硼	ES	1mg/kg	Nb	铌	ICP-MS	2mg/kg
Ba	钡	ICP-OES	10mg/kg	Ni	镍	ICP-OES	2mg/kg
Be	铍	ICP-OES	0.2mg/kg	P	磷	ICP-OES	10mg/kg
Bi	铋	ICP-MS	0.05mg/kg	Pb	铅	ICP-MS	2mg/kg
Br	溴	XRF	1.5mg/kg	Rb	铷	XRF	5mg/kg
C	碳	氧化热解-电导法	0.1%	S	硫	XRF	50mg/kg
CaO	钙	XRF	0.05%	Sb	锑	ICP-MS	0.05mg/kg
Cd	镉	ICP-MS	0.03mg/kg	Sc	钪	ICP-MS	1mg/kg
Ce	铈	ICP-MS	2mg/kg	Se	硒	HG-AFS	0.01mg/kg
Cl	氯	XRF	20mg/kg	SiO_2	硅	XRF	0.1%
Co	钴	ICP-MS	1mg/kg	Sn	锡	ES	1mg/kg
Cr	铬	ICP-MS	5mg/kg	Sr	锶	ICP-OES	5mg/kg
Cu	铜	ICP-MS	1mg/kg	Th	钍	ICP-MS	1mg/kg
F	氟	ISE	100mg/kg	Ti	钛	ICP-OES	10mg/kg
Fe_2O_3	铁	XRF	0.1%	Tl	铊	ICP-MS	0.1mg/kg
Ga	镓	ICP-MS	2mg/kg	U	铀	ICP-MS	0.1mg/kg
Ge	锗	HG-AFS	0.1mg/kg	V	钒	ICP-OES	5mg/kg
Hg	汞	CV-AFS	3μg/kg	W	钨	ICP-MS	0.2mg/kg
I	碘	COL	0.5mg/kg	Y	钇	ICP-MS	1mg/kg
K_2O	钾	XRF	0.05%	Zn	锌	ICP-OES	2mg/kg
La	镧	ICP-MS	1mg/kg	Zr	锆	XRF	2mg/kg
Li	锂	ICP-MS	1mg/kg	Corg	有机碳	氧化热解-电导法	0.1%
MgO	镁	ICP-OES	0.05%	pH		电位法	0.1

注：ICP-MS 为电感耦合等离子体质谱法；XRF 为 X 射线荧光光谱法；ICP-OES 为电感耦合等离子体光学发射光谱法；HG-AFS 为氢化物发生-原子荧光光谱法；GF-AAS 为石墨炉原子吸收光谱法；ISE 为离子选择性电极法；CV-AFS 为冷蒸气-原子荧光光谱法；ES 为发射光谱法；COL 为催化分光光度法；KD-VM 为凯氏蒸馏-容量法。

3. 实验室内部质量控制

(1)报出率(P)：土壤分析样品各元素报出率均为 99.99% 以上，满足《多目标区域地球化学调查规范(1∶250 000)》(DZ/T 0258—2014)不低于 95% 的要求，说明所采用分析方法能完全满足分析要求。

(2)准确度和精密度：按《多目标区域地球化学调查规范(1∶250 000)》(DZ/T 0258—2014)中"土壤地

球化学样品分析测试质量要求及质量控制"的有关规定,根据国家一级土壤地球化学标准物质的12次分析值,分别统计测定平均值与标准值之间的对数误差($\Delta lgC=|lgC_i-lgC_s|$)和相对标准偏差(RSD),根据对数误差(ΔlgC)和相对标准偏差(RSD)计算结果,均满足规范要求。

Au采用国家一级痕量金标准物质的12次Au元素分析值,统计得到$|\Delta lgC|\leqslant 0.026$,$RSD\leqslant 10.0\%$,满足规范要求。

pH参照《生态地球化学评价样品分析技术要求(试行)》(DD 2005-03)要求,经过国家一级土壤有效态标准物质pH指标的6次分析值,计算结果绝对偏差的绝对值不大于0.1,满足规范要求。

(3)异常点检验:每批次样品分析测试工作完成后,检查各项指标的含量范围,对部分指标特高含量试样进行了异常点重复性分析,异常点检验合格率均为100%。

(4)重复性检验监控:土壤测试分析按不低于5.0%的比例进行重复性检验,计算两次分析之间相对偏差(RD),对照规范允许限,统计合格率,其中Au重复性检验比例为10%。重复性检验合格率满足规范《多目标区域地球化学调查规范(1:250 000)》(DZ/T 0258—2014)一次重复性检验合格率90%的要求。

4. 用户方数据质量检验

(1)重复样检验:在区域地球化学调查中,为了对野外调查采样质量及分析测试质量进行监控,一般均按不低于2%的比例要求插入重复样。重复样与基本样品一样,以密码的形式连续编号进行送检分析。在收到分析测试数据之后,通过相对偏差(RD)的计算,根据相对偏差允许限量要求进行合格率统计,合格率要求在90%以上。

(2)元素地球化学图检验:依据实验室提供的样品分析数据,按照《多目标区域地球化学调查规范(1:250 000)》(DZ/T 0258—2014)相关要求绘制地球化学图。地球化学图采用累积频率方法成图,等值线含量及色阶分级按累积频率的0.5%、1.5%、4%、8%、15%、25%、40%、60%、75%、85%、92%、96%、98.5%、99.5%、100%来统计划分。各元素地球化学图所反映的背景和异常情况与地质背景基本吻合,图面结构"协调",未出现阶梯状、条带状或区块状图形。

5. 分析数据质量检查验收

根据中国地质调查局有关区域地球化学样品测试要求,中国地质调查局区域化探样品质量检查组对全部样品测试分析数据进行了质量检查验收。检查组重点对测试分析中配套方法的选择、实验室内、外部质量监控、标准样插入比例、异常点复检、外检、日常准确度、精密度复核等进行了仔细检查。检查认为,各项测试分析数据质量指标达到规定要求,检查组同意通过验收。

第二节 1:5万土地质量地质调查

2016年8月5日,浙江省国土资源厅发布了《浙江省土地质量地质调查行动计划(2016—2020年)》(浙土资发〔2016〕15号),在全省范围内全面部署实施"711"土地质量调查工程。根据文件要求,宁波市自然资源和规划局相继于2017—2020年落实完成了全市以耕地区为主的土地质量地质调查任务。

全市以各县(市、区)行政辖区为调查范围,共分11个土地质量地质调查项目,选择7家项目承担单位、5家测试单位共同完成,具体工作情况见表2-3。

宁波市土地质量地质调查严格按照《土地质量地球化学评价规范》(DZ/T 0295—2016)等技术规范要求,开展土壤地球化学调查采样点的布设和样品采集、加工、分析测试等工作。宁波市1:5万土地质量地质调查土壤采样点分布如图2-2所示。

表 2-3 宁波市土地质量地质调查工作情况一览表

序号	工作区	承担单位	项目负责人	样品测试单位
1	海曙区	浙江省水文地质工程地质大队	韦继康、陈炳	辽宁省地质矿产研究院有限责任公司
2	江北区	浙江省水文地质工程地质大队	王保欣、王刚	辽宁省地质矿产研究院有限责任公司
3	镇海区	浙江省水文地质工程地质大队	王保欣、王国强	辽宁省地质矿产研究院有限责任公司
4	北仑区	浙江省第九地质大队	杨国杏、樊小军	华北有色(三河)燕郊中心实验室有限公司
5	鄞州区	湖北省第八地质大队	杨波	湖北省地质实验测试中心
6	奉化区	浙江省地球物理地球化学勘查院	金希	湖北省地质实验测试中心
7	余姚市	浙江省第一地质大队	刘锦文、付立冬	湖南省地质实验测试中心
8	慈溪市	浙江省水文地质工程地质大队	韦继康、王保欣	辽宁省地质矿产研究院有限责任公司
9	宁海县	浙江省水文地质工程地质大队	郑伟军、邹曦	辽宁省地质矿产研究院有限责任公司
10	象山县	浙江省第四地质大队	潘远见	河南省岩石矿物测试中心
11	东钱湖旅游度假区	江西省核工业地质局测试研究中心	蒋涛	湖北省地质实验测试中心

一、样点布设与采集

1. 样点布设

以"二调"图斑为基本调查单元,根据市内地形地貌、地质背景、成土母质、土地利用方式、地球化学异常、工矿企业分布以及种植结构特点等(遥感影像图及踏勘情况),将调查区划分为地球化学异常区、重要农业产区、低山丘陵区及一般耕地区。按照不同分区采样密度布设样点,异常区为 $11\sim12$ 件$/km^2$,农业产区为 $9\sim10$ 件$/km^2$,低山丘陵区为 $7\sim8$ 件$/km^2$,一般耕地区为 $4\sim6$ 件$/km^2$,控制全市平均采样密度约为 9 件$/km^2$。在地形地貌复杂、土地利用方式多样、人为污染强烈、元素及污染物含量空间变异性大的地区,根据实际情况适当增加采样密度。

样品主要布设在耕地中,对调查范围内园地、林地以及未利用地等进行有效控制。样品布设时避开沟渠、田埂、路边、人工堆土及微地形高低不平等无代表性地段。每件样品均由 5 件分样等量均匀混合而成,采样深度为 $0\sim20cm$。

样品由左至右、自上而下连续顺序编号,每 50 件样品随机取 1 个号码为重复采样号。样品编号时将县(市、区)名称汉语拼音的第一字母缩写(大写)作为样品编号的前缀,如慈溪市样品编号为 CX0001,便于成果资料供县级使用。

2. 样品采集与记录

选择种植现状具有代表性的地块,在采样图斑中央采集样品。采样时避开人为干扰较大的地段,用不锈钢小铲一点多坑(5个点以上)均匀采集地表至20cm深处的土柱组合成1件样品。样品装于干净布袋中,湿度大的样品在布袋外套塑料密封袋隔离,防止样品间相互污染。土壤样品质量要达到1500g以上。野外利用GPS定位仪确定地理坐标,以布设的采样点为主采样坑,定点误差均小于10m,保存所有采样点航点与航迹文件。

现场用2H铅笔填写土壤样品野外采集记录卡,根据设计要求,主要采用代码和简明文字记录样品的各种特征。记录卡填写的内容真实、正确、齐全,字迹要清晰、工整,不得涂擦,对于需要修改的文字要轻轻

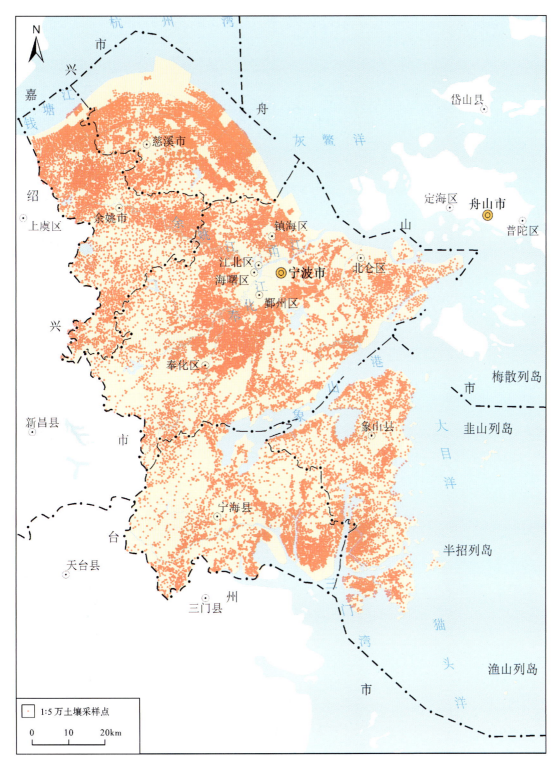

图 2-2 宁波市 1∶5 万土地质量地质调查土壤采样点分布图

划掉后,再将正确内容填写好。

3. 样品保存与加工

保存当日野外调查航迹文件,收队前清点采集的样本数量,与布样图进行编号核对,并在野外手图中汇总;晚上对信息采集记录卡、航点航迹等进行检查,完成当天自检和互检工作,资料由专人管理。

从野外采回的土壤样品及时清理登记后,由专人进行晾晒和加工处理,并按要求填写样品加工登记表。加工场地和加工处理均严格按照下列要求进行。

样品晾晒场地应确保无污染。将样品置于干净整洁的室内通风场地晾晒,或悬挂在样品架上自然风干,严禁暴晒和烘烤,并注意防止雨淋以及酸、碱等气体和灰尘污染。在风干过程中,适时翻动,并将大土块用木棒敲碎以防止固结,加速干燥,同时剔除土壤以外的杂物。

将风干后样品平铺在制样板上,用木棍或塑料棍碾压,并将植物残体、石块等侵入体和新生体剔除干净,细小已断的植物须根可采用静电吸附的方法清除。压碎的土样要全部通过2mm(10目)的孔径筛;未过筛的土粒必须重新碾压过筛,直至全部样品通过2mm孔径筛为止。

过筛后土壤样品充分混匀、缩分、称重,分为正样、副样两件样品。正样送实验室分析,用塑料瓶或纸袋盛装(质量一般在500g左右)。副样(质量不低于500g)装入干净塑料瓶,送样品库长期保存。

4. 质量管理

野外各项工作严格按照质量管理要求开展小组自(互)检、二级部门抽检、单位抽检等三级质量检查,并在全部野外工作结束前,由当地自然资源部门组织专家进行野外工作检查验收,确保各项野外工作系统、规范、质量可靠。

二、分析测试与质量监控

1. 分析实验室及资质

全市各县(市、区)11个土地质量地质调查项目的样品测试由5家测试单位承担,分别为辽宁省地质矿产研究院有限责任公司、河南省岩石矿物测试中心、湖北省地质实验测试中心、华北有色(三河)燕郊中心实验室有限公司、湖南省地质实验测试中心。以上各测试单位均具有省级检验检测机构资质认定证书,并得到中国地质调查局的资质认定,完全满足本次土地质量地质调查项目的样品检测工作要求。

2. 分析测试指标

根据技术规范要求,本次土地质量地质调查土壤全量测试砷(As)、硼(B)、镉(Cd)、钴(Co)、铬(Cr)、铜(Cu)、锗(Ge)、汞(Hg)、锰(Mn)、钼(Mo)、氮(N)、镍(Ni)、磷(P)、铅(Pb)、硒(Se)、钒(V)、锌(Zn)、钾(K_2O)、有机碳(C_{org})、pH共20项元素/指标。

3. 分析方法配套方案

依据国家标准方法和相关行业标准分析方法,制订了以X射线荧光光谱法(XRF)、电感耦合等离子体质谱法(ICP-MS)为主,以发射光谱法(ES)、原子荧光光谱法(AFS)以及容量法(VOL)等为辅的分析方法配套方案。提供以下元素/指标的分析数据,具体见表2-4。

4. 分析方法的检出限

本配套方案各分析方法检出限见表2-5,满足《多目标区域地球化学调查规范(1∶250 000)》(DZ/T 0258—2014)和《生态地球化学评价样品分析技术要求(试行)》(DD 2005-03)的要求。

5. 分析测试质量控制

(1)实验室资质能力条件:选择的实验室均具备相应资质要求,软硬件、人员技术能力等方面均具备相关分析测试条件,均制订了工作实施方案,并严格按照方案要求开展各类样品测试工作。

表 2-4 土壤样品元素/指标全量分析方法配套方案

分析方法	简称	项数/项	测定元素/指标
电感耦合等离子体质谱法	ICP-MS	6	Cd、Co、Cu、Mo、Ni、Ge
X射线荧光光谱法	XRF	8	Cr、Cu、Mn、P、Pb、V、Zn、K_2O
发射光谱法	ES	1	B
氢化物-原子荧光光谱法	HG-AFS	2	As、Se
冷蒸气-原子荧光光谱法	CV-AFS	1	Hg
容量法	VOL	1	N
玻璃电极法		1	pH
重铬酸钾容量法	VOL	1	Corg

表 2-5 各元素/指标分析方法检出限要求

元素/指标	单位	要求检出限	方法检出限	元素/指标	单位	要求检出限	方法检出限
pH		0.1	0.1	Cu[②]	mg/kg	1	0.5
Cr	mg/kg	5	3	Mo	mg/kg	0.3	0.2
Cu[①]	mg/kg	1	0.1	Ni	mg/kg	2	0.2
Mn	mg/kg	10	10	Ge	mg/kg	0.1	0.1
P	mg/kg	10	10	B	mg/kg	1	1
Pb	mg/kg	2	2	K_2O	%	0.05	0.01
V	mg/kg	5	5	As	mg/kg	1	0.5
Zn	mg/kg	4	1	Hg	mg/kg	0.0005	0.0005
Cd	mg/kg	0.03	0.02	Se	mg/kg	0.01	0.01
Corg	mg/kg	250	200	N	mg/kg	20	20
Co	mg/kg	1	0.1				

注:Cu[①]和Cu[②]采用不同检测方法,Cu[①]采样X射线荧光光谱法,Cu[②]采样电感耦合等离子体质谱法。

(2)实验室内部质量监控:实验室在接受委托任务后,制订了行之有效的工作方案,并严格按照方案进行各类样品分析测试;各类样品分析选择的分析方法、检出限、准确度、精密度等均满足相关规范要求;内部质量监控各环节均运行合理有效,均满足规范要求。

(3)实验室外部质量监控:主要通过密码样和外检样的形式进行监控,各批次监控样品相对偏差均符合规范要求。

(4)土壤中元素/指标含量分布与土壤环境背景吻合状况:依据实验室提供的样品分析数据,按照规范的要求,绘制了各元素/指标的地球化学图。各元素土壤地球化学评价图所反映的背景和异常情况与地质、土壤和地貌等基本吻合;未发现明显成图台阶,不存在明显的非地质条件引起的条带异常;依据土壤元素含量评价得出的土壤元素的环境质量、养分等级分布规律与地质背景、土地利用、人类活动影响等情况基本一致。

6.测试分析数据质量检查验收

在完成样品测试分析提交用户方验收使用之前,由浙江省自然资源厅项目管理办公室邀请国内权威专家,对每个县区数据进行测试分析数据质量检查验收。验收专家认为各项目样品分析质量和质量监控已达到《多目标区域地球化学调查规范(1∶250 000)》(DZ/T 0258—2014)和《生态地球化学评价样品分析技术要求(试行)》(DD 2005-03)等要求,一致同意予以验收通过。

第三节 土壤元素背景值研究方法

一、概念与约定

土壤元素地球化学基准值是土壤地球化学本底的量值,反映在一定范围内深层土壤地球化学特征,是指在未受人为影响(污染)条件下,反映原始沉积环境中的元素含量水平;通常以深层土壤地球化学元素含量来表征,其含量水平主要受地形地貌、地质背景、成土母质来源与类型等因素影响,以区域地球化学调查中的深层样品作为元素基准值统计的样品。

土壤元素背景值是在指在不受或少受人类活动影响及现代工业污染影响下的土壤元素与化合物的含量水平。但人类活动与现代工业发展的影响已遍布全球,现在很难找到绝对不受人类活动影响的土壤,严格意义上的土壤自然背景已很难确定。因此,土壤元素背景值只能是一个相对的概念,即土壤在一定自然历史时期、一定地域内元素(或化合物)的丰度或含量水平。目前,一般以区域地球化学调查获取的表层样品作为元素背景值统计的样品。

基准值和背景值的求取必须同时满足以下条件:样品要有足够的代表性;样品的分析方法技术先进,分析质量可靠,数据具有权威性;进行地球化学分布形态检验,并进行相关系列参数统计与基准值、背景值确定。

二、参数计算方法

土壤元素地球化学基准值、背景值统计参数主要有:样本数(N)、极大值(X_{max})、极小值(X_{min})、算术平均值($\overline{X}$)、几何平均值($\overline{X}_g$)、中位数(X_{me})、众值(X_{mo})、算术标准差(S)、几何标准差(S_g)、变异系数(CV)、分位值($X_{5\%}$、$X_{10\%}$、$X_{25\%}$、$X_{50\%}$、$X_{75\%}$、$X_{90\%}$、$X_{95\%}$)等。

算术平均值($\overline{X}$): $\overline{X} = \dfrac{1}{N}\sum_{i=1}^{N} X_i$

几何平均值($\overline{X}_g$): $\overline{X}_g = \sqrt[N]{\prod_{i=1}^{N} X_i} = \dfrac{1}{N}\sum_{i=1}^{N} \ln X_i$

算术标准差(S): $S = \sqrt{\dfrac{\sum_{i=1}^{N}(X_i - \overline{X})^2}{N}}$

几何标准差(S_g): $S_g = \exp\left(\sqrt{\dfrac{\sum_{i=1}^{N}(\ln X_i - \ln \overline{X}_g)^2}{N}}\right)$

变异系数(CV): $CV = \dfrac{S}{\overline{X}} \times 100\%$

中位数(X_{me}):将一组数据排序后,处于中间位置的数值。当样本数为奇数时,中位数为第$(N+1)/2$位的数值;当样本数为偶数时,中位数为第$N/2$位与第$(N+1)/2$位数的平均值。

众值(X_{mo}):一组数据中出现频率最高的那个数值。

pH平均值计算方法:在进行pH参数统计时,先将土壤pH换算为[H^+]平均浓度进行统计计算,然后换算成pH。换算公式为:$[H^+]=10^{-pH}$,$[H^+]_{平均浓度}=\sum 10^{-pH}/N$,$pH=-\lg[H^+]_{平均浓度}$。

三、统计单元划分

在宁波市有关土壤地球化学调查数据系统收集整理的基础上,进行统计单元划分以及后期参数与基准值、背景值统计。

为了便于相关专业人员与管理部门更好地利用数据,本次宁波市土壤元素地球化学基准值、背景值参数统计,参照区域土壤元素基准值、背景值研究的通用方法,结合代杰瑞和庞绪贵(2019)、张伟等(2021)、苗国文等(2020)及陈永宁等(2014)的研究成果,将按照行政区、土壤母质类型、土壤类型、土地利用类型划分统计单元,分别进行地球化学参数统计。

1. 行政区

根据宁波市行政区及最新统计数据划分情况,分别按照宁波市(全市)、余姚市、慈溪市、海曙区、江北区、镇海区、鄞州区(包括东钱湖旅游度假区)、北仑区、奉化区、宁海县、象山县统计单元进行划分。

2. 土壤母质类型

基于宁波市岩石地层地质成因及地球化学特征,全市土壤母质类型将按照松散岩类沉积物、中基性火成岩类风化物、碎屑岩类风化物、中酸性火成岩类风化物、紫色碎屑岩类风化物5种类型划分统计单元。

3. 土壤类型

宁波市地貌类型多样,成土环境复杂,土壤性质差异较大,全市共有7个土类,多个亚类、土属和土种。本次土壤元素地球化学基准值、背景值研究按照黄壤、红壤、粗骨土、紫色土、水稻土、潮土、滨海盐土7种土壤类型进行统计单元划分。

4. 土地利用类型

由于本次调查主要涉及农用地,因此根据土地利用分类,结合第三次全国国土调查情况,土地利用类型按照水田、旱地、园地和林地4类划分统计单元。

四、数据处理与背景值确定

基于统计单元内各层次样本数据,依据《区域性土壤环境背景含量统计技术导则(试行)》(HJ 1185—2021),进行数据分布类型检验、异常值判别与处理及区域性土壤地球化学参数统计、地球化学基准值与背景值的确定。

1. 数据分布形态检验

数据分布形态检验依据《数据的统计处理和解释正态性检验》(GB/T 4882—2001)要求,利用SPSS 19对数据频率分布形态进行正态检验。首先对原始数据进行正态分布检验,将不符合正态分布的数据进行对数转换后再进行对数正态分布检验。当数据不服从正态分布或对数正态分布时,根据箱线图法对异常值进行判别剔除后,再进行正态分布或对数正态分布检验。注意:部分统计单元(或元素/指标)因样品较少无法进行正态分布检验。

2. 异常值判别与剔除

对于明显来源于局部受污染场所的数据,或者因样品采集、分析检测等导致的异常值,必须进行判别和剔除。由于本次宁波市土壤元素地球化学基准值、背景值研究的数据基础样本量较大,异常值判别采用箱线图法进行。

根据收集整理的原始数据各项元素/指标分别计算第一四分位数(Q_1)、第三四分位数(Q_3),以及四分位距($IQR=Q_3-Q_1$)、$Q_3+1.5IQR$ 值、$Q_1-1.5IQR$ 内限值。根据计算结果对内限值以外的异常数据,结合频率分布直方图与点位区域分布特征逐个甄别并剔除。

3. 参数表征与背景值确定

(1)参数表征主要包括统计样本数(N)、极大值(X_{max})、极小值(X_{min})、算术平均值($\overline{X}$)、几何平均值($\overline{X}_g$)、中位数(X_{me})、众值(X_{mo})、算术标准差(S)、几何标准差(S_g)、变异系数(CV)、分位值($X_{5\%}$、$X_{10\%}$、$X_{25\%}$、$X_{50\%}$、$X_{75\%}$、$X_{90\%}$、$X_{95\%}$)、数据分布类型等。

(2)基准值、背景值确定分为以下几种情况:①当数据为正态分布或剔除(异常值)后正态分布时,取算术平均值作为基准值、背景值;②当数据为对数正态分布或剔除(异常值)后对数正态分布时,取几何平均值作为基准值、背景值;③当数据经反复剔除后,仍不服从正态分布或对数正态分布时,取众值作为基准值、背景值,有 2 个众值时取靠近中位数的众值,3 个众值时取中间位众值;④对于样本数少于 30 件的统计单元,则取中位数作为基准值、背景值。

(3)数值有效位数确定原则:参数统计结果取值原则,数值小于等于 50 的小数点后保留 2 位,数值大于 50 小于等于 100 的小数点后保留 1 位,数值大于 100 的取整数。注意:极个别数值保留 3 位小数。

说明:本书中样本数单位统一为"件";变异系数(CV)为无量纲,按照计算公式结果用百分数表示,为方便表示本书统一换算成小数,且小数点后保留 2 位;氧化物、TC、Corg 单位为%,N、P 单位为 g/kg,Au、Ag 单位为 μg/kg,pH 为无量纲,其他元素/指标单位为 mg/kg。

第三章　土壤地球化学基准值

第一节　各行政区土壤地球化学基准值

一、宁波市土壤地球化学基准值

宁波市土壤地球化学基准值数据经正态分布检验,结果表明,原始数据中仅 F、Ga、Ge、V、Y、SiO_2、Al_2O_3、TFe_2O_3、Na_2O 符合正态分布,As、Au、Be、Br、Co、Cu、I、Li、Mo、N、Nb、P、Sb、Sc、Se、TC 符合对数正态分布,Ag、Cd、Ce、La、Mn、Rb、Sr、Th、Ti、Tl、U、W、Zn、K_2O 剔除异常值后符合正态分布(简称剔除后正态分布),Bi、Cl、Hg、Pb、S、Sn、CaO、Corg 剔除异常值后符合对数正态分布(简称剔除后对数分布),其他元素/指标不符合正态分布或对数正态分布(表3-1)。

宁波市深层土壤总体呈酸性,土壤pH基准值为5.82,极大值为9.35,极小值为3.22,与浙江省基准值接近,略低于中国基准值。

深层土壤各元素/指标中,多数元素/指标变异系数小于0.40,分布相对均匀;仅 As、Cl、Co、Na_2O、B、Se、P、Cu、MgO、N、Cr、TC、Ni、Br、I、S、Au、CaO、pH、Mo 共20项元素/指标变异系数大于0.40,其中 Mo 和 pH 变异系数大于0.80,空间变异性较大。

与浙江省土壤基准值相比,宁波市土壤基准值中 V 基准值略低于浙江省基准值,为浙江省基准值的78.2%;Bi、F、I、N、S 基准值略高于浙江省基准值,与浙江省基准值比值在1.2~1.4之间;而 Br、Cl、Cu、Mo、P、CaO、Na_2O、TC 基准值明显偏高,与浙江省基准值比值均在1.4以上,其中最高的 Na_2O 基准值为浙江省基准值的6.25倍;其他元素/指标基准值则与浙江省基准值基本接近。

与中国土壤基准值相比,宁波市土壤基准值中 Ni、MgO、Na_2O、Sr、CaO 基准值明显偏低,均低于中国基准值的60%,其中 CaO 基准值仅为中国基准值的14%;Sb、P、TC、As 基准值略低于中国基准值,为中国基准值的60%~80%;Be、Ce、Ga、La、Li、Mn、Mo、Pb、Sc、Ti、U、V、Zn、Zr、Al_2O_3、K_2O、W 基准值略高于中国基准值,为中国基准值的1.2~1.4倍;I、Hg、Br、B、Se、Nb、N、Corg、Cr、Tl、Th、Rb 基准值明显高于中国基准值,是中国基准值的1.4倍以上,其中 I、Hg、Br 明显相对富集,基准值是中国基准值的2.0倍以上,I 基准值是中国基准值(1.00mg/kg)的4.82倍;其他元素/指标基准值则与中国基准值基本接近。

二、余姚市土壤地球化学基准值

余姚市土壤地球化学基准值数据经正态分布检验,结果表明,原始数据中 As、Au、Be、Cd、Ce、Co、Cr、Cu、F、Ga、Ge、I、Li、Mn、Ni、P、Rb、Sb、Sc、Se、Th、Tl、U、V、Y、Zn、Zr、SiO_2、Al_2O_3、Na_2O、K_2O 符合正态分布,Ag、Ba、Bi、Br、Cl、Hg、Mo、N、Nb、Pb、S、Sn、W、TFe_2O_3、MgO、CaO、TC、Corg、pH 符合对数正态分布,La、Sr、Ti 剔除异常值后符合正态分布,B 不符合正态分布或对数正态分布(表3-2)。

表 3-1 宁波市土壤地球化学基准值参数统计表

元素/指标	N	$X_{5\%}$	$X_{10\%}$	$X_{25\%}$	$X_{50\%}$	$X_{75\%}$	$X_{90\%}$	$X_{95\%}$	$\overline{X}$	S	$\overline{X}_g$	S_g	X_{max}	X_{min}	CV	X_{me}	X_{mo}	分布类型	宁波市基准值	浙江省基准值	中国基准值
Ag	531	37.50	43.00	55.0	66.0	76.1	89.3	97.7	66.3	17.73	63.8	11.44	115	21.00	0.27	66.0	74.0	剔除后正态分布	66.3	70.0	70.0
As	568	2.87	3.39	4.80	6.73	8.78	10.80	12.23	6.97	2.96	6.35	3.29	19.16	1.63	0.42	6.73	7.20	对数正态分布	6.35	6.83	9.00
Au	568	0.50	0.62	0.90	1.29	1.70	2.40	3.03	1.47	1.02	1.25	1.80	11.97	0.29	0.69	1.29	1.10	对数正态分布	1.25	1.10	1.10
B	568	14.94	18.15	27.00	44.81	69.0	77.8	81.0	47.26	22.65	40.81	9.86	100.0	4.40	0.48	44.81	75.0	其他分布	75.0	73.0	41.00
Ba	545	416	433	477	556	697	827	909	596	160	576	39.19	1071	137	0.27	556	575	其他分布	575	482	522
Be	568	1.82	1.94	2.15	2.41	2.69	3.07	3.20	2.45	0.46	2.41	1.74	6.42	1.11	0.19	2.41	2.07	对数正态分布	2.41	2.31	2.00
Bi	549	0.17	0.20	0.25	0.33	0.43	0.51	0.55	0.34	0.12	0.32	2.10	0.71	0.03	0.36	0.33	0.26	剔除后对数正态分布	0.32	0.24	0.27
Br	568	1.80	2.10	2.70	3.89	5.70	8.13	9.98	4.62	2.75	4.00	2.57	24.72	0.77	0.60	3.89	2.20	剔除后正态分布	4.00	1.50	1.80
Cd	531	0.05	0.07	0.09	0.11	0.14	0.16	0.18	0.11	0.04	0.11	3.70	0.22	0.02	0.34	0.11	0.12	其他分布	0.11	0.11	0.11
Ce	540	62.4	66.5	75.2	83.8	92.3	103	109	84.1	13.59	83.0	12.74	120	51.0	0.16	83.8	86.0	剔除后正态分布	84.1	84.1	62.0
Cl	487	39.60	44.27	60.0	77.0	99.0	135	160	84.1	35.76	77.5	13.33	217	32.50	0.43	77.0	77.0	剔除后对数正态分布	77.5	39.00	72.0
Co	568	5.63	6.70	8.97	12.30	15.80	18.39	20.81	12.79	5.69	11.75	4.55	74.8	2.06	0.45	12.30	13.60	对数正态分布	11.75	11.90	11.0
Cr	565	15.02	18.95	28.70	49.30	80.6	107	118	57.1	33.27	46.60	11.27	154	1.10	0.58	49.30	76.0	其他分布	76.0	71.0	50.0
Cu	568	8.04	8.97	11.00	17.07	26.49	33.82	38.37	19.71	10.98	17.15	5.86	92.4	2.80	0.56	17.07	29.67	对数正态分布	17.15	11.20	19.00
F	568	291	334	414	510	628	721	768	525	150	502	37.55	1054	158	0.29	510	721	正态分布	525	431	456
Ga	568	15.30	16.19	17.58	19.38	21.10	22.48	23.30	19.37	2.56	19.20	5.46	32.70	12.39	0.13	19.38	21.40	正态分布	19.37	18.92	15.00
Ge	568	1.23	1.29	1.39	1.50	1.60	1.68	1.72	1.49	0.15	1.48	1.29	1.92	1.01	0.10	1.50	1.58	正态分布	1.49	1.50	1.30
Hg	527	0.03	0.03	0.04	0.05	0.06	0.08	0.09	0.05	0.02	0.05	5.91	0.10	0.01	0.35	0.05	0.04	剔除后对数正态分布	0.05	0.048	0.018
I	568	1.82	2.24	3.27	4.91	7.22	9.85	11.65	5.66	3.41	4.82	2.79	26.02	0.94	0.60	4.91	5.10	对数正态分布	4.82	3.86	1.00
La	521	33.60	35.68	38.82	42.00	45.70	49.81	52.0	42.37	5.48	42.01	8.64	57.0	28.90	0.13	42.00	41.00	剔除后正态分布	42.37	41.00	32.00
Li	568	20.28	23.57	28.29	35.41	48.14	60.3	64.8	38.88	13.90	36.48	8.53	92.8	10.83	0.36	35.41	33.80	对数正态分布	36.48	37.51	29.00
Mn	553	376	427	543	717	882	1097	1211	735	252	690	44.85	1433	144	0.34	717	538	剔除后对数正态分布	735	713	562
Mo	568	0.44	0.49	0.63	0.86	1.20	1.84	2.50	1.10	1.13	0.91	1.75	19.10	0.23	1.03	0.86	0.58	对数正态分布	0.91	0.62	0.70
N	568	0.32	0.40	0.49	0.61	0.79	1.02	1.20	0.68	0.30	0.62	1.60	2.44	0.15	0.44	0.61	0.70	对数正态分布	0.62	0.49	0.399
Nb	568	14.83	16.12	18.10	20.09	22.50	24.73	27.33	20.58	4.48	20.19	5.65	71.1	11.27	0.22	20.09	19.60	对数正态分布	20.19	19.60	12.00
Ni	561	6.70	8.80	11.75	19.20	35.20	43.90	47.10	23.73	13.89	19.47	6.82	67.7	2.21	0.59	19.20	12.90	其他分布	12.90	11.00	22.00
P	568	0.17	0.21	0.27	0.39	0.53	0.65	0.70	0.41	0.18	0.37	2.00	1.20	0.09	0.43	0.39	0.38	对数正态分布	0.37	0.24	0.488
Pb	518	20.80	22.36	26.00	29.75	33.40	38.09	41.01	29.99	6.04	29.39	7.11	48.00	14.48	0.20	29.75	29.00	剔除后对数正态分布	29.39	30.00	21.00

28

续表 3-1

元素/指标	N	$X_{5\%}$	$X_{10\%}$	$X_{25\%}$	$X_{50\%}$	$X_{75\%}$	$X_{90\%}$	$X_{95\%}$	$\overline{X}$	S	$\overline{X}_g$	S_g	X_{max}	X_{min}	CV	X_{me}	X_{mo}	分布类型	宁波市基准值	浙江省基准值	中国基准值
Rb	550	105	111	124	137	149	161	169	137	19.22	136	16.96	189	89.7	0.14	137	137	剔除后正态分布	137	128	96.0
S	497	69.3	79.2	100.0	139	205	332	435	176	111	150	18.85	561	37.45	0.63	139	82.0	剔除后对数正态分布	150	114	166
Sb	568	0.33	0.38	0.44	0.52	0.62	0.74	0.83	0.55	0.17	0.52	1.60	1.71	0.20	0.31	0.52	0.51	对数正态分布	0.52	0.53	0.67
Sc	568	6.82	7.69	8.93	11.00	13.50	15.60	16.70	11.32	3.16	10.88	4.17	26.32	3.92	0.28	11.00	11.50	对数正态分布	10.88	9.70	9.00
Se	568	0.09	0.12	0.17	0.24	0.33	0.44	0.50	0.26	0.13	0.23	2.73	0.96	0.04	0.49	0.24	0.14	对数正态分布	0.23	0.21	0.13
Sn	528	2.07	2.30	2.64	3.17	3.66	4.36	4.69	3.21	0.80	3.11	2.06	5.49	1.14	0.25	3.17	2.60	剔除后正态分布	3.11	2.60	3.00
Sr	555	41.21	50.2	71.7	100.0	119	144	152	96.8	34.01	90.0	14.33	190	21.20	0.35	100.0	106	剔除后正态分布	96.8	112	197
Th	536	11.09	11.80	13.60	14.90	16.40	18.20	19.40	15.00	2.34	14.81	4.71	21.46	9.52	0.16	14.90	14.40	剔除后正态分布	15.00	14.50	10.00
Ti	540	3207	3577	4155	4632	5079	5392	5673	4590	737	4528	131	6474	2686	0.16	4632	5207	正态分布	4590	4602	3406
Tl	531	0.61	0.68	0.78	0.89	1.00	1.13	1.24	0.90	0.18	0.88	1.25	1.38	0.49	0.20	0.89	0.89	剔除后正态分布	0.90	0.82	0.60
U	553	2.06	2.22	2.60	3.10	3.45	3.81	3.99	3.05	0.59	2.99	1.91	4.75	1.79	0.19	3.10	3.30	剔除后正态分布	3.05	3.14	2.40
V	568	43.14	49.99	63.0	83.2	106	128	137	86.0	29.85	80.9	13.39	246	25.20	0.35	83.2	92.0	正态分布	86.0	110	67.0
W	531	1.39	1.51	1.70	1.90	2.12	2.37	2.53	1.92	0.34	1.89	1.51	2.91	1.02	0.18	1.90	1.93	剔除后正态分布	1.92	1.93	1.50
Y	568	19.00	20.45	23.24	26.00	28.81	31.00	32.25	25.86	4.14	25.51	6.62	36.50	8.90	0.16	26.00	26.00	剔除后对数正态分布	25.86	26.13	23.00
Zn	549	53.9	58.5	68.4	81.8	95.4	105	113	82.0	18.75	79.7	12.76	137	29.70	0.23	81.8	91.0	正态分布	82.0	77.4	60.0
Zr	565	192	202	226	279	325	355	372	278	58.7	272	25.33	434	161	0.21	279	275	其他分布	275	287	215
SiO₂	568	59.2	61.3	63.9	67.4	70.8	73.2	74.5	67.2	4.86	67.0	11.33	79.3	44.05	0.07	67.4	67.6	正态分布	67.2	70.5	67.9
Al₂O₃	568	12.67	13.12	14.17	15.51	16.81	18.41	19.67	15.70	2.17	15.56	4.83	23.98	10.22	0.14	15.51	13.09	正态分布	15.70	14.82	11.90
TFe₂O₃	568	2.85	3.19	3.87	4.66	5.57	6.35	6.82	4.77	1.41	4.59	2.57	17.28	1.70	0.30	4.66	4.44	正态分布	4.77	4.70	4.10
MgO	568	0.41	0.47	0.61	0.88	1.75	2.16	2.35	1.17	0.67	0.99	1.81	2.76	0.24	0.57	0.88	0.79	其他分布	0.79	0.67	1.36
CaO	483	0.10	0.14	0.21	0.40	0.63	0.90	1.16	0.47	0.32	0.36	2.43	1.77	0.04	0.69	0.40	0.35	剔除后对数正态分布	0.36	0.22	2.57
Na₂O	568	0.21	0.38	0.63	1.04	1.31	1.57	1.70	1.00	0.47	0.85	1.88	3.98	0.07	0.47	1.04	1.21	正态分布	1.00	0.16	1.81
K₂O	544	2.21	2.37	2.62	2.89	3.14	3.42	3.67	2.89	0.42	2.86	1.85	4.00	1.80	0.14	2.89	2.85	剔除后正态分布	2.89	2.99	2.36
TC	568	0.25	0.32	0.48	0.68	0.92	1.16	1.33	0.75	0.44	0.65	1.76	4.50	0.11	0.59	0.68	0.63	剔除后正态分布	0.65	0.43	0.90
Corg	528	0.22	0.26	0.34	0.46	0.60	0.76	0.82	0.48	0.19	0.44	1.92	1.06	0.03	0.40	0.46	0.48	剔除后对数正态分布	0.44	0.42	0.30
pH	568	4.63	4.94	5.18	5.81	7.47	8.40	8.59	5.11	4.44	6.27	2.98	9.35	3.22	0.87	5.81	5.82	其他分布	5.82	5.12	8.10

注：氧化物、TC、Corg 单位为%；N、P 单位为 g/kg；Au、Ag 单位为 μg/kg；pH 为无量纲，其他元素/指标单位为 mg/kg；浙江省基准值引自《浙江省土壤元素背景值》（黄春雷等，2023）；中国基准值引自《全国地球化学基准网建立土壤地球化学基准值特征》（王学求等，2016）；后表单位和资料来源相同。

表 3-2 余姚市土壤地球化学基准值参数统计表

元素/指标	N	$X_{5\%}$	$X_{10\%}$	$X_{25\%}$	$X_{50\%}$	$X_{75\%}$	$X_{90\%}$	$X_{95\%}$	$\bar{X}$	S	$\bar{X}_g$	S_g	X_{max}	X_{min}	CV	X_{me}	X_{mo}	分布类型	余姚市基准值	宁波市基准值	浙江省基准值
Ag	100	35.41	42.12	56.0	68.5	82.2	94.3	107	73.9	38.87	68.0	12.31	331	26.00	0.53	68.5	74.0	对数正态分布	68.0	66.3	70.0
As	100	2.85	3.19	4.58	5.99	7.75	10.10	11.47	6.40	2.65	5.87	3.07	14.13	1.82	0.41	5.99	5.21	正态分布	6.40	6.35	6.83
Au	100	0.42	0.64	0.97	1.31	1.95	2.64	3.05	1.52	0.89	1.30	1.85	5.23	0.34	0.58	1.31	1.70	正态分布	1.52	1.25	1.10
B	100	12.98	16.03	25.17	52.9	75.0	80.0	82.0	49.71	26.03	41.23	10.25	100.0	5.00	0.52	52.9	75.0	其他分布	75.0	75.0	73.0
Ba	100	339	417	458	528	712	955	1077	609	237	568	39.34	1341	137	0.39	528	516	对数正态分布	568	575	482
Be	100	1.82	1.96	2.17	2.38	2.65	2.90	3.08	2.41	0.40	2.37	1.73	3.41	1.11	0.17	2.38	2.47	正态分布	2.41	2.41	2.31
Bi	100	0.14	0.16	0.22	0.31	0.42	0.50	0.62	0.38	0.48	0.31	2.35	4.77	0.05	1.25	0.31	0.38	对数正态分布	0.31	0.32	0.24
Br	100	1.50	1.70	2.40	3.55	6.00	7.58	9.35	4.38	2.45	3.77	2.54	12.20	1.31	0.56	3.55	2.80	对数正态分布	3.77	4.00	1.50
Cd	100	0.05	0.06	0.08	0.10	0.11	0.13	0.14	0.09	30.95	0.09	0.01	0.22	0.01	0.33	0.10	0.09	正态分布	0.09	0.11	0.11
Ce	100	59.6	64.4	73.5	83.9	93.1	105	120	85.3	20.82	83.1	12.65	192	38.78	0.24	83.9	86.0	对数正态分布	85.3	84.1	84.1
Cl	100	37.16	39.78	51.2	68.8	88.8	125	154	84.4	73.5	71.7	13.26	640	33.00	0.87	68.8	107	对数正态分布	71.7	77.5	39.00
Co	100	5.11	6.81	8.79	12.72	15.83	17.31	19.61	12.70	5.57	11.53	4.58	34.61	2.06	0.44	12.72	12.60	对数正态分布	12.70	11.75	11.90
Cr	100	11.40	16.98	24.48	60.3	88.2	106	111	61.4	44.65	47.06	11.57	330	5.30	0.73	60.3	78.0	正态分布	61.4	76.0	71.0
Cu	100	7.47	8.94	11.00	17.76	27.25	36.97	42.39	20.33	11.43	17.49	5.92	54.5	4.48	0.56	17.76	22.02	对数正态分布	20.33	17.15	11.20
F	100	294	376	434	522	615	703	774	532	144	512	37.64	1002	232	0.27	522	583	正态分布	532	525	431
Ga	100	15.21	16.10	17.88	20.00	21.73	23.11	23.70	19.85	2.99	19.63	5.48	32.70	12.90	0.15	20.00	21.40	正态分布	19.85	19.37	18.92
Ge	100	1.19	1.24	1.36	1.46	1.58	1.68	1.73	1.47	0.16	1.46	1.28	1.85	1.09	0.11	1.46	1.58	正态分布	1.47	1.49	1.50
Hg	100	0.03	0.03	0.04	0.05	0.08	0.10	0.14	0.06	0.04	0.06	5.55	0.32	0.01	0.67	0.05	0.07	对数正态分布	0.06	0.05	0.048
I	100	1.66	2.07	2.75	5.14	6.75	9.73	11.33	5.44	3.33	4.53	2.72	20.22	0.94	0.61	5.14	2.15	正态分布	5.44	4.82	3.86
La	88	32.84	34.30	37.81	42.20	44.89	48.39	51.0	41.69	5.70	41.30	8.55	55.9	26.77	0.14	42.20	42.20	剔除后正态分布	41.69	42.37	41.00
Li	100	19.18	22.40	26.96	35.80	45.25	56.0	59.2	37.30	12.44	35.17	8.41	65.6	15.21	0.33	35.80	51.4	正态分布	37.30	36.48	37.51
Mn	100	344	387	478	582	747	902	1137	627	232	584	40.83	1383	144	0.37	582	682	正态分布	627	735	713
Mo	100	0.40	0.43	0.56	0.74	1.02	1.57	2.33	1.13	1.97	0.82	1.93	19.10	0.23	1.75	0.74	0.63	对数正态分布	0.82	0.91	0.62
N	100	0.21	0.27	0.44	0.56	0.78	0.99	1.29	0.64	0.38	0.56	1.79	2.44	0.18	0.60	0.56	0.60	对数正态分布	0.56	0.62	0.49
Nb	100	14.29	14.62	17.15	19.46	21.18	25.98	31.82	20.34	6.98	19.58	5.48	71.1	11.27	0.34	19.46	19.50	正态分布	20.19	20.19	19.60
Ni	100	4.70	7.41	11.73	25.32	37.65	44.53	48.90	27.25	21.13	20.70	7.41	162	2.21	0.78	25.32	37.60	正态分布	27.25	12.90	11.00
P	100	0.12	0.19	0.27	0.35	0.46	0.62	0.67	0.38	0.18	0.34	2.09	1.20	0.10	0.46	0.35	0.38	正态分布	0.38	0.37	0.24
Pb	100	19.57	21.69	24.86	28.80	31.65	37.03	44.82	29.14	7.66	28.20	6.98	54.8	11.00	0.26	28.80	29.40	对数正态分布	28.20	29.39	30.00

续表 3-2

元素/指标	N	$X_{5\%}$	$X_{10\%}$	$X_{25\%}$	$X_{50\%}$	$X_{75\%}$	$X_{90\%}$	$X_{95\%}$	$\overline{X}$	S	$\overline{X}_g$	S_g	X_{max}	X_{min}	CV	X_{me}	X_{mo}	分布类型	余姚市基准值	宁波市基准值	浙江省基准值
Rb	100	101	105	125	140	152	164	171	138	22.44	136	16.98	193	76.0	0.16	140	138	正态分布	138	137	128
S	100	73.0	79.0	92.3	132	234	470	714	268	478	164	22.03	3191	50.00	1.78	132	82.0	对数正态分布	164	150	114
Sb	100	0.29	0.32	0.39	0.49	0.63	0.77	0.98	0.53	0.20	0.50	1.74	1.14	0.20	0.37	0.49	0.45	正态分布	0.53	0.52	0.53
Sc	100	6.56	7.13	8.72	11.23	13.85	15.70	16.60	11.40	3.68	10.84	4.15	26.32	3.98	0.32	11.23	14.20	正态分布	11.40	10.88	9.70
Se	100	0.09	0.12	0.17	0.25	0.34	0.40	0.47	0.26	0.11	0.23	2.69	0.52	0.06	0.43	0.25	0.32	正态分布	0.26	0.23	0.21
Sn	100	1.94	2.27	2.78	3.28	3.88	5.18	6.38	3.63	1.67	3.37	2.33	13.13	1.34	0.46	3.28	3.70	对数正态分布	3.37	3.11	2.60
Sr	93	26.80	45.13	63.6	95.0	108	130	143	87.8	33.01	80.2	14.15	159	21.20	0.38	95.0	98.0	剔除后正态分布	87.8	96.8	112
Th	100	11.06	11.98	14.26	16.46	19.61	23.61	25.42	17.10	4.35	16.57	4.97	31.27	7.37	0.25	16.46	13.80	正态分布	17.10	15.00	14.50
Ti	92	2769	3064	3701	4399	4848	5137	5216	4234	807	4150	125	6457	2054	0.19	4399	4252	剔除后正态分布	4234	4590	4602
Tl	100	0.57	0.64	0.74	0.85	0.95	1.07	1.16	0.85	0.18	0.83	1.28	1.56	0.49	0.22	0.85	0.86	正态分布	0.85	0.90	0.82
U	100	2.03	2.13	2.62	3.25	3.82	4.13	4.99	3.30	0.96	3.18	1.99	7.15	1.83	0.29	3.25	2.59	正态分布	3.30	3.05	3.14
V	100	38.98	49.64	60.4	85.5	111	130	137	87.7	35.85	81.1	13.39	246	32.70	0.41	85.5	85.0	正态分布	87.7	86.0	110
W	100	1.34	1.49	1.68	1.96	2.27	3.38	3.89	2.36	2.27	2.09	1.72	23.49	1.09	0.96	1.96	2.07	对数正态分布	2.09	1.92	1.93
Y	100	18.25	19.09	21.96	24.81	28.00	30.00	31.62	24.70	4.41	24.26	6.38	36.50	8.90	0.18	24.81	28.00	正态分布	24.70	25.86	26.13
Zn	100	56.0	64.1	70.4	80.4	89.8	97.1	102	80.0	14.94	78.6	12.58	129	40.77	0.19	80.4	75.0	正态分布	80.0	82.0	77.4
Zr	100	192	204	220	260	300	327	338	263	48.32	258	24.16	373	161	0.18	260	263	正态分布	263	275	287
SiO₂	100	59.7	61.9	64.2	66.9	69.2	71.4	72.5	66.7	4.44	66.5	11.25	79.0	48.49	0.07	66.9	62.9	正态分布	66.7	67.2	70.5
Al₂O₃	100	13.08	13.60	14.93	16.36	17.55	20.02	21.42	16.49	2.48	16.32	4.92	23.98	11.94	0.15	16.36	15.84	正态分布	16.49	15.70	14.82
TFe₂O₃	100	2.62	2.97	3.77	4.30	5.25	6.05	7.17	4.68	1.91	4.41	2.53	17.28	1.70	0.41	4.30	2.83	对数正态分布	4.41	4.77	4.70
MgO	100	0.42	0.52	0.67	0.93	1.62	1.82	2.16	1.12	0.55	0.98	1.70	2.33	0.32	0.49	0.93	1.49	对数正态分布	0.98	0.79	0.67
CaO	100	0.07	0.11	0.17	0.38	0.70	0.90	2.94	0.60	0.78	0.36	2.91	3.91	0.05	1.30	0.38	0.71	对数正态分布	0.36	0.36	0.22
Na₂O	100	0.14	0.18	0.48	1.08	1.40	1.66	1.78	0.98	0.58	0.74	2.41	2.83	0.07	0.59	1.08	1.08	正态分布	0.98	1.00	0.16
K₂O	100	1.80	2.19	2.43	2.77	3.18	3.64	3.89	2.82	0.63	2.74	1.89	4.61	0.97	0.22	2.77	2.76	正态分布	2.82	2.89	2.99
TC	100	0.20	0.22	0.36	0.56	0.83	1.12	1.34	0.69	0.61	0.55	2.01	4.50	0.12	0.88	0.56	1.04	对数正态分布	0.55	0.65	0.43
Corg	100	0.10	0.22	0.31	0.45	0.65	1.03	1.39	0.60	0.63	0.45	2.33	4.63	0.05	1.05	0.45	0.42	对数正态分布	0.45	0.44	0.42
pH	100	4.58	4.77	5.05	5.39	6.75	7.49	8.23	5.18	5.05	5.91	2.90	9.01	4.35	0.98	5.39	5.96	对数正态分布	5.91	5.82	5.12

余姚市深层土壤总体呈酸性,土壤pH基准值为5.91,极大值为9.01,极小值为4.35,与宁波市基准值和浙江省基准值接近。

深层土壤各元素/指标中,SiO_2、Ge、La、Ga、Al_2O_3、Rb、Be、Y、Zr、Ti、Zn、Tl、K_2O、Ce、Th、Pb、F、U、Sc、Cd、Li、Nb、Mn、Sb、Sr、Ba变异系数小于0.40,分布相对均匀;S、Mo、CaO、Bi、Corg、pH、W、TC、Cl变异系数大于0.80,空间变异性较大。

与宁波市土壤基准值相比,余姚市土壤基准值中MgO、Au、Hg基准值略高于宁波市基准值,与宁波市基准值比值在1.2~1.4之间;Ni基准值明显偏高,是宁波市基准值的2.11倍;其他元素/指标基准值则与宁波市基准值基本接近。

与浙江省土壤基准值相比,余姚市土壤基准值中Sr、V基准值略低于浙江省基准值,为浙江省基准值的60%~80%;Au、Bi、F、Mo、Se、Sn、TC、Hg基准值略高于浙江省基准值,为浙江省基准值的1.2~1.4倍,Br、Cl、Cu、i、Ni、P、S、MgO、CaO、Na_2O基准值明显高于浙江省基准值,是浙江省基准值的1.4倍以上;其他元素/指标基准值则与浙江省基准值基本接近。

三、慈溪市土壤地球化学基准值

慈溪市土壤地球化学基准值数据经正态分布检验,结果表明,原始数据中Ag、As、Be、Bi、Br、Cd、Ce、Co、Cr、F、Ga、Ge、I、La、Li、Mn、Nb、Ni、Rb、Sc、Sr、Th、Tl、V、W、Y、Zn、Zr、Al_2O_3、TFe_2O_3、K_2O、TC符合正态分布,Au、Cl、Hg、Mo、N、Pb、S、Sb、Se、Sn、U、Corg符合对数正态分布,B、Ba、Cu、P、Ti、SiO_2、Na_2O、pH剔除异常值后符合正态分布,其他元素/指标不符合正态分布或对数正态分布(表3-3)。

慈溪市深层土壤总体呈碱性,土壤pH基准值为8.18,极大值为9.35,极小值为7.17,明显高于宁波市基准值和浙江省基准值。

各元素/指标中,多数元素/指标变异系数在0.40以下,说明分布较为均匀;其中Cl、S、Au、pH变异系数大于0.80,空间变异性较大。

与宁波市土壤基准值相比,慈溪市土壤基准值中多数元素/指标基准值与宁波市基准值基本接近;Mo、Se基准值明显低于宁波市基准值,低于宁波省基准值的60%;Tl、Ba、U、Nb基准值略低于宁波市基准值,为宁波基准值的60%~80%;Cu、Sr、Au基准值略高于宁波市基准值,与宁波市基准值比值在1.2~1.4之间;P、Cl、CaO、Na_2O、TC、MgO、Ni基准值明显高于宁波市基准值,与宁波市基准值比值在1.4以上,其中MgO、Ni基准值为宁波市基准值的2.0倍以上。

与浙江省土壤基准值相比,慈溪市土壤基准值中Se基准值明显低于浙江省基准值,为浙江省基准值57.1%;U基准值略低于浙江省基准值,为浙江省基准值的75.8%;Bi、F、N、S、Sc、Sn基准值略高于浙江省基准值,为浙江省基准值的1.2~1.4倍;Au、Br、Cl、Cu、I、Ni、P、MgO、CaO、Na_2O、TC基准值是浙江省基准值的1.4倍以上,其中Br、Cl、Cu、Ni、P、MgO、CaO、Na_2O、TC明显相对富集,基准值是浙江省基准值的2.0倍以上,最高的Na_2O基准值是浙江省基准值的9.38倍。

四、海曙区土壤地球化学基准值

海曙区土壤地球化学基准值数据经正态分布检验,结果表明,原始数据中Ag、Au、Br、Cd、Hg、I、Mo、S、Zn符合对数正态分布,Cl剔除异常值后符合正态分布,其他元素/指标均符合正态分布(表3-4)。

海曙区深层土壤总体呈强酸性,土壤pH基准值为4.81,极大值为7.17,极小值为3.62,与宁波市基准值接近,略低于浙江省基准值。

各元素/指标中,多数元素/指标变异系数在0.40以下,说明分布较为均匀;S、Hg、pH、Au变异系数大于0.80,空间变异性较大。

与宁波市土壤基准值相比,海曙区土壤基准值中Cr、B基准值略低于宁波市基准值,在宁波市基准值

第三章 土壤地球化学基准值

表 3-3 慈溪市土壤地球化学基准值参数统计表

元素/指标	N	$X_{5\%}$	$X_{10\%}$	$X_{25\%}$	$X_{50\%}$	$X_{75\%}$	$X_{90\%}$	$X_{95\%}$	$\bar{X}$	S	$\bar{X}_g$	S_g	X_{max}	X_{min}	CV	X_{me}	X_{mo}	分布类型	慈溪市基准值	宁波市基准值	浙江省基准值
Ag	58	43.85	45.70	58.0	64.0	74.8	90.1	99.8	67.2	17.66	65.2	11.06	133	40.00	0.26	64.0	58.0	正态分布	67.2	66.3	70.0
As	58	4.06	5.03	5.92	6.79	8.85	9.33	10.10	7.18	2.03	6.89	3.15	13.68	3.31	0.28	6.79	6.77	正态分布	7.18	6.35	6.83
Au	58	1.09	1.13	1.23	1.52	1.80	2.16	2.87	1.78	1.45	1.59	1.58	11.97	0.93	0.82	1.52	1.80	对数正态分布	1.59	1.25	1.10
B	54	59.6	62.0	65.5	71.0	79.0	83.4	85.3	72.0	8.39	71.5	11.78	87.0	51.0	0.12	71.0	70.0	剔除后正态分布	72.0	75.0	73.0
Ba	52	409	413	427	444	459	482	519	447	30.26	446	33.33	524	398	0.07	444	452	剔除后正态分布	447	575	482
Be	58	1.92	1.98	2.05	2.21	2.45	2.72	2.89	2.28	0.32	2.26	1.61	3.59	1.85	0.14	2.21	2.07	正态分布	2.28	2.41	2.31
Bi	58	0.23	0.24	0.27	0.31	0.38	0.43	0.46	0.33	0.09	0.32	2.07	0.68	0.12	0.28	0.31	0.31	正态分布	0.33	0.32	0.24
Br	58	1.76	1.97	2.73	3.60	4.75	5.76	6.30	3.93	2.01	3.56	2.32	14.92	1.50	0.51	3.60	4.00	正态分布	3.93	4.00	1.50
Cd	58	0.09	0.10	0.10	0.12	0.13	0.15	0.16	0.12	0.03	0.12	3.49	0.25	0.07	0.25	0.12	0.11	正态分布	0.12	0.11	0.11
Ce	58	62.1	62.7	65.3	70.0	78.6	84.1	88.9	71.9	10.49	71.2	11.58	109	38.97	0.15	70.0	79.0	正态分布	71.9	84.1	84.1
Cl	58	55.0	65.7	77.2	96.5	139	350	539	199	386	122	17.46	2834	37.00	1.94	96.5	87.0	对数正态分布	122	77.5	39.00
Co	58	8.58	11.23	12.35	13.77	15.82	16.89	17.60	13.71	2.98	13.29	4.60	19.56	4.70	0.22	13.77	14.20	正态分布	13.71	11.75	11.90
Cr	58	53.1	59.0	65.5	75.2	81.5	90.9	96.3	73.9	15.83	71.7	11.87	112	23.00	0.21	75.2	80.0	正态分布	73.9	76.0	71.0
Cu	53	13.19	17.08	20.26	22.76	26.43	29.41	32.47	22.96	5.37	22.28	6.04	36.11	10.26	0.23	22.76	20.30	剔除后正态分布	22.96	17.15	11.20
F	58	455	503	527	583	666	703	731	594	97.4	586	39.15	888	274	0.16	583	527	正态分布	594	525	431
Ga	58	14.43	14.98	15.82	17.16	18.93	20.11	20.71	17.38	2.10	17.26	5.13	23.70	12.39	0.12	17.16	17.00	正态分布	17.38	19.37	18.92
Ge	58	1.22	1.24	1.31	1.48	1.56	1.60	1.60	1.44	0.14	1.43	1.26	1.69	1.20	0.10	1.48	1.60	正态分布	1.44	1.49	1.50
Hg	58	0.04	0.04	0.04	0.05	0.06	0.09	0.10	0.06	0.02	0.05	5.68	0.18	0.03	0.44	0.05	0.05	对数正态分布	0.05	0.05	0.048
I	58	1.75	2.18	3.73	5.22	7.22	8.95	9.50	5.55	2.65	4.87	2.81	12.25	1.24	0.48	5.22	4.62	正态分布	5.55	4.82	3.86
La	58	33.79	35.40	37.47	39.23	41.49	45.74	47.39	39.69	4.82	39.40	8.29	55.6	23.51	0.12	39.23	37.60	正态分布	39.69	42.37	41.00
Li	58	26.52	35.04	38.17	43.05	46.15	51.4	54.4	42.10	8.25	41.11	8.62	58.0	17.80	0.20	43.05	39.80	正态分布	42.10	36.48	37.51
Mn	58	489	546	612	720	785	859	936	713	177	692	43.09	1397	259	0.25	720	750	正态分布	713	735	713
Mo	58	0.40	0.43	0.44	0.49	0.57	0.72	0.87	0.58	0.39	0.54	1.66	3.37	0.37	0.68	0.49	0.44	对数正态分布	0.58	0.91	0.62
N	58	0.45	0.46	0.50	0.57	0.69	0.87	1.11	0.63	0.21	0.60	1.50	1.36	0.35	0.33	0.57	0.55	对数正态分布	0.63	0.62	0.49
Nb	58	13.03	13.55	14.62	16.07	17.55	19.46	19.70	16.22	2.23	16.07	4.94	22.30	12.13	0.14	16.07	17.40	正态分布	16.22	20.19	19.60
Ni	58	11.67	26.47	29.70	32.90	36.42	40.49	42.18	32.00	8.12	30.30	7.51	46.10	5.50	0.25	32.90	32.80	正态分布	32.00	12.90	11.00
P	51	0.47	0.51	0.60	0.65	0.69	0.75	0.79	0.64	0.10	0.63	1.37	0.84	0.34	0.15	0.65	0.67	剔除后正态分布	0.64	0.37	0.24
Pb	58	18.49	19.02	20.83	23.35	26.59	32.32	35.82	25.24	8.07	24.38	6.24	70.1	16.24	0.32	23.35	23.44	对数正态分布	24.38	29.39	30.00

续表3-3

元素/指标	N	$X_{5\%}$	$X_{10\%}$	$X_{25\%}$	$X_{50\%}$	$X_{75\%}$	$X_{90\%}$	$X_{95\%}$	$\bar{X}$	S	$\bar{X}_g$	S_g	X_{max}	X_{min}	CV	X_{me}	X_{mo}	分布类型	慈溪市基准值	宁波市基准值	浙江省基准值
Rb	58	94.7	96.2	107	115	130	147	150	120	20.94	118	15.34	211	89.7	0.17	115	96.3	正态分布	120	137	128
S	58	76.1	81.7	88.0	108	172	385	938	211	269	143	19.09	1299	69.0	1.28	108	149	对数正态分布	143	150	114
Sb	58	0.40	0.40	0.42	0.47	0.54	0.57	0.70	0.50	0.12	0.49	1.60	1.11	0.38	0.23	0.47	0.40	对数正态分布	0.49	0.52	0.53
Sc	58	9.73	10.02	10.90	12.03	13.17	13.66	13.82	11.85	1.74	11.70	4.16	15.12	5.90	0.15	12.03	10.90	正态分布	11.85	10.88	9.70
Se	58	0.05	0.06	0.08	0.11	0.17	0.34	0.42	0.16	0.12	0.12	4.07	0.53	0.04	0.76	0.11	0.08	对数正态分布	0.12	0.23	0.21
Sn	58	2.42	2.65	2.98	3.29	4.11	4.84	6.51	3.74	1.42	3.56	2.20	9.79	2.26	0.38	3.29	3.73	对数正态分布	3.56	3.11	2.60
Sr	58	66.3	82.9	102	134	148	163	165	126	33.33	120	16.21	173	29.00	0.26	134	144	正态分布	126	96.8	112
Th	58	10.36	10.81	11.34	12.44	13.63	16.00	17.13	12.93	2.48	12.72	4.30	22.30	7.90	0.19	12.44	11.24	剔除后正态分布	12.93	15.00	14.50
Ti	54	4036	4135	4299	4410	4592	4824	4860	4456	254	4449	125	4947	3971	0.06	4410	4410	正态分布	4456	4590	4602
Tl	58	0.51	0.53	0.59	0.67	0.75	0.85	0.87	0.69	0.15	0.67	1.37	1.38	0.43	0.22	0.67	0.68	正态分布	0.69	0.90	0.82
U	58	1.86	1.88	2.01	2.19	2.55	3.40	4.35	2.47	0.78	2.38	1.73	5.39	1.79	0.32	2.19	1.88	对数正态分布	2.38	3.05	3.14
V	58	64.7	78.7	83.2	93.5	100.0	110	113	91.8	16.27	89.9	13.49	123	31.00	0.18	93.5	92.0	正态分布	91.8	86.0	110
W	58	1.35	1.41	1.55	1.72	1.91	2.11	2.26	1.74	0.28	1.72	1.41	2.52	1.19	0.16	1.72	1.55	正态分布	1.74	1.92	1.93
Y	58	20.24	21.06	22.84	24.63	26.20	28.00	29.57	24.54	2.83	24.38	6.27	31.04	17.33	0.12	24.63	25.00	正态分布	24.54	25.86	26.13
Zn	58	65.0	66.4	73.0	79.5	84.8	91.3	93.4	79.4	10.70	78.7	12.19	117	48.00	0.13	79.5	82.0	正态分布	79.4	82.0	77.4
Zr	58	207	220	227	239	266	284	300	250	41.43	247	23.90	477	195	0.17	239	220	正态分布	250	275	287
SiO$_2$	50	63.0	63.1	64.5	65.3	66.0	66.5	67.0	65.1	1.27	65.1	11.03	67.6	62.2	0.02	65.3	65.4	剔除后正态分布	65.1	67.2	70.5
Al$_2$O$_3$	58	11.93	12.01	13.01	13.59	14.66	15.88	16.46	13.90	1.65	13.81	4.50	19.52	11.58	0.12	13.59	14.64	正态分布	13.90	15.70	14.82
TFe$_2$O$_3$	58	3.95	4.07	4.29	4.71	5.05	5.63	5.89	4.72	0.75	4.65	2.46	6.66	2.32	0.16	4.71	4.70	正态分布	4.72	4.77	4.70
MgO	52	1.52	1.68	2.01	2.11	2.19	2.27	2.30	2.05	0.25	2.03	1.53	2.68	1.33	0.12	2.11	2.14	偏峰分布	2.14	0.79	0.67
CaO	58	0.18	0.54	0.91	3.05	3.74	4.19	4.23	2.47	1.48	1.73	3.06	4.37	0.04	0.60	3.05	0.54	其他分布	0.54	0.36	0.22
Na$_2$O	56	1.04	1.25	1.36	1.52	1.62	1.73	1.78	1.50	0.21	1.48	1.32	1.83	0.97	0.14	1.52	1.52	剔除后正态分布	1.50	1.00	0.16
K$_2$O	58	2.19	2.22	2.38	2.50	2.67	2.86	2.96	2.55	0.30	2.53	1.70	3.65	2.13	0.12	2.50	2.56	正态分布	2.55	2.89	2.99
TC	58	0.46	0.50	0.84	1.01	1.13	1.30	1.41	0.96	0.30	0.91	1.45	1.67	0.32	0.31	1.01	0.89	正态分布	0.96	0.65	0.43
Corg	58	0.25	0.26	0.30	0.34	0.48	0.74	1.14	0.45	0.26	0.40	2.00	1.35	0.22	0.58	0.34	0.30	对数正态分布	0.40	0.44	0.42
pH	47	7.64	8.01	8.25	8.48	8.66	8.95	9.04	8.18	7.94	8.44	3.41	9.35	7.17	0.97	8.48	8.63	剔除后正态分布	8.18	5.82	5.12

第三章 土壤地球化学基准值

表 3-4 海曙区土壤地球化学基准值参数统计表

元素/指标	N	$X_{5\%}$	$X_{10\%}$	$X_{25\%}$	$X_{50\%}$	$X_{75\%}$	$X_{90\%}$	$X_{95\%}$	$\overline{X}$	S	$\overline{X}_g$	S_g	X_{max}	X_{min}	CV	X_{me}	X_{mo}	分布类型	海曙区基准值	宁波市基准值	浙江省基准值
Ag	44	35.75	44.46	59.8	72.7	89.2	133	172	90.1	67.6	76.9	13.47	371	29.00	0.75	72.7	71.0	对数正态分布	76.9	66.3	70.0
As	44	3.32	3.69	4.47	5.81	7.81	9.53	10.49	6.38	2.78	5.86	3.01	16.88	1.93	0.44	5.81	8.71	正态分布	6.38	6.35	6.83
Au	44	0.58	0.65	0.83	1.36	1.98	4.36	5.12	1.84	1.50	1.42	2.14	6.46	0.43	0.82	1.36	0.83	对数正态分布	1.42	1.25	1.10
B	44	17.63	20.47	27.32	47.35	70.0	74.7	78.6	47.77	22.41	42.16	9.52	94.5	15.00	0.47	47.35	70.0	正态分布	47.77	75.0	73.0
Ba	44	490	516	551	621	753	897	923	664	160	646	41.09	1111	355	0.24	621	575	正态分布	664	575	482
Be	44	1.84	1.97	2.31	2.53	2.96	3.26	3.29	2.59	0.47	2.54	1.82	3.37	1.57	0.18	2.53	2.35	正态分布	2.59	2.41	2.31
Bi	44	0.17	0.21	0.26	0.35	0.43	0.54	0.57	0.37	0.18	0.34	2.04	1.28	0.16	0.50	0.35	0.42	对数正态分布	0.37	0.32	0.24
Br	44	1.52	1.77	2.30	3.38	5.75	8.30	10.62	4.48	3.19	3.65	2.63	15.55	0.77	0.71	3.38	1.90	正态分布	3.65	4.00	1.50
Cd	44	0.06	0.07	0.08	0.11	0.14	0.20	0.30	0.13	0.10	0.11	3.72	0.61	0.04	0.75	0.11	0.14	对数正态分布	0.11	0.11	0.11
Ce	44	65.7	68.5	75.3	83.7	90.6	106	119	85.2	19.29	83.1	12.89	158	33.87	0.23	83.7	87.0	正态分布	85.2	84.1	84.1
Cl	39	38.17	40.96	57.1	64.0	78.0	95.2	98.2	66.9	18.91	64.2	11.80	114	32.50	0.28	64.0	62.3	剔除后正态分布	66.9	77.5	39.00
Co	44	7.23	7.42	9.45	11.57	15.83	20.88	21.78	13.10	5.15	12.11	4.70	24.10	4.55	0.39	11.57	15.30	正态分布	13.10	11.75	11.90
Cr	44	17.60	18.96	25.12	46.90	101	120	124	60.6	40.44	47.43	11.27	133	14.60	0.67	46.90	25.20	正态分布	60.6	76.0	71.0
Cu	44	8.61	9.02	11.03	16.41	27.99	36.28	38.94	20.17	10.50	17.69	6.13	44.08	7.50	0.52	16.41	25.38	对数正态分布	20.17	17.15	11.20
F	44	339	352	445	563	657	721	787	549	148	529	38.41	911	300	0.27	563	598	正态分布	549	525	431
Ga	44	17.00	17.63	18.77	20.10	21.32	22.97	24.82	20.26	2.45	20.12	5.63	28.30	14.80	0.12	20.10	20.10	正态分布	20.26	19.37	18.92
Ge	44	1.22	1.26	1.35	1.52	1.66	1.71	1.72	1.49	0.18	1.48	1.30	1.73	1.08	0.12	1.52	1.68	正态分布	1.49	1.49	1.50
Hg	44	0.03	0.03	0.04	0.07	0.11	0.21	0.25	0.10	0.12	0.08	4.89	0.75	0.03	1.14	0.07	0.05	对数正态分布	0.08	0.05	0.048
I	44	1.86	2.53	3.43	4.51	6.36	8.87	17.62	5.80	4.36	4.79	2.72	20.60	1.50	0.75	4.51	5.76	对数正态分布	4.79	4.82	3.86
La	44	29.78	35.38	38.15	42.50	45.85	47.97	52.3	42.27	10.46	41.04	8.69	89.3	15.23	0.25	42.50	42.20	正态分布	42.27	42.37	41.00
Li	44	25.23	27.75	29.86	37.67	55.3	66.5	67.6	43.29	16.34	40.50	9.06	92.8	19.02	0.38	37.67	67.6	正态分布	43.29	36.48	37.51
Mn	44	328	372	460	610	832	935	1048	655	248	611	41.16	1436	291	0.38	610	580	正态分布	655	735	713
Mo	44	0.44	0.48	0.55	0.71	0.88	1.13	1.43	0.82	0.49	0.74	1.58	3.42	0.38	0.60	0.71	0.59	对数正态分布	0.74	0.91	0.62
N	44	0.33	0.34	0.47	0.61	0.89	1.33	1.55	0.75	0.41	0.66	1.68	2.02	0.31	0.54	0.61	0.77	正态分布	0.75	0.62	0.49
Nb	44	17.47	18.00	18.91	19.85	21.87	23.96	28.29	20.88	3.19	20.67	5.67	32.24	16.07	0.15	19.85	21.80	正态分布	20.88	20.19	19.60
Ni	44	8.32	9.35	12.08	18.38	38.38	45.54	47.47	24.29	14.30	20.17	6.87	48.40	5.27	0.59	18.38	24.31	正态分布	24.29	12.90	11.00
P	44	0.20	0.23	0.29	0.41	0.51	0.60	0.71	0.41	0.17	0.38	1.95	0.87	0.09	0.41	0.41	0.41	正态分布	0.41	0.37	0.24
Pb	44	22.49	23.75	25.60	30.15	36.23	40.23	42.93	31.38	8.91	30.26	7.39	67.4	13.00	0.28	30.15	30.88	正态分布	31.38	29.39	30.00

35

续表 3-4

元素/指标	N	$X_{5\%}$	$X_{10\%}$	$X_{25\%}$	$X_{50\%}$	$X_{75\%}$	$X_{90\%}$	$X_{95\%}$	$\bar{X}$	S	$\bar{X}_g$	S_g	X_{max}	X_{min}	CV	X_{me}	X_{mo}	分布类型	海曙区基准值	宁波市基准值	浙江省基准值
Rb	44	113	118	130	140	155	165	169	141	19.43	140	17.33	196	99.2	0.14	140	144	正态分布	141	137	128
S	44	89.2	100.0	123	161	314	520	2056	434	818	222	27.76	4243	73.8	1.88	161	448	对数正态分布	222	150	114
Sb	44	0.38	0.40	0.47	0.56	0.64	0.74	0.89	0.59	0.22	0.56	1.57	1.71	0.37	0.37	0.56	0.49	正态分布	0.59	0.52	0.53
Sc	44	7.80	8.15	9.22	11.18	15.22	17.00	17.29	12.06	3.44	11.58	4.37	17.60	5.27	0.29	11.18	17.00	正态分布	12.06	10.88	9.70
Se	44	0.17	0.18	0.21	0.24	0.31	0.36	0.50	0.27	0.10	0.26	2.32	0.59	0.15	0.37	0.24	0.23	正态分布	0.27	0.23	0.21
Sn	44	2.11	2.21	2.69	3.34	4.61	6.70	8.72	3.97	2.13	3.55	2.52	11.75	1.25	0.54	3.34	4.01	正态分布	3.97	3.11	2.60
Sr	44	41.62	52.9	82.5	102	114	127	146	97.7	32.31	91.9	14.46	198	33.90	0.33	102	110	正态分布	97.7	96.8	112
Th	44	12.79	13.44	14.32	15.14	17.03	19.46	22.36	16.09	3.30	15.80	4.87	29.38	9.52	0.21	15.14	14.90	正态分布	16.09	15.00	14.50
Ti	44	3308	3980	4326	4814	5248	5636	5760	4828	837	4756	132	7155	2944	0.17	4814	4829	正态分布	4828	4590	4602
Tl	44	0.73	0.78	0.82	0.90	0.97	1.04	1.07	0.91	0.12	0.90	1.16	1.31	0.71	0.13	0.90	0.91	正态分布	0.91	0.90	0.82
U	44	2.27	2.34	2.65	3.10	3.46	3.83	4.30	3.14	0.66	3.08	1.91	4.99	2.15	0.21	3.10	3.15	正态分布	3.14	3.05	3.14
V	44	51.3	56.1	66.4	79.5	117	137	144	91.3	31.67	86.0	13.82	150	42.10	0.35	79.5	117	正态分布	91.3	86.0	110
W	44	1.52	1.58	1.77	1.94	2.16	2.34	2.41	2.00	0.47	1.96	1.51	4.36	1.11	0.24	1.94	1.94	正态分布	2.00	1.92	1.93
Y	44	17.74	18.79	21.43	25.97	30.00	31.32	32.98	25.47	5.24	24.91	6.59	34.00	13.60	0.21	25.97	30.00	正态分布	25.47	25.86	26.13
Zn	44	59.2	62.8	71.0	93.8	106	118	148	95.0	39.99	89.0	14.08	292	29.70	0.42	93.8	97.0	对数正态分布	89.0	82.0	77.4
Zr	44	192	199	212	275	320	335	350	268	57.1	262	24.10	376	183	0.21	275	273	正态分布	268	275	287
SiO₂	44	60.9	61.8	63.4	67.1	69.6	72.4	73.5	66.8	4.18	66.7	11.08	75.9	58.1	0.06	67.1	66.8	正态分布	66.8	67.2	70.5
Al₂O₃	44	13.93	14.43	15.46	16.36	17.50	18.98	20.68	16.64	2.02	16.52	5.04	22.87	12.85	0.12	16.36	16.70	正态分布	16.64	15.70	14.82
TFe₂O₃	44	3.42	3.77	4.12	4.79	5.71	6.01	6.37	4.89	1.05	4.77	2.58	8.11	2.37	0.22	4.79	5.19	正态分布	4.89	4.77	4.70
MgO	44	0.52	0.64	0.76	0.94	1.66	1.81	1.88	1.14	0.49	1.04	1.59	1.98	0.38	0.43	0.94	1.67	正态分布	1.14	0.79	0.67
CaO	44	0.09	0.15	0.26	0.43	0.60	0.72	0.85	0.44	0.23	0.37	2.28	0.93	0.06	0.53	0.43	0.57	正态分布	0.44	0.36	0.22
Na₂O	44	0.22	0.44	0.79	1.05	1.21	1.36	1.44	0.97	0.37	0.86	1.83	1.50	0.10	0.38	1.05	1.02	正态分布	0.97	1.00	0.16
K₂O	44	2.23	2.30	2.65	2.90	3.11	3.24	3.27	2.85	0.35	2.82	1.86	3.59	2.14	0.12	2.90	3.23	正态分布	2.85	2.89	2.99
TC	44	0.24	0.29	0.40	0.63	0.88	1.40	1.85	0.77	0.57	0.62	1.95	3.18	0.19	0.75	0.63	0.68	正态分布	0.77	0.65	0.43
Corg	44	0.26	0.30	0.37	0.56	0.80	1.27	1.67	0.71	0.53	0.59	1.88	3.15	0.21	0.75	0.56	0.59	正态分布	0.71	0.44	0.42
pH	44	4.29	4.40	5.07	5.24	6.18	6.74	6.95	4.81	4.42	5.47	2.72	7.17	3.62	0.92	5.24	5.24	正态分布	4.81	5.82	5.12

的60%～80%之间；Sn、CaO基准值略高于宁波市基准值，与宁波市基准值比值在1.2～1.4之间；Ni、Hg、Corg、S、MgO基准值明显高于宁波市基准值，与宁波市基准值比值均大于1.4；其他元素/指标基准值则与宁波市基准值基本接近。

与浙江省土壤基准值相比，海曙区土壤基准值中B基准值略低于浙江省基准值，仅为浙江省基准值的65.4%；Au、Ba、F、I、Sc、Se基准值略高于浙江省基准值，与浙江省基准值比值在1.2～1.4之间；Bi、Br、Cl、Cu、Hg、N、Ni、P、S、Sn、MgO、CaO、Na₂O、TC、Corg基准值明显高于浙江省基准值，是浙江省基准值的1.4倍以上，其中CaO、Br、Ni、Na₂O明显相对富集，基准值是浙江省基准值的2.0倍以上；其他元素/指标基准值则与浙江省基准值基本接近。

五、江北区土壤地球化学基准值

江北区土壤采集深层土壤样品12件，具体统计参数如表3-5所示。

江北区深层土壤总体呈酸性，土壤pH基准值为5.69，极大值为7.81，极小值为3.22，接近于宁波市基准值和浙江省基准值。

各元素/指标中，多数元素/指标变异系数在0.40以下，说明分布较为均匀；S、pH变异系数大于0.80，空间变异性较大。

与宁波市土壤基准值相比，江北区土壤基准值中Mn、I基准值明显低于宁波市基准值，不足宁波市基准值的60%；Zr、Mo、La基准值略低于宁波市基准值，为宁波市基准值的60%～80%；Be、Sc、F、Br、Sn、As、Zn基准值略高于宁波市基准值，与宁波市基准值比值在1.2～1.4之间；S、Ni、Corg、MgO、TC、N、Cu、Li、Cl、CaO、Au、V、Bi、Cr、Co、Hg明显相对富集，基准值均为宁波市基准值的1.4倍以上，其中S、Ni、Corg、MgO、TC、N基准值是宁波市基准值的2.0倍以上，最高的S基准值是宁波市基准值的7.86倍；其他元素/指标基准值则与宁波市基准值基本接近。

与浙江省土壤基准值相比，江北区土壤基准值中Mn基准值明显于浙江省基准值，为浙江省基准值的55.3%；Zr、I基准值略低于浙江省基准值，为浙江省基准值的60%～80%；Be、Rb、Se、V、Zn略高于浙江省基准值，与浙江省基准值比值在1.2～1.4之间；Au、Bi、Br、Cl、Co、Cr、Cu、F、Li、N、Ni、P、S、Sc、Sn、MgO、CaO、Na₂O、TC、Corg、Hg基准值明显高于浙江省基准值，是浙江省基准值的1.4倍以上，其中Bi、Br、Cl、Cu、N、Ni、S、MgO、CaO、Na₂O、TC、Corg明显相对富集，基准值是浙江省基准值的2.0倍以上，最高的S基准值是浙江省基准值的10.34倍；其他元素/指标基准值则与浙江省基准值基本接近。

六、镇海区土壤地球化学基准值

镇海区土壤采集深层土壤样品12件，具体统计参数如表3-6所示。

镇海区深层土壤总体呈中性，土壤pH基准值为7.17，极大值为8.58，极小值为4.74，略高于宁波市基准值，明显高于浙江省基准值。

各元素/指标中，多数元素/指标变异系数在0.40以下，说明分布较为均匀；而Cl、Hg、S、CaO、pH、Corg变异系数大于0.80，空间变异性较大。

与宁波市土壤基准值相比，镇海区土壤基准值中Mo、Zr基准值略低于宁波市基准值，为宁波市基准值的60%～80%；Sc、Sn、TC、As、Mn、Cl、Corg、Cd、Ag、Be、Zn、F基准值略高于宁波市基准值，与宁波市基准值比值在1.2～1.4之间；Ni、MgO、CaO、Cu、Au、Li、Hg、Co、Bi、N、Cr、V、P明显相对富集，基准值均为宁波市基准值的1.4倍以上，其中Ni、MgO、CaO基准值是宁波市基准值的2.0倍以上，最高的Ni基准值为宁波市基准值的3.24倍；其他元素/指标基准值与宁波市基准值基本接近。

与浙江省土壤基准值相比，镇海区土壤基准值中Zr基准值略低于浙江省基准值，为浙江省基准值的74.6%；As、Be、Cd、Mn、S、Zn、TFe₂O₃、Ag基准值略高于浙江省基准值，与浙江省基准值比值在1.2～1.4

表 3-5 江北区土壤地球化学基准值参数统计表

元素/指标	N	$X_{5\%}$	$X_{10\%}$	$X_{25\%}$	$X_{50\%}$	$X_{75\%}$	$X_{90\%}$	$X_{95\%}$	$\overline{X}$	S	$\overline{X}_g$	S_g	X_{max}	X_{min}	CV	X_{me}	X_{mo}	江北区基准值	宁波市基准值	浙江省基准值
Ag	12	56.4	60.2	68.8	78.0	114	123	125	86.5	26.68	82.9	12.53	127	52.0	0.31	78.0	71.0	78.0	66.3	70.0
As	12	3.76	4.93	6.47	7.63	8.71	10.73	11.42	7.58	2.54	7.10	3.04	11.99	2.49	0.33	7.63	8.71	7.63	6.35	6.83
Au	12	1.32	1.49	1.79	1.96	2.96	4.34	4.52	2.47	1.17	2.25	1.82	4.66	1.14	0.47	1.96	2.70	1.96	1.25	1.10
B	12	48.20	59.1	60.8	71.0	73.0	74.8	76.8	66.2	11.70	64.9	10.38	79.0	35.00	0.18	71.0	71.0	71.0	75.0	73.0
Ba	12	460	465	483	502	529	659	678	526	74.9	521	34.84	684	456	0.14	502	529	502	575	482
Be	12	2.25	2.31	2.91	3.10	3.18	3.27	3.40	2.98	0.39	2.96	1.86	3.55	2.24	0.13	3.10	3.01	3.10	2.41	2.31
Bi	12	0.33	0.36	0.44	0.49	0.51	0.52	0.53	0.46	0.07	0.46	1.60	0.54	0.30	0.16	0.49	0.51	0.49	0.32	0.24
Br	12	2.06	2.24	3.50	5.20	7.53	9.04	11.09	5.81	3.29	5.01	2.94	13.40	2.00	0.57	5.20	3.50	5.20	4.00	1.50
Cd	12	0.08	0.09	0.09	0.11	0.11	0.14	0.17	0.11	0.04	0.11	3.57	0.21	0.07	0.33	0.11	0.11	0.11	0.11	0.11
Ce	12	55.8	58.1	60.5	67.5	72.8	78.6	84.8	67.9	10.80	67.2	10.93	92.0	53.0	0.16	67.5	70.0	67.5	84.1	84.1
Cl	12	67.2	80.2	108	133	158	188	229	138	59.0	127	15.06	279	54.0	0.43	133	137	133	77.5	39.00
Co	12	9.91	13.73	15.05	16.95	20.15	21.89	23.53	17.07	5.05	16.13	4.84	25.40	5.40	0.30	16.95	17.70	16.95	11.75	11.90
Cr	12	68.1	78.4	92.5	115	121	130	131	106	23.49	103	13.42	132	56.0	0.22	115	102	115	76.0	71.0
Cu	12	14.12	17.94	27.05	32.75	36.69	40.48	51.5	32.16	13.68	29.30	6.83	64.6	9.71	0.43	32.75	31.35	32.75	17.15	11.20
F	12	538	547	570	704	721	752	756	660	86.1	655	38.39	756	531	0.13	704	721	704	525	431
Ga	12	16.11	16.26	17.85	19.65	21.05	21.74	21.98	19.32	2.14	19.21	5.26	22.20	16.00	0.11	19.65	19.50	19.65	19.37	18.92
Ge	12	1.29	1.29	1.36	1.57	1.67	1.73	1.73	1.53	0.18	1.52	1.29	1.73	1.29	0.12	1.57	1.66	1.57	1.49	1.50
Hg	12	0.03	0.04	0.06	0.07	0.14	0.24	0.26	0.11	0.08	0.08	5.87	0.27	0.01	0.77	0.07	0.09	0.07	0.05	0.048
I	12	1.74	1.80	1.91	2.59	3.13	3.31	3.37	2.54	0.64	2.47	1.72	3.44	1.67	0.25	2.59	2.58	2.59	4.82	3.86
La	12	29.12	29.39	30.95	33.60	35.83	44.63	45.59	34.79	5.61	34.41	7.50	45.70	28.90	0.16	33.60	34.80	33.60	42.37	41.00
Li	12	35.42	43.57	52.0	63.6	65.5	66.4	66.9	57.3	12.42	55.6	9.58	67.4	26.40	0.22	63.6	64.8	63.6	36.48	37.51
Mn	12	268	297	369	394	564	743	769	459	173	432	30.65	778	238	0.38	394	416	394	735	713
Mo	12	0.44	0.49	0.53	0.67	0.74	0.85	0.87	0.65	0.16	0.63	1.43	0.88	0.37	0.24	0.67	0.66	0.67	0.91	0.62
N	12	0.47	0.60	1.03	1.27	1.40	1.92	2.07	1.24	0.52	1.12	1.65	2.19	0.34	0.42	1.27	1.23	1.27	0.62	0.49
Nb	12	15.50	16.05	17.93	19.35	19.77	20.72	20.84	18.76	1.84	18.67	5.21	20.90	15.00	0.10	19.35	19.50	19.35	20.19	19.60
Ni	12	23.49	29.08	38.58	44.05	49.88	51.3	52.3	41.62	10.83	39.90	8.00	53.4	17.00	0.26	44.05	41.20	44.05	12.90	11.00
P	12	0.19	0.21	0.28	0.40	0.45	0.45	0.46	0.36	0.11	0.34	2.08	0.47	0.17	0.29	0.40	0.45	0.40	0.37	0.24
Pb	12	25.83	27.96	28.73	31.55	35.00	36.53	37.01	31.68	4.21	31.42	7.06	37.50	23.30	0.13	31.55	30.50	31.55	29.39	30.00

续表 3-5

元素/指标	N	$X_{5\%}$	$X_{10\%}$	$X_{25\%}$	$X_{50\%}$	$X_{75\%}$	$X_{90\%}$	$X_{95\%}$	$\bar{X}$	S	$\bar{X}_g$	S_g	X_{max}	X_{min}	CV	X_{me}	X_{mo}	江北区基准值	宁波市基准值	浙江省基准值
Rb	12	128	139	150	159	161	168	168	153	15.03	153	17.15	168	115	0.10	159	152	159	137	128
S	12	161	280	543	1179	3807	4289	5735	2278	2312	1132	69.0	7494	50.00	1.01	1179	1574	1179	150	114
Sb	12	0.31	0.35	0.47	0.49	0.55	0.58	0.58	0.48	0.10	0.47	1.65	0.58	0.27	0.20	0.49	0.47	0.49	0.52	0.53
Sc	12	11.68	12.81	13.28	15.15	15.62	15.88	16.04	14.37	1.74	14.26	4.43	16.20	10.30	0.12	15.15	15.30	15.15	10.88	9.70
Se	12	0.09	0.15	0.25	0.27	0.33	0.39	0.44	0.28	0.12	0.24	2.77	0.50	0.04	0.42	0.27	0.25	0.27	0.23	0.21
Sn	12	3.26	3.38	3.75	3.90	5.13	7.47	8.00	4.72	1.68	4.50	2.47	8.35	3.14	0.36	3.90	4.63	3.90	3.11	2.60
Sr	12	84.0	89.1	92.2	95.5	105	106	113	97.8	11.06	97.3	13.19	122	78.0	0.11	95.5	95.0	95.5	96.8	112
Th	12	12.15	12.25	12.93	13.65	14.43	14.59	16.13	13.83	1.56	13.75	4.45	18.00	12.10	0.11	13.65	13.80	13.65	15.00	14.50
Ti	12	4302	4420	4998	5202	5420	5624	5682	5132	464	5111	124	5731	4212	0.09	5202	5147	5202	4590	4602
Tl	12	0.79	0.87	0.88	0.89	0.94	0.96	0.99	0.90	0.08	0.89	1.11	1.03	0.69	0.09	0.89	0.89	0.89	0.90	0.82
U	12	2.24	2.42	2.48	2.56	2.80	3.31	3.41	2.67	0.40	2.65	1.79	3.46	2.01	0.15	2.56	2.50	2.56	3.05	3.14
V	12	80.8	94.4	114	134	138	140	142	123	23.64	120	14.81	144	66.0	0.19	134	138	134	86.0	110
W	12	1.71	1.89	1.94	2.03	2.08	2.24	2.27	2.01	0.20	2.00	1.51	2.28	1.51	0.10	2.03	2.03	2.03	1.92	1.93
Y	12	24.55	25.00	25.00	26.00	28.50	30.00	31.80	27.17	2.89	27.04	6.47	34.00	24.00	0.11	26.00	26.00	26.00	25.86	26.13
Zn	12	71.3	74.1	87.0	98.0	103	109	110	93.8	14.30	92.7	12.74	111	68.0	0.15	98.0	98.0	98.0	82.0	77.4
Zr	12	178	183	192	198	225	237	254	208	28.18	206	20.58	274	173	0.14	198	206	198	275	287
SiO_2	12	60.0	60.9	61.3	62.3	66.1	67.5	68.7	63.5	3.33	63.4	10.49	70.1	59.0	0.05	62.3	63.1	62.3	67.2	70.5
Al_2O_3	12	14.62	15.30	16.42	17.02	17.34	17.65	17.72	16.65	1.18	16.61	4.90	17.80	13.82	0.07	17.02	17.65	17.02	15.70	14.82
TFe_2O_3	12	3.67	4.38	4.74	5.61	6.17	6.85	7.07	5.47	1.21	5.33	2.55	7.25	2.84	0.22	5.61	5.57	5.61	4.77	4.70
MgO	12	1.22	1.30	1.70	1.77	1.81	1.82	1.82	1.68	0.23	1.66	1.35	1.83	1.16	0.14	1.77	1.81	1.77	0.79	0.67
CaO	12	0.48	0.49	0.50	0.57	0.60	0.71	0.99	0.62	0.23	0.60	1.51	1.33	0.46	0.37	0.57	0.59	0.57	0.36	0.22
Na_2O	12	0.99	1.00	1.11	1.19	1.27	1.37	1.47	1.20	0.17	1.19	1.17	1.60	0.98	0.14	1.19	1.20	1.19	1.00	0.16
K_2O	12	2.59	2.71	2.91	3.01	3.14	3.19	3.22	2.97	0.24	2.96	1.86	3.26	2.44	0.08	3.01	2.97	3.01	2.89	2.99
TC	12	0.53	0.76	1.05	1.42	1.89	2.96	3.38	1.61	0.99	1.33	2.02	3.78	0.26	0.62	1.42	1.61	1.42	0.65	0.43
Corg	12	0.30	0.45	0.89	1.21	1.82	2.92	3.24	1.47	1.01	1.10	2.39	3.52	0.13	0.69	1.21	1.67	1.21	0.44	0.42
pH	12	3.26	3.33	3.88	5.69	6.50	7.06	7.41	3.91	3.67	5.36	2.59	7.81	3.22	0.94	5.69	5.15	5.69	5.82	5.12

表 3-6 镇海区土壤地球化学基准值参数统计表

元素/指标	N	$X_{5\%}$	$X_{10\%}$	$X_{25\%}$	$X_{50\%}$	$X_{75\%}$	$X_{90\%}$	$X_{95\%}$	$\overline{X}$	S	$\overline{X}_g$	S_g	X_{max}	X_{min}	CV	X_{me}	X_{mo}	镇海区基准值	宁波市基准值	浙江省基准值
Ag	12	68.1	69.2	75.5	84.0	136	160	170	106	40.68	99.7	14.51	182	67.0	0.38	84.0	121	84.0	66.3	70.0
As	12	5.66	6.40	7.34	8.47	10.32	12.10	15.02	9.28	3.51	8.77	3.54	18.40	4.80	0.38	8.47	9.45	8.47	6.35	6.83
Au	12	1.65	1.84	2.00	2.28	3.11	3.75	4.71	2.71	1.20	2.52	1.92	5.84	1.43	0.44	2.28	2.45	2.28	1.25	1.10
B	12	47.05	61.8	70.5	74.0	77.5	81.7	82.0	70.6	14.05	68.7	10.73	82.0	30.00	0.20	74.0	82.0	74.0	75.0	73.0
Ba	12	477	480	482	500	551	678	764	551	114	542	36.22	857	474	0.21	500	480	500	575	482
Be	12	2.69	2.73	2.87	3.04	3.15	3.19	3.28	3.00	0.21	3.00	1.87	3.39	2.65	0.07	3.04	3.00	3.04	2.41	2.31
Bi	12	0.36	0.38	0.45	0.48	0.59	0.79	0.82	0.53	0.16	0.51	1.56	0.82	0.33	0.29	0.48	0.46	0.48	0.32	0.24
Br	12	2.08	2.38	3.25	3.85	4.55	7.94	10.86	4.79	3.32	4.10	2.58	14.00	1.80	0.69	3.85	4.70	3.85	4.00	1.50
Cd	12	0.09	0.10	0.11	0.14	0.19	0.23	0.27	0.16	0.07	0.15	3.04	0.32	0.08	0.43	0.14	0.16	0.14	0.11	0.11
Ce	12	65.7	67.7	74.8	84.0	87.0	90.9	94.1	81.8	10.00	81.2	12.14	98.0	64.0	0.12	84.0	84.0	84.0	84.1	84.1
Cl	12	50.4	54.7	73.0	100.0	126	145	1135	282	650	117	16.97	2344	46.00	2.30	100.0	145	100.0	77.5	39.00
Co	12	13.40	13.87	14.80	17.85	21.50	22.85	23.04	18.19	3.89	17.80	5.05	23.20	12.90	0.21	17.85	19.70	17.85	11.75	11.90
Cr	12	74.5	75.4	95.5	110	116	128	131	106	19.86	104	13.50	133	74.0	0.19	110	109	110	76.0	71.0
Cu	12	19.29	23.01	29.07	33.84	36.30	39.54	51.2	34.16	12.01	32.38	7.18	65.5	15.49	0.35	33.84	33.90	33.84	17.15	11.20
F	12	568	601	627	642	725	792	809	675	89.7	670	39.16	830	531	0.13	642	627	642	525	431
Ga	12	16.67	16.91	18.05	19.80	21.73	22.07	22.33	19.74	2.17	19.63	5.39	22.60	16.40	0.11	19.80	19.70	19.80	19.37	18.92
Ge	12	1.30	1.35	1.52	1.62	1.66	1.68	1.70	1.56	0.15	1.56	1.31	1.73	1.24	0.09	1.62	1.66	1.62	1.49	1.50
Hg	12	0.04	0.04	0.06	0.08	0.14	0.28	0.35	0.13	0.12	0.09	4.60	0.41	0.02	0.91	0.08	0.12	0.08	0.05	0.048
I	12	1.27	1.39	2.56	3.95	4.96	5.56	6.57	3.86	1.93	3.36	2.41	7.77	1.17	0.50	3.95	3.88	3.95	4.82	3.86
La	12	33.93	34.35	36.45	40.65	42.08	47.25	47.84	40.12	4.66	39.88	8.16	47.90	33.60	0.12	40.65	40.50	40.65	42.37	41.00
Li	12	38.70	46.41	54.1	59.5	62.0	63.5	66.4	56.4	10.44	55.3	9.49	69.9	29.90	0.19	59.5	61.9	59.5	36.48	37.51
Mn	12	486	551	661	950	1248	1717	1829	1027	464	935	48.47	1909	420	0.45	950	989	950	735	713
Mo	12	0.47	0.51	0.56	0.66	0.74	0.83	0.88	0.67	0.14	0.65	1.36	0.92	0.42	0.22	0.66	0.66	0.66	0.91	0.62
N	12	0.56	0.61	0.66	0.92	1.12	1.42	1.57	0.96	0.38	0.89	1.45	1.73	0.52	0.39	0.92	0.66	0.92	0.62	0.49
Nb	12	16.05	16.13	17.15	20.10	21.15	22.92	23.50	19.57	2.71	19.40	5.39	24.00	16.00	0.14	20.10	19.70	20.10	20.19	19.60
Ni	12	25.97	29.04	37.27	41.80	46.77	50.3	52.2	40.98	9.05	39.93	7.89	54.3	23.00	0.22	41.80	40.30	41.80	12.90	11.00
P	12	0.28	0.30	0.43	0.54	0.60	0.74	0.88	0.54	0.21	0.51	1.74	1.04	0.26	0.39	0.54	0.52	0.54	0.37	0.24
Pb	12	25.83	26.46	30.45	34.50	42.38	42.78	47.70	35.97	8.15	35.17	7.79	53.7	25.50	0.23	34.50	35.80	34.50	29.39	30.00

40

续表 3-6

元素/指标	N	$X_{5\%}$	$X_{10\%}$	$X_{25\%}$	$X_{50\%}$	$X_{75\%}$	$X_{90\%}$	$X_{95\%}$	$\bar{X}$	S	$\bar{X}_g$	S_g	X_{max}	X_{min}	CV	X_{me}	X_{mo}	镇海区基准值	宁波市基准值	浙江省基准值
Rb	12	139	144	152	153	155	161	178	155	15.47	155	17.47	199	134	0.10	153	154	153	137	128
S	12	82.7	102	114	159	422	1217	1693	462	641	245	31.28	2185	59.0	1.39	159	380	159	150	114
Sb	12	0.47	0.49	0.49	0.55	0.75	0.87	1.01	0.65	0.22	0.62	1.46	1.17	0.45	0.34	0.55	0.49	0.55	0.52	0.53
Sc	12	10.51	12.02	13.25	15.15	16.40	17.33	17.67	14.63	2.61	14.39	4.47	18.00	8.80	0.18	15.15	14.90	15.15	10.88	9.70
Se	12	0.15	0.16	0.17	0.24	0.33	0.63	0.69	0.30	0.19	0.26	2.30	0.71	0.15	0.63	0.24	0.26	0.24	0.23	0.21
Sn	12	3.40	3.64	3.90	4.24	5.70	7.83	11.58	5.68	3.61	5.05	2.89	16.13	3.11	0.63	4.24	5.09	4.24	3.11	2.60
Sr	12	61.2	82.9	101	110	119	136	137	106	27.03	101	13.52	138	37.00	0.26	110	112	110	96.8	112
Th	12	12.79	13.65	14.17	16.75	18.25	18.49	19.22	16.19	2.54	16.00	4.90	20.10	11.80	0.16	16.75	14.20	16.75	15.00	14.50
Ti	12	4149	4428	5056	5212	5406	5684	5713	5120	538	5092	124	5737	3872	0.11	5212	5107	5212	4590	4602
Tl	12	0.77	0.79	0.83	0.94	1.03	1.09	1.27	0.97	0.20	0.95	1.20	1.49	0.75	0.21	0.94	0.79	0.94	0.90	0.82
U	12	2.07	2.15	2.30	2.85	3.31	3.83	4.21	2.94	0.79	2.85	1.99	4.66	2.00	0.27	2.85	2.87	2.85	3.05	3.14
V	12	83.0	97.4	111	124	129	133	142	118	21.90	116	14.43	152	66.0	0.19	124	129	124	86.0	110
W	12	1.81	1.82	1.90	1.98	2.40	2.62	2.69	2.15	0.34	2.13	1.58	2.77	1.80	0.16	1.98	1.98	1.98	1.92	1.93
Y	12	19.55	20.60	26.00	30.00	32.00	32.90	33.00	28.25	4.96	27.81	6.51	33.00	19.00	0.18	30.00	32.00	30.00	25.86	26.13
Zn	12	79.1	89.3	95.8	101	106	122	129	102	17.38	101	13.65	137	67.0	0.17	101	103	101	82.0	77.4
Zr	12	176	181	201	214	227	257	300	222	46.52	218	21.51	350	171	0.21	214	220	214	275	287
SiO$_2$	12	55.7	58.8	61.3	62.1	64.9	66.4	67.1	62.3	4.11	62.2	10.38	67.8	52.1	0.07	62.1	62.2	62.1	67.2	70.5
Al$_2$O$_3$	12	15.41	15.46	15.95	16.57	17.02	17.42	17.49	16.50	0.74	16.48	4.88	17.55	15.38	0.05	16.57	16.47	16.57	15.70	14.82
TFe$_2$O$_3$	12	4.35	4.47	5.27	5.71	6.24	6.77	7.17	5.74	0.98	5.66	2.64	7.60	4.23	0.17	5.71	5.80	5.71	4.77	4.70
MgO	12	1.05	1.21	1.55	1.83	2.05	2.32	2.45	1.80	0.49	1.73	1.49	2.60	0.87	0.27	1.83	1.81	1.83	0.79	0.67
CaO	12	0.25	0.41	0.57	0.73	1.22	2.46	3.08	1.15	1.09	0.77	2.79	3.80	0.07	0.95	0.73	0.91	0.73	0.36	0.22
Na$_2$O	12	0.60	0.79	1.06	1.17	1.29	1.38	1.39	1.10	0.29	1.05	1.43	1.39	0.37	0.27	1.17	1.39	1.17	1.00	0.16
K$_2$O	12	2.71	2.80	2.88	2.94	3.06	3.23	3.39	2.99	0.24	2.98	1.86	3.57	2.60	0.08	2.94	2.89	2.94	2.89	2.99
TC	12	0.46	0.51	0.76	0.88	1.29	1.62	2.08	1.08	0.61	0.95	1.66	2.61	0.40	0.57	0.88	1.05	0.88	0.65	0.43
Corg	12	0.28	0.28	0.35	0.60	0.89	1.49	1.93	0.80	0.65	0.62	2.03	2.44	0.27	0.81	0.60	0.78	0.60	0.44	0.42
pH	12	5.06	5.33	5.74	7.17	8.15	8.46	8.52	5.61	5.28	6.92	2.89	8.58	4.74	0.94	7.17	6.93	7.17	5.82	5.12

之间；Hg、Br、Cu、Cr、N、Corg、Au、Ni、Cl、CaO、Co、F、P、Sc、Sn、MgO、Li、Bi、Na_2O、TC 基准值明显高于浙江省基准值，与浙江省基准值比值均大于1.4，其中 Na_2O 富集最为明显，基准值是浙江省基准值的7.31倍。

七、鄞州区土壤地球化学基准值

鄞州区土壤地球化学基准值数据经正态分布检验，结果表明，原始数据中 Bi、Pb、S、W、CaO 共5项元素/指标符合对数正态分布，其他49项元素/指标均符合正态分布（表3-7）。

鄞州区深层土壤总体呈酸性，土壤 pH 基准值为5.23，极大值为8.45，极小值为4.12，接近于宁波市基准值和浙江省基准值。

各元素/指标中，多数元素/指标变异系数在0.40以下，说明分布较为均匀；而 S、pH、Bi 变异系数大于0.80，空间变异性较大。

与宁波市土壤基准值相比，鄞州区土壤基准值中 B 基准值略低于宁波市基准值，仅为宁波市基准值的71%；CaO、Au、Corg、N、Bi、Se、Li、Cd、TC、Co 基准值略高于宁波市基准值，与宁波市基准值比值在1.2~1.4之间；Ni、S、MgO、Cl、Cu、Hg 明显富集，基准值是宁波市基准值的1.4倍以上，其中最高的 Ni 基准值为宁波市基准值的2.21倍；其他元素/指标基准值与宁波市基准值基本接近。

与浙江省土壤基准值相比，鄞州区土壤基准值中 B 基准值略低于浙江省基准值，为浙江省基准值的72.6%；Ba、Cd、Co、F、I、Li、Sc 基准值略高于浙江省基准值，与浙江省基准值比值在1.2~1.4之间；Au、Bi、Br、Cl、Cu、Mo、N、Ni、P、S、Se、Sn、MgO、CaO、Na_2O、TC、Corg、Hg 明显富集，基准值是浙江省基准值的1.4倍以上，其中最高的 Na_2O 基准值为浙江省基准值的6.31倍；其他元素/指标基准值与浙江省基准值基本接近。

八、北仑区土壤地球化学基准值

北仑区土壤地球化学基准值数据经正态分布检验，结果表明，原始数据中 Ag、Au、Cl、I、Pb、Sn 共6项元素/指标符合对数正态分布，Bi、Zn 剔除异常值后符合正态分布，其他元素/指标均符合正态分布（表3-8）。

北仑区深层土壤总体呈弱酸性，土壤 pH 基准值为6.06，极大值为8.53，极小值为5.17，与宁波市基准值和浙江省基准值接近。

各元素/指标中，多数元素/指标变异系数在0.40以下，说明分布较为均匀；而 Cl、Ag、Pb、pH、I、CaO 变异系数不小于0.80，说明空间变异性较大。

与宁波市土壤基准值相比，北仑区土壤基准值中 B 基准值略低于宁波市基准值，为宁波市基准值的74%；Cu、As、Au、P、Na_2O、Bi、Pb、Sn、Hg 基准值为宁波市基准值的1.2~1.4倍；CaO、S、Ni、Cl、MgO、Cd 明显相对富集，基准值为宁波市基准值的1.4倍以上，CaO、S、Ni 基准值是宁波市基准值的2.0倍以上。

与浙江省土壤基准值相比，北仑区土壤基准值中 B 基准值略低于浙江省基准值，为浙江省基准值的76.4%；As、Ba、F、Mn、Pb、Sc、Zn、Corg、Hg 基准值为浙江省基准值的1.2~1.4倍；Au、Bi、Br、Cd、Cl、Cu、Mo、N、Ni、P、S、Sn、MgO、CaO、Na_2O、TC 明显相对富集，基准值为浙江省基准值的1.4倍以上，其中 Br、Cl、Cu、S、Ni、P、S、MgO、CaO、Na_2O 基准值是浙江省基准值的2.0倍以上。

九、奉化区土壤地球化学基准值

奉化区土壤地球化学基准值数据经正态分布检验，结果表明，原始数据中 Ag、As、B、Ba、Be、Ce、Co、F、Ga、Ge、Hg、La、Mn、N、Nb、P、Sb、Sc、Se、Sr、Ti、U、V、Y、Zr、SiO_2、Al_2O_3、TFe_2O_3、CaO、Na_2O、K_2O、TC、Corg 共33项元素/指标符合正态分布，Au、Bi、Br、Cd、Cl、Cr、Cu、I、Mo、Pb、Sn、Th、Tl、W、Zn、MgO、pH 共17项元素/指标符合对数正态分布，Li、Ni、Rb、S 剔除异常值后符合正态分布（表3-9）。

奉化区深层土壤总体呈酸性，土壤 pH 基准值为5.54，极大值为8.17，极小值为4.30，接近于宁波市基

第三章 土壤地球化学基准值

表3-7 鄞州区土壤地球化学基准值参数统计表

元素/指标	N	$X_{5\%}$	$X_{10\%}$	$X_{25\%}$	$X_{50\%}$	$X_{75\%}$	$X_{90\%}$	$X_{95\%}$	$\bar{X}$	S	$\bar{X}_g$	S_g	X_{max}	X_{min}	CV	X_{me}	X_{mo}	分布类型	鄞州区基准值	宁波市基准值	浙江省基准值
Ag	41	42.00	47.00	56.0	69.0	75.0	90.0	104	69.3	19.93	66.7	11.56	140	36.00	0.29	69.0	69.0	正态分布	69.3	66.3	70.0
As	41	5.24	5.30	5.90	7.00	8.90	10.10	12.00	7.48	2.15	7.19	3.19	13.31	3.31	0.29	7.00	6.60	正态分布	7.48	6.35	6.83
Au	41	0.90	1.10	1.20	1.54	2.04	2.59	3.00	1.72	0.63	1.62	1.59	3.46	0.80	0.36	1.54	1.20	正态分布	1.72	1.25	1.10
B	41	23.00	24.00	35.00	51.00	74.00	80.00	82.00	53.0	20.81	48.46	10.18	85.0	17.00	0.39	51.0	49.00	正态分布	53.0	75.0	73.0
Ba	41	481	487	520	565	685	771	818	600	108	591	38.87	888	470	0.18	565	546	对数正态分布	600	575	482
Be	41	2.12	2.24	2.47	2.73	2.99	3.20	3.31	2.72	0.37	2.70	1.82	3.40	2.01	0.14	2.73	2.73	正态分布	2.72	2.41	2.31
Bi	41	0.24	0.24	0.31	0.43	0.47	0.56	0.77	0.49	0.44	0.42	1.93	3.07	0.21	0.91	0.43	0.46	正态分布	0.42	0.32	0.24
Br	41	2.20	2.70	3.00	4.10	4.80	6.00	6.50	4.16	1.42	3.93	2.36	7.70	2.10	0.34	4.10	4.40	正态分布	4.16	4.00	1.50
Cd	41	0.10	0.10	0.11	0.13	0.15	0.19	0.23	0.14	0.05	0.13	3.32	0.32	0.08	0.32	0.13	0.12	正态分布	0.14	0.11	0.11
Ce	41	61.0	70.0	77.1	85.0	90.8	102	103	84.0	12.87	83.0	12.61	110	51.0	0.15	85.0	85.0	正态分布	84.0	84.1	84.1
Cl	41	53.8	56.2	66.1	90.7	136	213	240	114	64.4	99.5	14.72	302	42.77	0.57	90.7	112	正态分布	114	77.5	39.00
Co	41	8.30	8.80	10.90	14.10	17.80	19.50	20.80	14.30	4.46	13.60	4.78	24.30	6.00	0.31	14.10	11.60	正态分布	14.30	11.75	11.90
Cr	41	26.70	31.30	39.76	63.3	114	126	129	75.6	39.84	64.6	12.45	154	19.20	0.53	63.3	121	正态分布	75.6	76.0	71.0
Cu	41	9.20	11.15	13.90	22.58	31.82	34.16	36.39	24.01	14.29	20.99	6.46	92.4	8.33	0.60	22.58	11.91	正态分布	24.01	17.15	11.20
F	41	350	351	423	598	708	721	756	569	149	548	38.51	792	320	0.26	598	721	正态分布	569	525	431
Ga	41	15.90	16.60	17.48	19.40	21.40	22.16	22.20	19.40	2.18	19.28	5.52	24.00	15.10	0.11	19.40	19.40	正态分布	19.40	19.37	18.92
Ge	41	1.41	1.45	1.53	1.60	1.66	1.73	1.73	1.59	0.11	1.58	1.32	1.77	1.31	0.07	1.60	1.73	正态分布	1.59	1.49	1.50
Hg	41	0.04	0.04	0.05	0.07	0.08	0.11	0.13	0.07	0.04	0.07	5.07	0.23	0.03	0.52	0.07	0.05	正态分布	0.07	0.05	0.048
I	41	1.80	1.86	2.21	4.20	6.60	9.50	10.20	4.96	3.11	4.10	2.71	13.65	1.56	0.63	4.20	5.09	正态分布	4.96	4.82	3.86
La	41	32.80	34.00	38.00	41.00	45.00	48.00	49.90	41.55	5.33	41.21	8.45	53.0	30.20	0.13	41.00	41.00	正态分布	41.55	42.37	41.00
Li	41	25.39	26.32	30.88	42.77	61.0	67.3	68.3	46.61	15.76	43.81	9.23	70.8	20.70	0.34	42.77	42.77	正态分布	46.61	36.48	37.51
Mn	41	437	468	532	839	948	1120	1190	818	340	758	44.21	2148	327	0.42	839	818	正态分布	818	735	713
Mo	41	0.43	0.49	0.72	0.92	1.10	1.39	2.24	1.00	0.49	0.90	1.56	2.67	0.38	0.49	0.92	1.10	正态分布	1.00	0.91	0.62
N	41	0.50	0.59	0.68	0.81	0.98	1.18	1.26	0.84	0.24	0.81	1.37	1.40	0.43	0.29	0.81	0.75	正态分布	0.84	0.62	0.49
Nb	41	17.50	18.20	19.20	20.70	22.20	23.80	24.48	20.95	2.43	20.82	5.73	28.05	17.00	0.12	20.70	19.30	正态分布	20.95	20.19	19.60
Ni	41	10.91	12.14	15.00	24.79	41.70	47.30	48.30	28.50	14.24	24.75	7.15	50.4	8.90	0.50	24.79	15.40	正态分布	28.50	12.90	11.00
P	41	0.28	0.30	0.34	0.42	0.49	0.57	0.65	0.43	0.11	0.41	1.78	0.69	0.21	0.26	0.42	0.42	正态分布	0.43	0.37	0.24
Pb	41	26.80	27.20	29.70	31.00	34.90	37.30	41.00	33.46	9.55	32.56	7.37	73.0	22.00	0.29	31.00	31.00	对数正态分布	32.56	29.39	30.00

续表 3-7

元素/指标	N	$X_{5\%}$	$X_{10\%}$	$X_{25\%}$	$X_{50\%}$	$X_{75\%}$	$X_{90\%}$	$X_{95\%}$	$\bar{X}$	S	$\bar{X}_g$	S_g	X_{max}	X_{min}	CV	X_{mc}	X_{mo}	分布类型	鄞州区基准值	宁波市基准值	浙江省基准值
Rb	41	118	124	134	142	154	168	171	144	17.09	143	17.47	175	101	0.12	142	168	正态分布	144	137	128
S	41	85.1	104	131	207	471	786	1386	454	615	271	28.77	3081	62.1	1.35	207	450	对数正态分布	271	150	114
Sb	41	0.47	0.49	0.52	0.55	0.61	0.70	0.71	0.57	0.09	0.57	1.44	0.92	0.40	0.16	0.55	0.52	正态分布	0.57	0.52	0.53
Sc	41	7.50	9.10	10.10	11.90	15.60	17.00	17.30	12.71	3.36	12.26	4.44	19.50	6.40	0.26	11.90	11.40	正态分布	12.71	10.88	9.70
Se	41	0.16	0.18	0.23	0.27	0.33	0.39	0.49	0.30	0.14	0.28	2.29	0.96	0.14	0.46	0.27	0.36	正态分布	0.30	0.23	0.21
Sn	41	2.20	2.40	3.00	3.59	4.60	4.89	5.49	3.67	1.15	3.50	2.23	7.20	1.80	0.31	3.59	3.10	正态分布	3.67	3.11	2.60
Sr	41	58.9	67.1	76.8	97.6	107	122	126	95.9	25.56	92.5	13.78	186	39.78	0.27	97.6	97.2	正态分布	95.9	96.8	112
Th	41	11.60	12.50	13.70	14.50	15.70	17.00	17.20	14.73	1.75	14.62	4.65	18.80	11.00	0.12	14.50	14.40	正态分布	14.73	15.00	14.50
Ti	41	4038	4286	4767	5067	5298	5442	5583	4950	518	4922	133	5837	3543	0.10	5067	5383	正态分布	4950	4590	4602
Tl	41	0.76	0.80	0.83	0.93	1.01	1.20	1.24	0.95	0.16	0.94	1.18	1.44	0.68	0.17	0.93	0.96	正态分布	0.95	0.90	0.82
U	41	2.24	2.45	2.60	2.98	3.20	3.50	3.70	2.94	0.45	2.91	1.86	3.90	2.09	0.15	2.98	3.00	正态分布	2.94	3.05	3.14
V	41	50.5	62.9	72.4	91.4	129	138	140	97.9	30.56	92.9	14.23	143	43.11	0.31	91.4	129	正态分布	97.9	86.0	110
W	41	1.62	1.70	1.86	1.96	2.22	2.57	3.24	2.11	0.48	2.07	1.58	3.82	1.56	0.23	1.96	1.85	对数正态分布	2.07	1.92	1.93
Y	41	23.10	24.00	26.00	28.61	30.28	32.15	32.77	28.24	3.25	28.05	6.79	35.00	21.95	0.12	28.61	29.00	正态分布	28.24	25.86	26.13
Zn	41	63.2	65.7	78.7	89.7	98.0	107	126	89.8	19.61	87.8	13.35	156	56.1	0.22	89.7	91.0	正态分布	89.8	82.0	77.4
Zr	41	192	196	202	248	313	342	355	263	61.2	256	23.97	377	187	0.23	248	272	正态分布	263	275	287
SiO₂	41	60.5	60.5	62.3	67.2	70.6	72.8	73.3	66.6	4.70	66.4	11.07	76.7	59.5	0.07	67.2	67.2	正态分布	66.6	67.2	70.5
Al₂O₃	41	13.12	13.64	14.76	15.96	17.00	17.58	17.77	15.73	1.62	15.65	4.89	19.63	12.95	0.10	15.96	15.35	正态分布	15.73	15.70	14.82
TFe₂O₃	41	3.50	3.93	4.42	5.33	6.01	6.43	6.51	5.18	1.06	5.07	2.64	7.18	2.55	0.20	5.33	4.07	正态分布	5.18	4.77	4.70
MgO	41	0.48	0.55	0.69	1.22	1.78	1.98	2.00	1.25	0.60	1.10	1.72	2.38	0.37	0.48	1.22	0.79	正态分布	1.25	0.79	0.67
CaO	41	0.21	0.21	0.36	0.55	0.62	0.96	1.98	0.61	0.47	0.50	2.13	2.14	0.09	0.77	0.55	0.55	对数正态分布	0.50	0.36	0.22
Na₂O	41	0.39	0.57	0.78	1.05	1.21	1.28	1.37	1.01	0.41	0.94	1.49	2.84	0.36	0.40	1.05	1.21	正态分布	1.01	1.00	0.16
K₂O	41	2.60	2.72	2.86	2.98	3.14	3.30	3.33	2.99	0.26	2.98	1.88	3.78	2.27	0.09	2.98	2.99	正态分布	2.99	2.89	2.99
TC	41	0.52	0.58	0.68	0.82	0.92	1.06	1.14	0.81	0.21	0.79	1.34	1.34	0.41	0.26	0.82	0.62	正态分布	0.81	0.65	0.43
Corg	41	0.37	0.40	0.50	0.60	0.73	1.02	1.10	0.64	0.21	0.61	1.50	1.21	0.32	0.34	0.60	0.65	正态分布	0.64	0.44	0.42
pH	41	4.68	5.12	5.35	5.82	6.91	7.95	8.27	5.23	4.82	6.15	2.85	8.45	4.12	0.92	5.82	6.17	正态分布	5.23	5.82	5.12

表 3-8 北仑区土壤地球化学基准值参数统计表

元素/指标	N	$X_{5\%}$	$X_{10\%}$	$X_{25\%}$	$X_{50\%}$	$X_{75\%}$	$X_{90\%}$	$X_{95\%}$	$\overline{X}$	S	$\overline{X}_g$	S_g	X_{max}	X_{min}	CV	X_{me}	X_{mo}	分布类型	北仑区基准值	宁波市基准值	浙江省基准值
Ag	35	46.10	50.00	60.5	68.7	84.0	111	160	103	163	77.3	12.35	1027	39.55	1.59	68.7	68.0	对数正态分布	77.3	66.3	70.0
As	35	5.38	6.10	7.01	8.10	10.00	10.62	11.49	8.30	2.18	7.96	3.45	13.30	2.24	0.26	8.10	6.10	对数正态分布	8.30	6.35	6.83
Au	35	1.04	1.14	1.34	1.50	1.90	2.46	2.73	1.81	1.15	1.63	1.68	7.80	0.50	0.64	1.50	1.50	正态分布	1.63	1.25	1.10
B	35	32.46	35.00	43.05	55.0	67.5	75.1	78.2	55.8	15.26	53.6	10.19	86.7	30.00	0.27	55.0	55.0	正态分布	55.8	75.0	73.0
Ba	35	450	458	488	551	700	736	760	588	124	575	38.40	861	311	0.21	551	464	正态分布	588	575	482
Be	35	2.18	2.20	2.37	2.48	2.72	3.00	3.14	2.56	0.31	2.54	1.75	3.35	2.09	0.12	2.48	2.46	正态分布	2.56	2.41	2.31
Bi	33	0.24	0.26	0.36	0.41	0.47	0.50	0.52	0.40	0.09	0.39	1.78	0.52	0.19	0.23	0.41	0.47	剔除后正态分布	0.40	0.32	0.24
Br	35	2.34	2.50	3.05	3.80	5.25	6.98	8.93	4.60	2.87	4.06	2.43	17.44	1.72	0.63	3.80	2.50	正态分布	4.60	4.00	1.50
Cd	35	0.08	0.10	0.12	0.15	0.19	0.23	0.27	0.16	0.07	0.15	3.25	0.40	0.04	0.42	0.15	0.15	正态分布	0.16	0.11	0.11
Ce	35	73.5	75.2	78.0	84.0	91.0	100.0	105	85.6	10.00	85.0	12.78	106	66.9	0.12	84.0	89.5	正态分布	85.6	84.1	84.1
Cl	35	57.7	60.9	80.8	100.0	253	413	1170	313	658	151	19.55	3766	54.9	2.11	100.0	300	对数正态分布	151	77.5	39.00
Co	35	8.33	9.37	11.40	13.50	16.77	17.92	18.30	13.76	3.42	13.33	4.64	20.40	7.84	0.25	13.50	12.20	正态分布	13.76	11.75	11.90
Cr	35	28.77	35.27	43.89	62.9	83.0	91.7	109	66.1	27.39	60.4	11.63	135	19.10	0.41	62.9	66.1	正态分布	66.1	76.0	71.0
Cu	35	11.27	13.46	16.96	20.80	27.60	32.15	34.58	22.50	7.77	21.22	6.17	42.74	10.51	0.35	20.80	19.74	正态分布	22.50	17.15	11.20
F	35	367	408	476	587	673	742	778	579	137	564	38.73	894	334	0.24	587	587	对数正态分布	579	525	431
Ga	35	17.59	17.98	18.42	19.60	20.50	22.31	23.10	19.76	1.60	19.70	5.54	23.60	17.37	0.08	19.60	19.60	正态分布	19.76	19.37	18.92
Ge	35	1.35	1.41	1.49	1.53	1.63	1.70	1.71	1.54	0.13	1.54	1.31	1.81	1.17	0.08	1.53	1.53	正态分布	1.54	1.49	1.50
Hg	35	0.03	0.03	0.04	0.05	0.07	0.10	0.12	0.06	0.04	0.05	5.47	0.18	0.01	0.57	0.05	0.06	正态分布	0.06	0.05	0.048
I	35	2.27	2.35	2.60	4.10	6.66	10.07	11.47	5.53	4.61	4.44	2.76	26.02	1.50	0.83	4.10	4.80	对数正态分布	5.53	4.82	3.86
La	35	39.40	40.00	41.00	43.00	46.50	49.11	51.4	44.24	4.91	44.00	8.69	62.4	38.00	0.11	43.00	41.00	正态分布	44.24	42.37	41.00
Li	35	23.88	25.01	30.22	42.97	54.5	59.0	64.2	43.26	13.92	41.01	8.98	71.7	22.23	0.32	42.97	54.5	正态分布	43.26	36.48	37.51
Mn	35	511	530	653	798	1037	1176	1339	865	315	819	46.29	1968	466	0.36	798	847	正态分布	865	735	713
Mo	35	0.58	0.62	0.73	0.87	1.15	1.52	1.71	0.99	0.37	0.93	1.42	2.08	0.50	0.38	0.87	0.74	正态分布	0.99	0.91	0.62
N	35	0.47	0.54	0.61	0.70	0.78	0.91	0.97	0.70	0.15	0.68	1.33	1.02	0.39	0.21	0.70	0.70	正态分布	0.70	0.62	0.49
Nb	35	17.80	17.92	18.67	20.40	22.75	24.60	27.16	20.94	2.85	20.76	5.74	27.64	17.14	0.14	20.40	18.67	正态分布	20.94	20.19	19.60
Ni	35	12.66	14.32	17.74	26.42	39.97	44.31	45.58	28.51	11.98	25.87	7.19	50.4	9.37	0.42	26.42	29.17	正态分布	28.51	12.90	11.00
P	35	0.32	0.34	0.42	0.48	0.57	0.62	0.66	0.49	0.13	0.47	1.68	0.85	0.16	0.27	0.48	0.50	正态分布	0.49	0.37	0.24
Pb	35	25.70	26.40	28.50	30.00	35.72	56.0	76.3	42.90	43.54	36.08	7.84	278	24.67	1.01	30.00	29.00	对数正态分布	36.08	29.39	30.00

续表 3-8

元素/指标	N	$X_{5\%}$	$X_{10\%}$	$X_{25\%}$	$X_{50\%}$	$X_{75\%}$	$X_{90\%}$	$X_{95\%}$	$\bar{X}$	S	$\bar{X}_g$	S_g	X_{max}	X_{min}	CV	X_{me}	X_{mo}	分布类型	北仑区基准值	宁波市基准值	浙江省基准值
Rb	35	112	117	130	136	146	164	171	137	19.60	136	17.00	186	79.9	0.14	136	137	正态分布	137	137	128
S	35	108	115	135	332	713	1010	1219	472	371	338	33.92	1323	99.4	0.79	332	431	正态分布	472	150	114
Sb	35	0.48	0.50	0.53	0.57	0.62	0.69	0.71	0.59	0.14	0.58	1.46	1.29	0.33	0.24	0.57	0.53	正态分布	0.59	0.52	0.53
Sc	35	8.71	9.33	10.20	11.50	14.34	14.91	15.95	12.19	2.65	11.92	4.28	19.80	7.63	0.22	11.50	11.50	正态分布	12.19	10.88	9.70
Se	35	0.11	0.13	0.15	0.22	0.32	0.38	0.44	0.25	0.10	0.23	2.61	0.50	0.10	0.42	0.22	0.22	对数正态分布	0.25	0.23	0.21
Sn	35	2.67	2.93	3.05	3.30	3.85	6.16	7.05	4.05	2.17	3.75	2.35	14.50	2.60	0.54	3.30	3.00	正态分布	3.75	3.11	2.60
Sr	35	73.0	77.5	91.5	107	125	148	161	111	28.68	107	14.43	199	67.7	0.26	107	111	正态分布	111	96.8	112
Th	35	11.96	12.58	14.10	14.85	15.85	16.50	17.30	14.87	1.75	14.77	4.75	20.00	10.80	0.12	14.85	14.70	正态分布	14.87	15.00	14.50
Ti	35	4199	4462	4825	5059	5269	5424	5654	5021	570	4990	133	7037	3638	0.11	5059	5040	正态分布	5021	4590	4602
Tl	35	0.73	0.77	0.81	0.89	0.97	1.19	1.27	0.91	0.17	0.90	1.21	1.31	0.53	0.19	0.89	0.92	正态分布	0.91	0.90	0.82
U	35	2.40	2.47	2.62	2.90	3.29	3.36	3.50	2.95	0.36	2.93	1.90	3.50	2.30	0.12	2.90	3.30	正态分布	2.95	3.05	3.14
V	35	61.9	68.4	80.1	93.7	107	115	129	94.0	21.07	91.7	13.81	150	53.7	0.22	93.7	93.9	正态分布	94.0	86.0	110
W	35	1.61	1.73	1.82	1.91	2.08	2.46	2.54	1.99	0.29	1.97	1.52	2.77	1.53	0.14	1.91	2.02	正态分布	1.99	1.92	1.93
Y	35	25.48	25.91	27.15	28.82	30.90	32.21	33.19	28.96	2.82	28.83	7.01	35.48	21.98	0.10	28.82	28.19	正态分布	28.96	25.86	26.13
Zn	33	69.2	74.5	82.3	95.9	104	119	123	95.0	18.10	93.3	13.44	137	59.3	0.19	95.9	81.5	剔除后正态分布	95.0	82.0	77.4
Zr	35	200	206	237	283	329	367	374	285	59.6	279	25.21	414	192	0.21	283	283	正态分布	285	275	287
SiO$_2$	35	60.1	60.3	62.4	68.4	69.8	71.5	72.2	66.6	4.43	66.5	11.10	74.2	58.6	0.07	68.4	65.8	正态分布	66.6	67.2	70.5
Al$_2$O$_3$	35	13.04	13.21	13.88	14.92	15.33	16.16	17.67	14.80	1.35	14.74	4.69	18.41	12.83	0.09	14.92	14.77	正态分布	14.80	15.70	14.82
TFe$_2$O$_3$	35	3.72	4.37	4.66	5.26	5.80	6.41	6.65	5.28	0.85	5.21	2.65	7.01	3.70	0.16	5.26	5.12	正态分布	5.28	4.77	4.70
MgO	35	0.62	0.64	0.81	1.28	1.94	2.37	2.49	1.43	0.66	1.28	1.68	2.61	0.55	0.46	1.28	1.38	正态分布	1.43	0.79	0.67
CaO	35	0.25	0.34	0.48	0.88	1.39	2.67	2.89	1.14	0.91	0.85	2.20	3.66	0.15	0.80	0.88	0.88	正态分布	1.14	0.36	0.22
Na$_2$O	35	0.85	0.88	1.00	1.15	1.35	1.65	1.82	1.27	0.56	1.20	1.38	3.98	0.61	0.44	1.15	1.07	正态分布	1.27	1.00	0.16
K$_2$O	35	2.53	2.72	2.80	2.91	3.09	3.31	3.57	2.95	0.34	2.93	1.89	3.73	1.75	0.12	2.91	2.91	正态分布	2.95	2.89	2.99
TC	35	0.30	0.50	0.61	0.74	0.94	1.07	1.14	0.76	0.25	0.71	1.61	1.19	0.12	0.33	0.74	0.74	正态分布	0.76	0.65	0.43
Corg	35	0.30	0.38	0.46	0.53	0.60	0.66	0.69	0.52	0.13	0.50	1.63	0.75	0.12	0.25	0.53	0.53	正态分布	0.52	0.44	0.42
pH	35	5.28	5.71	6.02	7.22	7.97	8.33	8.47	6.06	5.77	7.05	3.10	8.53	5.17	0.95	7.22	7.48	正态分布	6.06	5.82	5.12

第三章 土壤地球化学基准值

表3-9 奉化区土壤地球化学基准值参数统计表

元素/指标	N	$X_{5\%}$	$X_{10\%}$	$X_{25\%}$	$X_{50\%}$	$X_{75\%}$	$X_{90\%}$	$X_{95\%}$	$\overline{X}$	S	$\overline{X}_g$	S_g	X_{max}	X_{min}	CV	X_{me}	X_{mo}	分布类型	奉化区基准值	宁波市基准值	浙江省基准值
Ag	87	36.00	40.31	47.34	62.0	74.3	90.3	102	63.3	20.46	60.0	11.16	122	21.00	0.32	62.0	74.0	正态分布	63.3	66.3	70.0
As	87	2.50	2.82	3.48	4.69	7.00	7.95	9.77	5.37	2.76	4.83	2.82	19.16	1.92	0.51	4.69	7.20	正态分布	5.37	6.35	6.83
Au	87	0.40	0.48	0.61	0.80	1.10	1.54	2.00	0.98	0.79	0.84	1.66	7.04	0.36	0.81	0.80	1.10	对数正态分布	0.84	1.25	1.10
B	87	11.21	14.63	19.00	30.38	39.33	55.2	69.7	32.68	17.76	28.48	7.66	96.2	8.09	0.54	30.38	42.00	正态分布	32.68	75.0	73.0
Ba	87	418	444	579	706	869	1057	1141	732	226	697	43.12	1289	276	0.31	706	875	对数正态分布	732	575	482
Be	87	1.79	1.82	1.99	2.19	2.54	3.07	3.40	2.33	0.52	2.28	1.69	4.02	1.45	0.22	2.19	1.82	正态分布	2.33	2.41	2.31
Bi	87	0.17	0.18	0.21	0.26	0.40	0.52	0.76	0.35	0.33	0.29	2.51	2.77	0.03	0.93	0.26	0.26	对数正态分布	0.29	0.32	0.24
Br	87	1.75	2.00	2.30	3.07	4.63	6.38	7.54	3.76	2.01	3.34	2.29	10.52	1.30	0.54	3.07	2.40	对数正态分布	3.34	4.00	1.50
Cd	87	0.04	0.05	0.07	0.11	0.14	0.19	0.24	0.12	0.08	0.10	3.90	0.67	0.03	0.69	0.11	0.14	对数正态分布	0.10	0.11	0.11
Ce	87	56.4	66.0	76.8	88.1	95.5	115	121	88.1	19.92	85.8	13.10	171	32.98	0.23	88.1	76.3	正态分布	88.1	84.1	84.1
Cl	87	37.93	40.36	50.6	64.4	86.5	101	110	84.7	110	68.1	12.68	947	33.50	1.29	64.4	93.2	对数正态分布	68.1	77.5	39.00
Co	87	5.50	5.92	7.89	9.94	12.03	15.14	15.60	10.28	3.69	9.64	3.91	21.95	3.02	0.36	9.94	10.80	对数正态分布	10.28	11.75	11.90
Cr	87	12.70	14.80	19.65	27.90	38.05	48.88	71.3	32.53	21.17	27.40	8.04	126	1.10	0.65	27.90	31.20	对数正态分布	27.40	76.0	71.0
Cu	87	7.27	8.04	9.69	11.03	14.00	20.31	27.48	12.80	5.64	11.81	4.42	32.84	3.90	0.44	11.03	9.96	对数正态分布	11.81	17.15	11.20
F	87	274	314	360	415	507	624	677	447	136	430	32.81	1054	221	0.30	415	368	正态分布	447	525	431
Ga	87	14.69	15.36	17.27	18.80	20.85	22.14	23.09	18.91	2.64	18.72	5.32	27.10	13.60	0.14	18.80	17.50	正态分布	18.91	19.37	18.92
Ge	87	1.22	1.28	1.34	1.43	1.57	1.64	1.75	1.45	0.16	1.45	1.27	1.80	1.09	0.11	1.43	1.40	对数正态分布	1.45	1.49	1.50
Hg	87	0.03	0.03	0.04	0.04	0.06	0.07	0.07	0.05	0.02	0.05	6.11	0.10	0.02	0.35	0.04	0.04	剔除后正态分布	0.05	0.05	0.048
I	87	1.92	2.60	3.42	4.76	6.80	9.14	10.49	5.39	2.66	4.78	2.65	13.71	1.35	0.49	4.76	4.76	正态分布	5.39	4.82	3.86
La	87	26.57	33.12	38.09	44.00	50.5	53.7	58.3	44.41	11.68	43.00	8.91	107	16.44	0.26	44.00	44.00	正态分布	44.41	42.37	41.00
Li	78	18.86	21.92	25.71	29.77	32.78	37.28	41.49	29.49	6.26	28.81	7.05	45.60	14.87	0.21	29.77	31.94	剔除后正态分布	29.49	36.48	37.51
Mn	87	366	445	538	679	886	1161	1241	753	341	694	45.10	2664	263	0.45	679	750	正态分布	753	735	713
Mo	87	0.61	0.67	0.84	1.00	1.52	2.43	3.01	1.37	1.06	1.16	1.69	8.32	0.45	0.78	1.00	1.59	对数正态分布	1.16	0.91	0.62
N	87	0.28	0.33	0.43	0.53	0.64	0.89	0.96	0.56	0.21	0.53	1.65	1.29	0.15	0.38	0.53	0.43	正态分布	0.56	0.62	0.49
Nb	87	16.51	17.37	19.45	20.80	23.47	26.01	28.23	21.63	3.82	21.33	5.93	36.16	15.10	0.18	20.80	19.60	正态分布	21.63	20.19	19.60
Ni	81	4.90	5.50	8.84	10.85	13.45	16.40	17.30	11.25	3.93	10.49	4.26	21.15	2.88	0.35	10.85	12.10	剔除后正态分布	11.25	12.90	11.00
P	87	0.15	0.19	0.23	0.29	0.36	0.47	0.55	0.31	0.12	0.28	2.17	0.72	0.09	0.40	0.29	0.24	正态分布	0.31	0.37	0.24
Pb	87	21.79	22.94	27.36	30.70	38.37	47.44	70.9	36.61	21.43	33.48	7.82	170	19.83	0.59	30.70	30.00	对数正态分布	33.48	29.39	30.00

47

续表 3-9

元素/指标	N	$X_{5\%}$	$X_{10\%}$	$X_{25\%}$	$X_{50\%}$	$X_{75\%}$	$X_{90\%}$	$X_{95\%}$	$\overline{X}$	S	$\overline{X}_g$	S_g	X_{max}	X_{min}	CV	X_{me}	X_{mo}	分布类型	奉化区基准值	宁波市基准值	浙江省基准值
Rb	81	115	120	129	139	155	172	180	143	20.41	142	17.16	200	95.9	0.14	139	139	剔除后正态分布	143	137	128
S	76	52.4	70.0	86.5	124	143	178	197	122	45.23	113	15.40	244	37.45	0.37	124	120	剔除后正态分布	122	150	114
Sb	87	0.29	0.32	0.38	0.50	0.63	0.74	0.80	0.52	0.18	0.49	1.68	1.13	0.23	0.35	0.50	0.53	正态分布	0.52	0.52	0.53
Sc	87	6.12	6.77	8.06	9.12	10.27	12.44	14.01	9.47	2.46	9.19	3.69	18.97	4.91	0.26	9.12	9.70	正态分布	9.47	10.88	9.70
Se	87	0.13	0.15	0.19	0.23	0.32	0.39	0.47	0.26	0.11	0.24	2.47	0.62	0.09	0.41	0.23	0.20	正态分布	0.26	0.23	0.21
Sn	87	1.71	1.92	2.50	2.94	3.46	4.60	5.72	3.18	1.20	2.98	2.08	7.44	1.14	0.38	2.94	2.50	对数正态分布	2.98	3.11	2.60
Sr	87	46.46	49.59	63.2	100.0	119	150	161	97.5	37.27	90.1	13.97	193	31.20	0.38	100.0	141	正态分布	97.5	96.8	112
Th	87	13.39	14.15	15.15	16.37	17.84	21.58	23.03	16.89	3.05	16.64	5.00	29.14	9.74	0.18	16.37	16.40	对数正态分布	16.64	15.00	14.50
Ti	87	3040	3224	3942	4405	4787	5198	5390	4368	767	4297	126	6424	2283	0.18	4405	4363	正态分布	4368	4590	4602
Tl	87	0.76	0.83	0.90	0.99	1.25	1.64	1.88	1.11	0.34	1.07	1.31	2.33	0.68	0.30	0.99	0.95	对数正态分布	1.07	0.90	0.82
U	87	2.60	2.79	3.12	3.40	3.73	4.07	4.44	3.45	0.56	3.40	2.04	5.34	2.07	0.16	3.40	3.30	正态分布	3.45	3.05	3.14
V	87	40.04	46.64	54.3	66.5	76.6	95.1	109	68.7	21.46	65.7	11.45	143	25.20	0.31	66.5	75.4	正态分布	68.7	86.0	110
W	87	1.34	1.49	1.72	1.93	2.23	2.94	3.35	2.12	0.73	2.02	1.63	5.33	0.93	0.34	1.93	2.08	对数正态分布	2.02	1.92	1.93
Y	87	19.03	19.54	21.35	23.73	26.26	30.49	33.08	24.41	4.17	24.08	6.37	35.69	16.75	0.17	23.73	25.80	正态分布	24.41	25.86	26.13
Zn	87	44.01	47.46	56.6	65.4	87.5	109	125	75.5	31.01	70.8	11.83	243	32.00	0.41	65.4	72.4	对数正态分布	70.8	82.0	77.4
Zr	87	211	230	264	308	346	367	383	305	55.0	300	27.26	434	192	0.18	308	305	正态分布	305	275	287
SiO₂	87	62.0	62.7	66.3	69.4	72.1	74.3	75.5	69.1	4.31	68.9	11.55	78.3	58.5	0.06	69.4	69.0	正态分布	69.1	67.2	70.5
Al₂O₃	87	12.79	13.04	14.23	15.33	16.85	18.92	20.30	15.87	2.47	15.69	4.78	23.32	11.56	0.16	15.33	16.04	正态分布	15.87	15.70	14.82
TFe₂O₃	87	2.47	2.87	3.31	4.20	4.69	5.45	5.89	4.08	1.06	3.94	2.31	7.04	1.76	0.26	4.20	3.61	正态分布	4.08	4.77	4.70
MgO	87	0.36	0.43	0.52	0.61	0.78	1.00	1.37	0.70	0.32	0.65	1.57	1.93	0.29	0.45	0.61	0.60	对数正态分布	0.65	0.79	0.67
CaO	87	0.09	0.13	0.18	0.31	0.48	0.66	0.76	0.36	0.24	0.30	2.47	1.49	0.07	0.65	0.31	0.07	正态分布	0.36	0.36	0.22
Na₂O	87	0.21	0.36	0.55	0.90	1.15	1.38	1.54	0.88	0.41	0.76	1.85	2.07	0.11	0.47	0.90	0.14	正态分布	0.88	1.00	0.16
K₂O	87	2.37	2.56	2.81	3.07	3.43	3.92	4.24	3.16	0.60	3.11	1.95	5.10	1.56	0.19	3.07	3.23	正态分布	3.16	2.89	2.99
TC	87	0.22	0.27	0.37	0.49	0.68	0.87	0.93	0.54	0.26	0.48	1.82	1.61	0.11	0.48	0.49	0.50	正态分布	0.54	0.65	0.43
Corg	87	0.21	0.24	0.32	0.43	0.60	0.76	0.82	0.47	0.21	0.41	2.02	1.20	0.03	0.46	0.43	0.50	正态分布	0.47	0.44	0.42
pH	87	4.60	4.80	5.03	5.36	5.84	6.56	6.88	5.15	5.07	5.54	2.74	8.17	4.30	0.99	5.36	5.04	对数正态分布	5.54	5.82	5.12

准值和浙江省基准值。

各元素/指标中,多数元素/指标变异系数在0.40以下,说明分布较为均匀;而Cl、pH、Bi、Au变异系数大于0.80,说明空间变异性较大。

与宁波市土壤基准值相比,奉化区土壤基准值中B、Cr基准值明显偏低,低于宁波市基准值的60%;V、Cu、Au基准值略低于宁波市基准值,为宁波市基准值的60%~80%;Mo、Ba基准值略高于宁波市基准值,为宁波市基准值的1.2~1.4倍;其他元素/指标基准值则与宁波市基准值基本接近。

与浙江省土壤基准值相比,奉化区土壤基准值中B、Cr基准值明显低于浙江省基准值,低于浙江省基准值的60%;As、Au、Li、V、Hg基准值略低于浙江省基准值,为浙江省基准值的60%~80%;Bi、I、P、Se、Tl、Tc、Sn基准值略高于浙江省基准值,是浙江省基准值的1.2~1.4倍;Ba、Br、Cl、Mo、CaO、Na_2O明显相对富集,基准值是浙江省基准值的1.4倍以上;其他元素/指标基准值则与浙江省基准值基本接近。

十、宁海县土壤地球化学基准值

宁海县土壤地球化学基准值数据经正态分布检验,结果表明,原始数据中B、Ba、Be、Ce、F、Ga、Ge、I、Mn、N、Rb、Sb、Se、Sr、Th、U、W、Y、Al_2O_3、Na_2O、K_2O、TC共22项元素/指标符合正态分布,Ag、As、Au、Bi、Br、Cd、Co、Cr、Cu、Hg、Li、Mo、Nb、P、Pb、Sc、Sn、Tl、V、Zn、TFe_2O_3、MgO、Corg共23项元素/指标符合对数正态分布,Cl、La、Ti、Zr、CaO剔除异常值后符合正态分布,Ni、S、pH剔除异常值后符合对数正态分布,Al_2O_3不符合正态分布或对数正态分布(表3-10)。

宁海县深层土壤总体呈酸性,土壤pH基准值为5.48,极大值为7.44,极小值为4.40,接近于宁波市基准值和浙江省基准值。

各元素/指标中,Hg、Li、TFe_2O_3、F、Sb、Sc、Sn、Ba、Cl、Tl、W、Ti、K_2O、Th、Nb、N、Ce、Rb、U、Y、Be、Zr、La、Ga、Al_2O_3、Ge、SiO_2变异系数在0.40以下,说明分布较为均匀;而pH、Ag、Bi、Pb、Mo变异系数不小于0.80,说明空间变异性较大。

与宁波市土壤基准值相比,宁海县土壤基准值中B、Cr基准值明显低于宁波市基准值,低于宁波市基准值的60%;Hg、CaO、Na_2O基准值略低于宁波市基准值,为宁波市基准值的60%~80%;I、Mo、Se、Pb基准值略高于宁波市基准值为宁波市基准值的1.2~1.4倍;其他元素/指标基准值则与宁波市基准值基本接近。

与浙江省土壤基准值相比,宁海县土壤基准值中B、Cr基准值明显低于浙江省基准值,低于浙江省基准值的60%;Sr、V基准值略低于浙江省基准值,为浙江省基准值的60%~80%;Ba、Bi、Cu、Mn、N、P、Pb、S、Tl、CaO基准值略高于浙江省基准值,基准值是浙江省基准值的1.2~1.4倍;Br、Cl、I、Mo、Se、Na_2O、TC明显相对富集,基准值是浙江省基准值的1.4倍以上,Br、Cl、Na_2O基准值为浙江省基准值的2.0倍以上;其他元素/指标基准值则与浙江省基准值基本接近。

十一、象山县土壤地球化学基准值

象山县土壤地球化学基准值数据经正态分布检验,结果表明,原始数据中As、Au、B、Bi、Br、Cd、Co、Cr、Cu、F、Ga、Ge、Hg、I、Li、Mn、Mo、N、Nb、Ni、P、Rb、Sb、Sc、Se、Sn、Sr、Th、Tl、U、V、W、Y、Zn、Zr、SiO_2、Al_2O_3、TFe_2O_3、MgO、CaO、Na_2O、TC共42项元素/指标符合正态分布,Ag、Be、Ce、Cl、La、Pb、K_2O、Corg共8项元素/指标符合对数正态分布,Ba、S、Ti剔除异常值后符合正态分布,pH不符合正态分布或对数正态分布(表3-11)。

象山县深层土壤总体呈碱性,土壤pH基准值为8.25,极大值为8.72,极小值为5.08,明显高于宁波市基准值和浙江省基准值。

各元素/指标中,大多数元素/指标变异系数在0.40以下,说明分布较为均匀;Cl、pH变异系数大于0.80,说明空间变异性较大。

表 3-10 宁海县土壤地球化学基准值参数统计表

元素/指标	N	$X_{5\%}$	$X_{10\%}$	$X_{25\%}$	$X_{50\%}$	$X_{75\%}$	$X_{90\%}$	$X_{95\%}$	$\overline{X}$	S	$\overline{X}_g$	S_g	X_{max}	X_{min}	CV	X_{me}	X_{mo}	分布类型	宁海县基准值	宁波市基准值	浙江省基准值
Ag	109	35.80	44.40	56.3	69.2	81.4	113	156	82.2	68.9	70.9	12.82	626	26.00	0.84	69.2	75.0	对数正态分布	70.9	66.3	70.0
As	109	2.81	3.10	4.19	5.86	9.50	12.30	13.28	6.98	3.57	6.12	3.47	15.80	1.63	0.51	5.86	5.60	对数正态分布	6.12	6.35	6.83
Au	109	0.46	0.57	0.80	1.02	1.40	1.86	2.52	1.22	0.70	1.07	1.67	4.70	0.29	0.57	1.02	1.00	对数正态分布	1.07	1.25	1.10
B	109	10.86	16.74	25.88	35.00	50.00	65.4	70.6	37.24	18.10	32.23	8.57	80.0	4.40	0.49	35.00	37.00	正态分布	37.24	75.0	73.0
Ba	109	424	461	503	647	770	937	1079	663	196	637	40.92	1252	378	0.30	647	503	正态分布	663	575	482
Be	109	1.74	1.84	2.11	2.32	2.52	2.73	2.84	2.30	0.35	2.27	1.66	3.19	1.32	0.15	2.32	2.32	对数正态分布	2.30	2.41	2.31
Bi	109	0.19	0.19	0.23	0.28	0.43	0.58	0.65	0.37	0.31	0.32	2.23	2.39	0.14	0.83	0.28	0.25	对数正态分布	0.32	0.32	0.24
Br	109	2.10	2.24	2.98	4.50	7.00	9.08	10.36	5.41	3.42	4.61	2.81	24.72	1.30	0.63	4.50	2.50	对数正态分布	4.61	4.00	1.50
Cd	109	0.04	0.06	0.08	0.12	0.16	0.22	0.25	0.14	0.10	0.11	3.63	0.73	0.02	0.73	0.12	0.09	对数正态分布	0.11	0.11	0.11
Ce	109	70.0	76.8	82.5	91.2	104	115	121	93.0	17.02	91.3	13.50	150	29.04	0.18	91.2	92.3	正态分布	93.0	84.1	84.1
Cl	90	42.29	48.89	68.2	79.5	92.2	108	126	80.8	23.33	77.4	12.92	147	37.10	0.29	79.5	68.2	剔除后正态分布	80.8	77.5	39.00
Co	109	5.45	6.00	7.11	10.06	14.27	19.46	21.82	12.28	8.96	10.56	4.44	74.8	4.42	0.73	10.06	11.80	对数正态分布	10.56	11.75	11.90
Cr	109	11.76	16.01	25.48	35.48	52.9	99.2	106	46.34	34.14	36.45	9.80	206	3.50	0.74	35.48	51.5	对数正态分布	36.45	76.0	71.0
Cu	109	8.08	8.56	9.66	13.05	20.48	33.28	39.05	16.93	10.30	14.58	5.34	52.0	4.50	0.61	13.05	35.97	对数正态分布	14.58	17.15	11.20
F	109	254	279	360	439	534	708	804	461	155	436	34.89	880	158	0.34	439	487	正态分布	461	525	431
Ga	109	16.38	16.98	18.23	19.66	21.85	23.10	24.14	20.06	2.57	19.89	5.58	29.40	12.70	0.13	19.66	19.60	正态分布	20.06	19.37	18.92
Ge	109	1.28	1.33	1.39	1.49	1.57	1.65	1.66	1.48	0.14	1.47	1.28	1.92	1.03	0.09	1.49	1.43	对数正态分布	1.48	1.49	1.50
Hg	109	0.03	0.03	0.04	0.05	0.05	0.07	0.07	0.05	0.02	0.04	6.27	0.17	0.02	0.39	0.05	0.05	对数正态分布	0.04	0.05	0.048
I	109	2.81	3.24	3.98	5.92	8.46	10.39	11.95	6.61	3.44	5.88	2.97	22.91	1.63	0.52	5.92	3.98	正态分布	6.61	4.82	3.86
La	99	37.90	38.49	41.00	43.78	48.00	53.2	55.1	44.72	5.79	44.35	8.89	60.3	29.31	0.13	43.78	41.00	剔除后正态分布	44.72	42.37	41.00
Li	109	19.46	21.72	25.68	29.61	34.70	58.1	64.3	33.06	12.99	31.06	7.71	75.6	14.83	0.39	29.61	33.80	对数正态分布	31.06	36.48	37.51
Mn	109	402	483	599	812	1080	1290	1468	857	347	790	50.1	2160	159	0.40	812	862	正态分布	857	735	713
Mo	109	0.63	0.68	0.85	1.08	1.55	2.44	3.28	1.47	1.17	1.23	1.73	8.71	0.56	0.80	1.08	1.24	对数正态分布	1.23	0.91	0.62
N	109	0.31	0.42	0.49	0.64	0.77	0.88	0.91	0.64	0.20	0.60	1.56	1.18	0.18	0.31	0.64	0.46	正态分布	0.64	0.62	0.49
Nb	109	17.30	17.82	19.80	22.14	23.60	27.14	28.88	22.28	4.22	21.94	6.00	41.94	16.00	0.19	22.14	22.80	对数正态分布	21.94	20.19	19.60
Ni	91	6.09	7.86	10.20	12.30	16.10	23.00	26.50	14.17	6.95	12.71	4.95	40.30	2.41	0.49	12.30	16.10	剔除后对数分布	12.71	12.90	11.00
P	109	0.13	0.18	0.23	0.31	0.49	0.57	0.69	0.36	0.17	0.32	2.17	0.97	0.10	0.49	0.31	0.36	对数正态分布	0.32	0.37	0.24
Pb	109	23.00	25.98	29.00	32.00	40.00	64.1	89.0	41.80	34.29	36.64	8.47	323	20.00	0.82	32.00	30.00	对数正态分布	29.39	30.00	30.00

续表 3-10

元素/指标	N	$X_{5\%}$	$X_{10\%}$	$X_{25\%}$	$X_{50\%}$	$X_{75\%}$	$X_{90\%}$	$X_{95\%}$	$\bar{X}$	S	$\bar{X}_g$	S_g	X_{max}	X_{min}	CV	X_{me}	X_{mo}	分布类型	宁海县基准值	宁波市基准值	浙江省基准值
Rb	109	106	111	123	137	149	165	177	137	22.50	135	16.86	229	80.9	0.16	137	133	正态分布	137	137	128
S	95	60.5	75.4	101	163	195	298	372	172	92.7	151	18.70	458	49.63	0.54	163	172	剔除后对数分布	151	150	114
Sb	109	0.36	0.38	0.43	0.51	0.64	0.75	0.81	0.55	0.18	0.53	1.57	1.67	0.28	0.33	0.51	0.64	对数正态分布	0.55	0.52	0.53
Sc	109	6.85	7.20	8.37	9.30	12.20	15.60	16.28	10.48	3.26	10.02	4.00	22.09	3.92	0.31	9.30	8.60	对数正态分布	10.02	10.88	9.70
Se	109	0.14	0.15	0.20	0.28	0.39	0.49	0.55	0.31	0.14	0.28	2.43	0.76	0.07	0.45	0.28	0.14	正态分布	0.31	0.23	0.21
Sn	109	2.20	2.38	2.60	3.13	3.56	4.15	4.51	3.23	0.97	3.12	2.01	7.30	1.79	0.30	3.13	2.60	对数正态分布	3.12	3.11	2.60
Sr	109	34.62	41.56	53.7	76.1	103	124	145	80.6	35.42	73.5	2.01	205	28.90	0.44	76.1	76.1	正态分布	80.6	96.8	112
Th	109	11.04	12.22	13.80	14.88	16.40	17.93	20.55	15.27	3.00	15.02	12.75	28.53	9.90	0.20	14.88	14.40	正态分布	15.27	15.00	14.50
Ti	102	2952	3367	3665	4503	5291	5914	6324	4525	1015	4410	4.73	7025	2526	0.22	4503	4517	剔除后正态分布	4525	4590	4602
Tl	109	0.70	0.79	0.89	1.01	1.20	1.46	1.61	1.08	0.30	1.05	130	2.34	0.58	0.28	1.01	0.89	对数正态分布	1.05	0.90	0.82
U	109	2.57	2.72	2.94	3.24	3.60	3.90	4.03	3.29	0.53	3.25	1.29	5.57	2.17	0.16	3.24	3.00	正态分布	3.29	3.05	3.14
V	109	40.43	44.22	50.6	67.2	96.0	125	133	77.0	32.00	71.0	1.99	190	32.90	0.42	67.2	48.57	对数正态分布	71.0	86.0	110
W	109	1.39	1.45	1.67	1.95	2.31	2.56	2.83	2.02	0.50	1.97	12.55	4.23	0.98	0.25	1.95	2.04	正态分布	2.02	1.92	1.93
Y	109	18.05	20.99	23.87	26.01	28.61	29.96	32.20	25.84	4.05	25.49	1.59	36.00	13.00	0.16	26.01	25.39	正态分布	25.84	25.86	26.13
Zn	109	54.4	61.2	67.0	79.6	102	123	138	88.3	35.06	83.2	6.62	254	33.10	0.40	79.6	62.2	对数正态分布	83.2	82.0	77.4
Zr	97	239	259	296	319	355	372	398	320	44.55	317	13.20	422	207	0.14	319	329	剔除后正态分布	320	275	287
SiO$_2$	107	58.4	60.2	65.7	69.6	72.6	74.6	75.2	68.8	5.29	68.6	27.83	78.6	55.1	0.08	69.6	74.1	偏峰分布	74.1	67.2	70.5
Al$_2$O$_3$	109	12.66	13.33	14.24	16.34	17.23	18.52	19.47	16.02	2.12	15.88	11.43	21.64	10.22	0.13	16.34	14.50	正态分布	16.02	15.70	14.82
TFe$_2$O$_3$	109	2.91	3.07	3.36	4.08	5.83	6.88	8.12	4.72	1.77	4.45	4.87	12.16	2.29	0.37	4.08	5.09	对数正态分布	4.45	4.77	4.70
MgO	109	0.38	0.41	0.49	0.62	0.81	2.04	2.65	0.85	0.65	0.70	2.60	2.76	0.24	0.77	0.62	0.46	对数正态分布	0.70	0.79	0.67
CaO	94	0.10	0.13	0.17	0.26	0.35	0.47	0.56	0.28	0.15	0.24	1.78	0.81	0.05	0.53	0.26	0.35	剔除后正态分布	0.28	0.36	0.22
Na$_2$O	109	0.21	0.26	0.49	0.63	0.92	1.19	1.29	0.71	0.35	0.61	2.50	1.76	0.11	0.50	0.63	0.55	正态分布	0.71	1.00	0.16
K$_2$O	109	1.98	2.11	2.56	2.94	3.23	3.57	3.83	2.93	0.61	2.86	1.86	5.32	1.25	0.21	2.94	3.13	正态分布	2.93	2.89	2.99
TC	109	0.28	0.36	0.45	0.63	0.87	1.04	1.19	0.66	0.28	0.60	1.89	1.46	0.13	0.42	0.63	0.63	正态分布	0.66	0.65	0.43
C$_{org}$	109	0.23	0.28	0.36	0.47	0.66	0.81	0.92	0.52	0.24	0.47	1.70	1.42	0.08	0.46	0.47	0.50	对数正态分布	0.47	0.44	0.42
pH	94	4.92	4.97	5.11	5.29	5.76	6.36	6.64	5.24	5.25	5.48	2.71	7.44	4.40	1.00	5.29	5.77	剔除后对数分布	5.48	5.82	5.12

表 3-11 象山县土壤地球化学基准值参数统计表

元素/指标	N	$X_{5\%}$	$X_{10\%}$	$X_{25\%}$	$X_{50\%}$	$X_{75\%}$	$X_{90\%}$	$X_{95\%}$	$\bar{X}$	S	$\bar{X}_g$	S_g	X_{max}	X_{min}	CV	X_{me}	X_{mo}	分布类型	象山县基准值	宁波市基准值	浙江省基准值
Ag	70	43.90	45.90	54.2	64.2	73.0	83.2	89.2	68.0	33.48	64.2	11.06	317	34.00	0.49	64.2	67.0	对数正态分布	64.2	66.3	70.0
As	70	4.18	5.13	6.80	8.60	10.13	11.75	13.03	8.52	2.77	8.02	3.53	17.10	2.42	0.33	8.60	8.20	正态分布	8.52	6.35	6.83
Au	70	0.64	0.80	1.00	1.12	1.40	1.70	2.01	1.22	0.38	1.16	1.39	2.30	0.50	0.31	1.12	1.10	正态分布	1.22	1.25	1.10
B	70	16.45	18.90	28.50	43.00	59.0	70.5	77.9	44.62	19.52	39.83	8.73	82.0	8.19	0.44	43.00	42.00	剔除后正态分布	44.62	75.0	73.0
Ba	67	429	439	470	556	633	711	751	558	110	547	38.26	808	236	0.20	556	557	对数正态分布	558	575	482
Be	70	2.06	2.16	2.33	2.46	2.64	2.86	3.11	2.55	0.58	2.51	1.77	6.42	1.65	0.23	2.46	2.60	正态分布	2.55	2.41	2.31
Bi	70	0.20	0.24	0.29	0.34	0.41	0.47	0.54	0.36	0.12	0.34	1.96	1.07	0.17	0.34	0.34	0.37	正态分布	0.36	0.32	0.24
Br	70	2.25	2.40	3.44	5.05	6.82	9.23	11.41	5.48	2.85	4.85	2.70	16.07	1.80	0.52	5.05	3.80	对数正态分布	5.48	4.00	1.50
Cd	70	0.07	0.08	0.10	0.13	0.16	0.17	0.19	0.13	0.04	0.12	3.38	0.23	0.06	0.30	0.13	0.13	对数正态分布	0.13	0.11	0.11
Ce	70	70.6	73.2	77.9	83.6	90.9	105	113	87.0	16.49	85.8	12.97	176	59.9	0.19	83.6	85.9	对数正态分布	87.0	84.1	84.1
Cl	70	58.6	65.5	90.3	189	542	1497	2222	489	689	238	26.06	3100	49.62	1.41	189	471	对数正态分布	238	77.5	39.00
Co	70	6.74	8.48	10.43	12.95	15.75	17.30	17.53	12.81	3.46	12.25	4.35	19.50	3.48	0.27	12.95	12.30	正态分布	12.81	11.75	11.90
Cr	70	27.05	31.79	40.55	55.9	74.0	85.0	89.8	57.8	21.59	53.3	10.17	104	11.00	0.37	55.9	53.8	正态分布	57.8	76.0	71.0
Cu	70	9.12	9.41	13.77	18.17	24.41	29.84	31.04	19.28	7.59	17.77	5.35	38.43	6.58	0.39	18.17	18.29	正态分布	19.28	17.15	11.20
F	70	312	351	429	544	640	722	768	534	145	513	36.70	836	176	0.27	544	555	正态分布	534	525	431
Ga	70	15.90	16.90	17.52	19.12	20.30	21.10	22.28	19.03	1.95	18.93	5.41	24.70	14.77	0.10	19.12	20.30	正态分布	19.03	19.37	18.92
Ge	70	1.38	1.40	1.45	1.52	1.61	1.64	1.66	1.52	0.12	1.51	1.30	1.85	1.01	0.08	1.52	1.64	正态分布	1.52	1.49	1.50
Hg	70	0.03	0.03	0.04	0.04	0.05	0.06	0.06	0.04	0.01	0.04	6.23	0.09	0.02	0.23	0.04	0.05	正态分布	0.04	0.05	0.048
I	70	2.23	2.57	3.56	5.45	7.38	10.18	13.95	6.16	3.64	5.30	2.93	18.15	2.02	0.59	5.45	6.92	正态分布	6.16	4.82	3.86
La	70	34.90	36.90	40.00	42.47	45.00	49.00	51.1	43.32	8.07	42.75	8.68	94.3	30.00	0.19	42.47	45.00	对数正态分布	43.32	42.37	41.00
Li	70	24.45	25.65	29.65	39.52	50.1	57.7	60.2	40.74	12.74	38.73	8.28	72.6	17.51	0.31	39.52	41.40	正态分布	40.74	36.48	37.51
Mn	70	518	582	729	826	977	1122	1275	853	218	826	48.41	1418	409	0.26	826	860	正态分布	853	735	713
Mo	70	0.54	0.58	0.66	0.90	1.23	1.86	2.40	1.05	0.53	0.95	1.53	2.69	0.49	0.51	0.90	0.64	正态分布	1.05	0.91	0.62
N	70	0.47	0.49	0.54	0.62	0.72	0.84	0.96	0.66	0.16	0.64	1.41	1.21	0.39	0.24	0.62	0.54	正态分布	0.66	0.62	0.49
Nb	70	16.86	17.57	18.32	20.01	22.38	23.91	24.70	20.50	2.55	20.34	5.74	26.20	16.26	0.12	20.01	22.30	正态分布	20.50	20.19	19.60
Ni	70	9.24	10.29	14.38	22.35	33.93	41.40	43.20	24.33	11.49	21.44	6.06	46.40	6.13	0.47	22.35	19.00	正态分布	24.33	12.90	11.00
P	70	0.24	0.27	0.36	0.44	0.55	0.62	0.64	0.45	0.15	0.43	1.84	1.12	0.18	0.33	0.44	0.45	正态分布	0.45	0.37	0.24
Pb	70	24.45	25.00	27.14	31.00	34.00	39.30	48.55	32.54	8.07	31.74	7.51	66.0	22.00	0.25	31.00	34.00	对数正态分布	31.74	29.39	30.00

续表 3-11

元素/指标	N	$X_{5\%}$	$X_{10\%}$	$X_{25\%}$	$X_{50\%}$	$X_{75\%}$	$X_{90\%}$	$X_{95\%}$	$\overline{X}$	S	$\overline{X}_g$	S_g	X_{max}	X_{min}	CV	X_{me}	X_{mo}	分布类型	象山县基准值	宁波市基准值	浙江省基准值
Rb	70	110	120	126	135	141	153	157	134	13.20	133	16.76	167	102	0.10	135	137	正态分布	134	137	128
S	63	75.5	93.6	115	170	274	457	544	216	136	182	19.96	553	63.3	0.63	170	211	剔除后正态分布	216	150	114
Sb	70	0.40	0.43	0.49	0.58	0.64	0.73	0.82	0.58	0.14	0.57	1.51	1.13	0.32	0.24	0.58	0.60	正态分布	0.58	0.52	0.53
Sc	70	7.67	8.42	9.72	11.65	13.47	14.68	15.02	11.55	2.39	11.29	4.06	16.00	6.30	0.21	11.65	11.50	正态分布	11.55	10.88	9.70
Se	70	0.12	0.13	0.17	0.24	0.31	0.44	0.53	0.27	0.13	0.24	2.53	0.68	0.10	0.49	0.24	0.22	正态分布	0.27	0.23	0.21
Sn	70	1.97	2.20	2.51	3.00	3.38	3.71	3.95	3.02	0.81	2.93	1.94	7.70	1.90	0.27	3.00	2.60	正态分布	3.02	3.11	2.60
Sr	70	58.0	65.2	84.1	111	132	146	155	110	36.58	105	14.55	255	48.80	0.33	111	116	正态分布	110	96.8	112
Th	70	11.19	12.62	13.50	14.35	15.57	16.33	16.80	14.45	1.74	14.35	4.70	19.70	10.50	0.12	14.35	13.90	正态分布	14.45	15.00	14.50
Ti	59	4155	4253	4558	4842	4999	5254	5367	4783	380	4768	130	5545	3750	0.08	4842	4785	剔除后正态分布	4783	4590	4602
Tl	70	0.69	0.70	0.76	0.88	0.98	1.17	1.25	0.90	0.17	0.89	1.21	1.41	0.64	0.19	0.88	0.88	正态分布	0.90	0.90	0.82
U	70	2.20	2.40	2.60	3.00	3.30	3.57	3.75	2.99	0.47	2.95	1.94	4.10	2.04	0.16	3.00	3.20	正态分布	2.99	3.05	3.14
V	70	49.04	59.0	75.8	90.5	104	113	118	88.4	20.99	85.6	13.10	131	37.50	0.24	90.5	95.6	正态分布	88.4	86.0	110
W	70	1.42	1.60	1.75	1.89	2.11	2.32	2.46	1.94	0.35	1.90	1.53	3.21	1.02	0.18	1.89	1.93	正态分布	1.94	1.92	1.93
Y	70	22.47	23.39	25.62	27.57	29.29	30.09	30.67	27.14	3.02	26.95	6.72	33.29	14.17	0.11	27.57	27.05	正态分布	27.14	25.86	26.13
Zn	70	57.1	62.9	73.2	84.3	95.8	99.5	105	84.3	16.82	82.6	12.62	148	44.47	0.20	84.3	84.1	正态分布	84.3	82.0	77.4
Zr	70	196	212	226	282	326	357	384	286	69.1	278	25.80	588	179	0.24	282	275	正态分布	286	275	287
SiO_2	70	59.3	61.1	64.0	67.4	71.1	74.3	75.3	67.5	5.02	67.3	11.35	79.3	58.1	0.07	67.4	67.5	正态分布	67.5	67.2	70.5
Al_2O_3	70	12.89	13.37	14.17	14.71	15.52	16.27	16.78	14.88	1.41	14.82	4.70	19.79	10.92	0.09	14.71	14.38	正态分布	14.88	15.70	14.82
TFe_2O_3	70	3.18	3.69	4.43	5.19	5.75	6.17	6.53	5.05	1.02	4.94	2.59	7.09	2.16	0.20	5.19	4.75	正态分布	5.05	4.77	4.70
MgO	70	0.47	0.53	0.73	1.17	1.95	2.55	2.58	1.34	0.72	1.15	1.78	2.68	0.35	0.54	1.17	0.79	正态分布	1.34	0.79	0.67
CaO	70	0.23	0.29	0.46	0.99	1.89	2.75	2.93	1.24	0.95	0.90	2.36	4.06	0.16	0.77	0.99	0.89	正态分布	1.24	0.36	0.22
Na_2O	70	0.42	0.55	0.73	1.02	1.31	1.43	1.65	1.03	0.37	0.96	1.50	1.83	0.39	0.36	1.02	0.41	正态分布	1.03	1.00	0.16
K_2O	70	2.46	2.62	2.75	2.88	3.05	3.43	3.56	2.96	0.36	2.94	1.88	4.49	2.26	0.12	2.88	2.99	正态分布	2.96	2.89	2.99
TC	70	0.43	0.51	0.61	0.74	0.88	1.07	1.15	0.77	0.22	0.74	1.42	1.39	0.34	0.29	0.74	0.71	对数正态分布	0.77	0.65	0.43
Corg	70	0.28	0.34	0.38	0.45	0.53	0.65	0.77	0.49	0.17	0.46	1.74	1.29	0.27	0.36	0.45	0.34	对数正态分布	0.46	0.44	0.42
pH	70	5.30	5.36	5.71	7.91	8.25	8.44	8.60	5.91	5.68	7.16	3.10	8.72	5.08	0.96	7.91	8.25	其他分布	8.25	5.82	5.12

与宁波市土壤基准值相比，象山县土壤基准值中 B 基准值明显偏低，低于宁波市基准值的 60%；Hg、Cr 基准值略低于宁波市基准值，为宁波市基准值的 60%～80%；Br、As 基准值为宁波市基准值的 1.2～1.4 倍；CaO、Cl、MgO、S、Ni 明显富集，基准值为浙江省基准值的 1.4 倍以上，CaO、Cl 基准值为浙江省基准值的 3.0 倍以上；其他元素/指标基准值则与宁波市基准值基本接近。

与浙江省土壤基准值相比，象山县土壤基准值中 B 基准值略低于浙江省基准值，为浙江省基准值的 61.1%；As、F、N、Se 基准值是浙江省基准值的 1.2～1.4 倍；Bi、Br、Cl、Cu、I、Mo、Ni、P、S、MgO、CaO、Na_2O、TC 明显相对富集，基准值是浙江省基准值的 1.4 倍以上，Br、Cl、Ni、CaO、Na_2O 基准值为浙江省基准值的 2.0 倍以上；其他元素/指标基准值则与浙江省基准值基本接近。

第二节　主要土壤母质类型地球化学基准值

一、松散岩类沉积物土壤母质地球化学基准值

宁波市松散岩类沉积物土壤母质地球化学基准值数据经正态分布检验，结果表明，原始数据中 As、Be、Bi、Ce、Co、Cr、Cu、F、Ga、Ge、La、Li、Mn、Nb、P、Pb、Rb、Sc、Se、Th、Ti、Tl、U、V、Y、Zn、Al_2O_3、TFe_2O_3、Na_2O、K_2O 共 30 项元素/指标符合正态分布，Au、Ba、Br、Cd、I、Mo、N、S、Sb、Sr、SiO_2、TC、Corg 共 13 项元素/指标符合对数正态分布，Ag、Ni、Sn、W、MgO 剔除异常值后符合正态分布，Cl、Hg 剔除异常值后符合对数正态分布，其他元素/指标不符合正态分布或对数正态分布（表 3-12）。

宁波市松散岩类沉积物区深层土壤总体呈强碱性，土壤 pH 值基准值为 8.63，极大值为 9.35，极小值为 3.22，明显高于宁波市基准值。

各元素/指标中，多数元素/指标变异系数在 0.40 以下，说明分布较为均匀；pH、S、Corg、CaO 变异系数大于 0.80，空间变异性较大。

与宁波市土壤基准值相比，松散岩类沉积物区土壤基准值中 I、Mo、Zr 基准值略低于宁波市基准值，为宁波市基准值的 60%～80%；Au、TC、Li、P、Cl、Na_2O、Co、Corg、V、Bi、As、Sc 基准值为宁波市基准值的 1.2～1.4 倍；Ni、MgO、CaO、S、Cu 明显相对富集，基准值为宁波市基准值的 1.4 倍以上，Ni、MgO 基准值为宁波市基准值的 2.0 倍以上；其他元素/指标基准值与宁波市基准值相接近。

二、中基性火成岩类风化物土壤母质地球化学基准值

宁波市中基性火成岩类风化物区采集深层土壤样品 5 件，具体参数统计如下（表 3-13）。

中基性火成岩类风化物区深层土壤总体为弱酸性，土壤 pH 基准值为 5.39，极大值为 5.65，极小值为 4.93，接近于宁波市基准值。

各元素/指标中，多数元素/指标变异系数在 0.40 以下，说明分布较为均匀；pH、Cd 变异系数大于 0.80，空间变异性较大。

与宁波市土壤基准值相比，中基性火成岩类风化物区土壤基准值中 Na_2O、K_2O 基准值明显低于宁波市基准值，小于宁波市基准值的 60%；Ba、CaO、Sr、B 基准值略低于宁波市基准值，为宁波市基准值的 60%～80%；TC、W、N、Zn、Zr、N、Ag 基准值是宁波市基准值的 1.2～1.4 倍；Ni、P、Mo、Ti、Co、Cu、I、Corg、S、TFe_2O_3、Nb、As、V、Au、Mn、Cr、Sb、Se、Sc 明显相对富集，基准值在宁波市基准值的 1.4 倍以上，最高的 Ni 基准值是宁波市基准值的 4.61 倍。

表 3-12 松散岩类沉积物土壤母质地球化学基准值参数统计表

元素/指标	N	$X_{5\%}$	$X_{10\%}$	$X_{25\%}$	$X_{50\%}$	$X_{75\%}$	$X_{90\%}$	$X_{95\%}$	$\overline{X}$	S	$\overline{X}_g$	S_g	X_{max}	X_{min}	CV	X_{me}	X_{mo}	分布类型	松散岩类沉积物基准值	宁波市基准值
Ag	177	45.00	49.60	61.0	71.0	79.0	92.4	104	71.3	16.32	69.5	11.66	115	35.00	0.23	71.0	71.0	剔除后正态分布	71.3	66.3
As	192	4.15	4.82	6.08	7.33	9.20	11.18	12.06	7.73	2.42	7.35	3.26	14.92	2.50	0.31	7.33	8.71	正态分布	7.73	6.35
Au	192	1.00	1.10	1.33	1.62	2.16	3.19	3.95	1.92	0.99	1.73	1.73	6.46	0.66	0.52	1.62	1.40	对数正态分布	1.73	1.25
B	170	46.15	56.0	63.0	72.0	76.0	81.0	82.5	69.7	10.58	68.7	11.63	87.0	39.00	0.15	72.0	75.0	偏峰分布	75.0	75.0
Ba	192	422	430	453	500	560	650	717	525	108	516	36.22	1196	398	0.21	500	480	对数正态分布	516	575
Be	192	1.99	2.05	2.27	2.61	2.93	3.19	3.27	2.63	0.50	2.59	1.76	6.42	1.82	0.19	2.61	3.27	正态分布	2.63	2.41
Bi	192	0.24	0.25	0.31	0.41	0.47	0.51	0.54	0.39	0.10	0.38	1.92	0.69	0.05	0.27	0.41	0.46	对数分布	0.39	0.32
Br	192	1.90	2.11	2.70	3.70	5.30	6.80	8.24	4.34	2.75	3.81	2.48	24.72	1.30	0.63	3.70	3.50	对数正态分布	3.81	4.00
Cd	192	0.09	0.09	0.10	0.12	0.14	0.16	0.18	0.13	0.05	0.12	3.51	0.61	0.05	0.38	0.12	0.12	对数正态分布	0.12	0.11
Ce	192	61.0	63.8	70.0	77.7	85.0	90.0	94.0	77.3	11.38	76.5	12.08	120	38.97	0.15	77.7	84.0	剔除后正态分布	77.3	84.1
Cl	161	57.0	64.4	77.0	96.7	130	184	231	112	53.6	102	14.91	302	34.30	0.48	96.7	77.0	正态分布	102	77.5
Co	192	8.21	10.80	13.20	15.20	17.52	20.09	21.04	15.26	3.75	14.72	4.83	25.40	4.90	0.25	15.20	14.90	正态分布	15.26	11.75
Cr	192	30.95	43.83	71.0	84.5	107	120	126	85.0	27.70	79.1	13.00	154	14.20	0.33	84.5	76.0	正态分布	85.0	76.0
Cu	192	10.91	14.79	20.29	25.99	32.33	37.49	42.06	26.82	11.20	24.75	6.65	92.4	7.22	0.42	25.99	29.67	正态分布	26.82	17.15
F	192	405	445	534	627	703	756	797	618	125	603	40.30	911	221	0.20	627	721	正态分布	618	525
Ga	192	15.05	15.72	17.00	19.05	20.70	21.79	22.33	18.83	2.34	18.68	5.37	24.00	12.39	0.12	19.05	21.40	正态分布	18.83	19.37
Ge	192	1.24	1.31	1.40	1.53	1.62	1.68	1.73	1.51	0.14	1.50	1.29	1.77	1.13	0.09	1.53	1.58	正态分布	1.51	1.49
Hg	172	0.04	0.04	0.04	0.05	0.07	0.09	0.10	0.06	0.02	0.05	5.46	0.13	0.03	0.36	0.05	0.05	剔除后对数分布	0.05	0.05
I	192	1.67	1.86	2.44	3.38	5.13	7.10	8.43	4.06	2.23	3.55	2.46	13.60	0.94	0.55	3.38	3.06	对数正态分布	3.55	4.82
La	192	32.13	34.76	37.81	40.66	43.00	45.89	48.00	40.51	5.30	40.18	8.37	70.5	23.51	0.13	40.66	41.00	正态分布	40.51	42.37
Li	192	29.35	34.29	40.55	50.00	59.4	65.1	67.5	49.41	12.30	47.69	9.39	71.7	16.34	0.25	50.00	55.1	对数正态分布	49.41	36.48
Mn	192	390	438	536	663	847	989	1099	696	222	663	42.27	1764	293	0.32	663	593	正态分布	696	735
Mo	192	0.39	0.43	0.48	0.61	0.79	1.10	1.34	0.72	0.49	0.65	1.68	5.68	0.23	0.68	0.61	0.44	对数正态分布	0.65	0.91
N	192	0.44	0.47	0.55	0.70	0.97	1.29	1.48	0.81	0.37	0.74	1.55	2.44	0.27	0.46	0.70	0.55	正态正态分布	0.74	0.62
Nb	192	13.58	14.43	16.70	18.42	19.95	21.80	23.25	18.42	2.87	18.19	5.28	28.50	12.13	0.16	18.42	19.50	正态正态分布	18.42	20.19
Ni	179	17.48	26.66	31.55	37.80	43.50	46.90	49.16	36.65	8.94	35.26	7.98	53.4	11.50	0.24	37.80	37.80	剔除后正态分布	36.65	12.90
P	192	0.27	0.30	0.37	0.51	0.62	0.69	0.72	0.50	0.15	0.48	1.69	0.87	0.18	0.30	0.51	0.53	正态分布	0.50	0.37
Pb	192	19.58	21.30	25.00	29.00	32.78	36.65	40.68	29.40	6.95	28.66	6.88	66.0	16.24	0.24	29.00	29.00	正态分布	29.40	29.39

续表 3-12

元素/指标	N	$X_{5\%}$	$X_{10\%}$	$X_{25\%}$	$X_{50\%}$	$X_{75\%}$	$X_{90\%}$	$X_{95\%}$	$\bar{X}$	S	$\bar{X}_g$	S_g	X_{max}	X_{min}	CV	X_{me}	X_{mo}	分布类型	松散岩类沉积物基准值	宁波市基准值
Rb	192	97.0	106	121	137	152	161	168	135	20.77	134	16.66	186	89.7	0.15	137	137	正态分布	135	137
S	192	69.9	82.0	101	172	519	978	2293	504	904	242	26.90	7494	45.62	1.79	172	82.0	对数正态分布	242	150
Sb	192	0.37	0.40	0.45	0.52	0.58	0.68	0.74	0.53	0.13	0.52	1.59	1.29	0.27	0.25	0.52	0.49	对数正态分布	0.52	0.52
Sc	192	8.55	9.71	11.48	13.55	15.11	16.50	17.00	13.21	2.68	12.91	4.43	19.80	5.30	0.20	13.55	14.20	正态分布	13.21	10.88
Se	192	0.07	0.08	0.13	0.19	0.26	0.32	0.36	0.20	0.09	0.18	3.18	0.51	0.04	0.47	0.19	0.14	剔除后正态分布	0.20	0.23
Sn	174	2.34	2.68	3.17	3.60	4.14	4.88	5.15	3.67	0.87	3.57	2.19	6.36	1.19	0.24	3.60	3.70	对数正态分布	3.67	3.11
Sr	192	79.4	87.8	98.0	110	132	150	159	115	24.43	112	15.46	192	58.4	0.21	110	106	正态分布	112	96.8
Th	192	10.78	11.28	12.59	14.23	15.40	16.59	17.19	14.08	2.15	13.92	4.54	24.90	7.90	0.15	14.23	14.40	正态分布	14.08	15.00
Ti	192	4051	4220	4438	4948	5211	5483	5635	4840	561	4806	132	6471	2818	0.12	4948	5107	正态分布	4840	4590
Tl	192	0.56	0.59	0.69	0.81	0.90	1.03	1.10	0.81	0.17	0.79	1.30	1.44	0.43	0.21	0.81	0.89	正态分布	0.81	0.90
U	192	1.94	2.01	2.23	2.60	2.98	3.29	3.49	2.64	0.52	2.59	1.76	4.99	1.79	0.20	2.60	2.60	正态分布	2.64	3.05
V	192	63.6	79.0	90.0	105	123	136	139	105	23.70	102	14.53	150	39.00	0.23	105	94.0	正态分布	105	86.0
W	184	1.41	1.51	1.71	1.87	2.00	2.16	2.25	1.85	0.24	1.84	1.44	2.38	1.24	0.13	1.87	1.94	剔除后正态分布	1.85	1.92
Y	192	21.37	22.79	24.48	27.00	29.51	31.04	32.07	26.97	3.43	26.75	6.62	35.37	17.33	0.13	27.00	26.00	正态分布	26.97	25.86
Zn	192	60.7	70.1	79.0	89.7	99.2	107	110	88.5	16.03	86.9	13.06	142	36.60	0.18	89.7	91.0	正态分布	88.5	82.0
Zr	183	184	192	203	225	252	287	299	232	37.50	229	23.07	345	173	0.16	225	206	偏峰分布	206	275
SiO_2	192	59.3	60.6	62.2	64.6	66.8	71.5	72.9	65.0	4.08	64.9	11.12	76.5	55.0	0.06	64.6	64.6	对数正态分布	64.9	67.2
Al_2O_3	192	12.29	12.98	13.68	15.09	16.41	17.22	17.61	15.06	1.68	14.97	4.74	19.97	11.58	0.11	15.09	15.35	正态分布	15.06	15.70
TFe_2O_3	192	3.39	4.13	4.60	5.26	5.97	6.46	6.81	5.24	0.98	5.14	2.60	7.26	2.48	0.19	5.26	4.86	正态分布	5.24	4.77
MgO	173	1.12	1.38	1.66	1.84	2.16	2.33	2.57	1.87	0.42	1.82	1.54	2.70	0.73	0.22	1.84	1.83	剔除后正态分布	1.87	0.79
CaO	192	0.35	0.43	0.56	0.76	2.64	3.57	4.09	1.51	1.27	1.06	2.34	4.37	0.12	0.85	0.76	0.71	其他分布	0.71	0.36
Na_2O	192	0.86	0.99	1.14	1.28	1.48	1.65	1.75	1.30	0.26	1.28	1.31	1.83	0.58	0.20	1.28	1.21	正态分布	1.30	1.00
K_2O	192	2.27	2.39	2.54	2.83	3.04	3.24	3.32	2.82	0.34	2.80	1.81	3.90	2.13	0.12	2.83	2.89	正态分布	2.82	2.89
TC	192	0.43	0.50	0.68	0.92	1.12	1.32	1.74	0.99	0.56	0.89	1.56	4.50	0.27	0.56	0.92	0.87	对数正态分布	0.89	0.65
Corg	192	0.27	0.30	0.36	0.49	0.71	1.18	1.71	0.68	0.61	0.55	1.95	4.63	0.22	0.90	0.49	0.48	对数正态分布	0.55	0.44
pH	192	4.63	5.27	6.17	7.25	8.42	8.60	8.79	5.00	4.23	7.16	3.16	9.35	3.22	0.84	7.25	8.63	其他分布	8.63	5.82

注：氧化物、TC、Corg 单位为%，N、P 单位为 g/kg，Au、Ag 单位为 μg/kg，其他量纲、指标单位为 mg/kg；pH 为无量纲；后表单位相同。

表3-13 中基性火成岩类风化物土壤母质地球化学基准值参数统计表

元素/指标	N	$X_{5\%}$	$X_{10\%}$	$X_{25\%}$	$X_{50\%}$	$X_{75\%}$	$X_{90\%}$	$X_{95\%}$	$\overline{X}$	S	$\overline{X}_g$	S_g	X_{max}	X_{min}	CV	X_{me}	X_{mo}	中基性火成岩类风化物基准值	宁波市基准值
Ag	5	41.60	44.20	52.0	80.0	90.2	104	108	74.8	29.68	69.8	11.91	113	39.00	0.40	80.0	80.0	80.0	66.3
As	5	9.05	9.16	9.50	10.07	13.06	14.70	15.25	11.47	2.90	11.20	3.82	15.80	8.94	0.25	10.07	10.07	10.07	6.35
Au	5	1.52	1.54	1.60	1.97	2.06	2.32	2.41	1.93	0.40	1.89	1.45	2.50	1.50	0.21	1.97	1.97	1.97	1.25
B	5	33.60	34.20	36.00	45.89	68.6	87.7	94.0	56.8	28.10	51.9	7.92	100.0	33.00	0.49	45.89	45.89	45.89	75.0
Ba	5	388	395	417	459	576	583	585	484	93.4	477	30.89	588	381	0.19	459	459	459	575
Be	5	1.91	2.05	2.47	2.50	2.54	2.82	2.92	2.46	0.44	2.42	1.76	3.01	1.77	0.18	2.50	2.47	2.50	2.41
Bi	5	0.22	0.23	0.27	0.35	0.40	0.42	0.42	0.33	0.09	0.32	2.05	0.43	0.21	0.27	0.35	0.35	0.35	0.32
Br	5	3.40	3.40	3.41	3.57	4.10	6.14	6.82	4.40	1.76	4.18	2.27	7.50	3.40	0.40	3.57	4.10	3.57	4.00
Cd	5	0.08	0.09	0.11	0.12	0.23	0.48	0.57	0.24	0.24	0.17	2.97	0.65	0.08	1.00	0.12	0.23	0.12	0.11
Ce	5	86.6	86.9	87.8	89.7	102	102	102	93.7	7.94	93.4	11.76	102	86.3	0.08	89.7	89.7	89.7	84.1
Cl	5	39.78	39.96	40.50	65.1	79.7	83.3	84.5	62.1	21.47	59.0	10.58	85.7	39.60	0.35	65.1	65.1	65.1	77.5
Co	5	15.82	16.24	17.50	22.06	24.59	28.73	30.11	22.21	6.33	21.51	5.22	31.49	15.40	0.29	22.06	22.06	22.06	11.75
Cr	5	69.0	79.4	110	115	123	247	289	148	105	125	13.95	330	58.7	0.71	115	123	115	76.0
Cu	5	22.25	24.33	30.59	31.80	42.34	49.64	52.1	35.88	13.04	33.97	6.93	54.5	20.16	0.36	31.80	31.80	31.80	17.15
F	5	426	426	428	446	487	514	524	464	45.74	462	28.36	533	425	0.10	446	446	446	525
Ga	5	19.25	19.87	21.74	22.00	23.70	29.10	30.90	23.75	5.33	23.33	5.54	32.70	18.62	0.22	22.00	23.70	22.00	19.37
Ge	5	1.47	1.48	1.50	1.57	1.75	1.81	1.83	1.63	0.16	1.62	1.30	1.85	1.46	0.10	1.57	1.57	1.57	1.49
Hg	5	0.04	0.04	0.05	0.06	0.10	0.11	0.12	0.07	0.03	0.07	5.19	0.12	0.04	0.47	0.06	0.06	0.06	0.05
I	5	3.93	4.20	5.00	8.47	8.71	11.13	11.94	7.72	3.56	7.03	3.01	12.74	3.67	0.46	8.47	8.47	8.47	4.82
La	5	40.41	41.06	43.00	44.00	44.41	52.8	55.6	45.92	7.23	45.51	8.13	58.4	39.76	0.16	44.00	44.41	44.00	42.37
Li	5	28.86	29.82	32.70	35.27	36.43	40.76	42.20	35.19	5.75	34.82	6.73	43.64	27.90	0.16	35.27	35.27	35.27	36.48
Mn	5	517	646	1032	1124	1142	1421	1515	1059	437	963	47.54	1608	388	0.41	1124	1032	1124	735
Mo	5	1.53	1.54	1.57	1.72	2.07	2.22	2.27	1.84	0.35	1.81	1.45	2.33	1.52	0.19	1.72	1.72	1.72	0.91
N	5	0.55	0.57	0.60	0.77	0.88	0.90	0.90	0.74	0.16	0.73	1.30	0.91	0.54	0.22	0.77	0.77	0.77	0.62
Nb	5	27.48	27.86	29.00	33.20	37.53	57.7	64.4	39.59	18.07	37.03	7.12	71.1	27.10	0.46	33.20	37.53	33.20	20.19
Ni	5	31.05	35.49	48.83	59.5	75.4	127	145	74.5	52.1	62.4	9.86	162	26.60	0.70	59.5	75.4	59.5	12.90
P	5	0.45	0.47	0.50	0.74	0.81	1.04	1.12	0.74	0.30	0.69	1.49	1.20	0.44	0.41	0.74	0.74	0.74	0.37
Pb	5	26.58	26.66	26.89	29.90	30.00	54.6	62.8	36.86	19.16	33.99	7.51	71.0	26.50	0.52	29.90	30.00	29.90	29.39

续表 3-13

元素/指标	N	$X_{5\%}$	$X_{10\%}$	$X_{25\%}$	$X_{50\%}$	$X_{75\%}$	$X_{90\%}$	$X_{95\%}$	$\overline{X}$	S	$\overline{X}_g$	S_g	X_{max}	X_{min}	CV	X_{me}	X_{mo}	中基性火成岩类风化物基准值	宁波市基准值
Rb	5	84.4	89.5	105	111	123	127	129	110	19.57	108	13.53	130	79.3	0.18	111	111	111	137
S	5	134	151	204	253	261	314	332	237	85.4	223	20.66	349	116	0.36	253	253	253	150
Sb	5	0.63	0.64	0.68	0.78	0.98	1.02	1.04	0.82	0.19	0.81	1.32	1.06	0.62	0.23	0.78	0.78	0.78	0.52
Sc	5	11.20	12.10	14.80	15.78	16.69	22.47	24.39	16.78	5.87	16.02	4.50	26.32	10.30	0.35	15.78	16.69	15.78	10.88
Se	5	0.25	0.27	0.34	0.34	0.38	0.43	0.45	0.35	0.09	0.34	1.79	0.47	0.23	0.25	0.34	0.34	0.34	0.23
Sn	5	2.64	2.67	2.78	3.27	3.57	5.81	6.55	3.90	1.94	3.61	2.33	7.30	2.60	0.50	3.27	3.57	3.27	3.11
Sr	5	51.6	54.6	63.6	68.0	68.3	68.7	68.8	63.5	8.59	63.0	10.06	68.9	48.60	0.14	68.0	63.6	68.0	96.8
Th	5	12.74	12.78	12.90	14.29	17.45	17.55	17.58	14.99	2.40	14.84	4.22	17.61	12.70	0.16	14.29	14.29	14.29	15.00
Ti	5	6865	7300	8602	8622	9409	13 777	15 233	9951	3927	9438	146	16 689	6431	0.39	8622	9409	8622	4590
Tl	5	0.58	0.61	0.72	0.78	1.04	1.16	1.20	0.86	0.28	0.83	1.35	1.24	0.54	0.32	0.78	0.78	0.78	0.90
U	5	3.00	3.00	3.00	3.24	3.94	4.15	4.22	3.49	0.59	3.46	1.93	4.29	3.00	0.17	3.24	3.00	3.24	3.05
V	5	92.1	102	134	136	141	204	225	148	59.8	139	14.46	246	81.7	0.41	136	141	136	86.0
W	5	2.23	2.26	2.35	2.41	2.46	2.57	2.60	2.41	0.16	2.41	1.60	2.64	2.20	0.07	2.41	2.41	2.41	1.92
Y	5	23.65	23.81	24.26	25.70	27.30	27.65	27.77	25.73	1.89	25.67	5.92	27.88	23.50	0.07	25.70	25.70	25.70	25.86
Zn	5	82.1	85.1	93.9	99.7	129	140	144	110	27.87	107	13.09	148	79.2	0.25	99.7	99.7	99.7	82.0
Zr	5	323	323	323	334	336	337	337	331	7.34	331	24.04	338	323	0.02	334	334	334	275
SiO_2	5	50.5	52.5	58.5	61.9	65.2	68.5	69.7	61.0	8.32	60.5	9.59	70.8	48.49	0.14	61.9	61.9	61.9	67.2
Al_2O_3	5	14.44	14.92	16.36	16.56	16.78	18.87	19.56	16.78	2.25	16.67	4.61	20.26	13.96	0.13	16.56	16.78	16.56	15.70
TFe_2O_3	5	5.73	6.23	7.75	8.01	9.22	14.06	15.67	9.50	4.59	8.76	3.38	17.28	5.22	0.48	8.01	9.22	8.01	4.77
MgO	5	0.55	0.58	0.69	0.75	0.85	0.85	0.86	0.73	0.14	0.72	1.33	0.86	0.51	0.19	0.75	0.75	0.75	0.79
CaO	5	0.10	0.10	0.11	0.26	0.26	0.26	0.26	0.20	0.09	0.18	2.52	0.26	0.10	0.43	0.26	0.26	0.26	0.36
Na_2O	5	0.08	0.10	0.14	0.27	0.43	0.51	0.54	0.30	0.21	0.23	2.68	0.57	0.07	0.69	0.27	0.27	0.27	1.00
K_2O	5	1.08	1.20	1.54	1.72	2.39	2.62	2.70	1.88	0.71	1.76	1.72	2.78	0.97	0.38	1.72	1.72	1.72	2.89
TC	5	0.45	0.50	0.64	0.87	0.90	0.93	0.94	0.75	0.23	0.72	1.41	0.95	0.40	0.30	0.87	0.64	0.87	0.65
Corg	5	0.35	0.37	0.42	0.80	0.81	0.86	0.87	0.65	0.25	0.61	1.59	0.89	0.33	0.39	0.80	0.80	0.80	0.44
pH	5	4.96	4.99	5.08	5.39	5.47	5.58	5.61	5.23	5.40	5.30	2.53	5.65	4.93	1.03	5.39	5.39	5.39	5.82

三、碎屑岩类风化物土壤母质地球化学基准值

宁波市碎屑岩类风化物区采集深层土壤样品 14 件,具体参数统计如下(表 3-14)。

宁波市碎屑岩类风化物区深层土壤总体为碱性,土壤 pH 基准值为 6.76,极大值为 8.72,极小值为 5.15,接近于宁波市基准值。

各元素/指标中,多数元素/指标变异系数在 0.40 以下,说明分布较为均匀;Cl、pH、Co、S 变异系数大于 0.80,空间变异性较大。

与宁波市土壤基准值相比,碎屑岩类风化物区土壤基准值中 Hg 基准值略低于宁波市基准值,为宁波市基准值的 60%~80%;Cl、Au、Ag 基准值略高于宁波市基准值,是宁波市基准值的 1.2~1.4 倍;S、Ni、MgO、CaO 明显富集,基准值是宁波市基准值的 1.4 倍以上;S、Ni 基准值是宁波市基准值的 2.0 倍以上。

四、中酸性火成岩类风化物土壤母质地球化学基准值

宁波市中酸性火成岩类风化物土壤母质地球化学基准值数据经正态分布检验,结果表明,原始数据中 Ba、F、Ga、Ge、N、Sc、Se、V、Y、Zr、SiO_2、Na_2O、K_2O、TC 共 14 项元素/指标符合正态分布,As、Au、B、Be、Br、Cd、Ce、Co、Hg、I、Li、Mo、Nb、P、Rb、Sb、Sr、Th、Tl、U、W、Al_2O_3、TFe_2O_3、MgO、CaO、Corg 共 26 项元素/指标符合对数正态分布,Ag、Cl、La、Mn、Sn、Ti、Zn 剔除异常值后符合正态分布,Bi、Cr、Ni、Pb、S 剔除异常值后符合对数正态分布,其他元素/指标不符合正态分布或对数正态分布(表 3-15)。

宁波市中酸性火成岩类风化物区深层土壤总体为酸性,土壤 pH 基准值为 5.18,极大值为 7.48,极小值为 4.30,接近于宁波市基准值。

各元素/指标中,多数元素/指标变异系数在 0.40 以下,说明分布较为均匀;CaO、Mo、pH 变异系数大于 0.80,空间变异性较大。

与宁波市土壤基准值相比,中酸性火成岩类风化物区土壤基准值中绝大多数元素/指标基准值与宁波市基准值接近;B、Cr 基准值明显低于宁波市基准值,均低于宁波市基准值的 60%;Se、Mo、I 基准值略高于宁波市基准值,是宁波市基准值的 1.2~1.4 倍。

五、紫色碎屑岩类风化物土壤母质地球化学基准值

紫色碎屑岩类风化物土壤母质地球化学基准值数据经正态分布检验,结果表明,原始数据中 Ag、As、Au、B、Ba、Be、Bi、Br、Cd、Ce、Co、Cr、Cu、F、Ga、Ge、Hg、I、La、Li、Mn、Mo、N、Nb、Ni、P、Pb、Rb、Sc、Se、Sn、Sr、Th、Ti、Tl、U、V、Y、Zn、Zr、SiO_2、Al_2O_3、TFe_2O_3、MgO、Na_2O、K_2O、TC、Corg、pH 符合正态分布,Cl、Sb、W、CaO 符合对数正态分布,S 不符合符合正态分布(表 3-16)。

宁波市紫色碎屑岩类风化物区深层土壤总体为弱酸性,土壤 pH 基准值为 5.03,极大值为 8.26,极小值为 4.16,与宁波市基准值基本接近。

各元素/指标中,多数元素/指标变异系数在 0.40 以下,说明分布较为均匀;Cl、CaO、pH 变异系数大于 0.80,空间变异性较大。

与宁波市土壤基准值相比,紫色碎屑岩类风化物区土壤基准值中绝大多数元素/指标基准值与宁波基准值接近;Cr、B 基准值明显低于宁波市基准值,均低于宁波市基准值的 60%;TC、N 基准值略低于宁波市基准值,为宁波市基准值的 60%~80%;Sb、MgO 基准值略高于宁波市基准值,是宁波市基准值的 1.2~1.4 倍;Ni 基准值明显高宁波市基准值,为宁波市基准值的 1.52 倍。

表 3-14 碎屑岩类风化物土壤母质地球化学基准值参数统计表

元素/指标	N	$X_{5\%}$	$X_{10\%}$	$X_{25\%}$	$X_{50\%}$	$X_{75\%}$	$X_{90\%}$	$X_{95\%}$	$\bar{X}$	S	$\bar{X}_g$	S_g	X_{max}	X_{min}	CV	X_{me}	X_{mo}	碎屑岩类风化物基准值	宁波市基准值
Ag	14	57.9	62.4	74.8	81.5	102	121	146	91.4	32.45	87.0	13.30	182	54.0	0.36	81.5	90.0	81.5	66.3
As	14	3.10	3.36	4.65	6.55	10.20	12.40	12.84	7.27	3.65	6.41	3.16	13.10	2.70	0.50	6.55	4.80	6.55	6.35
Au	14	0.77	0.86	1.12	1.55	2.08	2.67	3.59	1.83	1.16	1.59	1.85	5.23	0.70	0.63	1.55	1.83	1.55	1.25
B	14	42.60	47.76	57.0	60.5	68.0	75.3	78.0	60.6	11.90	59.4	10.24	78.0	34.00	0.20	60.5	57.0	60.5	75.0
Ba	14	461	471	499	538	687	742	753	587	110	578	37.35	756	455	0.19	538	602	538	575
Be	14	2.13	2.22	2.39	2.60	2.91	3.16	3.26	2.66	0.39	2.63	1.77	3.39	2.03	0.15	2.60	2.69	2.60	2.41
Bi	14	0.20	0.21	0.25	0.36	0.48	0.62	0.65	0.38	0.16	0.35	2.04	0.69	0.19	0.43	0.36	0.38	0.36	0.32
Br	14	1.89	2.37	3.42	4.05	6.40	8.11	8.23	4.75	2.24	4.25	2.49	8.30	1.50	0.47	4.05	4.30	4.05	4.00
Cd	14	0.10	0.10	0.11	0.12	0.14	0.16	0.22	0.14	0.06	0.13	3.28	0.32	0.09	0.42	0.12	0.14	0.12	0.11
Ce	14	63.8	67.7	76.8	83.4	91.0	95.4	97.5	82.4	11.67	81.6	12.26	98.9	58.5	0.14	83.4	83.2	83.4	84.1
Cl	14	47.58	51.8	62.8	104	820	1064	1127	403	460	189	23.88	1237	43.78	1.14	104	478	104	77.5
Co	14	7.29	8.93	11.10	13.75	17.33	21.36	40.80	18.13	16.88	14.72	4.63	74.8	5.40	0.93	13.75	17.60	13.75	11.75
Cr	14	30.97	34.23	44.71	63.2	84.8	99.6	113	68.8	29.77	62.9	10.51	136	30.92	0.43	63.2	64.0	63.2	76.0
Cu	14	7.57	9.26	14.15	20.53	28.04	34.73	37.95	21.28	10.64	18.40	5.44	41.61	4.48	0.50	20.53	21.87	20.53	17.15
F	14	443	463	483	610	662	819	855	606	146	591	37.44	880	406	0.24	610	483	610	525
Ga	14	14.66	15.26	17.68	18.83	22.32	24.40	25.35	19.61	3.50	19.32	5.27	25.68	14.40	0.18	18.83	22.58	18.83	19.37
Ge	14	1.29	1.34	1.48	1.56	1.60	1.67	1.71	1.53	0.14	1.53	1.27	1.78	1.24	0.09	1.56	1.57	1.56	1.49
Hg	14	0.03	0.03	0.04	0.04	0.05	0.08	0.09	0.05	0.02	0.05	5.62	0.10	0.03	0.42	0.04	0.05	0.04	0.05
I	14	1.12	1.38	2.33	4.19	6.63	7.78	8.71	4.64	2.79	3.77	2.60	10.30	1.04	0.60	4.19	4.71	4.19	4.82
La	14	32.15	36.39	38.09	41.50	45.98	47.56	48.92	41.43	6.62	40.87	8.34	51.0	25.00	0.16	41.50	40.00	41.50	42.37
Li	14	26.14	28.90	33.85	43.75	50.9	65.7	69.4	45.35	15.43	43.00	8.59	75.6	24.90	0.34	43.75	48.50	43.75	36.48
Mn	14	536	664	819	987	1138	1257	1306	955	265	913	46.18	1362	376	0.28	987	971	987	735
Mo	14	0.54	0.62	0.70	0.89	1.14	1.25	1.40	0.93	0.32	0.88	1.43	1.67	0.43	0.35	0.89	0.94	0.89	0.91
N	14	0.50	0.53	0.55	0.69	0.87	1.12	1.24	0.75	0.26	0.71	1.42	1.31	0.46	0.35	0.69	0.55	0.69	0.62
Nb	14	14.86	15.79	17.62	19.40	21.52	24.97	26.70	19.83	3.71	19.52	5.31	27.63	14.40	0.19	19.40	19.60	19.40	20.19
Ni	14	10.05	11.06	17.90	27.50	38.92	48.59	71.4	33.28	26.11	26.76	6.73	113	9.40	0.78	27.50	34.80	27.50	12.90
P	14	0.23	0.25	0.35	0.39	0.51	0.56	0.59	0.41	0.13	0.39	1.93	0.65	0.20	0.32	0.39	0.40	0.39	0.37
Pb	14	21.54	22.94	25.50	30.50	34.60	44.20	49.50	32.28	9.84	31.02	7.24	56.0	19.00	0.30	30.50	30.00	30.50	29.39

续表 3-14

元素/指标	N	$X_{5\%}$	$X_{10\%}$	$X_{25\%}$	$X_{50\%}$	$X_{75\%}$	$X_{90\%}$	$X_{95\%}$	$\overline{X}$	S	$\overline{X}_g$	S_g	X_{max}	X_{min}	CV	X_{me}	X_{mo}	碎屑岩类风化物基准值	宁波市基准值
Rb	14	100.0	106	137	140	146	162	165	137	21.02	136	16.45	168	96.2	0.15	140	143	140	137
S	14	103	114	138	431	714	1131	1390	528	455	362	33.14	1574	90.3	0.86	431	499	431	150
Sb	14	0.36	0.42	0.48	0.54	0.64	0.81	0.89	0.58	0.18	0.56	1.55	0.99	0.29	0.31	0.54	0.60	0.54	0.52
Sc	14	7.93	8.87	10.02	12.45	14.38	17.97	19.15	12.66	3.69	12.16	4.12	19.61	6.70	0.29	12.45	12.50	12.45	10.88
Se	14	0.12	0.14	0.16	0.26	0.40	0.48	0.58	0.30	0.17	0.26	2.52	0.71	0.07	0.58	0.26	0.28	0.26	0.23
Sn	14	2.77	2.90	3.19	3.30	3.60	3.76	3.86	3.33	0.38	3.31	1.99	3.98	2.60	0.11	3.30	3.20	3.30	3.11
Sr	14	48.29	63.0	78.8	91.1	101	115	123	89.0	24.37	85.0	13.12	130	32.83	0.27	91.1	87.7	91.1	96.8
Th	14	10.86	11.15	13.38	14.95	15.78	17.94	18.14	14.73	2.50	14.52	4.73	18.40	10.59	0.17	14.95	14.80	14.95	15.00
Ti	14	3834	4290	4590	4932	5299	6184	7962	5330	1817	5118	121	11048	3054	0.34	4932	5302	4932	4590
Tl	14	0.60	0.67	0.76	0.96	1.02	1.12	1.15	0.90	0.20	0.88	1.28	1.20	0.49	0.22	0.96	0.98	0.96	0.90
U	14	2.13	2.30	3.02	3.25	3.44	3.62	3.73	3.13	0.53	3.08	1.98	3.85	2.07	0.17	3.25	3.10	3.25	3.05
V	14	55.5	67.3	88.0	96.4	118	128	136	99.5	26.85	95.7	12.92	149	48.00	0.27	96.4	97.0	96.4	86.0
W	14	1.33	1.40	1.63	1.96	2.22	2.38	2.55	1.94	0.43	1.89	1.56	2.83	1.29	0.22	1.96	1.98	1.96	1.92
Y	14	23.16	23.44	25.85	28.14	29.22	29.93	30.70	27.52	2.72	27.39	6.56	32.00	23.10	0.10	28.14	27.57	28.14	25.86
Zn	14	59.7	63.5	71.2	81.2	108	121	126	89.5	24.15	86.5	12.48	130	55.0	0.27	81.2	83.0	81.2	82.0
Zr	14	181	189	218	269	290	310	317	258	48.05	254	23.13	326	181	0.19	269	259	269	275
SiO$_2$	14	56.2	58.6	61.8	67.7	70.2	72.8	73.8	66.2	6.51	65.9	10.90	75.5	52.3	0.10	67.7	65.9	67.7	67.2
Al$_2$O$_3$	14	13.33	13.69	14.06	15.53	16.82	17.36	17.58	15.44	1.62	15.36	4.70	17.64	12.67	0.10	15.53	15.32	15.53	15.70
TFe$_2$O$_3$	14	3.42	3.73	4.26	5.19	6.27	6.88	7.78	5.34	1.64	5.11	2.50	9.28	2.83	0.31	5.19	5.20	5.19	4.77
MgO	14	0.57	0.64	0.82	1.29	1.56	2.39	2.56	1.36	0.68	1.21	1.64	2.69	0.55	0.50	1.29	1.38	1.29	0.79
CaO	14	0.24	0.26	0.29	0.57	1.18	1.35	1.70	0.77	0.61	0.59	2.19	2.31	0.20	0.79	0.57	0.26	0.57	0.36
Na$_2$O	14	0.46	0.51	0.68	0.95	1.16	1.32	1.53	0.96	0.40	0.88	1.52	1.91	0.39	0.42	0.95	0.98	0.95	1.00
K$_2$O	14	2.11	2.37	2.80	2.93	3.07	3.29	3.36	2.88	0.40	2.85	1.86	3.41	1.91	0.14	2.93	2.93	2.93	2.89
TC	14	0.47	0.49	0.51	0.72	0.98	1.46	1.70	0.84	0.44	0.75	1.59	1.81	0.44	0.52	0.72	0.54	0.72	0.65
Corg	14	0.34	0.35	0.38	0.47	0.53	1.29	1.61	0.63	0.45	0.53	1.81	1.77	0.31	0.72	0.47	0.54	0.47	0.44
pH	14	5.26	5.33	5.36	6.76	8.09	8.54	8.64	5.71	5.60	6.84	2.99	8.72	5.15	0.98	6.76	8.09	6.76	5.82

续表 3-18

元素/指标	N	$X_{5\%}$	$X_{10\%}$	$X_{25\%}$	$X_{50\%}$	$X_{75\%}$	$X_{90\%}$	$X_{95\%}$	$\bar{X}$	S	$\bar{X}_g$	S_g	X_{max}	X_{min}	CV	X_{me}	X_{mo}	分布类型	红壤基准值	宁波市基准值
Rb	208	106	113	127	139	151	165	179	141	23.93	139	17.14	266	80.9	0.17	139	130	对数正态分布	139	137
S	208	66.7	78.4	101	146	226	392	754	221	245	162	20.78	1574	37.45	1.11	146	116	对数正态分布	162	150
Sb	208	0.31	0.37	0.44	0.52	0.62	0.75	0.85	0.55	0.19	0.52	1.62	1.71	0.20	0.35	0.52	0.51	对数正态分布	0.52	0.52
Sc	208	6.68	7.25	8.43	9.85	11.80	13.70	15.60	10.27	2.70	9.94	3.89	22.09	5.05	0.26	9.85	10.30	对数正态分布	9.94	10.88
Se	208	0.14	0.17	0.21	0.30	0.38	0.49	0.58	0.31	0.14	0.28	2.35	0.96	0.04	0.44	0.30	0.24	正态分布	0.31	0.23
Sn	208	1.91	2.27	2.53	3.00	3.60	4.57	6.11	3.33	1.50	3.12	2.13	16.13	1.14	0.45	3.00	2.60	对数正态分布	3.12	3.11
Sr	208	34.29	41.54	61.3	85.5	112	147	180	91.5	44.07	81.9	13.49	280	21.20	0.48	85.5	95.0	正态分布	91.5	96.8
Th	208	11.57	12.67	14.10	15.70	17.80	20.52	23.47	16.36	3.49	16.02	4.91	31.27	9.90	0.21	15.70	13.90	剔除后对数正态分布	16.02	15.00
Ti	196	2955	3264	3785	4465	4947	5299	5621	4376	830	4293	127	6474	2146	0.19	4465	3542	对数正态分布	4376	4590
Tl	208	0.69	0.76	0.87	0.97	1.10	1.33	1.58	1.03	0.28	0.99	1.27	2.33	0.63	0.27	0.97	1.00	对数正态分布	0.99	0.90
U	208	2.48	2.60	3.00	3.30	3.68	4.10	4.62	3.38	0.67	3.32	2.03	7.03	1.98	0.20	3.30	3.30	对数正态分布	3.32	3.05
V	208	41.63	47.49	56.4	72.3	90.3	112	126	75.9	26.18	71.7	12.31	190	31.00	0.35	72.3	83.5	正态分布	75.9	86.0
W	208	1.39	1.51	1.73	1.96	2.22	2.84	3.45	2.09	0.64	2.02	1.60	5.42	0.98	0.30	1.96	1.93	对数正态分布	2.02	1.92
Y	208	18.51	19.31	22.13	25.22	28.00	30.57	32.25	25.22	4.31	24.83	6.51	35.69	14.10	0.17	25.22	25.00	正态分布	25.22	25.86
Zn	208	51.0	57.7	66.0	78.6	92.3	113	125	82.2	24.39	78.9	12.65	186	33.10	0.30	78.6	82.0	对数正态分布	78.9	82.0
Zr	208	211	221	260	304	340	359	373	300	53.3	295	26.72	477	175	0.18	304	289	正态分布	300	275
SiO₂	208	61.4	62.8	65.4	68.7	71.1	73.4	74.9	68.2	4.55	68.0	11.46	78.3	44.05	0.07	68.7	69.0	正态分布	68.2	67.2
Al₂O₃	208	13.01	13.45	14.52	16.21	17.64	19.26	20.60	16.28	2.34	16.12	4.89	23.98	11.56	0.14	16.21	15.27	对数正态分布	16.28	15.70
TFe₂O₃	208	2.80	2.99	3.57	4.31	5.12	6.09	6.77	4.48	1.39	4.29	2.48	12.16	1.76	0.31	4.31	4.43	对数正态分布	4.29	4.77
MgO	208	0.38	0.44	0.53	0.70	0.93	1.41	1.72	0.81	0.41	0.73	1.60	2.69	0.27	0.50	0.70	0.79	对数正态分布	0.73	0.79
CaO	208	0.07	0.11	0.18	0.30	0.54	0.88	1.04	0.43	0.40	0.31	2.69	3.15	0.04	0.95	0.30	0.26	对数正态分布	0.31	0.36
Na₂O	208	0.17	0.25	0.49	0.78	1.11	1.35	1.47	0.82	0.45	0.68	1.99	2.84	0.08	0.55	0.78	0.64	正态分布	0.82	1.00
K₂O	189	2.26	2.44	2.72	2.92	3.15	3.56	3.75	2.95	0.41	2.92	1.87	3.95	1.96	0.14	2.92	2.87	剔除后正态分布	2.95	2.89
TC	208	0.20	0.27	0.41	0.57	0.76	0.92	1.26	0.61	0.30	0.54	1.80	1.81	0.11	0.48	0.57	0.62	正态分布	0.61	0.65
Corg	208	0.13	0.25	0.34	0.45	0.61	0.81	1.08	0.51	0.28	0.44	2.09	1.77	0.03	0.54	0.45	0.37	对数正态分布	0.44	0.44
pH	192	4.67	4.90	5.09	5.34	5.83	6.55	6.92	5.20	5.18	5.53	2.74	7.76	4.40	1.00	5.34	5.41	剔除后对数分布	5.53	5.82

表3-19 粗骨土地球化学基准值参数统计表

元素/指标	N	$X_{5\%}$	$X_{10\%}$	$X_{25\%}$	$X_{50\%}$	$X_{75\%}$	$X_{90\%}$	$X_{95\%}$	$\overline{X}$	S	$\overline{X}_g$	S_g	X_{max}	X_{min}	CV	X_{me}	X_{mo}	分布类型	粗骨土基准值	宁波市基准值
Ag	87	35.00	41.60	56.1	67.9	77.3	90.2	96.4	67.7	18.38	65.0	11.57	115	28.00	0.27	67.9	74.0	剔除后正态分布	67.7	66.3
As	91	2.82	3.10	4.53	6.29	8.69	11.00	13.00	6.84	3.13	6.14	3.32	15.80	1.92	0.46	6.29	5.50	正态分布	6.84	6.35
Au	91	0.47	0.54	0.80	1.09	1.38	1.60	2.31	1.13	0.51	1.03	1.57	3.02	0.38	0.45	1.09	1.40	正态分布	1.13	1.25
B	91	15.60	18.04	22.79	37.00	53.0	70.1	80.2	40.43	20.80	35.37	8.50	94.5	9.78	0.51	37.00	33.00	正态分布	40.43	75.0
Ba	91	418	439	491	588	749	844	1013	632	185	607	40.31	1156	311	0.29	588	482	正态分布	632	575
Be	91	1.82	1.98	2.18	2.41	2.59	2.90	3.18	2.45	0.60	2.40	1.74	6.42	1.32	0.24	2.41	2.36	对数正态分布	2.40	2.41
Bi	91	0.17	0.21	0.25	0.28	0.37	0.47	0.53	0.33	0.15	0.30	2.13	1.30	0.15	0.46	0.28	0.25	对数正态分布	0.33	0.32
Br	91	2.16	2.30	3.06	4.20	5.70	7.82	8.67	4.76	2.38	4.27	2.57	15.55	1.50	0.50	4.20	3.60	正态分布	4.76	4.00
Cd	91	0.07	0.07	0.09	0.12	0.15	0.21	0.23	0.13	0.06	0.12	3.58	0.49	0.03	0.49	0.12	0.13	对数正态分布	0.13	0.11
Ce	91	56.4	64.4	75.4	84.2	95.3	106	115	84.8	18.36	82.5	13.15	128	29.04	0.22	84.2	84.1	正态分布	84.8	84.1
Cl	91	41.70	44.70	59.6	79.1	111	300	678	165	286	97.5	16.53	1599	32.50	1.73	79.1	65.7	对数正态分布	165	77.5
Co	91	5.19	5.98	8.05	10.70	13.60	17.30	17.50	11.04	4.06	10.29	4.16	24.10	3.84	0.37	10.70	17.50	正态分布	11.04	11.75
Cr	91	15.15	18.42	25.88	35.48	55.7	81.1	90.2	43.46	24.02	37.23	9.24	115	3.50	0.55	35.48	84.9	正态分布	43.46	76.0
Cu	91	7.55	8.42	10.22	13.66	19.21	26.16	29.10	15.49	7.19	14.07	5.05	42.34	4.50	0.46	13.66	12.95	正态分布	15.49	17.15
F	91	303	333	371	460	562	645	705	474	133	456	35.14	804	158	0.28	460	465	正态分布	474	525
Ga	91	14.79	16.10	17.64	18.96	20.24	21.64	22.02	18.90	2.21	18.77	5.42	23.20	12.70	0.12	18.96	20.10	正态分布	18.90	19.37
Ge	91	1.26	1.33	1.41	1.50	1.62	1.68	1.74	1.50	0.15	1.50	1.30	1.80	1.03	0.10	1.50	1.64	正态分布	1.50	1.49
Hg	91	0.03	0.03	0.04	0.05	0.06	0.07	0.08	0.05	0.02	0.05	5.87	0.11	0.03	0.34	0.05	0.05	正态分布	0.05	0.05
I	91	2.28	3.18	4.36	5.77	8.06	10.30	11.95	6.45	3.26	5.72	3.00	19.44	1.68	0.51	5.77	5.92	正态分布	6.45	4.82
La	91	24.20	30.00	38.10	42.00	45.90	51.9	54.6	41.54	8.97	40.34	8.80	63.2	13.92	0.22	42.00	42.37	正态分布	41.54	42.37
Li	91	22.47	24.90	26.34	30.60	37.50	50.6	59.1	34.71	12.50	32.94	7.77	92.8	14.85	0.36	30.60	29.82	对数正态分布	32.94	36.48
Mn	91	400	525	620	816	1038	1237	1372	842	325	784	48.87	1968	291	0.39	816	841	正态分布	842	735
Mo	91	0.54	0.62	0.73	1.05	1.42	2.21	2.79	1.28	1.06	1.08	1.70	8.71	0.42	0.83	1.05	1.24	对数正态分布	1.28	0.91
N	91	0.37	0.41	0.51	0.62	0.72	0.84	0.93	0.63	0.18	0.60	1.48	1.30	0.27	0.29	0.62	0.64	正态分布	0.63	0.62
Nb	91	16.04	17.60	19.15	21.90	23.73	26.50	28.61	21.85	3.99	21.51	5.89	36.16	14.30	0.18	21.90	22.30	正态分布	21.85	20.19
Ni	91	7.41	9.15	11.00	15.14	23.68	35.20	41.25	18.39	10.97	15.73	5.65	59.5	2.41	0.60	15.14	16.10	对数正态分布	18.39	12.90
P	91	0.19	0.21	0.27	0.39	0.46	0.56	0.61	0.38	0.14	0.35	2.00	0.84	0.09	0.38	0.39	0.39	正态分布	0.38	0.37
Pb	80	21.48	22.75	25.28	29.00	32.23	38.03	39.15	29.55	6.09	28.93	7.15	48.00	13.00	0.21	29.00	32.00	剔除后正态分布	29.55	29.39

续表 3-19

元素/指标	N	$X_{5\%}$	$X_{10\%}$	$X_{25\%}$	$X_{50\%}$	$X_{75\%}$	$X_{90\%}$	$X_{95\%}$	$\bar{X}$	S	$\bar{X}_g$	S_g	X_{max}	X_{min}	CV	X_{me}	X_{mo}	分布类型	粗骨土基准值	宁波市基准值
Rb	83	110	112	123	137	143	151	153	134	14.53	133	16.71	173	96.2	0.11	137	132	剔除后正态分布	134	137
S	91	80.5	89.0	109	146	224	390	721	243	320	174	21.73	2425	69.0	1.32	146	242	对数正态分布	174	150
Sb	91	0.32	0.36	0.43	0.53	0.64	0.72	0.75	0.54	0.15	0.52	1.58	1.13	0.26	0.28	0.53	0.43	正态分布	0.54	0.52
Sc	91	5.45	6.62	8.87	9.90	11.90	13.70	14.70	10.19	2.70	9.82	3.93	17.22	3.92	0.26	9.90	9.70	正态分布	10.19	10.88
Se	91	0.15	0.16	0.21	0.25	0.34	0.43	0.47	0.28	0.11	0.26	2.34	0.61	0.09	0.38	0.25	0.22	正态分布	0.28	0.23
Sn	91	2.14	2.30	2.63	3.10	3.63	4.73	6.74	3.41	1.35	3.21	2.15	9.13	1.34	0.40	3.10	3.00	对数正态分布	3.21	3.11
Sr	91	47.65	50.5	60.6	94.8	114	141	156	93.8	37.33	86.5	13.76	199	33.90	0.40	94.8	107	正态分布	93.8	96.8
Th	91	11.15	12.70	13.80	14.90	16.35	19.81	22.11	15.54	3.29	15.24	4.80	29.14	9.52	0.21	14.90	15.70	对数正态分布	15.24	15.00
Ti	91	3020	3549	4168	4617	5092	5837	6300	4664	1049	4553	130	8622	2283	0.22	4617	4662	正态分布	4664	4590
Tl	91	0.71	0.76	0.83	0.95	1.08	1.31	1.49	0.99	0.24	0.97	1.25	1.96	0.49	0.24	0.95	0.93	对数正态分布	0.97	0.90
U	91	2.45	2.60	2.91	3.22	3.60	3.85	4.57	3.33	0.71	3.26	2.01	7.15	2.07	0.21	3.22	3.10	正态分布	3.33	3.05
V	91	38.65	47.62	56.2	75.2	93.2	110	117	76.1	25.53	71.8	12.34	150	25.20	0.34	75.2	48.00	正态分布	76.1	86.0
W	91	1.52	1.61	1.77	1.97	2.41	2.75	3.07	2.13	0.59	2.07	1.61	5.33	1.11	0.28	1.97	1.93	正态分布	2.13	1.92
Y	91	17.66	19.88	23.10	25.80	28.19	30.80	32.15	25.36	4.40	24.95	6.58	33.97	13.00	0.17	25.80	25.80	正态分布	25.36	25.86
Zn	91	46.05	55.0	66.7	79.6	94.0	111	135	85.0	35.47	79.8	12.93	254	29.70	0.42	79.6	81.5	对数正态分布	79.8	82.0
Zr	91	209	216	266	305	331	370	376	300	58.7	294	26.73	520	170	0.20	305	300	正态分布	300	275
SiO_2	91	61.8	63.8	66.9	69.4	71.9	74.5	75.7	69.3	4.36	69.2	11.47	79.3	56.7	0.06	69.4	69.3	正态分布	69.3	67.2
Al_2O_3	91	12.54	13.04	14.01	15.24	16.34	17.43	18.54	15.23	1.82	15.12	4.77	20.44	10.22	0.12	15.24	13.70	正态分布	15.23	15.70
TFe_2O_3	91	2.58	2.90	3.69	4.44	5.30	5.90	6.27	4.49	1.28	4.32	2.49	9.22	2.28	0.28	4.44	4.56	正态分布	4.49	4.77
MgO	91	0.40	0.47	0.57	0.71	1.18	1.70	1.97	0.95	0.55	0.83	1.68	2.76	0.24	0.58	0.71	0.57	对数正态分布	0.83	0.79
CaO	91	0.13	0.16	0.23	0.38	0.68	1.37	2.05	0.60	0.61	0.41	2.55	2.90	0.09	1.02	0.38	0.24	对数正态分布	0.41	0.36
Na_2O	91	0.32	0.43	0.62	0.86	1.19	1.42	1.66	0.92	0.41	0.81	1.72	2.07	0.14	0.45	0.86	0.49	正态分布	0.92	1.00
K_2O	91	2.22	2.38	2.65	2.91	3.21	3.49	3.73	2.95	0.46	2.91	1.87	4.36	2.05	0.16	2.91	2.85	正态分布	2.95	2.89
TC	91	0.28	0.31	0.46	0.61	0.81	1.00	1.03	0.65	0.27	0.59	1.66	1.98	0.22	0.42	0.61	0.52	正态分布	0.65	0.65
Corg	91	0.29	0.32	0.37	0.51	0.61	0.76	0.82	0.52	0.22	0.49	1.73	1.83	0.18	0.42	0.51	0.41	正态分布	0.52	0.44
pH	91	4.71	4.99	5.16	5.45	6.12	8.08	8.28	5.20	4.94	5.92	2.85	8.78	4.16	0.95	5.45	5.82	对数正态分布	5.92	5.82

续表 3-14

元素/指标	N	$X_{5\%}$	$X_{10\%}$	$X_{25\%}$	$X_{50\%}$	$X_{75\%}$	$X_{90\%}$	$X_{95\%}$	$\overline{X}$	S	$\overline{X}_g$	S_g	X_{max}	X_{min}	CV	X_{me}	X_{mo}	碎屑岩类风化物基准值	宁波市基准值
Rb	14	100.0	106	137	140	146	162	165	137	21.02	136	16.45	168	96.2	0.15	140	143	140	137
S	14	103	114	138	431	714	1131	1390	528	455	362	33.14	1574	90.3	0.86	431	499	431	150
Sb	14	0.36	0.42	0.48	0.54	0.64	0.81	0.89	0.58	0.18	0.56	1.55	0.99	0.29	0.31	0.54	0.60	0.54	0.52
Sc	14	7.93	8.87	10.02	12.45	14.38	17.97	19.15	12.66	3.69	12.16	4.12	19.61	6.70	0.29	12.45	12.50	12.45	10.88
Se	14	0.12	0.14	0.16	0.26	0.40	0.48	0.58	0.30	0.17	0.26	2.52	0.71	0.07	0.58	0.26	0.28	0.26	0.23
Sn	14	2.77	2.90	3.19	3.30	3.60	3.76	3.86	3.33	0.38	3.31	1.99	3.98	2.60	0.11	3.30	3.20	3.30	3.11
Sr	14	48.29	63.0	78.8	91.1	101	115	123	89.0	24.37	85.0	13.12	130	32.83	0.27	91.1	87.7	91.1	96.8
Th	14	10.86	11.15	13.38	14.95	15.78	17.94	18.14	14.73	2.50	14.52	4.73	18.40	10.59	0.17	14.95	14.80	14.95	15.00
Ti	14	3834	4290	4590	4932	5299	6184	7962	5330	1817	5118	121	11048	3054	0.34	4932	5302	4932	4590
Tl	14	0.60	0.67	0.76	0.96	1.02	1.12	1.15	0.90	0.20	0.88	1.28	1.20	0.49	0.22	0.96	0.98	0.96	0.90
U	14	2.13	2.30	3.02	3.25	3.44	3.62	3.73	3.13	0.53	3.08	1.98	3.85	2.07	0.17	3.25	3.10	3.25	3.05
V	14	55.5	67.3	88.0	96.4	118	128	136	99.5	26.85	95.7	12.92	149	48.00	0.27	96.4	97.0	96.4	86.0
W	14	1.33	1.40	1.63	1.96	2.22	2.38	2.55	1.94	0.43	1.89	1.56	2.83	1.29	0.22	1.96	1.98	1.96	1.92
Y	14	23.16	23.44	25.85	28.14	29.22	29.93	30.70	27.52	2.72	27.39	6.56	32.00	23.10	0.10	28.14	27.57	28.14	25.86
Zn	14	59.7	63.5	71.2	81.2	108	121	126	89.5	24.15	86.5	12.48	130	55.0	0.27	81.2	83.0	81.2	82.0
Zr	14	181	189	218	269	290	310	317	258	48.05	254	23.13	326	181	0.19	269	259	269	275
SiO_2	14	56.2	58.6	61.8	67.7	70.2	72.8	73.8	66.2	6.51	65.9	10.90	75.5	52.3	0.10	67.7	65.9	67.7	67.2
Al_2O_3	14	13.33	13.69	14.06	15.53	16.82	17.36	17.58	15.44	1.62	15.36	4.70	17.64	12.67	0.10	15.53	15.32	15.53	15.70
TFe_2O_3	14	3.42	3.73	4.26	5.19	6.27	6.88	7.78	5.34	1.64	5.11	2.50	9.28	2.83	0.31	5.19	5.20	5.19	4.77
MgO	14	0.57	0.64	0.82	1.29	1.56	2.39	2.56	1.36	0.68	1.21	1.64	2.69	0.55	0.50	1.29	1.38	1.29	0.79
CaO	14	0.24	0.26	0.29	0.57	1.18	1.35	1.70	0.77	0.61	0.59	2.19	2.31	0.20	0.79	0.57	0.26	0.57	0.36
Na_2O	14	0.46	0.51	0.68	0.95	1.16	1.32	1.53	0.96	0.40	0.88	1.52	1.91	0.39	0.42	0.95	0.98	0.95	1.00
K_2O	14	2.11	2.37	2.80	2.93	3.07	3.29	3.36	2.88	0.40	2.85	1.86	3.41	1.91	0.14	2.93	2.93	2.93	2.89
TC	14	0.47	0.49	0.51	0.72	0.98	1.46	1.70	0.84	0.44	0.75	1.59	1.81	0.44	0.52	0.72	0.54	0.72	0.65
Corg	14	0.34	0.35	0.38	0.47	0.53	1.29	1.61	0.63	0.45	0.53	1.81	1.77	0.31	0.72	0.47	0.54	0.47	0.44
pH	14	5.26	5.33	5.36	6.76	8.09	8.54	8.64	5.71	5.60	6.84	2.99	8.72	5.15	0.98	6.76	8.09	6.76	5.82

表3-15 中酸性火成岩类风化物土壤母质地球化学基准值参数统计表

元素/指标	N	$X_{5\%}$	$X_{10\%}$	$X_{25\%}$	$X_{50\%}$	$X_{75\%}$	$X_{90\%}$	$X_{95\%}$	$\bar{X}$	S	$\bar{X}_g$	S_g	X_{max}	X_{min}	CV	X_{me}	X_{mo}	分布类型	中酸性火成岩类风化物基准值	宁波市基准值
Ag	287	35.30	41.00	52.0	62.0	74.1	85.0	94.1	62.8	17.08	60.3	11.07	109	21.00	0.27	62.0	74.0	剔除后正态分布	62.8	66.3
As	302	2.80	3.02	3.94	5.81	8.09	10.20	12.19	6.34	2.94	5.70	3.16	17.10	1.63	0.46	5.81	7.20	对数正态分布	5.70	6.35
Au	302	0.43	0.52	0.75	1.03	1.40	1.83	2.29	1.19	0.93	1.02	1.68	11.97	0.29	0.79	1.03	1.30	对数正态分布	1.02	1.25
B	302	11.70	15.72	21.95	32.34	50.00	63.8	74.0	36.45	19.35	31.28	8.29	96.2	4.40	0.53	32.34	42.00	对数正态分布	31.28	75.0
Ba	302	399	440	524	669	810	997	1110	682	216	648	42.26	1341	137	0.32	669	698	正态分布	682	575
Be	302	1.75	1.86	2.11	2.32	2.53	2.81	2.95	2.35	0.41	2.31	1.69	4.02	1.11	0.17	2.32	2.44	对数正态分布	2.31	2.41
Bi	281	0.16	0.18	0.22	0.28	0.37	0.47	0.53	0.31	0.11	0.28	2.22	0.62	0.04	0.37	0.28	0.29	剔除后对数分布	0.28	0.32
Br	302	1.87	2.16	2.80	4.19	6.00	8.35	10.10	4.80	2.64	4.19	2.63	16.90	1.30	0.55	4.19	3.80	对数正态分布	4.19	4.00
Cd	302	0.04	0.06	0.08	0.11	0.15	0.21	0.24	0.13	0.08	0.11	3.78	0.73	0.01	0.62	0.11	0.12	其他分布	0.11	0.11
Ce	302	65.4	73.6	80.3	89.9	101	114	125	91.6	18.89	89.7	13.44	192	29.04	0.21	89.9	81.0	正态分布	89.7	84.1
Cl	266	37.75	41.60	56.0	69.5	87.1	102	117	72.6	23.88	68.7	12.22	147	33.00	0.33	69.5	71.0	剔除后正态分布	72.6	77.5
Co	302	5.25	6.00	7.90	10.11	12.78	15.73	17.40	10.81	4.76	10.00	4.11	48.87	2.06	0.44	10.11	10.80	对数正态分布	10.00	11.75
Cr	286	11.95	16.07	21.76	32.02	46.50	64.1	72.9	36.07	18.81	31.23	8.48	90.0	3.50	0.52	32.02	23.00	剔除后对数分布	31.23	76.0
Cu	289	7.46	8.40	9.71	12.01	17.05	22.89	26.96	13.91	5.80	12.83	4.70	30.03	2.80	0.42	12.01	13.86	其他分布	12.83	17.15
F	302	273	311	370	456	555	640	700	468	134	449	34.69	1054	158	0.29	456	465	正态分布	449	525
Ga	302	15.82	16.90	17.92	19.50	21.40	22.70	23.69	19.70	2.50	19.54	5.51	29.40	12.70	0.13	19.50	19.70	正态分布	19.54	19.37
Ge	302	1.22	1.29	1.38	1.48	1.58	1.65	1.70	1.47	0.15	1.46	1.28	1.92	1.03	0.10	1.48	1.47	对数正态分布	1.46	1.49
Hg	302	0.03	0.03	0.04	0.05	0.06	0.08	0.09	0.05	0.03	0.05	6.03	0.21	0.01	0.51	0.05	0.04	剔除后正态分布	0.05	0.05
I	302	2.25	3.08	4.21	6.08	8.75	10.71	12.92	6.72	3.55	5.89	3.04	22.91	1.35	0.53	6.08	6.92	对数正态分布	5.89	4.82
La	280	33.94	36.67	40.00	44.00	48.00	53.0	55.9	44.17	6.70	43.65	8.90	63.2	25.59	0.15	44.00	45.00	剔除后正态分布	44.17	42.37
Li	302	19.20	21.87	25.68	29.71	36.75	46.11	51.4	32.21	10.35	30.79	7.53	92.8	14.83	0.32	29.71	30.90	对数正态分布	30.79	36.48
Mn	291	358	436	558	725	903	1155	1254	751	269	699	46.21	1436	144	0.36	725	682	剔除后正态分布	699	735
Mo	302	0.58	0.64	0.79	1.02	1.39	2.41	3.18	1.38	1.43	1.13	1.72	19.10	0.39	1.04	1.02	1.24	对数正态分布	1.13	0.91
N	302	0.26	0.35	0.47	0.60	0.74	0.87	0.96	0.61	0.21	0.57	1.61	1.36	0.18	0.35	0.60	0.59	正态分布	0.57	0.62
Nb	302	16.47	17.57	19.30	21.20	23.12	26.35	28.22	21.64	3.82	21.34	5.90	41.94	14.50	0.18	21.20	22.20	对数正态分布	21.34	20.19
Ni	277	5.35	7.36	10.04	12.90	17.30	24.82	28.34	14.42	6.86	12.86	5.00	35.00	2.21	0.48	12.90	15.00	剔除后对数分布	12.86	12.90
P	302	0.15	0.18	0.24	0.31	0.43	0.56	0.61	0.35	0.15	0.32	2.13	0.97	0.10	0.44	0.31	0.29	对数正态分布	0.32	0.37
Pb	274	22.15	24.04	27.25	30.75	35.07	41.48	47.67	31.98	7.16	31.23	7.43	54.0	14.60	0.22	30.75	32.00	剔除后对数分布	31.23	29.39

续表 3-15

元素/指标	N	$X_{5\%}$	$X_{10\%}$	$X_{25\%}$	$X_{50\%}$	$X_{75\%}$	$X_{90\%}$	$X_{95\%}$	$\bar{X}$	S	$\bar{X}_g$	S_g	X_{max}	X_{min}	CV	X_{me}	X_{mo}	分布类型	中酸性火成岩类风化物基准值	宁波市基准值
Rb	302	110	116	127	139	150	169	185	142	25.22	140	17.17	280	80.9	0.18	139	131	对数正态分布	140	137
S	273	70.9	79.1	104	143	188	259	299	156	70.6	141	17.86	390	37.45	0.45	143	116	剔除后对数正态分布	141	150
Sb	302	0.30	0.36	0.43	0.51	0.62	0.72	0.79	0.53	0.16	0.51	1.61	1.67	0.20	0.31	0.51	0.51	对数正态分布	0.51	0.52
Sc	302	6.40	7.16	8.26	9.70	11.50	13.17	14.09	9.96	2.44	9.67	3.84	22.09	3.92	0.24	9.70	11.50	正态分布	9.96	10.88
Se	302	0.13	0.16	0.21	0.29	0.37	0.49	0.53	0.30	0.13	0.28	2.34	0.96	0.04	0.42	0.29	0.22	对数正态分布	0.30	0.23
Sn	281	1.95	2.20	2.50	2.93	3.36	3.89	4.29	2.97	0.67	2.90	1.94	4.73	1.25	0.23	2.93	2.60	剔除后正态分布	2.97	3.11
Sr	302	38.70	44.02	57.2	83.4	114	146	167	91.1	42.44	81.7	13.57	280	21.20	0.47	83.4	101	对数正态分布	81.7	96.8
Th	302	12.11	12.85	14.29	15.90	18.16	21.20	23.58	16.56	3.55	16.22	4.94	31.27	9.90	0.21	15.90	13.90	剔除后正态分布	16.22	15.00
Ti	289	2931	3213	3815	4404	4930	5298	5517	4341	810	4261	127	6474	2146	0.19	4404	4151	正态分布	4341	4590
Tl	302	0.71	0.78	0.87	0.97	1.12	1.40	1.60	1.04	0.28	1.01	1.27	2.34	0.63	0.27	0.97	1.00	对数正态分布	1.01	0.90
U	302	2.54	2.70	3.00	3.30	3.70	4.10	4.55	3.42	0.67	3.36	2.04	7.15	1.98	0.20	3.30	3.30	对数正态分布	3.36	3.05
V	302	40.22	46.03	54.5	69.1	85.7	105	113	72.4	23.87	68.7	12.02	190	25.20	0.33	69.1	65.8	正态分布	72.4	86.0
W	302	1.41	1.52	1.73	1.97	2.31	2.89	3.40	2.18	1.38	2.05	1.64	23.49	0.93	0.63	1.97	1.93	对数正态分布	2.05	1.92
Y	302	18.01	19.49	22.40	25.39	28.19	31.30	32.76	25.31	4.50	24.88	6.54	36.50	8.90	0.18	25.39	28.00	剔除后正态分布	25.31	25.86
Zn	285	49.92	56.9	66.2	75.6	88.8	99.5	111	77.6	17.64	75.5	12.32	127	32.00	0.23	75.6	66.9	对数正态分布	77.6	82.0
Zr	302	211	227	265	307	342	366	378	304	54.2	299	27.13	520	170	0.18	307	299	正态分布	304	275
SiO_2	302	61.8	63.1	66.1	69.1	71.6	74.0	75.0	68.7	4.36	68.6	11.52	79.3	44.05	0.06	69.1	67.6	正态分布	68.7	67.2
Al_2O_3	302	12.99	13.38	14.44	15.85	17.40	19.13	20.63	16.11	2.36	15.95	4.88	23.98	10.22	0.15	15.85	15.27	对数正态分布	15.95	15.70
TFe_2O_3	302	2.71	2.98	3.52	4.24	5.02	5.83	6.23	4.35	1.28	4.19	2.45	12.16	1.70	0.29	4.24	4.43	对数正态分布	4.19	4.77
MgO	302	0.38	0.45	0.55	0.69	0.91	1.38	1.77	0.82	0.44	0.73	1.61	2.76	0.24	0.54	0.69	0.79	对数正态分布	0.73	0.79
CaO	302	0.08	0.12	0.18	0.30	0.56	0.98	1.31	0.47	0.51	0.32	2.77	3.30	0.04	1.08	0.30	0.21	对数正态分布	0.32	0.36
Na_2O	302	0.17	0.26	0.48	0.78	1.10	1.39	1.57	0.81	0.45	0.68	1.99	2.84	0.08	0.56	0.78	0.63	正态分布	0.81	1.00
K_2O	302	2.05	2.36	2.69	2.93	3.24	3.70	3.92	2.98	0.56	2.93	1.90	5.32	1.25	0.19	2.93	2.85	正态分布	2.98	2.89
TC	302	0.22	0.29	0.41	0.58	0.76	0.89	1.10	0.61	0.28	0.55	1.76	1.98	0.12	0.45	0.58	0.63	正态分布	0.55	0.65
Corg	302	0.15	0.25	0.35	0.46	0.62	0.80	0.97	0.51	0.25	0.45	1.99	1.83	0.05	0.49	0.46	0.37	对数正态分布	0.45	0.44
pH	266	4.62	4.84	5.06	5.29	5.62	6.34	6.71	5.15	5.11	5.43	2.70	7.48	4.30	0.99	5.29	5.18	其他分布	5.18	5.82

表 3-16 紫色碎屑岩类风化物土壤母质地球化学基准值参数统计表

元素/指标	N	$X_{5\%}$	$X_{10\%}$	$X_{25\%}$	$X_{50\%}$	$X_{75\%}$	$X_{90\%}$	$X_{95\%}$	$\bar{X}$	S	$\bar{X}_g$	S_g	X_{max}	X_{min}	CV	X_{me}	X_{mo}	分布类型	紫色碎屑岩类风化物基准值	宁波市基准值
Ag	30	31.70	35.39	52.3	63.1	75.1	81.3	99.4	64.1	21.06	60.8	11.21	122	28.00	0.33	63.1	63.4	正态分布	64.1	66.3
As	30	2.68	3.66	5.20	6.15	8.54	9.91	10.71	6.88	3.29	6.20	3.21	19.16	1.93	0.48	6.15	5.86	正态分布	6.88	6.35
Au	30	0.46	0.51	0.70	0.92	1.32	1.50	1.85	1.03	0.44	0.94	1.54	2.20	0.40	0.43	0.92	0.98	正态分布	1.03	1.25
B	30	16.12	18.27	24.63	32.39	43.99	53.1	63.6	36.26	17.14	32.71	7.98	92.7	11.00	0.47	32.39	37.57	正态分布	36.26	75.0
Ba	30	430	484	543	613	722	809	1032	656	191	634	39.48	1289	381	0.29	613	585	正态分布	656	575
Be	30	1.83	1.87	1.99	2.19	2.42	2.72	2.75	2.23	0.34	2.20	1.64	2.95	1.45	0.15	2.19	2.25	正态分布	2.23	2.41
Bi	30	0.15	0.17	0.21	0.25	0.29	0.36	0.38	0.26	0.09	0.24	2.48	0.57	0.03	0.36	0.25	0.26	正态分布	0.26	0.32
Br	30	1.35	1.43	2.29	2.64	3.60	6.48	8.05	3.40	2.18	2.89	2.37	10.18	0.77	0.64	2.64	3.46	正态分布	3.40	4.00
Cd	30	0.06	0.06	0.07	0.08	0.11	0.15	0.18	0.10	0.05	0.09	4.11	0.28	0.03	0.49	0.08	0.10	正态分布	0.10	0.11
Ce	30	43.33	56.2	66.7	75.1	88.4	93.4	96.4	75.3	18.22	72.8	12.17	122	32.98	0.24	75.1	75.7	正态分布	75.3	84.1
Cl	30	35.25	38.73	45.25	59.3	65.4	81.0	806	153	367	68.4	14.58	1599	32.50	2.40	59.3	62.3	对数正态分布	68.4	77.5
Co	30	5.96	7.20	9.76	11.18	15.50	18.06	23.13	12.74	6.19	11.49	4.56	34.61	3.02	0.49	11.18	12.45	正态分布	12.74	11.75
Cr	30	15.23	24.73	31.20	43.60	52.7	72.7	84.6	44.88	20.84	37.53	10.16	89.9	1.10	0.46	43.60	43.90	正态分布	44.88	76.0
Cu	30	8.53	10.30	12.76	13.94	16.03	23.25	29.82	15.48	6.45	14.35	5.07	34.30	4.30	0.42	13.94	15.53	正态分布	15.48	17.15
F	30	314	353	416	450	544	635	666	475	114	463	34.15	726	289	0.24	450	470	正态分布	475	525
Ga	30	15.02	16.11	17.27	18.80	20.18	22.22	23.36	18.98	2.60	18.80	5.41	25.30	13.80	0.14	18.80	18.80	正态分布	18.98	19.37
Ge	30	1.31	1.34	1.47	1.54	1.61	1.66	1.74	1.53	0.13	1.52	1.30	1.79	1.19	0.09	1.54	1.53	正态分布	1.53	1.49
Hg	30	0.03	0.03	0.03	0.04	0.05	0.07	0.07	0.05	0.03	0.04	6.00	0.19	0.02	0.60	0.04	0.05	正态分布	0.05	0.05
I	30	3.12	3.31	3.56	4.40	6.16	7.54	10.25	5.25	2.63	4.81	2.63	14.62	2.71	0.50	4.40	5.08	正态分布	5.25	4.82
La	30	21.30	29.39	34.27	39.60	45.61	47.62	50.7	38.82	9.15	37.49	8.46	52.6	15.23	0.24	39.60	38.20	正态分布	38.82	42.37
Li	30	17.51	25.48	30.89	35.06	41.79	45.81	49.06	35.22	9.33	33.66	8.01	50.6	10.83	0.27	35.06	35.43	正态分布	35.22	36.48
Mn	30	301	338	484	734	860	1003	1060	695	253	645	43.99	1234	279	0.36	734	690	正态分布	695	735
Mo	30	0.53	0.54	0.60	0.69	0.91	1.13	1.22	0.77	0.23	0.74	1.39	1.31	0.50	0.29	0.69	0.76	正态分布	0.77	0.91
N	30	0.31	0.32	0.40	0.47	0.56	0.65	0.67	0.48	0.15	0.46	1.68	0.87	0.15	0.31	0.47	0.48	正态分布	0.48	0.62
Nb	30	15.18	15.93	19.10	20.78	23.27	24.17	28.62	21.15	4.85	20.64	5.81	37.14	11.27	0.23	20.78	19.10	正态分布	21.15	20.19
Ni	30	5.55	10.19	12.74	15.35	23.98	32.40	38.14	19.63	12.64	16.47	6.18	67.7	2.88	0.64	15.35	18.86	正态分布	19.63	12.90
P	30	0.11	0.19	0.23	0.34	0.43	0.55	0.62	0.35	0.16	0.31	2.16	0.67	0.09	0.45	0.34	0.35	正态分布	0.35	0.37
Pb	30	16.89	19.89	22.67	25.64	27.96	29.44	34.14	25.56	5.62	24.94	6.50	42.68	13.00	0.22	25.64	25.53	正态分布	25.56	29.39

续表 3-16

元素/指标	N	$X_{5\%}$	$X_{10\%}$	$X_{25\%}$	$X_{50\%}$	$X_{75\%}$	$X_{90\%}$	$X_{95\%}$	$\overline{X}$	S	$\overline{X}_g$	S_g	X_{max}	X_{min}	CV	X_{me}	X_{mo}	分布类型	紫色碎屑岩类风化物基准值	宁波市基准值
Rb	30	101	109	116	129	141	151	155	128	19.22	126	15.98	172	76.0	0.15	129	128	正态分布	128	137
S	29	77.3	82.1	96.6	112	154	236	271	140	67.0	128	17.50	320	73.8	0.48	112	136	偏峰分布	136	150
Sb	30	0.37	0.42	0.52	0.64	0.74	1.12	1.14	0.69	0.29	0.64	1.54	1.71	0.27	0.41	0.64	0.64	对数正态分布	0.64	0.52
Sc	30	7.92	8.13	8.92	10.18	12.07	16.90	18.18	11.30	4.00	10.75	4.09	24.91	5.27	0.35	10.18	11.31	正态分布	11.30	10.88
Se	30	0.13	0.15	0.16	0.22	0.24	0.35	0.40	0.23	0.09	0.22	2.51	0.48	0.12	0.38	0.22	0.22	正态分布	0.23	0.23
Sn	30	1.50	1.82	2.46	2.80	3.23	3.38	3.61	2.72	0.65	2.63	1.94	3.79	1.14	0.24	2.80	2.80	正态分布	2.72	3.11
Sr	30	40.32	50.1	63.1	88.6	104	134	180	95.9	59.1	84.6	13.79	347	33.90	0.62	88.6	96.6	正态分布	95.9	96.8
Th	30	9.62	12.45	13.60	14.52	15.82	16.79	16.98	14.33	2.24	14.12	4.59	17.27	7.37	0.16	14.52	14.33	正态分布	14.33	15.00
Ti	30	3813	4062	4442	4892	5310	6527	7412	5132	1192	5013	134	8735	3159	0.23	4892	5140	正态分布	5132	4590
Tl	30	0.68	0.71	0.76	0.87	0.96	0.98	1.02	0.86	0.16	0.85	1.23	1.42	0.52	0.19	0.87	0.87	正态分布	0.86	0.90
U	30	2.16	2.44	2.80	3.14	3.40	3.70	3.74	3.09	0.47	3.05	1.93	3.76	1.98	0.15	3.14	3.10	正态分布	3.09	3.05
V	30	50.7	56.4	64.4	78.1	94.9	116	147	86.1	34.81	80.8	12.89	213	41.00	0.40	78.1	86.2	正态分布	86.1	86.0
W	30	1.55	1.59	1.75	1.91	2.18	2.43	3.02	2.08	0.72	2.00	1.59	5.33	1.32	0.35	1.91	2.04	对数正态分布	2.00	1.92
Y	30	18.34	19.37	21.49	23.98	26.56	27.95	29.66	23.88	4.02	23.53	6.27	33.12	13.60	0.17	23.98	23.60	正态分布	23.88	25.86
Zn	30	47.30	55.2	62.3	67.7	82.9	89.7	102	71.7	17.90	69.4	11.95	120	29.70	0.25	67.7	61.5	正态分布	71.7	82.0
Zr	30	218	224	255	281	325	351	357	285	50.1	280	25.58	360	161	0.18	281	281	正态分布	285	275
SiO$_2$	30	58.3	59.7	65.2	69.4	71.2	73.9	75.0	67.9	5.42	67.7	11.15	75.9	53.7	0.08	69.4	67.9	正态分布	67.9	67.2
Al$_2$O$_3$	30	12.42	13.09	14.23	15.41	16.62	19.77	20.76	15.91	2.65	15.71	4.87	22.54	11.59	0.17	15.41	16.04	正态分布	15.91	15.70
TFe$_2$O$_3$	30	3.08	3.59	3.97	4.51	5.24	6.72	7.63	4.94	1.61	4.73	2.59	10.48	2.37	0.33	4.51	4.49	正态分布	4.94	4.77
MgO	30	0.47	0.63	0.68	0.83	1.13	1.38	1.84	0.95	0.43	0.87	1.53	2.26	0.29	0.46	0.83	0.96	正态分布	0.95	0.79
CaO	30	0.09	0.12	0.15	0.29	0.45	0.74	1.68	0.46	0.57	0.30	2.76	2.65	0.07	1.25	0.29	0.45	对数正态分布	0.30	0.36
Na$_2$O	30	0.19	0.21	0.53	0.91	1.06	1.28	1.29	0.82	0.37	0.70	1.93	1.35	0.14	0.46	0.91	1.02	正态分布	0.82	1.00
K$_2$O	30	2.16	2.23	2.37	2.65	2.97	3.29	3.99	2.78	0.66	2.72	1.81	5.10	1.80	0.24	2.65	2.81	正态分布	2.78	2.89
TC	30	0.19	0.22	0.29	0.39	0.59	0.88	0.92	0.46	0.25	0.41	2.03	1.05	0.11	0.54	0.39	0.45	正态分布	0.46	0.65
Corg	30	0.22	0.24	0.29	0.40	0.53	0.62	0.82	0.43	0.20	0.37	2.20	0.93	0.03	0.46	0.40	0.43	正态分布	0.43	0.44
pH	30	4.43	4.83	5.05	5.32	5.78	6.27	7.43	5.03	4.83	5.51	2.73	8.26	4.16	0.96	5.32	5.09	正态分布	5.03	5.82

第三节 主要土壤类型地球化学基准值

一、黄壤土壤地球化学基准值

宁波市黄壤区采集深层土壤样品 24 件(表 3-17),具体参数统计如下。

宁波市黄壤区深层土壤总体为酸性,土壤 pH 基准值为 5.13,极大值为 9.35,极小值为 4.35,与宁波市基准值基本接近。

各元素/指标中,多数元素/指标变异系数在 0.40 以下,说明分布较为均匀;CaO、Cl、pH、Na_2O、Ag 变异系数大于 0.80,空间变异性较大。

与宁波市土壤基准值相比,黄壤区土壤基准值中 Sr、B、CaO、Na_2O 基准值明显低于宁波市基准值,均低于宁波市基准值的 60%;V、Cl、Bi、Cr 基准值略低于宁波市基准值,为宁波市基准值的 60%~80%;Se、Corg、Hg 基准值略高于宁波市基准值,为宁波市基准值的 1.2~1.4 倍;Br、Ni 基准值明显高于宁波市基准值,为宁波市基准值的1.4倍以上;其他元素/指标基准值与宁波市基准值基本接近。

二、红壤土壤地球化学基准值

宁波市红壤区土壤地球化学基准值数据经正态分布检验,结果表明,原始数据中 As、Ba、Be、F、Ga、Ge、La、N、Se、Sr、V、Y、Zr、SiO_2、Al_2O_3、Na_2O、TC 共 17 项元素/指标符合正态分布,Ag、Au、B、Bi、Br、Cd、Ce、Co、Cr、Cu、Hg、I、Li、Mn、Mo、Nb、Ni、P、Pb、Rb、S、Sb、Sc、Sn、Th、Tl、U、W、Zn、TFe_2O_3、MgO、CaO、Corg 共 33 项元素/指标符合对数正态分布,Cl、Ti、K_2O 剔除异常值后符合正态分布,pH 剔除异常值后符合对数正态分布(表 3-18)。

宁波市红壤区深层土壤总体为酸性,土壤 pH 基准值为 5.53,极大值为 7.76,极小值为 4.40,略低于宁波市基准值。

各元素/指标中,部分元素/指标变异系数在 0.40 以下,说明分布较为均匀;Mo、S、pH、Bi、CaO、Ni、Au 变异系数大于 0.80,空间变异性较大。

与宁波市土壤基准值相比,红壤区土壤基准值中绝大多数元素/指标基准值与宁波市基准值接近;Cr、B 基准值明显低于宁波市基准值,均低于宁波市基准值的 60%;Se、Ba 基准值是宁波市基准值的 1.2~1.4 倍。

三、粗骨土土壤地球化学基准值

宁波市粗骨土区土壤地球化学基准值数据经正态分布检验,结果表明,原始数据中 As、Au、B、Ba、Br、Ce、Co、Cr、Cu、F、Ga、Ge、Hg、I、La、Mn、N、Nb、P、Sb、Sc、Se、Sr、Ti、U、V、W、Y、Zr、SiO_2、Al_2O_3、TFe_2O_3、Na_2O、K_2O、TC、Corg 共 36 项元素/指标符合正态分布,Be、Bi、Cd、Cl、Li、Mo、Ni、S、Sn、Th、Tl、Zn、MgO、CaO、pH 共 15 项元素/指标符合对数正态分布,Ag、Pb、Rb 剔除异常值后符合正态分布(表 3-19)。

宁波市粗骨土区深层土壤总体为酸性,土壤 pH 基准值为 5.92,极大值为 8.78,极小值为 4.16,接近于宁波市基准值。

各元素/指标中,大多数元素/指标变异系数在 0.40 以下,说明分布较为均匀;Cl、S、CaO、pH、Mo 变异系数大于 0.80,空间变异性较大。

第三章 土壤地球化学基准值

表 3-17 黄壤土地球化学基准值参数统计表

元素/指标	N	$X_{5\%}$	$X_{10\%}$	$X_{25\%}$	$X_{50\%}$	$X_{75\%}$	$X_{90\%}$	$X_{95\%}$	$\bar{X}$	S	$\bar{X}_g$	S_g	X_{max}	X_{min}	CV	X_{me}	X_{mo}	黄壤基准值	宁波市基准值
Ag	24	36.60	40.71	52.0	61.7	76.0	89.7	125	76.5	62.5	66.0	11.70	352	35.43	0.82	61.7	76.2	61.7	66.3
As	24	2.96	3.96	5.22	6.71	8.25	11.20	13.73	7.20	3.42	6.48	3.36	16.88	1.95	0.47	6.71	5.98	6.71	6.35
Au	24	0.61	0.73	0.93	1.06	1.28	1.67	1.83	1.13	0.42	1.06	1.47	2.30	0.35	0.37	1.06	1.16	1.06	1.25
B	24	17.62	20.81	27.63	39.29	52.1	65.6	79.2	41.77	19.11	37.57	8.77	82.0	14.40	0.46	39.29	40.78	39.29	75.0
Ba	24	227	320	418	521	598	788	812	518	183	480	37.03	819	137	0.35	521	444	521	575
Be	24	1.48	1.84	1.98	2.12	2.33	2.43	2.46	2.12	0.38	2.09	1.61	3.08	1.11	0.18	2.12	2.13	2.12	2.41
Bi	24	0.19	0.20	0.22	0.25	0.32	0.43	0.59	0.32	0.23	0.28	2.37	1.28	0.14	0.71	0.25	0.32	0.25	0.32
Br	24	3.46	3.71	5.07	7.10	7.81	10.02	10.44	6.84	2.48	6.41	3.11	13.06	3.07	0.36	7.10	6.85	7.10	4.00
Cd	24	0.04	0.06	0.07	0.10	0.13	0.15	0.16	0.11	0.07	0.09	4.23	0.41	0.01	0.67	0.10	0.11	0.10	0.11
Ce	24	42.78	61.8	73.5	92.8	103	109	110	87.8	21.36	84.7	13.22	120	38.78	0.24	92.8	88.9	92.8	84.1
Cl	24	37.59	39.95	49.51	60.8	73.3	187	331	91.4	92.7	70.4	13.56	383	35.70	1.01	60.8	82.7	60.8	77.5
Co	24	3.33	5.78	8.49	11.52	14.60	18.53	30.98	12.72	7.75	10.72	4.66	34.61	2.06	0.61	11.52	12.85	11.52	11.75
Cr	24	18.15	19.09	25.63	46.05	60.2	84.6	90.4	48.66	35.17	39.91	9.47	176	11.40	0.72	46.05	49.20	46.05	76.0
Cu	24	7.10	8.96	10.41	14.09	16.25	23.75	32.73	15.74	8.56	14.07	4.95	42.70	6.50	0.54	14.09	15.53	14.09	17.15
F	24	303	341	408	464	513	581	607	463	93.2	454	34.03	654	289	0.20	464	457	464	525
Ga	24	17.30	17.37	19.08	20.40	21.10	22.10	22.94	19.96	2.22	19.82	5.54	23.30	12.90	0.11	20.40	19.70	20.40	19.37
Ge	24	1.20	1.23	1.33	1.47	1.53	1.65	1.68	1.44	0.16	1.43	1.27	1.69	1.09	0.11	1.47	1.45	1.47	1.49
Hg	24	0.04	0.04	0.05	0.06	0.07	0.08	0.09	0.07	0.03	0.06	5.16	0.18	0.03	0.44	0.06	0.07	0.06	0.05
I	24	4.47	4.87	6.04	7.84	9.65	10.66	11.42	8.26	3.37	7.73	3.42	20.60	3.96	0.41	7.84	8.10	7.84	4.82
La	24	23.99	29.57	37.07	44.09	47.68	54.9	58.6	42.22	10.54	40.72	8.83	61.9	16.86	0.25	44.09	42.11	44.09	42.37
Li	24	23.04	23.99	29.10	33.86	37.73	40.22	42.04	33.02	6.38	32.38	7.58	43.84	20.22	0.19	33.86	32.70	33.86	36.48
Mn	24	206	375	602	718	936	1136	1220	752	309	674	45.47	1436	157	0.41	718	739	718	735
Mo	24	0.43	0.47	0.65	0.91	1.05	1.55	1.82	0.99	0.63	0.87	1.62	3.42	0.39	0.63	0.91	1.00	0.91	0.91
N	24	0.26	0.31	0.48	0.65	0.84	0.92	0.97	0.64	0.25	0.59	1.65	1.13	0.20	0.39	0.65	0.65	0.65	0.62
Nb	24	14.84	16.24	20.45	22.88	26.50	28.57	31.30	23.04	5.23	22.42	5.86	33.40	11.27	0.23	22.88	24.21	22.88	20.19
Ni	24	7.97	11.18	12.90	20.20	28.48	38.17	44.62	23.18	16.45	19.06	6.31	83.6	3.69	0.71	20.20	23.54	20.20	12.90
P	24	0.13	0.22	0.26	0.31	0.47	0.63	0.70	0.37	0.18	0.33	2.14	0.72	0.10	0.48	0.31	0.36	0.31	0.37
Pb	24	14.50	15.68	22.58	29.61	32.51	35.99	37.81	28.38	11.11	26.52	6.98	67.4	11.00	0.39	29.61	29.02	29.61	29.39

续表 3-17

元素/指标	N	$X_{5\%}$	$X_{10\%}$	$X_{25\%}$	$X_{50\%}$	$X_{75\%}$	$X_{90\%}$	$X_{95\%}$	$\bar{X}$	S	$\bar{X}_g$	S_g	X_{max}	X_{min}	CV	X_{mc}	X_{mo}	黄壤基准值	宁波市基准值
Rb	24	96.5	98.1	111	131	145	159	170	129	25.22	127	15.87	178	76.0	0.20	131	129	131	137
S	24	76.2	82.2	121	171	187	223	249	159	61.2	148	18.91	328	62.0	0.39	171	170	171	150
Sb	24	0.31	0.43	0.51	0.60	0.68	0.87	1.10	0.61	0.22	0.58	1.58	1.14	0.20	0.35	0.60	0.68	0.60	0.52
Sc	24	6.46	8.71	9.09	10.35	11.73	14.95	17.00	11.17	4.04	10.55	4.11	24.91	3.98	0.36	10.35	11.14	10.35	10.88
Se	24	0.08	0.09	0.18	0.32	0.39	0.49	0.52	0.30	0.15	0.26	2.76	0.59	0.04	0.49	0.32	0.31	0.32	0.23
Sn	24	1.80	2.36	2.64	3.00	3.28	3.45	4.17	3.00	0.76	2.90	1.97	5.31	1.39	0.25	3.00	3.00	3.00	3.11
Sr	20	22.08	26.33	46.21	55.2	69.4	83.6	84.5	56.3	19.81	52.4	10.66	89.4	21.70	0.35	55.2	55.7	55.2	96.8
Th	24	11.43	11.85	14.22	16.77	18.78	20.61	21.57	16.41	3.86	15.93	4.86	24.75	7.37	0.24	16.77	16.35	16.77	15.00
Ti	24	2534	3303	4011	4494	4983	6754	8457	4827	1785	4548	127	10191	1848	0.37	4494	4851	4494	4590
Tl	24	0.61	0.62	0.68	0.88	1.03	1.28	1.36	0.90	0.26	0.87	1.33	1.49	0.52	0.28	0.88	0.61	0.88	0.90
U	24	2.14	2.30	2.75	3.43	3.88	3.97	4.08	3.28	0.66	3.21	2.00	4.18	1.98	0.20	3.43	3.21	3.43	3.05
V	24	36.01	41.75	62.1	68.2	83.8	124	155	79.2	40.13	71.9	12.31	213	33.50	0.51	68.2	83.0	68.2	86.0
W	24	1.51	1.60	1.71	2.03	2.30	2.54	3.30	2.14	0.65	2.06	1.62	4.36	1.27	0.30	2.03	2.09	2.03	1.92
Y	24	20.91	21.23	22.49	23.92	27.43	31.14	31.42	24.85	4.85	24.24	6.43	32.49	8.90	0.20	23.92	24.04	23.92	25.86
Zn	21	68.0	70.0	73.2	78.9	84.9	91.6	93.6	80.2	8.66	79.7	12.06	98.2	66.9	0.11	78.9	81.0	78.9	82.0
Zr	24	218	235	265	301	340	358	363	297	52.9	292	25.85	369	161	0.18	301	300	301	275
SiO_2	24	62.9	63.6	65.6	68.2	71.5	74.1	76.5	68.6	5.18	68.4	11.12	79.0	53.7	0.08	68.2	69.0	68.2	67.2
Al_2O_3	24	12.12	12.74	14.79	15.98	16.50	18.35	19.87	15.84	2.30	15.68	4.85	21.38	11.94	0.14	15.98	15.82	15.98	15.70
TFe_2O_3	24	2.28	2.94	3.84	4.12	4.88	6.78	9.43	4.64	2.03	4.30	2.55	10.48	1.70	0.44	4.12	4.83	4.12	4.77
MgO	24	0.35	0.45	0.70	0.79	1.06	2.10	2.19	0.99	0.58	0.86	1.69	2.26	0.32	0.58	0.79	0.93	0.79	0.79
CaO	24	0.07	0.09	0.15	0.18	0.33	2.90	4.01	0.70	1.28	0.27	3.66	4.19	0.07	1.83	0.18	0.07	0.18	0.36
Na_2O	24	0.10	0.17	0.31	0.46	0.77	1.56	1.69	0.62	0.51	0.45	2.40	1.83	0.08	0.83	0.46	0.54	0.46	1.00
K_2O	24	1.80	1.86	2.20	2.44	2.69	3.03	3.31	2.46	0.47	2.42	1.72	3.56	1.65	0.19	2.44	2.46	2.44	2.89
TC	24	0.32	0.34	0.44	0.70	0.93	1.06	1.07	0.71	0.29	0.64	1.65	1.20	0.22	0.41	0.70	0.73	0.70	0.65
Corg	24	0.22	0.24	0.36	0.62	0.84	1.00	1.08	0.60	0.30	0.52	1.92	1.20	0.12	0.50	0.62	0.61	0.62	0.44
pH	24	4.61	4.83	5.03	5.13	5.31	7.54	8.59	5.04	5.03	5.55	2.75	9.35	4.35	1.00	5.13	5.56	5.13	5.82

注：氧化物、TC、Corg单位为%，N、P单位为g/kg，Au、Ag单位为μg/kg，pH为无量纲，其他元素/指标单位为mg/kg；后表单位相同。

表 3-18 红壤土壤地球化学基准值参数统计表

元素/指标	N	$X_{5\%}$	$X_{10\%}$	$X_{25\%}$	$X_{50\%}$	$X_{75\%}$	$X_{90\%}$	$X_{95\%}$	$\overline{X}$	S	$\overline{X}_g$	S_g	X_{max}	X_{min}	CV	X_{me}	X_{mo}	分布类型	红壤基准值	宁波市基准值
Ag	208	36.00	42.00	52.0	62.0	77.8	98.3	123	68.7	28.81	64.2	11.67	229	26.00	0.42	62.0	60.0	对数正态分布	64.2	66.3
As	208	2.81	3.17	4.17	5.70	7.47	9.64	12.00	6.26	2.88	5.67	3.10	19.16	1.82	0.46	5.70	7.20	正态分布	6.26	6.35
Au	208	0.43	0.54	0.74	1.10	1.50	2.17	2.94	1.36	1.20	1.11	1.84	11.97	0.29	0.88	1.10	1.10	对数正态分布	1.11	1.25
B	208	11.63	15.97	23.98	33.99	51.0	67.3	76.3	38.32	20.08	33.00	8.61	100.0	5.20	0.52	33.99	27.00	对数正态分布	33.00	75.0
Ba	208	428	458	531	669	787	1016	1107	691	211	661	42.12	1341	264	0.30	669	706	正态分布	691	575
Be	208	1.78	1.91	2.10	2.34	2.63	2.90	3.09	2.38	0.41	2.35	1.71	3.73	1.51	0.17	2.34	2.44	正态分布	2.38	2.41
Bi	208	0.15	0.17	0.22	0.30	0.44	0.57	0.82	0.39	0.37	0.32	2.35	3.07	0.03	0.95	0.30	0.44	对数正态分布	0.32	0.32
Br	208	1.69	2.00	2.50	3.70	5.58	7.63	9.47	4.42	2.83	3.80	2.52	24.72	1.34	0.64	3.70	3.50	对数正态分布	3.80	4.00
Cd	208	0.05	0.06	0.08	0.11	0.16	0.21	0.25	0.13	0.08	0.11	3.71	0.73	0.02	0.63	0.11	0.10	正态分布	0.11	0.11
Ce	208	64.5	71.0	80.5	89.0	99.3	111	120	90.8	18.47	89.1	13.26	192	54.6	0.20	89.0	81.0	对数正态分布	89.1	84.1
Cl	187	37.60	40.70	55.0	68.1	81.8	96.8	109	69.6	21.42	66.3	11.93	137	33.00	0.31	68.1	68.2	剔除后正态分布	69.6	77.5
Co	208	5.40	6.08	8.06	10.79	13.62	16.04	19.20	11.53	6.78	10.43	4.24	74.8	3.02	0.59	10.79	13.60	对数正态分布	10.43	11.75
Cr	208	11.97	15.96	23.00	36.05	55.6	88.3	108	44.06	30.40	35.38	9.61	206	1.10	0.69	36.05	23.00	对数正态分布	35.38	76.0
Cu	208	7.56	8.61	10.00	13.36	19.87	27.72	34.36	16.12	8.87	14.21	5.11	52.0	2.80	0.55	13.36	9.10	对数正态分布	14.21	17.15
F	208	280	320	387	464	564	666	703	481	138	462	35.26	1002	204	0.29	464	487	正态分布	481	525
Ga	208	15.63	16.54	17.90	19.60	21.52	22.80	23.95	19.74	2.62	19.57	5.49	29.40	13.60	0.13	19.60	17.90	正态分布	19.74	19.37
Ge	208	1.21	1.29	1.39	1.50	1.58	1.65	1.71	1.48	0.15	1.47	1.28	1.92	1.09	0.10	1.50	1.50	正态分布	1.48	1.49
Hg	208	0.03	0.03	0.04	0.05	0.06	0.09	0.13	0.06	0.04	0.05	6.00	0.25	0.01	0.66	0.05	0.04	对数正态分布	0.05	0.05
I	208	1.83	2.40	3.66	5.78	7.92	10.67	13.21	6.29	3.63	5.37	2.94	22.91	1.04	0.58	5.78	6.92	对数正态分布	5.37	4.82
La	208	32.21	35.65	39.00	44.09	48.00	54.1	58.2	44.37	8.67	43.52	8.89	81.3	20.79	0.20	44.09	45.00	正态分布	44.37	42.37
Li	208	18.16	21.18	25.81	30.04	39.23	48.15	54.0	32.79	10.89	31.12	7.65	70.8	10.83	0.33	30.04	31.94	对数正态分布	31.12	36.48
Mn	208	362	434	541	746	912	1194	1312	780	329	715	46.83	2160	144	0.42	746	682	对数正态分布	715	735
Mo	208	0.53	0.62	0.77	0.95	1.30	2.03	2.87	1.30	1.54	1.06	1.72	19.10	0.37	1.18	0.95	0.99	对数正态分布	1.06	0.91
N	208	0.24	0.34	0.46	0.59	0.75	0.89	1.06	0.61	0.23	0.57	1.64	1.36	0.15	0.38	0.59	0.59	正态分布	0.61	0.62
Nb	208	16.39	17.44	19.18	20.59	22.62	25.56	28.63	21.41	4.15	21.07	5.85	41.94	14.50	0.19	20.59	22.20	对数正态分布	21.07	20.19
Ni	208	5.48	7.55	10.10	13.84	21.85	38.03	48.29	19.49	18.00	15.06	5.88	144	2.21	0.92	13.84	12.10	对数正态分布	15.06	12.90
P	208	0.13	0.18	0.23	0.31	0.44	0.58	0.67	0.35	0.17	0.32	2.16	1.04	0.09	0.48	0.31	0.22	对数正态分布	0.32	0.37
Pb	208	22.84	24.40	27.90	31.03	38.11	50.00	68.2	35.73	14.77	33.70	7.81	123	17.80	0.41	31.03	29.00	对数正态分布	33.70	29.39

续表 3-18

元素/指标	N	$X_{5\%}$	$X_{10\%}$	$X_{25\%}$	$X_{50\%}$	$X_{75\%}$	$X_{90\%}$	$X_{95\%}$	$\overline{X}$	S	$\overline{X}_g$	S_g	X_{max}	X_{min}	CV	X_{me}	X_{mo}	分布类型	红壤基准值	宁波市基准值
Rb	208	106	113	127	139	151	165	179	141	23.93	139	17.14	266	80.9	0.17	139	130	对数正态分布	139	137
S	208	66.7	78.4	101	146	226	392	754	221	245	162	20.78	1574	37.45	1.11	146	116	对数正态分布	162	150
Sb	208	0.31	0.37	0.44	0.52	0.62	0.75	0.85	0.55	0.19	0.52	1.62	1.71	0.20	0.35	0.52	0.51	对数正态分布	0.52	0.52
Sc	208	6.68	7.25	8.43	9.85	11.80	13.70	15.60	10.27	2.70	9.94	3.89	22.09	5.05	0.26	9.85	10.30	对数正态分布	9.94	10.88
Se	208	0.14	0.17	0.21	0.30	0.38	0.49	0.58	0.31	0.14	0.28	2.35	0.96	0.04	0.44	0.30	0.24	正态分布	0.31	0.23
Sn	208	1.91	2.27	2.53	3.00	3.60	4.57	6.11	3.33	1.50	3.12	2.13	16.13	1.14	0.45	3.00	2.60	对数正态分布	3.12	3.11
Sr	208	34.29	41.54	61.3	85.5	112	147	180	91.5	44.07	81.9	13.49	280	21.20	0.48	85.5	95.0	正态分布	91.5	96.8
Th	208	11.57	12.67	14.10	15.70	17.80	20.52	23.47	16.36	3.49	16.02	4.91	31.27	9.90	0.21	15.70	13.90	剔除后正态分布	16.02	15.00
Ti	196	2955	3264	3785	4465	4947	5299	5621	4376	830	4293	127	6474	2146	0.19	4465	3542	正态分布	4376	4590
Tl	208	0.69	0.76	0.87	0.97	1.10	1.33	1.58	1.03	0.28	0.99	1.27	2.33	0.63	0.27	0.97	1.00	对数正态分布	0.99	0.90
U	208	2.48	2.60	3.00	3.30	3.68	4.10	4.62	3.38	0.67	3.32	2.03	7.03	1.98	0.20	3.30	3.30	正态分布	3.32	3.05
V	208	41.63	47.49	56.4	72.3	90.3	112	126	75.9	26.18	71.7	12.31	190	31.00	0.35	72.3	83.5	正态分布	75.9	86.0
W	208	1.39	1.51	1.73	1.96	2.22	2.84	3.45	2.09	0.64	2.02	1.60	5.42	0.98	0.30	1.96	1.93	对数正态分布	2.02	1.92
Y	208	18.51	19.31	22.13	25.22	28.00	30.57	32.25	25.22	4.31	24.83	6.51	35.69	14.10	0.17	25.22	25.00	正态分布	25.22	25.86
Zn	208	51.0	57.7	66.0	78.6	92.3	113	125	82.2	24.39	78.9	12.65	186	33.10	0.30	78.6	82.0	正态分布	78.9	82.0
Zr	208	211	221	260	304	340	359	373	300	53.3	295	26.72	477	175	0.18	304	289	正态分布	300	275
SiO_2	208	61.4	62.8	65.4	68.7	71.1	73.4	74.9	68.2	4.55	68.0	11.46	78.3	44.05	0.07	68.7	69.0	正态分布	68.2	67.2
Al_2O_3	208	13.01	13.45	14.52	16.21	17.64	19.26	20.60	16.28	2.34	16.12	4.89	23.98	11.56	0.14	16.21	15.27	正态分布	16.28	15.70
TFe_2O_3	208	2.80	2.99	3.57	4.31	5.12	6.09	6.77	4.48	1.39	4.29	2.48	12.16	1.76	0.31	4.31	4.43	对数正态分布	4.29	4.77
MgO	208	0.38	0.44	0.53	0.70	0.93	1.41	1.72	0.81	0.41	0.73	1.60	2.69	0.27	0.50	0.70	0.79	对数正态分布	0.73	0.79
CaO	208	0.07	0.11	0.18	0.30	0.54	0.88	1.04	0.43	0.40	0.31	2.69	3.15	0.04	0.95	0.30	0.26	对数正态分布	0.31	0.36
Na_2O	208	0.17	0.25	0.49	0.78	1.11	1.35	1.47	0.82	0.45	0.68	1.99	2.84	0.08	0.55	0.78	0.64	正态分布	0.82	1.00
K_2O	189	2.26	2.44	2.72	2.92	3.15	3.56	3.75	2.95	0.41	2.92	1.87	3.95	1.96	0.14	2.92	2.87	正态分布	2.95	2.89
TC	208	0.20	0.27	0.41	0.57	0.76	0.92	1.26	0.61	0.30	0.54	1.80	1.81	0.11	0.48	0.57	0.62	剔除后正态分布	0.61	0.65
Corg	208	0.13	0.25	0.34	0.45	0.61	0.81	1.08	0.51	0.28	0.44	2.09	1.77	0.03	0.54	0.45	0.37	正态分布	0.44	0.44
pH	192	4.67	4.90	5.09	5.34	5.83	6.55	6.92	5.20	5.18	5.53	2.74	7.76	4.40	1.00	5.34	5.41	剔除后对数分布	5.53	5.82

与宁波市土壤基准值相比,粗骨土区土壤基准值中 Cr、B 基准值明显低于宁波市基准值,不足宁波市基准值的 60%;I、Cl、Ni、Se 相对较富集,基准值均为宁波市基准值的 1.2~1.4 倍;其他各项元素/指标基准值与宁波市基准值基本接近。

四、紫色土土壤地球化学基准值

宁波市紫色土区采集深层土壤样品 2 件,具体参数统计如下(表 3-20)。

宁波市紫色土区深层土壤总体为强酸性,土壤 pH 基准值为 5.24,极大值为 5.62,极小值为 4.86,接近于宁波市基准值。

各元素/指标中,大多数元素/指标变异系数在 0.40 以下,说明分布较为均匀;Na_2O、pH 变异系数大于 0.80,空间变异性较大。

与宁波市土壤基准值相比,紫色土区土壤基准值中 Hg、Cl、Na_2O、TC、B 基准值明显低于宁波市基准值,均低于宁波市基准值的 60%;Zn、Se、P、Br、Bi、F、Cr、Cd、N、Corg、CaO、Sr 基准值略低于宁波市基准值,为宁波市基准值的 60%~80%;V、S、Ni、Sc、Ba、TFe_2O_3、Li、Ti、Sb、Mo 为宁波市基准值的 1.2~1.4 倍;I、Co、Ag 明显相对富集,基准值为宁波市基准值的 1.4 倍以上;其他各项元素/指标基准值与宁波市基准值基本接近。

五、水稻土土壤地球化学基准值

宁波市水稻土区土壤地球化学数据经正态分布检验,结果表明,原始数据中 As、Be、Ce、Co、Cr、Cu、F、Ga、Ge、Li、P、Rb、Sb、Sc、Se、Sr、Th、U、V、Y、SiO_2、Al_2O_3、K_2O、pH 共 24 项元素/指标符合正态分布,Au、Br、Hg、I、Mn、Mo、N、Nb、Pb、S、Sn、Tl、TFe_2O_3、TC、Corg 共 15 项元素/指标符合对数正态分布,Ag、Bi、Cd、La、W、Zn、CaO、Na_2O 剔除异常值后符合正态分布,Cl 剔除异常值后符合对数正态分布,其他元素/指标不符合正态分布或对数正态分布(表 3-21)。

宁波市水稻土区深层土壤总体为强酸性,土壤 pH 基准值为 4.89,极大值为 8.68,极小值为 3.22,与宁波市基准值接近。

各元素/指标中,大多数元素/指标变异系数在 0.40 以下,说明分布较为均匀;S、Hg、Corg、pH 变异系数大于 0.80,空间变异性较大。

与宁波市土壤基准值相比,水稻土区土壤基准值中 Zr、I 基准值略低于宁波市基准值,为宁波市基准值的 60%~80%;Li、Au、Bi、Co、Sn、Corg、Hg 基准值为宁波市基准值的 1.2~1.4 倍;Ni、MgO、S、CaO、Cu 明显相对富集,基准值为宁波市基准值的 1.4 倍以上,Ni、MgO 基准值为宁波市基准值的 2.0 倍以上;其他各项元素/指标基准值与宁波市基准值基本接近。

六、潮土土壤地球化学基准值

宁波市潮土区土壤地球化学基准值基准值数据经正态分布检验,结果表明,原始数据中 Cl、Hg、S 符合对数正态分布,Ba、MgO、pH 剔除异常值后符合正态分布,其他元素/指标均符合正态分布(表 3-22)。

宁波市潮土区深层土壤总体为碱性,土壤 pH 基准值为 8.45,极大值为 8.82,极小值为 8.20,明显高于宁波市基准值。

各元素/指标中,大多元素/数指标变异系数在 0.40 以下,说明分布较为均匀;Cl、S、pH 变异系数大于 0.80,空间变异性较大。

与宁波市土壤基准值相比,潮土区土壤基准值中 Se 基准值明显低于宁波市基准值,低于宁波市基准值的 60%;Nb、Ba、Tl、U、Mo 略低于宁波市基准值,为宁波市基准值的 60%~80%;Au、As、Co、Li、I 基准值略高于宁波市基准值,均为宁波市基准值的 1.2~1.4 倍;CaO、MgO、Ni、Cl、P、TC、Na_2O、Cu、Sr 明显相

表 3-20 紫色土土壤地球化学基准值参数统计表

元素/指标	N	$X_{5\%}$	$X_{10\%}$	$X_{25\%}$	$X_{50\%}$	$X_{75\%}$	$X_{90\%}$	$X_{95\%}$	$\bar{X}$	S	$\bar{X}_g$	S_g	X_{max}	X_{min}	CV	X_{me}	X_{mo}	紫色土基准值	宁波市基准值
Ag	2	70.7	73.4	81.4	94.8	108	116	119	94.8	37.92	90.9	11.22	122	68.0	0.40	94.8	68.0	94.8	66.3
As	2	4.21	4.51	5.40	6.88	8.36	9.25	9.54	6.88	4.19	6.21	3.43	9.84	3.92	0.61	6.88	3.92	6.88	6.35
Au	2	0.89	0.90	0.95	1.03	1.10	1.15	1.16	1.03	0.22	1.01	1.18	1.18	0.87	0.21	1.03	0.87	1.03	1.25
B	2	28.23	29.06	31.54	35.69	39.83	42.31	43.14	35.69	11.72	34.71	6.73	43.97	27.40	0.33	35.69	27.40	35.69	75.0
Ba	2	561	581	642	744	845	906	926	744	287	715	23.54	947	540	0.39	744	947	744	575
Be	2	1.88	1.93	2.06	2.28	2.50	2.64	2.68	2.28	0.63	2.24	1.71	2.73	1.84	0.28	2.28	1.84	2.28	2.41
Bi	2	0.21	0.21	0.21	0.22	0.22	0.23	0.23	0.22	0.02	0.22	2.09	0.23	0.20	0.08	0.22	0.20	0.22	0.32
Br	2	2.50	2.55	2.69	2.91	3.13	3.27	3.31	2.91	0.64	2.87	1.87	3.36	2.46	0.22	2.91	3.36	2.91	4.00
Cd	2	0.06	0.06	0.07	0.07	0.07	0.08	0.08	0.07	0.01	0.07	3.62	0.08	0.06	0.14	0.07	0.08	0.07	0.11
Ce	2	56.6	58.3	63.5	72.1	80.7	85.8	87.5	72.1	24.30	70.0	9.57	89.3	54.9	0.34	72.1	54.9	72.1	84.1
Cl	2	36.99	37.69	39.77	43.25	46.73	48.81	49.51	43.25	9.83	42.69	7.13	50.2	36.30	0.23	43.25	36.30	43.25	77.5
Co	2	15.29	15.64	16.69	18.44	20.20	21.25	21.60	18.44	4.96	18.11	3.92	21.95	14.94	0.27	18.44	21.95	18.44	11.75
Cr	2	47.34	47.48	47.90	48.60	49.30	49.72	49.86	48.60	1.98	48.58	6.87	50.00	47.20	0.04	48.60	47.20	48.60	76.0
Cu	2	14.70	14.72	14.79	14.89	15.00	15.06	15.08	14.89	0.30	14.89	3.83	15.10	14.68	0.02	14.89	14.68	14.89	17.15
F	2	304	310	329	359	390	408	414	359	86.0	354	20.59	420	298	0.24	359	420	359	525
Ga	2	16.94	17.28	18.30	20.00	21.70	22.72	23.06	20.00	4.81	19.71	4.12	23.40	16.60	0.24	20.00	16.60	20.00	19.37
Ge	2	1.50	1.51	1.53	1.56	1.59	1.61	1.61	1.56	0.08	1.56	1.23	1.62	1.50	0.05	1.56	1.50	1.56	1.49
Hg	2	0.03	0.03	0.03	0.03	0.04	0.04	0.04	0.03	0.01	0.03	5.16	0.04	0.03	0.17	0.03	0.03	0.03	0.05
I	2	7.42	7.46	7.59	7.81	8.03	8.16	8.20	7.81	0.61	7.80	2.72	8.24	7.38	0.08	7.81	7.38	7.81	4.82
La	2	33.92	34.83	37.54	42.07	46.59	49.30	50.2	42.07	12.79	41.08	7.24	51.1	33.02	0.30	42.07	33.02	42.07	42.37
Li	2	45.71	45.81	46.12	46.63	47.15	47.45	47.56	46.63	1.45	46.62	6.75	47.66	45.60	0.03	46.63	45.60	46.63	36.48
Mn	2	452	481	567	711	855	941	970	711	407	650	32.45	999	423	0.57	711	423	711	735
Mo	2	0.99	1.00	1.05	1.11	1.18	1.23	1.24	1.11	0.19	1.11	1.18	1.25	0.98	0.17	1.11	1.25	1.11	0.91
N	2	0.33	0.34	0.36	0.39	0.42	0.44	0.45	0.39	0.09	0.38	1.53	0.46	0.32	0.24	0.39	0.32	0.39	0.62
Nb	2	16.40	16.79	17.98	19.96	21.93	23.12	23.52	19.96	5.59	19.56	4.95	23.91	16.00	0.28	19.96	16.00	19.96	20.19
Ni	2	15.62	15.79	16.30	17.15	18.01	18.52	18.69	17.15	2.41	17.07	3.94	18.86	15.45	0.14	17.15	15.45	17.15	12.90
P	2	0.25	0.25	0.26	0.28	0.30	0.32	0.32	0.28	0.06	0.28	1.79	0.32	0.24	0.21	0.28	0.32	0.28	0.37
Pb	2	22.03	22.35	23.33	24.96	26.60	27.58	27.90	24.96	4.62	24.75	5.34	28.23	21.70	0.18	24.96	21.70	24.96	29.39

续表 3-20

元素/指标	N	$X_{5\%}$	$X_{10\%}$	$X_{25\%}$	$X_{50\%}$	$X_{75\%}$	$X_{90\%}$	$X_{95\%}$	$\bar{X}$	S	$\bar{X}_g$	S_g	X_{max}	X_{min}	CV	X_{me}	X_{mo}	紫色土基准值	宁波市基准值
Rb	2	110	110	110	111	111	111	112	111	1.63	111	10.57	112	109	0.01	111	112	111	137
S	2	118	127	155	200	246	273	282	200	129	178	10.99	291	109	0.64	200	109	200	150
Sb	2	0.59	0.59	0.61	0.64	0.67	0.69	0.70	0.64	0.09	0.64	1.22	0.70	0.58	0.13	0.64	0.58	0.64	0.52
Sc	2	10.30	10.76	12.13	14.41	16.69	18.06	18.51	14.41	6.45	13.67	3.29	18.97	9.85	0.45	14.41	9.85	14.41	10.88
Se	2	0.13	0.14	0.15	0.18	0.20	0.22	0.22	0.18	0.07	0.17	2.21	0.23	0.13	0.39	0.18	0.13	0.18	0.23
Sn	2	2.96	2.98	3.03	3.13	3.22	3.28	3.30	3.13	0.27	3.12	1.83	3.32	2.94	0.09	3.13	2.94	3.13	3.11
Sr	2	47.35	48.60	52.3	58.6	64.8	68.6	69.8	58.6	17.67	57.2	8.52	71.1	46.10	0.30	58.6	46.10	58.6	96.8
Th	2	13.56	13.60	13.73	13.94	14.15	14.28	14.32	13.94	0.59	13.93	3.79	14.36	13.52	0.04	13.94	14.36	13.94	15.00
Ti	2	5051	5123	5340	5701	6063	6279	6352	5701	1022	5655	70.7	6424	4979	0.18	5701	4979	5701	4590
Tl	2	0.77	0.78	0.81	0.86	0.91	0.94	0.95	0.86	0.14	0.86	1.20	0.96	0.76	0.17	0.86	0.76	0.86	0.90
U	2	2.81	2.84	2.94	3.10	3.26	3.36	3.39	3.10	0.46	3.08	1.87	3.42	2.77	0.15	3.10	2.77	3.10	3.05
V	2	94.1	96.7	104	117	130	138	140	117	36.42	114	9.67	143	91.5	0.31	117	91.5	117	86.0
W	2	1.76	1.77	1.79	1.82	1.86	1.88	1.88	1.82	0.10	1.82	1.33	1.89	1.75	0.05	1.82	1.75	1.82	1.92
Y	2	24.08	24.55	25.98	28.36	30.74	32.17	32.64	28.36	6.73	27.96	5.80	33.12	23.60	0.24	28.36	23.60	28.36	25.86
Zn	2	56.7	57.5	60.0	64.2	68.3	70.8	71.6	64.2	11.67	63.6	7.51	72.4	55.9	0.18	64.2	72.4	64.2	82.0
Zr	2	236	240	255	278	302	316	321	278	67.1	274	18.14	326	231	0.24	278	231	278	275
SiO_2	2	59.1	59.7	61.4	64.4	67.4	69.2	69.8	64.4	8.45	64.2	8.41	70.4	58.5	0.13	64.4	70.4	64.4	67.2
Al_2O_3	2	13.59	14.06	15.47	17.83	20.18	21.60	22.07	17.83	6.67	17.19	3.72	22.54	13.11	0.37	17.83	13.11	17.83	15.70
TFe_2O_3	2	5.34	5.43	5.69	6.14	6.59	6.86	6.95	6.14	1.27	6.08	2.32	7.04	5.25	0.21	6.14	7.04	6.14	4.77
MgO	2	0.79	0.80	0.83	0.88	0.94	0.97	0.98	0.88	0.15	0.88	1.19	0.99	0.78	0.17	0.88	0.99	0.88	0.79
CaO	2	0.14	0.15	0.18	0.22	0.27	0.29	0.30	0.22	0.13	0.20	2.07	0.31	0.13	0.58	0.22	0.13	0.22	0.36
Na_2O	2	0.17	0.21	0.31	0.49	0.66	0.77	0.80	0.49	0.49	0.34	2.46	0.84	0.14	1.01	0.49	0.14	0.49	1.00
K_2O	2	2.40	2.40	2.42	2.44	2.46	2.47	2.48	2.44	0.06	2.44	1.55	2.48	2.40	0.02	2.44	2.40	2.44	2.89
TC	2	0.29	0.30	0.30	0.31	0.32	0.33	0.33	0.31	0.03	0.31	1.75	0.33	0.29	0.09	0.31	0.29	0.31	0.65
Corg	2	0.24	0.25	0.26	0.29	0.32	0.34	0.35	0.29	0.08	0.29	1.75	0.35	0.24	0.28	0.29	0.24	0.29	0.44
pH	2	4.90	4.94	5.05	5.24	5.43	5.55	5.58	5.09	5.09	5.24	2.38	5.62	4.86	1.00	5.24	4.86	5.24	5.82

表 3-21 水稻土土壤地球化学基准值参数统计表

元素/指标	N	$X_{5\%}$	$X_{10\%}$	$X_{25\%}$	$X_{50\%}$	$X_{75\%}$	$X_{90\%}$	$X_{95\%}$	$\overline{X}$	S	$\overline{X}_g$	S_g	X_{max}	X_{min}	CV	X_{me}	X_{mo}	分布类型	水稻土基准值	宁波市基准值
Ag	142	43.00	47.00	61.0	71.0	79.8	92.9	107	71.2	17.39	69.0	11.84	114	34.00	0.24	71.0	71.0	剔除后正态分布	71.2	66.3
As	156	3.10	3.58	5.45	7.05	8.71	10.03	11.77	7.05	2.48	6.58	3.27	13.86	1.63	0.35	7.05	8.71	正态分布	7.05	6.35
Au	156	0.65	0.82	1.10	1.60	2.10	3.22	3.93	1.82	1.05	1.57	1.88	6.46	0.37	0.58	1.60	1.10	对数正态分布	1.57	1.25
B	156	16.03	22.50	36.77	63.5	75.0	79.0	82.0	55.9	22.35	49.23	11.15	87.0	4.40	0.40	63.5	75.0	其他分布	75.0	75.0
Ba	142	434	457	486	532	594	696	759	555	101	547	37.64	875	311	0.18	532	575	偏峰分布	575	575
Be	156	1.90	2.11	2.36	2.63	2.98	3.21	3.27	2.65	0.42	2.62	1.80	3.91	1.51	0.16	2.63	3.27	正态分布	2.65	2.41
Bi	151	0.22	0.26	0.33	0.41	0.48	0.52	0.57	0.40	0.11	0.39	1.81	0.69	0.18	0.26	0.41	0.46	剔除后正态分布	0.40	0.32
Br	156	1.66	1.93	2.40	3.30	4.65	6.95	8.15	3.94	2.21	3.45	2.42	13.40	0.77	0.56	3.30	2.20	对数正态分布	3.45	4.00
Cd	146	0.06	0.07	0.10	0.11	0.14	0.15	0.16	0.11	0.03	0.11	3.63	0.19	0.04	0.26	0.11	0.11	剔除后正态分布	0.11	0.11
Ce	156	60.7	66.7	75.0	81.8	88.0	94.7	110	82.4	14.27	81.2	12.48	132	38.97	0.17	81.8	84.0	剔除后正态分布	82.4	84.1
Cl	140	50.1	56.9	73.9	90.0	112	162	189	98.6	40.56	91.3	14.22	217	33.50	0.41	90.0	77.0	正态分布	91.3	77.5
Co	156	6.80	8.25	10.80	15.18	17.57	20.50	21.32	14.59	4.63	13.78	4.87	31.49	5.20	0.32	15.18	14.90	正态分布	14.59	11.75
Cr	156	18.02	23.41	47.75	84.0	108	120	129	79.1	40.92	66.8	13.41	330	6.20	0.52	84.0	76.0	正态分布	79.1	76.0
Cu	156	8.97	9.88	15.64	24.40	32.19	37.75	42.03	24.63	12.19	21.75	6.60	92.4	3.90	0.49	24.40	29.67	剔除后正态分布	24.63	17.15
F	156	290	359	469	598	697	752	777	578	156	554	39.56	1054	188	0.27	598	721	正态分布	578	525
Ga	156	16.18	16.70	17.77	19.35	20.90	22.20	23.35	19.50	2.37	19.37	5.49	32.70	15.00	0.12	19.35	21.40	正态分布	19.50	19.37
Ge	156	1.26	1.31	1.41	1.53	1.64	1.70	1.73	1.52	0.15	1.51	1.30	1.85	1.11	0.10	1.53	1.68	正态分布	1.52	1.49
Hg	156	0.03	0.03	0.04	0.05	0.08	0.13	0.23	0.08	0.08	0.06	5.30	0.75	0.02	1.03	0.05	0.04	对数正态分布	0.06	0.05
I	156	1.65	1.83	2.37	3.38	4.81	6.48	8.48	3.92	2.22	3.43	2.31	14.44	0.94	0.57	3.38	2.15	对数正态分布	3.43	4.82
La	147	32.12	34.60	38.30	41.30	44.30	46.20	49.13	41.31	4.90	41.01	8.49	53.4	28.90	0.12	41.30	41.00	剔除后正态分布	41.31	42.37
Li	156	23.50	27.96	34.88	48.23	59.1	64.8	67.1	46.84	14.22	44.37	9.55	71.7	15.51	0.30	48.23	55.1	正态分布	46.84	36.48
Mn	156	380	415	496	613	816	1012	1189	688	303	639	41.76	2664	263	0.44	613	649	对数正态分布	639	735
Mo	156	0.41	0.45	0.55	0.70	1.04	1.57	2.26	0.92	0.68	0.78	1.77	5.68	0.23	0.74	0.70	0.58	对数正态分布	0.78	0.91
N	156	0.40	0.44	0.54	0.73	0.99	1.33	1.69	0.83	0.41	0.74	1.62	2.44	0.18	0.50	0.73	1.09	对数正态分布	0.74	0.62
Nb	156	15.99	16.63	18.10	19.50	20.95	22.95	23.80	19.93	4.78	19.61	5.54	71.1	14.01	0.24	19.50	19.50	对数正态分布	19.61	20.19
Ni	155	7.70	10.22	16.21	35.60	42.15	46.62	49.28	31.02	14.09	26.46	8.00	53.4	3.66	0.45	35.60	50.4	偏峰分布	50.4	12.90
P	156	0.22	0.25	0.31	0.41	0.52	0.60	0.68	0.42	0.15	0.40	1.86	1.20	0.12	0.36	0.41	0.38	正态分布	0.42	0.37
Pb	156	22.81	25.01	27.00	30.50	34.70	39.10	42.85	34.04	23.62	31.72	7.36	278	19.86	0.69	30.50	30.00	对数正态分布	31.72	29.39

续表 3-21

元素/指标	N	$X_{5\%}$	$X_{10\%}$	$X_{25\%}$	$X_{50\%}$	$X_{75\%}$	$X_{90\%}$	$X_{95\%}$	$\overline{X}$	S	$\overline{X}_g$	S_g	X_{max}	X_{min}	CV	X_{me}	X_{mo}	分布类型	水稻土基准值	宁波市基准值
Rb	156	113	121	130	139	154	165	171	142	19.08	140	17.31	196	79.3	0.13	139	137	正态分布	142	137
S	156	66.8	78.3	112	178	543	1344	3087	551	981	255	30.72	7494	44.20	1.78	178	132	对数正态分布	255	150
Sb	156	0.34	0.38	0.43	0.49	0.57	0.65	0.72	0.51	0.12	0.50	1.59	0.98	0.27	0.24	0.49	0.49	正态分布	0.51	0.52
Sc	156	7.23	8.12	10.25	13.00	15.03	16.65	17.20	12.75	3.33	12.29	4.48	26.32	6.10	0.26	13.00	12.80	正态分布	12.75	10.88
Se	156	0.12	0.14	0.18	0.23	0.30	0.36	0.41	0.24	0.09	0.23	2.54	0.56	0.09	0.38	0.23	0.21	正态分布	0.24	0.23
Sn	156	2.20	2.50	3.10	3.72	4.67	6.08	7.98	4.16	1.99	3.82	2.46	14.50	1.19	0.48	3.72	2.50	对数正态分布	3.82	3.11
Sr	156	68.7	80.0	92.0	104	114	126	141	104	23.46	102	14.49	234	49.47	0.22	104	106	正态分布	104	96.8
Th	156	11.80	12.29	13.67	15.00	16.40	17.30	18.51	15.09	2.43	14.91	4.72	26.82	7.90	0.16	15.00	14.50	偏峰分布	15.09	15.00
Ti	150	3687	4067	4513	4974	5233	5462	5618	4839	551	4806	134	5837	3367	0.11	4974	5198	对数正态分布	5198	4590
Tl	156	0.68	0.71	0.79	0.87	0.95	1.12	1.26	0.90	0.19	0.88	1.24	1.67	0.53	0.21	0.87	0.90	正态分布	0.88	0.90
U	156	2.13	2.22	2.52	2.82	3.24	3.70	3.90	2.91	0.59	2.86	1.85	5.57	1.88	0.20	2.82	3.30	对数正态分布	2.91	3.05
V	156	50.7	57.0	77.4	103	124	138	140	101	30.74	96.3	14.71	246	38.10	0.30	103	129	其他分布	101	86.0
W	146	1.42	1.54	1.74	1.90	2.07	2.23	2.35	1.90	0.27	1.88	1.48	2.59	1.24	0.14	1.90	1.94	剔除后正态分布	1.90	1.92
Y	156	19.91	22.63	24.88	27.43	30.00	32.00	33.00	27.23	3.83	26.95	6.76	36.50	17.33	0.14	27.43	28.00	剔除后正态分布	27.23	25.86
Zn	151	55.3	62.3	73.9	89.4	99.1	106	110	87.0	17.37	85.1	13.14	129	38.90	0.20	89.4	91.0	剔除后正态分布	87.0	82.0
Zr	156	190	193	206	237	290	343	363	253	57.4	247	23.79	402	173	0.23	237	206	偏峰分布	253	275
SiO₂	156	60.2	61.1	62.6	65.4	69.4	72.6	73.3	66.1	4.51	65.9	11.20	75.7	48.49	0.07	65.4	67.6	正态分布	66.1	67.2
Al₂O₃	156	13.13	13.52	14.49	15.61	16.86	17.65	18.39	15.77	1.81	15.67	4.86	22.73	12.72	0.11	15.61	15.35	正态分布	15.77	15.70
TFe₂O₃	156	3.11	3.47	4.42	5.24	5.87	6.38	6.67	5.16	1.43	5.00	2.64	17.28	2.48	0.28	5.24	5.76	对数正态分布	5.00	4.77
MgO	141	0.46	0.53	0.78	1.60	1.80	1.98	2.22	1.39	0.58	1.23	1.74	2.68	0.32	0.42	1.60	1.78	其他分布	1.78	0.79
CaO	147	0.16	0.25	0.45	0.59	0.71	0.88	0.98	0.58	0.24	0.52	1.87	1.24	0.06	0.41	0.59	0.71	剔除后正态分布	0.58	0.36
Na₂O	156	0.66	0.80	1.04	1.20	1.37	1.48	1.59	1.18	0.26	1.15	1.31	1.78	0.53	0.22	1.20	1.21	剔除后正态分布	1.18	1.00
K₂O	156	2.46	2.54	2.70	2.93	3.14	3.40	3.60	2.94	0.41	2.91	1.88	4.61	0.97	0.14	2.93	2.89	正态分布	2.94	2.89
TC	156	0.30	0.36	0.52	0.75	0.99	1.33	2.04	0.88	0.64	0.74	1.79	4.50	0.16	0.73	0.75	0.87	对数正态分布	0.88	0.65
Corg	156	0.24	0.31	0.38	0.53	0.79	1.22	1.81	0.73	0.66	0.57	2.00	4.63	0.08	0.91	0.53	0.48	对数正态分布	0.57	0.44
pH	156	4.46	4.90	5.45	6.54	7.38	8.03	8.37	4.89	4.18	6.44	2.99	8.68	3.22	0.86	6.54	6.01	正态分布	4.89	5.82

表 3-22 潮土土壤地球化学基准值参数统计表

元素/指标	N	$X_{5\%}$	$X_{10\%}$	$X_{25\%}$	$X_{50\%}$	$X_{75\%}$	$X_{90\%}$	$X_{95\%}$	$\overline{X}$	S	$\overline{X}_g$	S_g	X_{max}	X_{min}	CV	X_{me}	X_{mo}	分布类型	潮土基准值	宁波市基准值
Ag	39	50.5	54.5	58.0	65.0	73.5	80.6	89.1	66.8	11.82	65.8	10.98	96.0	45.00	0.18	65.0	58.0	正态分布	66.8	66.3
As	39	5.42	5.63	6.01	7.52	9.26	10.98	12.29	8.04	2.28	7.75	3.24	13.68	5.13	0.28	7.52	6.01	正态分布	8.04	6.35
Au	39	1.14	1.20	1.40	1.60	1.80	2.21	2.79	1.67	0.52	1.60	1.50	3.43	0.54	0.31	1.60	1.80	正态分布	1.67	1.25
B	39	58.4	61.6	64.0	71.0	75.0	79.2	81.0	69.0	9.47	68.1	11.56	82.0	27.46	0.14	71.0	71.0	正态分布	69.0	75.0
Ba	38	411	413	426	441	458	476	482	442	22.94	442	32.70	483	398	0.05	441	426	剔除后正态分布	442	575
Be	39	2.01	2.02	2.07	2.14	2.30	2.71	2.78	2.26	0.27	2.24	1.58	3.00	1.89	0.12	2.14	2.07	正态分布	2.26	2.41
Bi	39	0.24	0.25	0.27	0.31	0.38	0.47	0.51	0.34	0.09	0.33	2.07	0.64	0.23	0.28	0.31	0.31	正态分布	0.34	0.32
Br	39	2.55	2.84	3.40	4.00	5.50	6.41	7.21	4.59	2.23	4.22	2.47	14.92	1.80	0.49	4.00	5.50	正态分布	4.59	4.00
Cd	39	0.09	0.10	0.10	0.12	0.13	0.14	0.15	0.12	0.02	0.12	3.50	0.17	0.07	0.17	0.12	0.12	正态分布	0.12	0.11
Ce	39	62.2	63.3	64.9	69.9	76.3	79.9	83.5	70.8	7.45	70.4	11.37	89.5	54.7	0.11	69.9	70.8	正态分布	70.8	84.1
Cl	39	75.0	82.8	91.0	120	204	611	1137	286	492	163	18.55	2834	63.1	1.72	120	87.0	对数正态分布	163	77.5
Co	39	11.59	12.05	12.82	13.90	15.96	18.31	19.74	14.60	2.50	14.41	4.56	20.50	11.07	0.17	13.90	13.90	正态分布	14.60	11.75
Cr	39	62.9	66.6	71.0	76.0	81.5	94.5	108	78.0	15.52	76.2	12.05	115	23.20	0.20	76.0	76.0	正态分布	78.0	76.0
Cu	39	15.51	18.46	20.30	23.78	29.97	36.00	39.70	25.65	7.49	24.58	6.33	44.20	10.47	0.29	23.78	20.30	正态分布	25.65	17.15
F	39	458	503	527	583	675	732	793	599	101	591	38.72	804	391	0.17	583	527	正态分布	599	525
Ga	39	14.50	14.95	15.82	16.90	18.56	20.18	20.70	17.26	2.04	17.15	5.04	22.47	13.83	0.12	16.90	17.30	正态分布	17.26	19.37
Ge	39	1.23	1.24	1.35	1.46	1.55	1.59	1.63	1.44	0.13	1.44	1.25	1.69	1.20	0.09	1.46	1.53	正态分布	1.44	1.49
Hg	39	0.04	0.04	0.04	0.05	0.06	0.07	0.07	0.05	0.01	0.05	5.74	0.09	0.04	0.23	0.05	0.05	对数正态分布	0.05	0.05
I	39	2.69	2.90	4.09	5.09	7.22	8.97	9.38	5.80	2.45	5.30	2.90	12.20	1.77	0.42	5.09	7.22	正态分布	5.80	4.82
La	39	34.95	35.19	36.80	38.86	41.00	44.38	45.14	39.10	3.43	38.95	8.18	47.20	30.55	0.09	38.86	41.00	正态分布	39.10	42.37
Li	39	37.15	37.92	39.80	43.10	46.65	58.2	60.2	45.26	8.73	44.50	8.72	70.8	27.91	0.19	43.10	39.80	正态分布	45.26	36.48
Mn	39	649	668	726	766	848	921	974	791	109	784	44.95	1111	593	0.14	766	750	正态分布	791	735
Mo	39	0.40	0.43	0.45	0.51	0.58	0.73	0.81	0.55	0.14	0.53	1.58	1.00	0.37	0.26	0.51	0.44	正态分布	0.55	0.91
N	39	0.45	0.48	0.52	0.57	0.66	0.72	0.79	0.59	0.13	0.58	1.47	1.12	0.40	0.22	0.57	0.55	正态分布	0.59	0.62
Nb	39	12.59	12.72	13.71	15.33	17.07	17.87	18.19	15.52	2.16	15.38	4.74	22.44	12.13	0.14	15.33	13.90	正态分布	15.52	20.19
Ni	39	28.50	29.14	30.85	33.40	35.70	43.84	45.19	34.47	6.46	33.76	7.55	46.50	12.19	0.19	33.40	35.10	正态分布	34.47	12.90
P	39	0.56	0.57	0.59	0.63	0.67	0.74	0.75	0.64	0.06	0.64	1.31	0.79	0.51	0.10	0.63	0.67	正态分布	0.64	0.37
Pb	39	18.75	19.14	20.78	22.34	25.38	29.14	31.62	23.52	4.03	23.21	5.96	35.00	18.45	0.17	22.34	23.75	正态分布	23.52	29.39

续表 3-22

元素/指标	N	$X_{5\%}$	$X_{10\%}$	$X_{25\%}$	$X_{50\%}$	$X_{75\%}$	$X_{90\%}$	$X_{95\%}$	$\bar{X}$	S	$\bar{X}_g$	S_g	X_{max}	X_{min}	CV	X_{me}	X_{mo}	分布类型	潮土基准值	宁波市基准值
Rb	39	96.3	97.2	107	113	126	141	147	117	15.96	116	15.04	154	94.9	0.14	113	117	正态分布	117	137
S	39	81.9	82.8	86.0	107	154	568	711	203	221	143	16.93	983	71.0	1.09	107	84.0	对数正态分布	143	150
Sb	39	0.40	0.40	0.42	0.52	0.59	0.72	0.79	0.54	0.15	0.53	1.60	1.11	0.37	0.27	0.52	0.42	正态分布	0.54	0.52
Sc	39	10.05	10.34	11.30	12.24	13.40	14.58	15.05	12.38	1.79	12.25	4.19	17.00	8.16	0.14	12.24	11.80	正态分布	12.38	10.88
Se	39	0.05	0.06	0.07	0.09	0.12	0.16	0.16	0.10	0.04	0.09	4.37	0.21	0.04	0.40	0.09	0.07	正态分布	0.10	0.23
Sn	39	2.70	2.78	3.05	3.23	3.71	3.98	4.23	3.37	0.47	3.34	2.02	4.48	2.67	0.14	3.23	3.20	正态分布	3.37	3.11
Sr	39	117	123	132	142	149	158	163	140	13.58	140	17.25	168	113	0.10	142	144	正态分布	140	96.8
Th	39	10.40	10.77	11.30	11.96	13.90	15.40	15.73	12.60	1.72	12.49	4.19	16.31	10.06	0.14	11.96	14.20	正态分布	12.60	15.00
Ti	39	4041	4067	4266	4394	4567	5117	5186	4489	378	4475	123	5376	3971	0.08	4394	4504	正态分布	4489	4590
Tl	39	0.53	0.55	0.59	0.65	0.76	0.83	0.87	0.67	0.11	0.66	1.36	0.89	0.51	0.16	0.65	0.59	正态分布	0.67	0.90
U	39	1.83	1.86	1.98	2.11	2.40	2.71	3.01	2.23	0.37	2.20	1.58	3.30	1.79	0.17	2.11	2.23	正态分布	2.23	3.05
V	39	81.7	83.0	87.0	94.0	98.0	116	124	95.7	14.16	94.7	13.48	131	60.6	0.15	94.0	85.0	正态分布	95.7	86.0
W	39	1.34	1.38	1.53	1.70	1.81	1.92	2.01	1.67	0.23	1.65	1.36	2.12	1.09	0.14	1.70	1.59	正态分布	1.67	1.92
Y	39	21.04	21.37	22.57	24.35	26.64	29.53	29.97	24.75	2.96	24.59	6.23	30.17	19.32	0.12	24.35	26.00	正态分布	24.75	25.86
Zn	39	71.4	72.8	74.5	80.0	85.3	101	104	83.0	11.30	82.3	12.36	117	67.0	0.14	80.0	79.0	正态分布	83.0	82.0
Zr	39	183	202	217	232	246	279	288	235	31.42	233	23.07	323	176	0.13	232	220	正态分布	235	275
SiO₂	39	57.8	58.8	62.2	64.5	65.7	66.3	66.9	63.6	3.05	63.6	10.90	70.6	55.0	0.05	64.5	63.6	正态分布	63.6	67.2
Al₂O₃	39	11.99	12.29	13.04	13.41	14.48	15.47	16.11	13.73	1.27	13.67	4.43	16.76	11.94	0.09	13.41	13.10	正态分布	13.73	15.70
TFe₂O₃	39	4.16	4.20	4.59	4.80	5.30	6.35	6.48	5.03	0.79	4.98	2.48	7.26	3.95	0.16	4.80	4.80	正态分布	5.03	4.77
MgO	34	2.07	2.11	2.14	2.19	2.24	2.29	2.33	2.19	0.08	2.19	1.56	2.35	2.06	0.04	2.19	2.14	剔除后正态分布	2.19	0.79
CaO	39	2.13	2.31	2.60	3.20	3.55	4.10	4.18	3.13	0.75	2.98	2.16	4.24	0.42	0.24	3.20	3.07	正态分布	3.13	0.36
Na₂O	39	1.16	1.24	1.39	1.56	1.62	1.76	1.78	1.51	0.19	1.50	1.33	1.82	1.09	0.12	1.56	1.58	正态分布	1.51	1.00
K₂O	39	2.21	2.29	2.38	2.46	2.66	2.94	3.07	2.54	0.27	2.53	1.69	3.24	2.17	0.11	2.46	2.40	正态分布	2.54	2.89
TC	39	0.85	0.87	0.92	1.06	1.17	1.23	1.33	1.05	0.22	1.02	1.29	1.67	0.30	0.21	1.06	0.89	正态分布	1.05	0.65
Corg	39	0.26	0.28	0.30	0.35	0.48	0.54	0.61	0.39	0.12	0.38	1.90	0.68	0.25	0.29	0.35	0.34	正态分布	0.39	0.44
pH	33	8.23	8.26	8.37	8.48	8.56	8.63	8.75	8.45	8.91	8.47	3.40	8.82	8.20	1.05	8.48	8.47	剔除后正态分布	8.45	5.82

对富集,基准值为宁波市基准值的1.4倍以上,CaO、MgO、Ni、Cl基准值为宁波市基准值的2.0倍以上;其他各项元素/指标基准值与宁波市基准值基本接近。

七、滨海盐土土壤地球化学基准值

宁波市滨海盐土区采集深层土壤样品18件,具体参数统计如下(表3-23)。

宁波市滨海盐土区深层土壤总体为碱性,土壤pH基准值为8.47,极大值为9.01,极小值为8.03,明显高于宁波市基准值。

各元素/指标中,大多数元素/指标变异系数在0.40以下,说明分布较为均匀;pH、Cl变异系数大于0.80,空间变异性较大。

与宁波市土壤基准值相比,滨海盐土区土壤基准值中Zr、I、Se基准值略低于宁波市基准值,为宁波市基准值的60%~80%;P、F、Sc、V、Sb、TFe_2O_3基准值略高于宁波市基准值,为宁波市基准值的1.2~1.4倍;Cl、CaO、S、Ni、MgO、Br、Cu、As、Li、Co、TC、Bi、P明显相对富集,为宁波市基准值的1.4倍以上,其中Cl、CaO、S、Ni、MgO基准值为宁波市基准值的2.0倍以上,最高的Cl基准值为宁波市基准值的12.12倍;其他各项元素/指标基准值与宁波市基准值基本接近。

第四节 主要土地利用类型地球化学基准值

一、水田土壤地球化学基准值

宁波市水田土壤地球化学基准值数据经正态分布检验,结果表明,原始数据中As、B、Be、Bi、Ce、Co、Cr、Cu、F、Ga、Ge、I、La、Li、Mn、Nb、P、Pb、Rb、Sb、Sc、Se、Sr、Th、Tl、U、V、Y、Zn、Zr、SiO_2、Al_2O_3、TFe_2O_3、MgO、Na_2O、K_2O、pH共37项元素/指标符合正态分布,Ag、Au、Ba、Br、Cd、Cl、Hg、Mo、N、Ni、S、Sn、W、CaO、TC、Corg共16项元素/指标符合对数正态分布,Ti剔除异常值后符合正态分布(表3-24)。

宁波市水田区深层土壤总体为酸性,土壤pH基准值为5.22,极大值为9.01,极小值为3.62,与宁波市基准值基本接近。

各元素/指标中,大多数元素/指标变异系数在0.40以下,说明分布较为均匀;Cl、S、Hg、CaO、pH、Mo变异系数大于0.80,空间变异性较大。

与宁波市土壤基准值相比,水田区土壤基准值中B基准值略低于宁波市基准值,为宁波市基准值的76.7%;Bi、Co、Au、Li、Sn、Corg、TC、P、V、Sc、Hg基准值略高于宁波市基准值,为宁波市基准值的1.2~1.4倍;Ni、CaO、MgO、Cl、S、Cu明显富集,基准值为宁波市基准值的1.4倍以上,最高的Ni基准值为宁波市的2.39倍;其他各项元素/指标基准值与宁波市基准值基本接近。

二、旱地土壤地球化学基准值

宁波市旱地深层土壤样共采集26件,具体参数统计如下(表3-25)。

宁波市旱地区深层土壤总体为碱性,土壤pH基准值为8.39,极大值为9.35,极小值为5.17,明显高于宁波市基准值。

各元素/指标中,绝大多数元素/指标变异系数在0.40以下,说明分布较为均匀;Cl、pH、S变异系数大于0.80,空间变异性较大。

与宁波市土壤基准值相比,旱地区土壤基准值中Mo、Se基准值明显偏低,不足宁波市基准值的60%;

第三章 土壤地球化学基准值

表 3-23 滨海盐土土壤地球化学基准值参数统计表

元素/指标	N	$X_{5\%}$	$X_{10\%}$	$X_{25\%}$	$X_{50\%}$	$X_{75\%}$	$X_{90\%}$	$X_{95\%}$	$\overline{X}$	S	$\overline{X}_g$	S_g	X_{max}	X_{min}	CV	X_{me}	X_{mo}	滨海盐土基准值	宁波市基准值
Ag	18	58.4	61.4	67.2	72.1	80.2	109	150	88.4	59.3	79.6	12.53	317	49.00	0.67	72.1	68.0	72.1	66.3
As	18	4.97	6.61	9.14	10.61	12.11	13.76	15.76	10.56	3.32	10.03	3.88	18.40	4.80	0.31	10.61	10.10	10.61	6.35
Au	18	1.00	1.00	1.31	1.40	1.58	2.60	2.66	1.59	0.58	1.51	1.48	2.97	1.00	0.36	1.40	1.50	1.40	1.25
B	18	24.80	32.30	56.0	66.5	73.4	76.6	79.3	61.6	18.53	57.7	9.93	86.7	18.00	0.30	66.5	62.0	66.5	75.0
Ba	18	409	441	475	503	544	756	794	541	154	521	35.63	930	236	0.29	503	503	503	575
Be	18	2.17	2.21	2.36	2.49	2.75	3.10	3.16	2.58	0.32	2.56	1.73	3.19	2.14	0.12	2.49	2.61	2.49	2.41
Bi	18	0.23	0.27	0.38	0.45	0.53	0.60	0.66	0.45	0.15	0.43	1.78	0.81	0.22	0.32	0.45	0.53	0.45	0.32
Br	18	2.11	2.20	3.10	6.90	8.75	14.62	16.28	7.30	4.74	5.86	3.24	17.44	1.60	0.65	6.90	2.20	6.90	4.00
Cd	18	0.09	0.09	0.10	0.12	0.17	0.19	0.20	0.13	0.04	0.13	3.27	0.20	0.09	0.29	0.12	0.18	0.12	0.11
Ce	18	73.3	76.3	76.9	78.8	83.7	86.1	87.9	80.0	7.02	79.7	12.10	96.8	60.9	0.09	78.8	81.0	78.8	84.1
Cl	18	87.2	98.3	222	939	1499	2571	3200	1128	1081	623	42.60	3766	71.9	0.96	939	1068	939	77.5
Co	18	7.63	8.64	13.33	17.12	18.68	20.26	22.56	15.66	4.72	14.86	4.75	22.90	6.70	0.30	17.12	16.29	17.12	11.75
Cr	18	29.17	37.76	52.9	81.2	98.4	100.0	106	76.8	28.94	70.5	11.50	133	27.37	0.38	81.2	78.0	81.2	76.0
Cu	18	10.38	10.73	18.20	29.56	32.71	35.38	40.41	27.43	13.26	24.34	6.51	65.5	9.66	0.48	29.56	27.72	29.56	17.15
F	18	425	484	539	702	768	833	847	668	144	652	39.91	880	425	0.22	702	734	702	525
Ga	18	16.57	16.94	17.94	20.96	22.08	22.58	22.99	20.22	2.55	20.06	5.53	25.18	16.17	0.13	20.96	21.85	20.96	19.37
Ge	18	1.34	1.38	1.43	1.47	1.54	1.59	1.61	1.47	0.10	1.47	1.26	1.61	1.18	0.07	1.47	1.47	1.47	1.49
Hg	18	0.03	0.03	0.04	0.05	0.05	0.06	0.07	0.05	0.01	0.05	5.93	0.08	0.03	0.27	0.05	0.04	0.05	0.05
I	18	2.71	2.75	3.14	3.72	5.15	7.44	8.64	4.71	2.68	4.23	2.69	13.60	2.45	0.57	3.72	3.57	3.72	4.82
La	18	34.34	37.73	39.50	41.34	43.00	44.30	45.90	41.30	4.01	41.11	8.28	51.0	32.00	0.10	41.34	41.00	41.34	42.37
Li	18	25.37	28.28	35.60	57.7	64.5	67.6	70.8	51.5	16.77	48.49	9.22	75.6	23.60	0.33	57.7	51.0	57.7	36.48
Mn	18	660	727	763	874	981	1024	1066	873	181	853	47.14	1289	409	0.21	874	873	874	735
Mo	18	0.55	0.57	0.65	0.79	1.02	1.29	1.47	0.92	0.45	0.85	1.46	2.46	0.52	0.49	0.79	0.92	0.79	0.91
N	18	0.50	0.53	0.57	0.74	0.77	0.85	0.93	0.70	0.16	0.68	1.37	1.09	0.41	0.23	0.74	0.77	0.74	0.62
Nb	18	16.85	17.30	17.60	18.61	22.38	22.83	23.06	19.54	2.69	19.36	5.49	24.00	14.32	0.14	18.61	17.30	18.61	20.19
Ni	18	11.85	15.01	21.07	39.30	46.07	47.91	49.88	34.76	13.96	31.29	7.35	54.3	11.00	0.40	39.30	34.40	39.30	12.90
P	18	0.27	0.31	0.37	0.53	0.58	0.64	0.68	0.50	0.14	0.48	1.71	0.75	0.27	0.28	0.53	0.49	0.53	0.37
Pb	18	24.69	25.70	27.94	30.00	32.00	41.48	43.11	31.67	6.45	31.10	7.26	46.00	22.91	0.20	30.00	32.00	30.00	29.39

续表 3-23

元素/指标	N	$X_{5\%}$	$X_{10\%}$	$X_{25\%}$	$X_{50\%}$	$X_{75\%}$	$X_{90\%}$	$X_{95\%}$	$\bar{X}$	S	$\bar{X}_g$	S_g	X_{max}	X_{min}	CV	X_{me}	X_{mo}	滨海盐土基准值	宁波市基准值
Rb	18	111	120	135	147	154	162	165	143	17.57	142	17.00	168	104	0.12	147	147	147	137
S	18	77.2	94.1	207	492	746	828	905	498	334	369	29.60	1266	69.4	0.67	492	604	492	150
Sb	18	0.38	0.43	0.62	0.64	0.76	0.87	0.99	0.67	0.20	0.65	1.47	1.17	0.36	0.29	0.64	0.64	0.64	0.52
Sc	18	7.90	8.24	10.23	14.40	15.75	16.67	18.13	13.23	3.60	12.71	4.31	18.90	6.80	0.27	14.40	13.82	14.40	10.88
Se	16	0.14	0.14	0.14	0.16	0.17	0.21	0.22	0.17	0.03	0.16	2.79	0.26	0.14	0.20	0.16	0.14	0.16	0.23
Sn	18	2.35	2.54	3.22	3.35	3.63	3.80	4.28	3.47	1.00	3.37	2.05	7.00	2.10	0.29	3.35	3.40	3.35	3.11
Sr	18	77.7	83.4	102	115	134	143	152	114	25.80	111	14.28	159	60.1	0.23	115	112	115	96.8
Th	18	11.65	12.15	13.91	14.90	15.57	17.92	18.42	14.88	2.25	14.72	4.70	19.70	10.78	0.15	14.90	15.00	14.90	15.00
Ti	18	3408	4078	4927	5272	5303	5758	5898	5015	827	4938	126	6407	2803	0.16	5272	5061	5272	4590
Tl	18	0.65	0.68	0.78	0.88	1.02	1.23	1.23	0.91	0.20	0.89	1.25	1.26	0.58	0.22	0.88	1.23	0.88	0.90
U	18	2.31	2.52	2.88	3.05	3.30	3.70	3.70	3.06	0.45	3.03	1.94	3.70	2.03	0.15	3.05	3.00	3.05	3.05
V	18	49.46	65.4	83.0	109	124	127	132	103	28.86	98.3	13.70	152	46.02	0.28	109	106	109	86.0
W	18	1.64	1.72	1.83	1.94	2.20	2.30	2.39	1.99	0.30	1.96	1.53	2.62	1.30	0.15	1.94	2.04	1.94	1.92
Y	18	23.25	24.14	26.30	28.25	29.13	29.98	30.68	27.68	2.62	27.56	6.59	33.00	22.34	0.09	28.25	29.13	28.25	25.86
Zn	18	62.1	70.0	79.0	98.3	107	120	131	95.0	21.83	92.6	13.18	137	56.5	0.23	98.3	96.7	98.3	82.0
Zr	18	179	181	183	216	278	318	360	236	68.0	228	22.30	409	171	0.29	216	229	216	275
SiO$_2$	18	56.8	58.1	58.9	60.5	69.7	73.2	74.2	63.7	6.84	63.3	10.69	75.8	52.1	0.11	60.5	63.3	60.5	67.2
Al$_2$O$_3$	18	13.15	13.32	14.26	15.43	16.40	16.82	17.01	15.32	1.39	15.26	4.73	17.44	13.08	0.09	15.43	15.42	15.43	15.70
TFe$_2$O$_3$	18	3.19	3.94	4.70	5.85	6.60	6.89	7.07	5.61	1.31	5.44	2.68	7.60	3.04	0.23	5.85	6.60	5.85	4.77
MgO	18	0.59	0.59	0.94	2.40	2.60	2.69	2.71	1.93	0.87	1.67	1.90	2.74	0.59	0.45	2.40	0.59	2.40	0.79
CaO	18	0.34	0.35	0.93	1.60	2.86	3.70	3.82	1.88	1.25	1.39	2.38	3.91	0.32	0.67	1.60	1.81	1.60	0.36
Na$_2$O	18	0.77	0.88	1.06	1.17	1.29	1.70	1.73	1.20	0.31	1.16	1.30	1.83	0.63	0.26	1.17	1.19	1.17	1.00
K$_2$O	18	2.68	2.74	2.99	3.14	3.28	3.41	3.46	3.12	0.30	3.11	1.93	3.76	2.47	0.10	3.14	3.13	3.14	2.89
TC	18	0.45	0.48	0.64	0.93	1.13	1.34	1.40	0.91	0.32	0.85	1.48	1.45	0.42	0.35	0.93	0.92	0.93	0.65
Corg	18	0.35	0.38	0.41	0.47	0.52	0.65	0.67	0.48	0.11	0.47	1.63	0.75	0.31	0.23	0.47	0.41	0.47	0.44
pH	14	8.11	8.16	8.24	8.47	8.60	8.70	8.82	8.39	8.62	8.46	3.36	9.01	8.03	1.03	8.47	8.42	8.47	5.82

第三章 土壤地球化学基准值

表 3-24 水田土壤地球化学基准值参数统计表

元素/指标	N	$X_{5\%}$	$X_{10\%}$	$X_{25\%}$	$X_{50\%}$	$X_{75\%}$	$X_{90\%}$	$X_{95\%}$	$\bar{X}$	S	$\bar{X}_g$	S_g	X_{max}	X_{min}	CV	X_{me}	X_{mo}	分布类型	水田基准值	宁波市基准值
Ag	66	43.75	55.5	62.8	75.0	87.2	118	130	85.3	51.9	77.6	12.66	371	35.00	0.61	75.0	81.0	对数正态分布	77.6	66.3
As	66	3.31	4.13	5.37	7.37	8.99	11.46	12.24	7.52	2.73	7.01	3.29	14.92	2.91	0.36	7.37	7.05	正态分布	7.52	6.35
Au	66	1.00	1.05	1.20	1.50	2.04	3.17	4.01	1.87	1.10	1.65	1.77	6.46	0.49	0.59	1.50	1.40	对数正态分布	1.65	1.25
B	66	21.62	26.00	42.00	62.5	73.8	78.5	81.0	57.5	19.75	53.0	10.77	84.0	12.41	0.34	62.5	75.0	正态分布	57.5	75.0
Ba	66	445	456	485	530	600	712	763	563	113	553	37.29	1032	428	0.20	530	491	对数正态分布	553	575
Be	66	2.06	2.20	2.44	2.64	2.89	3.14	3.19	2.66	0.35	2.64	1.79	3.35	1.86	0.13	2.64	2.65	正态分布	2.66	2.41
Bi	66	0.25	0.27	0.36	0.42	0.48	0.55	0.62	0.43	0.13	0.41	1.82	1.07	0.19	0.31	0.42	0.46	正态分布	0.43	0.32
Br	66	1.87	2.20	2.73	3.55	5.07	7.90	8.97	4.46	3.30	3.81	2.51	24.72	1.30	0.74	3.55	3.40	对数正态分布	3.81	4.00
Cd	66	0.09	0.09	0.11	0.12	0.14	0.16	0.18	0.14	0.09	0.13	3.41	0.65	0.07	0.66	0.12	0.11	对数正态分布	0.13	0.11
Ce	66	61.8	67.6	75.2	82.3	87.5	94.5	101	82.4	12.20	81.5	12.40	117	51.0	0.15	82.3	74.0	正态分布	82.4	84.1
Cl	66	55.0	62.0	75.1	95.0	168	474	838	265	639	131	18.33	4934	33.00	2.41	95.0	145	对数正态分布	131	77.5
Co	66	8.10	9.95	12.70	15.50	17.52	20.70	22.48	15.74	5.86	14.86	4.93	48.87	5.42	0.37	15.50	14.90	正态分布	15.74	11.75
Cr	66	26.02	33.02	63.2	85.5	103	123	134	83.8	35.91	74.5	13.13	206	14.80	0.43	85.5	98.0	正态分布	83.8	76.0
Cu	66	11.60	14.80	20.70	25.38	31.95	39.68	44.02	27.25	12.37	25.04	6.60	92.4	9.96	0.45	25.38	25.38	正态分布	27.25	17.15
F	66	329	393	487	602	698	756	810	592	145	573	39.63	894	256	0.25	602	570	正态分布	592	525
Ga	66	16.04	16.55	17.92	19.33	20.86	22.27	22.90	19.48	2.47	19.34	5.45	29.40	15.23	0.13	19.33	19.60	正态分布	19.48	19.37
Ge	66	1.27	1.36	1.43	1.52	1.61	1.66	1.70	1.51	0.14	1.51	1.29	1.92	1.13	0.09	1.52	1.66	正态分布	1.51	1.49
Hg	66	0.03	0.04	0.05	0.06	0.07	0.13	0.24	0.08	0.10	0.06	5.19	0.75	0.03	1.20	0.06	0.06	对数正态分布	0.06	0.05
I	66	1.66	1.80	2.40	3.62	5.36	7.42	9.28	4.17	2.47	3.60	2.45	13.60	1.24	0.59	3.62	4.33	正态分布	4.17	4.82
La	66	34.11	36.75	39.00	42.15	45.00	48.49	50.8	42.48	5.58	42.13	8.51	64.5	30.20	0.13	42.15	43.00	正态分布	42.48	42.37
Li	66	23.25	28.70	34.55	49.30	57.3	62.9	67.0	47.10	14.42	44.59	9.37	75.6	17.51	0.31	49.30	47.97	正态分布	47.10	36.48
Mn	66	394	438	522	656	843	1027	1249	715	263	673	42.68	1608	327	0.37	656	715	正态分布	715	735
Mo	66	0.39	0.45	0.52	0.73	1.05	1.75	2.04	0.95	0.77	0.80	1.79	5.68	0.31	0.81	0.73	0.52	对数正态分布	0.80	0.91
N	66	0.45	0.49	0.55	0.72	0.88	1.09	1.49	0.79	0.32	0.74	1.47	2.02	0.41	0.41	0.72	0.70	对数正态分布	0.74	0.62
Nb	66	14.84	17.02	18.05	19.50	21.38	23.04	24.17	20.04	3.85	19.75	5.52	41.94	14.01	0.19	19.50	19.70	正态分布	20.04	20.19
Ni	66	9.42	12.15	26.23	36.60	42.68	48.00	50.1	35.84	20.93	30.78	7.96	144	7.28	0.58	36.60	37.80	对数正态分布	30.78	12.90
P	66	0.29	0.31	0.39	0.47	0.53	0.62	0.70	0.47	0.13	0.45	1.71	0.97	0.24	0.28	0.47	0.53	正态分布	0.47	0.37
Pb	66	23.23	24.63	28.43	31.00	35.72	39.72	42.96	32.60	8.28	31.79	7.35	71.0	21.10	0.25	31.00	31.00	正态分布	32.60	29.39

续表 3-24

元素/指标	N	$X_{5\%}$	$X_{10\%}$	$X_{25\%}$	$X_{50\%}$	$X_{75\%}$	$X_{90\%}$	$X_{95\%}$	$\bar{X}$	S	$\bar{X}_g$	S_g	X_{max}	X_{min}	CV	X_{mc}	X_{mo}	分布类型	水田基准值	宁波市基准值
Rb	66	104	117	128	137	149	166	170	139	20.71	137	16.95	207	80.9	0.15	137	138	正态分布	139	137
S	66	72.8	88.5	123	185	415	841	1980	469	764	247	27.31	4243	63.3	1.63	185	123	对数正态分布	247	150
Sb	66	0.38	0.38	0.45	0.52	0.58	0.65	0.70	0.53	0.11	0.52	1.55	0.96	0.31	0.22	0.52	0.49	正态分布	0.53	0.52
Sc	66	8.60	8.90	11.09	13.15	14.78	16.65	17.55	13.10	3.00	12.75	4.44	22.09	6.93	0.23	13.15	14.10	正态分布	13.10	10.88
Se	66	0.14	0.15	0.18	0.23	0.29	0.35	0.38	0.25	0.09	0.23	2.51	0.55	0.10	0.36	0.23	0.21	正态分布	0.25	0.23
Sn	66	2.20	2.60	3.20	3.55	4.92	7.17	8.14	4.35	2.32	3.94	2.47	14.50	1.80	0.53	3.55	2.60	对数正态分布	3.94	3.11
Sr	66	68.2	79.3	91.9	102	112	121	136	102	20.94	99.4	14.47	159	41.62	0.21	102	102	正态分布	102	96.8
Th	66	10.93	11.79	13.55	14.51	15.67	16.95	17.30	14.55	1.89	14.42	4.65	19.07	10.00	0.13	14.51	15.40	正态分布	14.55	15.00
Ti	59	4313	4418	4700	4976	5231	5446	5598	4957	401	4941	133	5837	3969	0.08	4976	4952	剔除后正态分布	4957	4590
Tl	66	0.65	0.68	0.78	0.88	0.97	1.14	1.29	0.91	0.22	0.88	1.26	1.98	0.55	0.24	0.88	0.91	正态分布	0.91	0.90
U	66	2.16	2.27	2.52	2.87	3.20	3.40	3.65	2.86	0.47	2.83	1.83	3.98	1.88	0.16	2.87	3.20	正态分布	2.86	3.05
V	66	59.5	69.4	88.8	106	122	138	141	105	26.73	101	14.65	190	42.20	0.25	106	105	正态分布	105	86.0
W	66	1.47	1.60	1.80	1.99	2.19	2.33	2.73	2.05	0.54	1.99	1.55	4.90	1.24	0.26	1.99	1.88	对数正态分布	1.99	1.92
Y	66	22.82	23.10	25.00	27.21	29.44	31.00	32.04	27.25	3.03	27.08	6.69	35.37	21.74	0.11	27.21	28.00	正态分布	27.25	25.86
Zn	66	65.7	71.4	81.6	91.6	102	112	134	92.7	19.41	90.8	13.40	148	54.3	0.21	91.6	98.0	正态分布	92.7	82.0
Zr	66	186	193	213	239	295	329	370	255	57.3	249	23.70	402	175	0.22	239	241	正态分布	255	275
SiO₂	66	60.2	60.6	63.1	65.4	69.2	72.3	73.0	65.6	5.16	65.6	11.15	76.4	44.05	0.08	65.4	63.7	正态分布	65.8	67.2
Al₂O₃	66	13.09	13.53	14.36	15.38	16.39	17.44	17.78	15.44	1.57	15.37	4.79	21.08	12.49	0.10	15.38	14.91	正态分布	15.44	15.70
TFe₂O₃	66	3.44	4.04	4.75	5.21	5.96	6.59	7.00	5.39	1.34	5.24	2.65	12.16	3.01	0.25	5.21	4.86	正态分布	5.39	4.77
MgO	66	0.49	0.53	0.80	1.62	1.85	2.12	2.46	1.46	0.62	1.29	1.77	2.69	0.32	0.43	1.62	1.61	正态分布	1.46	0.79
CaO	66	0.26	0.31	0.48	0.66	0.98	1.73	2.71	0.90	0.78	0.69	2.03	3.91	0.13	0.87	0.66	0.72	对数正态分布	0.69	0.36
Na₂O	66	0.47	0.57	0.97	1.18	1.36	1.46	1.63	1.13	0.35	1.06	1.51	1.83	0.21	0.31	1.18	1.14	正态分布	1.13	1.00
K₂O	66	2.27	2.50	2.67	2.81	3.10	3.31	3.46	2.86	0.38	2.83	1.84	3.77	1.25	0.13	2.81	2.78	正态分布	2.86	2.89
TC	66	0.43	0.51	0.61	0.79	0.94	1.31	1.76	0.89	0.49	0.81	1.54	3.18	0.34	0.55	0.79	0.51	对数正态分布	0.81	0.65
Corg	66	0.31	0.35	0.41	0.54	0.70	1.15	1.62	0.69	0.51	0.59	1.80	3.15	0.27	0.74	0.54	0.41	对数正态分布	0.59	0.44
pH	66	5.01	5.18	5.78	6.70	7.97	8.41	8.46	5.22	4.52	6.75	3.05	9.01	3.62	0.87	6.70	6.68	正态分布	5.22	5.82

注：氧化物、TC、Corg 单位为%，N、P 单位为 g/kg，Au、Ag 单位为 μg/kg，pH 为无量纲，其他元素/指标单位为 mg/kg；后表单位相同。

表 3-25 旱地土壤地球化学基准值参数统计表

元素/指标	N	$X_{5\%}$	$X_{10\%}$	$X_{25\%}$	$X_{50\%}$	$X_{75\%}$	$X_{90\%}$	$X_{95\%}$	$\bar{X}$	S	$\bar{X}_g$	S_g	X_{max}	X_{min}	CV	X_{me}	X_{mo}	旱地基准值	宁波市基准值
Ag	26	43.00	44.00	52.0	61.9	68.0	79.0	87.9	64.3	24.10	61.1	10.63	163	26.00	0.37	61.9	61.0	61.9	66.3
As	26	5.01	5.66	6.63	8.05	9.26	10.15	11.69	7.99	2.16	7.70	3.36	13.10	3.77	0.27	8.05	6.77	8.05	6.35
Au	26	0.81	0.99	1.18	1.52	1.91	2.69	2.94	1.74	0.94	1.56	1.69	5.17	0.54	0.54	1.52	1.78	1.52	1.25
B	26	27.84	30.50	50.00	67.5	71.8	80.5	81.0	60.4	17.93	57.1	11.16	82.0	24.36	0.30	67.5	62.0	67.5	75.0
Ba	24	410	415	426	444	503	537	554	465	59.5	461	32.73	647	398	0.13	444	459	444	575
Be	26	1.89	2.00	2.08	2.23	2.47	2.87	3.05	2.31	0.35	2.29	1.61	3.08	1.85	0.15	2.23	2.00	2.23	2.41
Bi	26	0.21	0.23	0.27	0.31	0.37	0.48	0.56	0.34	0.11	0.33	2.03	0.68	0.19	0.34	0.31	0.31	0.31	0.32
Br	26	2.03	2.16	2.95	3.50	4.33	6.20	6.90	3.96	1.63	3.68	2.40	8.20	1.90	0.41	3.50	3.50	3.50	4.00
Cd	26	0.08	0.09	0.10	0.12	0.14	0.16	0.17	0.12	0.03	0.12	3.42	0.19	0.07	0.24	0.12	0.14	0.12	0.11
Ce	26	62.8	64.4	67.7	74.3	85.3	91.1	95.2	76.5	10.95	75.7	11.76	101	62.4	0.14	74.3	76.0	74.3	84.1
Cl	26	63.6	65.5	85.2	103	126	432	806	198	254	131	18.94	1068	54.6	1.29	103	140	103	77.5
Co	26	8.56	11.23	12.73	14.14	16.39	17.65	17.70	14.50	3.42	14.09	4.63	24.59	7.26	0.24	14.14	17.70	14.14	11.75
Cr	26	27.29	46.48	62.2	75.2	82.2	104	112	73.3	24.20	68.2	12.03	123	17.60	0.33	75.2	76.0	75.2	76.0
Cu	26	11.25	14.66	19.12	21.55	28.36	39.24	42.92	24.15	9.42	22.42	6.37	44.20	8.65	0.39	21.55	23.94	21.55	17.15
F	26	416	446	527	557	630	696	752	574	103	565	37.98	836	391	0.18	557	527	557	525
Ga	26	15.35	15.55	16.48	18.05	19.55	22.00	22.65	18.35	2.55	18.19	5.18	23.70	13.95	0.14	18.05	18.30	18.05	19.37
Ge	26	1.20	1.23	1.32	1.47	1.62	1.67	1.69	1.46	0.17	1.45	1.26	1.70	1.20	0.12	1.47	1.53	1.47	1.49
Hg	26	0.03	0.04	0.04	0.05	0.06	0.09	0.15	0.06	0.05	0.05	5.75	0.27	0.03	0.79	0.05	0.05	0.05	0.05
I	26	2.83	3.41	4.60	5.46	7.23	8.32	8.82	5.73	1.95	5.38	2.87	8.96	2.08	0.34	5.46	5.71	5.46	4.82
La	26	35.96	36.88	38.75	40.45	42.86	46.10	47.71	41.03	3.57	40.89	8.38	48.00	35.22	0.09	40.45	41.00	40.45	42.37
Li	26	28.65	31.15	36.48	41.50	45.68	57.3	59.8	42.64	9.96	41.54	8.64	64.8	24.81	0.23	41.50	42.50	41.50	36.48
Mn	26	544	554	656	774	857	1006	1069	778	173	759	43.93	1142	436	0.22	774	849	774	735
Mo	26	0.39	0.42	0.44	0.54	0.72	1.43	1.68	0.73	0.47	0.63	1.80	2.24	0.37	0.65	0.54	0.44	0.54	0.91
N	26	0.36	0.40	0.47	0.57	0.62	0.83	0.98	0.59	0.20	0.57	1.56	1.20	0.33	0.34	0.57	0.59	0.57	0.62
Nb	26	13.13	13.39	14.96	16.89	20.23	23.82	25.95	18.24	5.34	17.64	5.03	37.53	12.60	0.29	16.89	18.40	16.89	20.19
Ni	26	12.97	16.70	27.80	33.00	36.42	42.35	44.93	32.65	12.62	30.19	7.57	75.4	9.25	0.39	33.00	32.60	33.00	12.90
P	26	0.29	0.36	0.53	0.62	0.67	0.72	0.74	0.58	0.15	0.55	1.58	0.77	0.16	0.26	0.62	0.58	0.62	0.37
Pb	26	18.83	20.28	22.14	23.71	29.50	38.90	45.50	26.97	8.45	25.94	6.40	51.0	17.71	0.31	23.71	23.44	23.71	29.39

续表 3-25

元素/指标	N	$X_{5\%}$	$X_{10\%}$	$X_{25\%}$	$X_{50\%}$	$X_{75\%}$	$X_{90\%}$	$X_{95\%}$	$\bar{X}$	S	$\bar{X}_g$	S_g	X_{max}	X_{min}	CV	X_{me}	X_{mo}	旱地基准值	宁波市基准值
Rb	26	95.0	96.3	107	116	132	153	161	121	20.54	120	15.14	164	93.5	0.17	116	121	116	137
S	26	81.8	84.5	91.5	117	203	299	561	209	256	153	18.63	1323	81.0	1.22	117	81.0	117	150
Sb	26	0.40	0.41	0.45	0.50	0.60	0.74	0.78	0.55	0.13	0.53	1.55	0.89	0.40	0.24	0.50	0.40	0.50	0.52
Sc	26	9.37	10.02	11.29	12.07	14.03	14.91	15.71	12.47	2.11	12.30	4.27	16.69	8.16	0.17	12.07	12.56	12.07	10.88
Se	26	0.05	0.06	0.07	0.13	0.21	0.29	0.33	0.15	0.10	0.13	4.23	0.47	0.04	0.68	0.13	0.08	0.13	0.23
Sn	26	2.37	2.40	2.90	3.23	3.55	4.39	6.31	3.64	1.89	3.38	2.16	11.75	2.20	0.52	3.23	3.40	3.23	3.11
Sr	26	60.6	73.2	104	134	145	156	162	122	32.31	117	16.15	164	50.1	0.26	134	134	134	96.8
Th	26	11.12	11.29	11.75	13.47	14.57	16.15	16.31	13.49	1.85	13.37	4.34	17.40	10.94	0.14	13.47	13.64	13.47	15.00
Ti	24	3993	4074	4314	4434	4646	5232	5285	4540	432	4521	122	5486	3827	0.10	4434	4410	4434	4590
Tl	26	0.50	0.54	0.65	0.70	0.80	1.02	1.03	0.74	0.16	0.72	1.36	1.04	0.50	0.22	0.70	0.80	0.70	0.90
U	26	1.98	1.99	2.11	2.28	3.10	3.30	3.30	2.55	0.58	2.49	1.70	4.00	1.88	0.23	2.28	2.15	2.28	3.05
V	26	57.0	69.3	83.5	96.0	101	121	128	94.3	20.30	92.1	13.43	134	55.3	0.22	96.0	96.0	96.0	86.0
W	26	1.40	1.41	1.55	1.75	2.04	2.24	2.42	1.84	0.46	1.79	1.46	3.53	1.19	0.25	1.75	2.04	1.75	1.92
Y	26	22.48	22.83	23.84	24.79	28.98	30.76	31.87	26.08	3.38	25.87	6.46	32.25	19.32	0.13	24.79	30.00	24.79	25.86
Zn	26	65.8	68.9	72.7	78.5	85.8	99.5	112	82.8	15.31	81.6	12.30	130	65.0	0.18	78.5	83.0	78.5	82.0
Zr	26	209	217	226	243	288	325	333	261	42.49	258	23.62	338	203	0.16	243	259	243	275
SiO$_2$	26	61.3	63.0	63.4	64.6	65.9	70.1	71.2	65.2	3.37	65.2	10.88	75.2	58.5	0.05	64.6	64.6	64.6	67.2
Al$_2$O$_3$	26	11.98	12.04	13.03	13.84	15.67	16.78	16.89	14.20	1.73	14.10	4.47	17.88	11.86	0.12	13.84	14.15	13.84	15.70
TFe$_2$O$_3$	26	4.03	4.12	4.35	4.88	5.75	6.39	6.71	5.14	1.02	5.05	2.53	8.01	3.87	0.20	4.88	5.08	4.88	4.77
MgO	20	1.75	1.77	2.06	2.12	2.22	2.28	2.30	2.09	0.18	2.08	1.55	2.33	1.65	0.09	2.12	2.10	2.12	0.79
CaO	26	0.28	0.32	0.61	2.98	3.56	4.10	4.17	2.30	1.55	1.54	3.14	4.21	0.24	0.67	2.98	0.98	2.98	0.36
Na$_2$O	26	0.46	0.58	1.06	1.46	1.60	1.69	1.75	1.29	0.43	1.19	1.65	1.83	0.27	0.34	1.46	1.46	1.46	1.00
K$_2$O	26	2.18	2.22	2.37	2.49	2.71	2.97	3.17	2.55	0.35	2.52	1.71	3.34	1.72	0.14	2.49	2.47	2.49	2.89
TC	26	0.33	0.46	0.70	1.02	1.08	1.16	1.23	0.89	0.30	0.82	1.56	1.30	0.23	0.34	1.02	1.06	1.02	0.65
Corg	26	0.26	0.28	0.30	0.36	0.49	0.60	0.81	0.42	0.17	0.39	1.93	0.89	0.22	0.41	0.36	0.30	0.36	0.44
pH	26	5.57	5.68	7.17	8.39	8.55	8.91	9.08	6.21	5.82	7.77	3.37	9.35	5.17	0.94	8.39	8.39	8.39	5.82

S、Tl、Ba、Corg、U 基准值略低于宁波市基准值,为宁波市基准值的 60%~80%;Sr、Cl、As、Au、Cu、Co 基准值为宁波市基准值的 1.2~1.4 倍;CaO、MgO、Ni、P、TC、Na$_2$O 明显相对富集,基准值为宁波市基准值的 1.4 倍以上,CaO、MgO、Ni 为宁波市基准值的 2.0 倍以上;其他各项元素/指标基准值与宁波市基准值基本接近。

三、园地土壤地球化学基准值

宁波市园地土壤地球化学基准值数据经正态分布检验,结果表明,原始数据中 Ag、Au、Cl、I、N、S、CaO、Corg 共 8 项元素/指标符合对数正态分布,其他元素/指标符合正态分布(表 3-26)。

宁波市园地区深层土壤总体为酸性,土壤 pH 基准值为 5.18,极大值为 8.82,极小值为 3.73,接近于宁波市基准值。

各元素/指标中,大多数元素/指标变异系数在 0.40 以下,说明分布较为均匀;S、Cl、Au、pH、CaO、Corg 共 6 项元素/指标变异系数大于 0.80,说明空间变异性较大。

与宁波市土壤基准值相比,园地区土壤基准值中 B 基准值略低于宁波市基准值,为宁波市基准值的 74%;TC、Br、Cu、As、Li 略富集,基准值为宁波市基准值的 1.2~1.4 倍;CaO、Ni、Cl、MgO、S 明显相对富集,基准值为宁波市基准值的 1.4 倍以上,CaO、Ni、Cl 基准值为宁波市基准值的 2.0 倍以上;其他各项元素/指标基准值与宁波市基准值基本接近。

四、林地土壤地球化学基准值

宁波市林地土壤地球化学基准值数据经正态分布检验,结果表明,原始数据中 As、Ba、Ce、F、Ga、Ge、La、V、Y、Zr、SiO$_2$、Al$_2$O$_3$、Na$_2$O、K$_2$O 共 14 项元素/指标符合正态分布,Au、B、Be、Bi、Br、Cd、Co、Cr、Cu、I、Li、Mn、Mo、N、Nb、Ni、P、Sb、Sc、Se、Sr、Th、U、W、Zn、TFe$_2$O$_3$、MgO、CaO、TC、Corg 共 30 项元素/指标符合对数正态分布,Ag、Rb、S、Sn、Ti、Tl 剔除异常值后符合正态分布,Cl、Hg、Pb 剔除异常值后符合对数正态分布,pH 不符合正态分布或对数正态分布(表 3-27)。

宁波市林地区深层土壤总体为酸性,土壤 pH 基准值为 5.18,极大值为 7.67,极小值为 4.68,接近于宁波市基准值。

各元素/指标中,大多数元素/指标变异系数在 0.40 以下,说明分布较为均匀;CaO、Mo、pH、Bi 变异系数大于 0.80,空间变异性较大。

与宁波市土壤基准值相比,林地区土壤基准值中 Cr、B 基准值明显低于宁波市基准值,低于宁波市基准值的 60%;Se、Mo 略富集,基准值为宁波市基准值的 1.2~1.4 倍;其他各项元素/指标基准值与宁波市基准值基本接近。

表 3-26 园地土壤地球化学基准值参数统计表

元素/指标	N	$X_{5\%}$	$X_{10\%}$	$X_{25\%}$	$X_{50\%}$	$X_{75\%}$	$X_{90\%}$	$X_{95\%}$	$\overline{X}$	S	$\overline{X}_g$	S_g	X_{max}	X_{min}	CV	X_{me}	X_{mo}	分布类型	园地基准值	宁波市基准值
Ag	40	43.90	50.4	59.5	68.0	74.5	83.7	115	72.8	31.03	68.7	11.73	214	41.59	0.43	68.0	71.0	对数正态分布	68.7	66.3
As	40	3.30	3.64	5.23	7.94	10.60	12.57	13.40	8.14	3.56	7.36	3.45	17.10	3.01	0.44	7.94	7.99	正态分布	8.14	6.35
Au	40	0.79	0.81	1.10	1.48	2.02	2.18	2.67	1.78	1.77	1.48	1.82	11.97	0.49	0.99	1.48	2.04	对数正态分布	1.48	1.25
B	40	16.32	22.03	39.00	64.5	71.0	78.3	81.4	55.4	22.24	48.86	10.95	87.0	5.72	0.40	64.5	75.0	正态分布	55.4	75.0
Ba	40	411	445	469	513	605	747	953	572	169	552	37.03	1139	355	0.30	513	574	正态分布	572	575
Be	40	2.02	2.12	2.23	2.42	2.79	3.10	3.32	2.53	0.44	2.50	1.75	3.73	1.80	0.17	2.42	2.28	正态分布	2.53	2.41
Bi	40	0.18	0.21	0.27	0.40	0.48	0.52	0.53	0.38	0.13	0.36	1.92	0.71	0.16	0.33	0.40	0.27	正态分布	0.38	0.32
Br	40	1.60	2.06	3.51	5.30	6.73	8.57	9.26	5.34	2.98	4.59	2.74	16.90	1.50	0.56	5.30	5.30	正态分布	5.34	4.00
Cd	40	0.07	0.08	0.10	0.12	0.13	0.16	0.19	0.12	0.04	0.11	3.51	0.20	0.04	0.30	0.12	0.12	正态分布	0.12	0.11
Ce	40	59.5	64.2	74.5	80.5	85.9	94.8	102	80.7	13.32	79.7	12.19	121	53.0	0.16	80.5	81.0	正态分布	80.7	84.1
Cl	40	47.94	55.7	68.0	111	436	897	1491	347	488	167	21.84	2103	37.00	1.41	111	68.0	对数正态分布	167	77.5
Co	40	7.89	9.01	10.98	14.11	17.22	19.30	20.12	13.90	4.04	13.24	4.65	21.00	4.55	0.29	14.11	14.50	正态分布	13.90	11.75
Cr	40	20.09	24.61	40.77	71.0	88.6	108	116	67.6	31.69	58.2	12.05	127	9.11	0.47	71.0	71.0	正态分布	67.6	76.0
Cu	40	9.28	10.11	13.13	21.28	30.17	34.74	36.02	22.02	9.48	19.81	6.11	39.19	6.28	0.43	21.28	21.86	正态分布	22.02	17.15
F	40	358	368	486	598	699	757	770	583	141	565	38.72	804	294	0.24	598	583	正态分布	583	525
Ga	40	15.25	16.60	17.54	20.03	21.19	21.91	22.50	19.49	2.39	19.34	5.42	24.21	13.83	0.12	20.03	19.00	正态分布	19.49	19.37
Ge	40	1.28	1.37	1.43	1.52	1.56	1.61	1.64	1.50	0.11	1.49	1.28	1.72	1.22	0.07	1.52	1.54	正态分布	1.50	1.49
Hg	40	0.04	0.04	0.04	0.05	0.06	0.07	0.08	0.05	0.02	0.05	5.71	0.13	0.02	0.37	0.05	0.04	正态分布	0.05	0.05
I	40	1.82	2.00	2.98	4.20	5.02	9.71	10.14	4.83	3.47	4.08	2.53	20.11	1.77	0.72	4.20	3.57	对数正态分布	4.08	4.82
La	40	30.98	35.98	38.30	41.00	44.05	45.15	46.20	41.38	6.61	40.93	8.33	71.4	29.30	0.16	41.00	41.00	正态分布	41.38	42.37
Li	40	22.87	27.36	34.20	43.90	57.5	62.6	65.2	45.17	14.09	42.84	9.00	70.8	21.17	0.31	43.90	45.50	正态分布	45.17	36.48
Mn	40	376	502	621	738	880	987	1175	747	231	712	43.41	1418	325	0.31	738	747	正态分布	747	735
Mo	40	0.43	0.47	0.57	0.72	0.93	1.34	1.68	0.85	0.46	0.77	1.59	2.69	0.40	0.54	0.72	0.79	正态分布	0.85	0.91
N	40	0.40	0.49	0.54	0.61	0.78	1.19	1.28	0.73	0.34	0.68	1.52	1.97	0.35	0.46	0.61	0.60	正态分布	0.73	0.62
Nb	40	14.85	15.98	17.45	19.16	20.20	22.57	23.84	19.08	2.63	18.91	5.39	25.87	13.83	0.14	19.16	17.30	对数正态分布	19.08	20.19
Ni	40	11.11	11.75	16.00	32.05	41.88	45.19	46.52	29.38	13.29	25.67	7.41	47.30	5.13	0.45	32.05	26.40	正态分布	29.38	12.90
P	40	0.25	0.25	0.30	0.45	0.57	0.60	0.63	0.44	0.15	0.41	1.85	0.75	0.19	0.34	0.45	0.44	正态分布	0.44	0.37
Pb	40	19.41	21.75	25.54	29.05	33.12	35.18	41.05	29.59	6.39	28.94	6.96	49.70	19.00	0.22	29.05	28.00	正态分布	29.59	29.39

续表 3-26

元素/指标	N	$X_{5\%}$	$X_{10\%}$	$X_{25\%}$	$X_{50\%}$	$X_{75\%}$	$X_{90\%}$	$X_{95\%}$	$\bar{X}$	S	$\bar{X}_g$	S_g	X_{max}	X_{min}	CV	X_{me}	X_{mo}	分布类型	园地基准值	宁波市基准值
Rb	40	110	112	126	135	145	152	154	134	15.85	133	16.50	161	96.2	0.12	135	132	正态分布	134	137
S	40	84.7	93.7	126	250	549	1006	1314	477	726	268	29.05	4295	59.0	1.52	250	104	对数正态分布	268	150
Sb	40	0.34	0.37	0.47	0.52	0.68	0.74	0.77	0.56	0.14	0.54	1.57	0.85	0.29	0.26	0.52	0.52	正态分布	0.56	0.52
Sc	40	7.80	8.37	10.07	12.10	14.32	16.22	16.70	12.26	2.78	11.94	4.27	17.00	7.69	0.23	12.10	12.20	正态分布	12.26	10.88
Se	40	0.10	0.12	0.15	0.22	0.34	0.43	0.48	0.25	0.14	0.22	2.74	0.76	0.07	0.56	0.22	0.17	正态分布	0.25	0.23
Sn	40	2.48	2.55	2.98	3.37	3.98	4.68	5.37	3.68	1.41	3.50	2.23	9.00	1.90	0.38	3.37	3.20	正态分布	3.68	3.11
Sr	40	40.82	69.1	86.6	106	130	144	157	109	38.10	102	14.39	234	38.66	0.35	106	107	正态分布	109	96.8
Th	40	11.47	11.80	13.54	14.85	16.30	17.04	17.76	14.87	2.33	14.69	4.66	22.13	10.06	0.16	14.85	14.10	正态分布	14.87	15.00
Ti	40	3756	4190	4408	4794	5175	5383	5511	4746	575	4709	129	5672	2944	0.12	4794	4748	正态分布	4746	4590
Tl	40	0.54	0.60	0.76	0.85	0.92	1.20	1.27	0.86	0.20	0.84	1.29	1.37	0.49	0.23	0.85	0.85	正态分布	0.86	0.90
U	40	1.97	2.12	2.59	3.00	3.40	3.71	4.12	3.02	0.68	2.95	1.91	4.99	1.83	0.23	3.00	3.10	正态分布	3.02	3.05
V	40	57.0	61.0	79.1	92.8	114	130	132	95.1	25.80	91.4	13.94	144	42.10	0.27	92.8	94.0	正态分布	95.1	86.0
W	40	1.51	1.52	1.70	1.90	2.05	2.30	2.53	1.91	0.34	1.88	1.49	3.16	1.45	0.18	1.90	1.91	正态分布	1.91	1.92
Y	40	20.22	20.99	24.23	27.36	29.05	30.92	32.05	26.55	3.91	26.25	6.55	33.00	17.61	0.15	27.36	25.00	正态分布	26.55	25.86
Zn	40	58.2	64.5	73.2	84.7	99.8	106	108	85.2	17.26	83.4	12.72	116	48.00	0.20	84.7	91.0	正态分布	85.2	82.0
Zr	40	182	185	210	257	301	328	340	257	55.9	251	23.79	370	176	0.22	257	251	正态分布	257	275
SiO₂	40	57.9	60.0	62.1	65.1	69.5	73.4	74.1	66.0	4.98	65.8	11.07	75.4	57.6	0.08	65.1	65.4	正态分布	66.0	67.2
Al₂O₃	40	13.34	13.43	14.27	15.45	16.80	17.47	19.10	15.69	1.89	15.58	4.80	21.63	12.67	0.12	15.45	15.79	正态分布	15.69	15.70
TFe₂O₃	40	3.56	3.70	4.37	4.98	5.94	6.57	6.61	5.12	1.06	5.01	2.59	7.26	3.37	0.21	4.98	5.69	正态分布	5.12	4.77
MgO	40	0.59	0.63	0.72	1.60	2.06	2.62	2.67	1.53	0.72	1.34	1.76	2.74	0.50	0.47	1.60	1.67	正态分布	1.53	0.79
CaO	40	0.15	0.27	0.45	0.69	2.06	2.96	3.08	1.23	1.06	0.83	2.55	3.68	0.14	0.86	0.69	0.64	对数正态分布	0.83	0.36
Na₂O	40	0.40	0.48	0.99	1.16	1.40	1.53	1.65	1.12	0.38	1.04	1.55	1.91	0.30	0.34	1.16	1.02	正态分布	1.12	1.00
K₂O	40	2.23	2.32	2.54	2.85	3.02	3.14	3.23	2.80	0.33	2.78	1.81	3.51	2.20	0.12	2.85	2.98	正态分布	2.80	2.89
TC	40	0.34	0.36	0.54	0.77	1.06	1.40	1.81	0.89	0.52	0.77	1.70	3.05	0.28	0.59	0.77	0.92	正态分布	0.89	0.65
Corg	40	0.25	0.31	0.40	0.50	0.61	1.36	1.75	0.64	0.53	0.53	1.92	3.02	0.22	0.82	0.50	0.52	对数正态分布	0.53	0.44
pH	40	5.04	5.09	5.45	6.67	8.24	8.59	8.65	5.18	4.53	6.82	3.05	8.82	3.73	0.88	6.67	7.85	正态分布	5.18	5.82

表 3-27 林地土壤地球化学基准值参数统计表

元素/指标	N	$X_{5\%}$	$X_{10\%}$	$X_{25\%}$	$X_{50\%}$	$X_{75\%}$	$X_{90\%}$	$X_{95\%}$	$\overline{X}$	S	$\overline{X}_g$	S_g	X_{max}	X_{min}	CV	X_{me}	X_{mo}	分布类型	林地基准值	宁波市基准值
Ag	239	41.90	46.09	54.5	64.0	75.2	88.8	95.1	65.6	15.91	63.8	11.09	110	34.00	0.24	64.0	74.0	剔除后正态分布	65.6	66.3
As	261	2.90	3.39	4.38	5.98	8.07	9.70	11.30	6.42	2.66	5.90	3.16	16.88	1.92	0.41	5.98	7.20	正态分布	6.42	6.35
Au	261	0.47	0.54	0.78	1.06	1.40	1.90	2.40	1.22	0.85	1.05	1.70	7.80	0.29	0.69	1.06	1.10	对数正态分布	1.05	1.25
B	261	14.00	17.00	23.89	33.00	49.00	60.00	67.00	36.53	17.16	32.54	8.30	87.0	6.46	0.47	33.00	42.00	对数正态分布	32.54	75.0
Ba	261	428	460	535	665	778	887	1040	673	181	650	42.02	1252	311	0.27	665	640	正态分布	673	575
Be	261	1.84	1.95	2.13	2.36	2.56	2.88	3.07	2.40	0.46	2.36	1.69	6.42	1.63	0.19	2.36	2.47	对数正态分布	2.36	2.41
Bi	261	0.17	0.19	0.23	0.29	0.39	0.56	0.77	0.37	0.34	0.32	2.27	3.07	0.12	0.90	0.29	0.29	对数正态分布	0.32	0.32
Br	261	1.90	2.20	2.70	4.08	5.80	7.82	9.40	4.59	2.34	4.05	2.54	13.06	0.77	0.51	4.08	2.20	对数正态分布	4.05	4.00
Cd	261	0.06	0.07	0.09	0.11	0.16	0.23	0.26	0.14	0.08	0.12	3.57	0.73	0.04	0.59	0.11	0.12	对数正态分布	0.12	0.11
Ce	261	67.9	73.0	79.9	89.2	98.7	109	116	90.0	14.82	88.8	13.26	150	56.3	0.16	89.2	91.0	正态分布	90.0	84.1
Cl	231	50.4	55.6	61.1	73.0	89.2	104	118	77.5	21.21	74.8	12.32	147	42.77	0.27	73.0	59.9	剔除后对数正态分布	74.8	77.5
Co	261	5.84	6.27	8.50	10.60	12.70	15.80	17.40	11.03	4.17	10.38	4.08	34.61	3.84	0.38	10.60	10.80	对数正态分布	10.38	11.75
Cr	261	15.50	18.42	25.48	36.70	50.3	74.3	88.0	41.39	22.17	36.19	8.95	123	9.00	0.54	36.70	43.30	对数正态分布	36.19	76.0
Cu	261	7.61	8.61	10.05	13.05	18.36	25.00	31.20	15.42	8.82	13.74	4.94	88.1	2.80	0.57	13.05	14.96	对数正态分布	13.74	17.15
F	261	279	320	379	455	531	608	656	461	117	447	34.38	888	221	0.25	455	465	正态分布	461	525
Ga	261	15.50	16.40	17.58	19.21	20.50	21.90	22.58	19.13	2.23	19.00	5.43	25.30	13.60	0.12	19.21	19.70	正态分布	19.13	19.37
Ge	261	1.24	1.29	1.40	1.50	1.58	1.65	1.69	1.48	0.14	1.48	1.28	1.85	1.09	0.09	1.50	1.47	正态分布	1.48	1.49
Hg	245	0.03	0.03	0.04	0.04	0.06	0.07	0.08	0.05	0.02	0.05	6.12	0.10	0.02	0.34	0.04	0.05	剔除后对数正态分布	0.05	0.05
I	261	2.24	2.88	3.88	5.78	7.71	10.05	11.50	6.16	3.08	5.44	2.94	20.60	1.04	0.50	5.78	6.92	对数正态分布	5.44	4.82
La	261	34.42	37.00	40.48	44.65	48.00	53.0	56.7	44.62	7.02	44.08	8.86	74.6	25.00	0.16	44.65	45.00	正态分布	44.62	42.37
Li	261	20.40	23.51	27.00	30.60	37.29	44.95	50.5	32.73	8.94	31.62	7.54	69.6	16.15	0.27	30.60	33.80	对数正态分布	31.62	36.48
Mn	261	440	493	607	787	948	1237	1433	839	339	781	47.68	2664	259	0.40	787	838	对数正态分布	781	735
Mo	261	0.58	0.64	0.79	1.02	1.31	2.04	2.93	1.33	1.43	1.10	1.67	19.10	0.44	1.08	1.02	0.89	对数正态分布	1.10	0.91
N	261	0.39	0.43	0.50	0.61	0.75	0.91	1.00	0.64	0.20	0.62	1.49	1.37	0.28	0.31	0.61	0.59	对数正态分布	0.62	0.62
Nb	261	16.40	17.84	19.60	21.56	23.36	26.20	28.05	21.80	3.75	21.50	5.90	41.90	11.27	0.17	21.56	21.60	对数正态分布	21.50	20.19
Ni	261	7.42	8.71	10.66	14.20	21.15	32.09	40.70	17.72	10.94	15.32	5.40	67.7	4.45	0.62	14.20	19.00	对数正态分布	15.32	12.90
P	261	0.20	0.21	0.25	0.34	0.44	0.59	0.67	0.37	0.15	0.35	2.02	1.04	0.17	0.41	0.34	0.22	对数正态分布	0.35	0.37
Pb	237	22.31	24.00	27.00	30.20	35.00	41.35	48.19	31.99	7.29	31.22	7.38	54.0	14.48	0.23	30.20	29.00	剔除后对数正态分布	31.22	29.39

续表 3-27

元素/指标	N	$X_{5\%}$	$X_{10\%}$	$X_{25\%}$	$X_{50\%}$	$X_{75\%}$	$X_{90\%}$	$X_{95\%}$	$\overline{X}$	S	$\overline{X}_g$	S_g	X_{max}	X_{min}	CV	X_{me}	X_{mo}	分布类型	林地基准值	宁波市基准值
Rb	250	109	114	125	137	148	159	169	137	17.30	136	16.89	182	92.7	0.13	137	121	剔除后正态分布	137	137
S	231	66.8	84.1	108	137	178	210	240	145	52.9	135	17.00	313	37.45	0.37	137	116	剔除后正态分布	145	150
Sb	261	0.33	0.38	0.45	0.53	0.63	0.72	0.79	0.55	0.16	0.53	1.56	1.71	0.23	0.29	0.53	0.51	对数正态分布	0.53	0.52
Sc	261	6.58	7.18	8.50	9.70	11.40	13.30	14.30	10.01	2.48	9.73	3.84	24.91	4.91	0.25	9.70	11.00	对数正态分布	9.73	10.88
Se	261	0.15	0.16	0.21	0.29	0.37	0.48	0.53	0.31	0.13	0.28	2.32	0.96	0.06	0.42	0.29	0.22	对数正态分布	0.28	0.23
Sn	242	2.20	2.31	2.60	3.00	3.34	3.80	4.23	3.02	0.61	2.96	1.91	4.73	1.40	0.20	3.00	2.60	剔除后正态分布	3.02	3.11
Sr	261	46.51	51.6	61.8	87.0	116	147	168	96.0	43.30	87.7	13.63	347	29.00	0.45	87.0	86.8	对数正态分布	87.7	96.8
Th	261	11.35	12.50	14.00	15.50	17.00	19.40	21.21	15.81	3.17	15.52	4.87	31.27	7.37	0.20	15.50	15.10	对数正态分布	15.52	15.00
Ti	247	3247	3566	3986	4490	4983	5385	5794	4494	751	4430	129	6474	2686	0.17	4490	4492	剔除后正态分布	4494	4590
Tl	243	0.69	0.74	0.86	0.95	1.04	1.22	1.30	0.96	0.17	0.94	1.21	1.43	0.52	0.18	0.95	1.00	对数正态分布	0.96	0.90
U	261	2.45	2.70	3.00	3.30	3.67	3.98	4.40	3.37	0.67	3.31	2.03	7.15	1.98	0.20	3.30	3.30	对数正态分布	3.31	3.05
V	261	41.00	47.62	56.7	70.9	85.5	106	115	73.9	24.42	70.2	12.12	213	25.20	0.33	70.9	75.4	正态分布	73.9	86.0
W	261	1.40	1.53	1.72	1.93	2.21	2.57	2.89	2.02	0.48	1.97	1.57	4.36	0.98	0.24	1.93	1.93	对数正态分布	1.97	1.92
Y	261	18.73	20.00	22.91	25.41	27.91	31.00	32.56	25.46	4.04	25.13	6.54	36.00	16.75	0.16	25.41	25.80	正态分布	25.46	25.86
Zn	261	53.8	56.1	65.9	77.3	92.7	113	137	83.5	31.14	79.4	12.58	292	36.60	0.37	77.3	93.0	对数正态分布	79.4	82.0
Zr	261	216	238	276	312	346	369	383	310	51.8	305	27.32	477	161	0.17	312	310	正态分布	310	275
SiO_2	261	62.1	64.3	66.9	69.5	71.8	74.1	74.8	69.2	3.99	69.1	11.55	79.3	53.7	0.06	69.5	69.2	正态分布	69.2	67.2
Al_2O_3	261	12.83	13.12	14.20	15.39	16.67	18.19	19.13	15.58	1.99	15.46	4.81	21.71	10.92	0.13	15.39	14.21	正态分布	15.58	15.70
TFe_2O_3	261	2.89	3.10	3.68	4.31	5.05	5.78	6.38	4.44	1.21	4.29	2.44	10.48	1.76	0.27	4.31	4.24	对数正态分布	4.29	4.77
MgO	261	0.42	0.46	0.55	0.71	0.96	1.35	1.75	0.84	0.44	0.76	1.59	2.76	0.30	0.53	0.71	0.46	对数正态分布	0.76	0.79
CaO	261	0.13	0.16	0.21	0.35	0.57	0.99	1.49	0.52	0.60	0.37	2.57	4.35	0.04	1.15	0.35	0.35	对数正态分布	0.37	0.36
Na_2O	261	0.30	0.39	0.54	0.81	1.12	1.39	1.57	0.86	0.43	0.76	1.73	2.84	0.16	0.49	0.81	1.07	正态分布	0.86	1.00
K_2O	261	2.21	2.40	2.68	2.91	3.20	3.56	3.79	2.95	0.46	2.91	1.88	4.36	1.80	0.15	2.91	2.85	正态分布	2.95	2.89
TC	261	0.29	0.34	0.44	0.58	0.78	0.96	1.10	0.64	0.29	0.58	1.68	2.11	0.19	0.46	0.58	0.63	对数正态分布	0.58	0.65
Corg	261	0.26	0.31	0.36	0.46	0.62	0.82	0.97	0.53	0.26	0.49	1.79	1.97	0.21	0.48	0.46	0.37	对数正态分布	0.49	0.44
pH	232	4.98	5.02	5.15	5.36	5.82	6.43	6.88	5.33	5.45	5.57	2.72	7.67	4.68	1.02	5.36	5.18	其他分布	5.18	5.82

第四章 土壤元素背景值

第一节 各行政区土壤元素背景值

一、宁波市土壤元素背景值

宁波市土壤元素背景值数据经正态分布检验,结果表明,原始数据中 Ga、Al_2O_3 符合正态分布,Br 符合对数正态分布,F、Rb、Sc、Th、Ti、SiO_2 剔除异常值后符合正态分布,Be、La、W、TFe_2O_3、TC 剔除异常值后符合对数正态分布,其他元素/指标不符合正态分布或对数正态分布(表 4-1)。

宁波市表层土壤总体呈酸性,土壤 pH 背景值为 5.0,极大值为 10.01,极小值为 3.24,接近于浙江省背景值,略低于中国背景值。

表层土壤各元素/指标中,多数元素/指标变异系数小于 0.40,分布相对均匀;pH、Hg、I、CaO、Sn、Au、MgO、Br、Ni、Corg、N、Mn、P、Cr、As、B、Ag、Cu、Se 共 19 项元素/指标变异系数大于 0.40,其中 pH 变异系数大于 0.80,空间变异性较大。

与浙江省土壤元素背景值相比,宁波市土壤元素背景值中 Ag、As、Co、Mn、Pb、Corg 背景值略低于浙江省背景值,为浙江省背景值的 60%~80%;Bi、Cd、I、S、Sc、MgO 背景值略高于浙江省背景值,是浙江省背景值的 1.2~1.4 倍;B、Br、Cu、Na_2O、P 背景值明显偏高,是浙江省背景值的 1.4 倍以上;其他元素/指标背景值则与浙江省背景值基本接近。

与中国土壤元素背景值相比,宁波市土壤元素背景值中 Mn、Sr、Na_2O、MgO、CaO 背景值明显偏低,低于中国背景值的 60%,其中 CaO 背景值仅为中国背景值的 9%;而 Li、As、Sb 背景值略低于中国背景值,为中国背景值的 60%~80%;Cd、Cr、Cu、La、Nd、Ni、Rb、S、Se、Sn、Th、Ti、Tl、W、TC 背景值略高于中国背景值,为中国背景值的 1.2~1.4 倍;Hg、Br、I、N、B、V、Zn、Corg、P、Ce 背景值明显高于中国背景值,是中国背景值的 1.4 倍以上,其中 Hg、Br 明显富集,背景值是中国背景值的 2.0 倍以上,Hg 的背景值最高;其他元素/指标背景值则与中国背景值基本接近。

二、余姚市土壤元素背景值

余姚市土壤元素背景值数据经正态分布检验,结果表明,原始数据中 Be、Ga、La、Li、Rb、Th、Tl、U、SiO_2 符合正态分布,Ag、Au、Br、Ce、Sb、Sc、W、Al_2O_3、TC 符合对数正态分布,As、Bi、S、Sr、Ti、TFe_2O_3 剔除异常值后符合正态分布,Nb、Zn 剔除异常值后符合对数正态分布,其他元素/指标不符合正态分布或对数正态分布(表 4-2)。

余姚市表层土壤总体呈强酸性,土壤 pH 背景值为 4.58,极大值为 9.03,极小值为 3.77,与宁波市背景值和浙江省背景值基本接近。

第四章 土壤元素背景值

表4-1 宁波市土壤元素背景参数统计表

元素/指标	N	$X_{5\%}$	$X_{10\%}$	$X_{25\%}$	$X_{50\%}$	$X_{75\%}$	$X_{90\%}$	$X_{95\%}$	$\bar{X}$	S	$\bar{X}_g$	S_g	X_{max}	X_{min}	CV	X_{me}	X_{mo}	分布类型	宁波市背景值	浙江省背景值	中国背景值
Ag	1966	46.00	54.0	69.0	90.0	121	161	186	99.3	41.46	91.1	13.66	225	8.00	0.42	90.0	69.0	其他分布	69.0	100.0	77.0
As	25 909	2.23	2.96	4.43	6.23	8.10	10.38	11.74	6.45	2.78	5.79	3.10	14.10	0.30	0.43	6.23	6.50	其他分布	6.50	10.10	9.00
Au	1924	0.80	0.93	1.20	1.70	2.68	3.90	4.80	2.09	1.20	1.81	1.84	6.00	0.30	0.57	1.70	1.50	其他分布	1.50	1.50	1.30
B	26 628	14.98	20.61	33.99	56.0	70.2	78.6	83.3	52.4	21.95	46.28	10.08	115	2.82	0.42	56.0	67.0	其他分布	67.0	20.00	43.0
Ba	2051	404	431	486	569	699	807	882	598	150	580	40.49	1041	160	0.25	569	503	其他分布	503	475	512
Be	2072	1.65	1.75	1.94	2.18	2.43	2.64	2.75	2.19	0.34	2.16	1.60	3.18	1.20	0.15	2.18	2.30	剔除后对数分布	2.16	2.00	2.00
Bi	1995	0.22	0.23	0.28	0.35	0.44	0.52	0.58	0.37	0.11	0.35	1.97	0.72	0.14	0.31	0.35	0.34	其他分布	0.34	0.28	0.30
Br	2106	2.80	3.38	4.59	6.10	8.30	11.20	13.98	6.95	3.80	6.17	3.14	38.40	1.10	0.55	6.10	5.00	对数正态分布	6.17	2.20	2.20
Cd	25 479	0.07	0.09	0.12	0.16	0.19	0.23	0.26	0.16	0.06	0.15	3.12	0.32	0.01	0.35	0.16	0.17	其他分布	0.17	0.14	0.137
Ce	2049	67.2	70.9	75.2	83.2	93.2	102	108	84.8	12.63	83.9	13.16	122	52.3	0.15	83.2	90.8	偏峰分布	90.8	102	64.0
Cl	2015	41.09	43.60	58.6	76.8	96.0	118	130	79.1	27.36	74.4	12.39	160	36.80	0.35	76.8	76.0	其他分布	76.0	71.0	78.0
Co	26 186	4.05	4.87	7.15	11.21	13.94	16.65	18.10	10.88	4.38	9.87	4.07	24.29	0.98	0.40	11.21	11.40	其他分布	11.40	14.80	11.00
Cr	26 236	17.89	21.82	33.12	64.4	79.6	90.8	96.7	59.0	26.60	51.5	10.66	150	3.54	0.45	64.4	70.0	其他分布	70.0	82.0	53.0
Cu	25 753	9.95	12.10	17.65	26.73	33.78	40.29	45.00	26.45	10.84	23.98	6.86	59.5	1.05	0.41	26.73	27.00	其他分布	27.00	16.00	20.00
F	2020	300	341	423	528	630	743	812	535	154	512	36.52	958	128	0.29	528	565	剔除后正态分布	535	453	488
Ga	2106	13.78	14.50	15.85	17.40	19.10	20.56	21.40	17.52	2.38	17.36	5.28	29.90	10.70	0.14	17.40	17.40	其他分布	17.52	16.00	15.00
Ge	26 000	1.10	1.16	1.27	1.38	1.49	1.58	1.64	1.38	0.16	1.37	1.24	1.82	0.94	0.12	1.38	1.42	其他分布	1.42	1.44	1.30
Hg	24 491	0.04	0.05	0.07	0.09	0.18	0.28	0.34	0.13	0.09	0.11	3.73	0.45	0.001	0.71	0.09	0.11	其他分布	0.11	0.110	0.026
I	2035	1.23	1.50	2.12	3.90	7.10	10.40	12.21	5.01	3.54	3.89	2.98	15.82	0.30	0.71	3.90	2.10	其他分布	2.10	1.70	1.10
La	2058	33.00	35.00	39.00	43.00	47.00	52.0	54.0	43.14	6.32	42.67	8.87	60.0	26.23	0.15	43.00	45.00	剔除后对数分布	42.67	41.00	33.00
Li	2097	19.80	21.28	25.00	31.00	40.71	49.04	53.0	33.32	10.55	31.73	7.35	64.7	14.00	0.32	31.00	23.00	其他分布	23.00	25.00	30.00
Mn	25 988	235	275	358	526	736	968	1081	571	263	513	36.61	1354	74.6	0.46	526	337	其他分布	337	440	569
Mo	24 845	0.38	0.43	0.55	0.71	0.91	1.14	1.29	0.75	0.27	0.70	1.51	1.58	0.18	0.36	0.71	0.64	其他分布	0.64	0.66	0.70
N	25 930	0.68	0.82	1.07	1.50	2.14	2.86	3.26	1.67	0.78	1.49	1.78	3.91	0.03	0.47	1.50	1.30	其他分布	1.30	1.28	0.707
Nb	2036	15.29	15.98	17.60	19.60	22.30	24.90	26.40	20.04	3.39	19.77	5.79	29.90	12.00	0.17	19.60	16.83	其他分布	16.83	16.83	13.00
Ni	26 236	6.26	7.70	11.49	26.00	33.74	40.65	44.46	24.26	12.73	20.22	6.50	67.6	0.71	0.52	26.00	31.00	其他分布	31.00	35.00	24.00
P	25 347	0.29	0.39	0.57	0.78	1.07	1.40	1.60	0.84	0.38	0.75	1.70	1.95	0.04	0.46	0.78	0.84	其他分布	0.84	0.60	0.57
Pb	25 437	20.16	22.80	28.60	34.73	41.47	49.00	54.0	35.46	9.90	34.05	8.13	63.5	8.72	0.28	34.73	22.00	其他分布	22.00	32.00	22.00

续表 4-1

元素/指标	N	$X_{5\%}$	$X_{10\%}$	$X_{25\%}$	$X_{50\%}$	$X_{75\%}$	$X_{90\%}$	$X_{95\%}$	$\bar{X}$	S	$\bar{X}_g$	S_g	X_{max}	X_{min}	CV	X_{me}	X_{mo}	分布类型	宁波市背景值	浙江省背景值	中国背景值
Rb	2032	95.0	103	115	126	138	149	156	126	17.65	125	16.44	175	80.0	0.14	126	122	剔除后正态分布	126	120	96.0
S	2044	100.0	170	226	286	367	463	505	299	113	274	26.36	607	50.00	0.38	286	301	其他分布	301	248	245
Sb	2032	0.42	0.45	0.52	0.61	0.72	0.84	0.90	0.62	0.15	0.61	1.47	1.04	0.28	0.23	0.61	0.50	偏峰分布	0.50	0.53	0.73
Sc	2079	6.57	7.30	8.73	10.47	12.14	13.90	14.66	10.53	2.44	10.23	3.87	17.30	4.10	0.23	10.47	10.20	剔除后正态分布	10.53	8.70	10.00
Se	25 387	0.14	0.16	0.20	0.29	0.38	0.48	0.54	0.30	0.12	0.28	2.23	0.69	0.03	0.41	0.29	0.21	其他分布	0.21	0.21	0.17
Sn	2015	2.40	2.72	3.60	5.10	9.12	13.74	16.00	6.76	4.28	5.63	3.06	19.48	0.85	0.63	5.10	3.70	其他分布	3.70	3.60	3.00
Sr	2075	48.10	55.0	74.0	102	119	141	155	99.3	32.20	93.6	13.71	189	29.60	0.32	102	113	其他分布	113	105	197
Th	2044	11.00	11.70	12.91	14.41	16.00	17.62	18.60	14.52	2.27	14.35	4.70	20.87	8.60	0.16	14.41	13.40	剔除后正态分布	14.52	13.30	11.00
Ti	1978	3365	3560	4015	4387	4822	5172	5407	4397	624	4352	127	6180	2743	0.14	4387	4257	剔除后正态分布	4397	4665	3498
Tl	2136	0.57	0.63	0.72	0.82	0.96	1.10	1.20	0.85	0.19	0.83	1.27	1.39	0.33	0.22	0.82	0.78	偏峰分布	0.78	0.70	0.60
U	2066	2.20	2.33	2.68	3.10	3.50	3.87	4.07	3.10	0.57	3.04	1.98	4.70	1.60	0.19	3.10	2.90	其他分布	2.90	2.90	2.50
V	26 257	36.80	43.86	60.0	82.9	101	114	121	80.9	26.47	75.9	12.64	164	9.80	0.33	82.9	109	其他分布	109	106	70.0
W	1979	1.43	1.57	1.76	2.02	2.35	2.78	3.05	2.09	0.47	2.04	1.61	3.45	1.01	0.22	2.02	1.92	剔除后对数分布	2.04	1.80	1.60
Y	2100	18.10	19.80	22.40	25.00	28.00	30.00	31.00	25.06	3.94	24.74	6.45	36.00	14.00	0.16	25.00	25.00	其他分布	25.00	25.00	24.00
Zn	25 591	55.3	62.7	75.7	91.8	107	121	132	92.0	22.97	89.1	13.80	158	27.75	0.25	91.8	102	其他分布	102	101	66.0
Zr	2089	205	213	244	283	330	368	391	289	57.8	283	26.70	459	164	0.20	283	213	其他分布	213	243	230
SiO_2	2071	62.7	64.7	67.2	69.9	72.6	74.7	75.8	69.8	3.91	69.7	11.61	80.6	58.9	0.06	69.9	69.5	剔除后正态分布	69.8	71.3	66.7
Al_2O_3	2106	10.98	11.50	12.50	13.73	15.03	16.06	16.72	13.79	1.77	13.68	4.56	20.35	9.01	0.13	13.73	13.97	正态分布	13.79	13.20	11.90
TFe_2O_3	2052	2.40	2.66	3.16	3.83	4.53	5.24	5.71	3.89	0.99	3.76	2.22	6.73	1.31	0.26	3.83	4.06	剔除后正态分布	3.76	3.74	4.20
MgO	2087	0.37	0.41	0.54	0.77	1.28	1.88	2.12	0.96	0.54	0.82	1.78	2.41	0.22	0.56	0.77	0.63	其他分布	0.63	0.50	1.43
CaO	1892	0.12	0.15	0.24	0.48	0.75	1.05	1.33	0.55	0.37	0.43	2.49	1.76	0.05	0.68	0.48	0.24	其他分布	0.24	0.24	2.74
Na_2O	2095	0.42	0.50	0.72	1.07	1.35	1.61	1.73	1.06	0.41	0.97	1.58	2.27	0.13	0.39	1.07	0.97	其他分布	0.97	0.19	1.75
K_2O	25 441	2.02	2.13	2.32	2.57	2.90	3.23	3.44	2.62	0.43	2.59	1.77	3.86	1.39	0.16	2.57	2.35	剔除后正态分布	2.35	2.35	2.36
TC	2016	0.95	1.09	1.29	1.56	1.91	2.33	2.59	1.63	0.48	1.56	1.49	2.95	0.37	0.29	1.56	1.56	其他分布	1.56	1.43	1.30
Corg	26 104	0.56	0.68	0.92	1.40	2.01	2.67	3.07	1.54	0.77	1.35	1.81	3.77	0.05	0.50	1.40	0.90	剔除后对数分布	0.90	1.31	0.60
pH	26 631	4.39	4.56	4.91	5.48	7.29	8.12	8.28	5.01	4.75	5.98	2.79	10.01	3.24	0.95	5.48	5.00	其他分布	5.00	5.10	8.00

注：氧化物、TC、Corg 单位为 %，N、P 单位为 g/kg，Au、Ag 单位为 μg/kg，pH 为无量纲，其他元素/指标单位为 mg/kg；浙江省背景值引自《浙江省土壤元素背景值》（黄春雷等，2023）；中国背景值引自《全国地球化学基准网建立与土壤地球化学基准值特征》（王学求等，2016）；后表单位和资料来源相同。

第四章 土壤元素背景值

表 4-2 余姚市土壤元素背景值参数统计表

元素/指标	N	$X_{5\%}$	$X_{10\%}$	$X_{25\%}$	$X_{50\%}$	$X_{75\%}$	$X_{90\%}$	$X_{95\%}$	$\overline{X}$	S	$\overline{X}_g$	S_g	X_{max}	X_{min}	CV	X_{me}	X_{mo}	分布类型	余姚市背景值	宁波市背景值	浙江省背景值
Ag	319	43.00	51.0	66.0	96.0	137	176	203	109	60.8	95.9	13.87	527	26.00	0.56	96.0	62.0	对数正态分布	95.9	69.0	100.0
As	4939	2.98	3.69	4.90	6.15	7.37	8.59	9.38	6.15	1.89	5.82	2.95	11.30	1.23	0.31	6.15	5.80	剔除后正态分布	6.15	6.50	10.10
Au	319	0.92	1.00	1.27	1.95	3.48	5.22	6.20	2.62	1.87	2.12	2.08	13.30	0.50	0.71	1.95	3.60	对数正态分布	2.12	1.50	1.50
B	5091	20.50	26.50	43.41	66.8	76.0	83.3	88.4	60.4	21.43	55.2	11.12	114	5.10	0.35	66.8	65.8	其他分布	65.8	67.0	20.00
Ba	315	404	419	464	529	692	816	881	582	158	562	40.19	1019	240	0.27	529	503	其他分布	503	503	475
Be	319	1.55	1.65	1.87	2.08	2.25	2.39	2.45	2.05	0.28	2.03	1.52	2.91	1.23	0.14	2.08	2.05	正态分布	2.05	2.16	2.00
Bi	300	0.23	0.24	0.28	0.34	0.39	0.44	0.50	0.34	0.08	0.33	1.99	0.60	0.17	0.24	0.34	0.34	剔除后正态分布	0.34	0.34	0.28
Br	319	3.50	4.12	5.20	6.68	9.04	11.51	15.60	7.66	3.96	6.93	3.38	35.60	2.65	0.52	6.68	5.10	对数正态分布	6.93	6.17	2.20
Cd	4611	0.06	0.08	0.12	0.16	0.20	0.25	0.28	0.16	0.06	0.15	3.11	0.36	0.01	0.40	0.16	0.18	其他分布	0.18	0.17	0.14
Ce	319	70.3	71.3	74.1	79.6	89.4	100.0	105	82.9	11.35	82.2	13.03	124	58.5	0.14	79.6	79.5	对数正态分布	82.2	90.8	102
Cl	316	39.25	40.27	42.89	61.7	86.3	102	110	66.3	25.17	61.9	10.54	147	36.90	0.38	61.7	43.60	其他分布	43.60	76.0	71.0
Co	4978	4.23	5.17	7.62	10.81	12.74	14.27	15.43	10.25	3.47	9.54	3.98	20.41	1.19	0.34	10.81	11.40	其他分布	11.40	11.40	14.80
Cr	4973	17.00	21.50	36.00	62.3	73.3	82.7	89.9	56.7	23.46	50.3	10.71	129	5.00	0.41	62.3	71.3	其他分布	71.3	70.0	82.0
Cu	4897	8.58	11.02	17.26	26.31	32.59	38.90	44.11	25.65	10.65	23.09	6.96	56.9	2.85	0.42	26.31	26.04	其他分布	26.04	27.00	16.00
F	301	390	442	495	565	679	851	934	602	154	584	40.73	1030	312	0.26	565	531	偏峰分布	531	535	453
Ga	319	13.68	14.59	15.81	17.30	19.21	20.90	21.80	17.54	2.44	17.37	5.35	24.60	11.84	0.14	17.30	18.10	正态分布	17.54	17.52	16.00
Ge	5008	1.13	1.18	1.28	1.37	1.47	1.55	1.61	1.37	0.14	1.36	1.23	1.76	0.98	0.10	1.37	1.36	其他分布	1.36	1.42	1.44
Hg	4909	0.05	0.06	0.08	0.12	0.23	0.31	0.35	0.16	0.10	0.13	3.42	0.48	0.01	0.64	0.12	0.07	其他分布	0.07	0.11	0.110
I	311	1.40	1.50	2.00	3.57	9.43	13.38	15.93	5.94	4.81	4.22	3.65	20.61	0.80	0.81	3.57	1.50	其他分布	1.50	2.10	1.70
La	319	31.98	34.56	37.00	40.67	44.00	47.19	49.13	40.66	5.11	40.34	8.46	55.8	26.14	0.13	40.67	40.00	正态分布	40.66	42.67	41.00
Li	319	20.13	22.81	26.49	32.90	39.08	42.92	44.43	32.86	7.80	31.91	7.29	54.1	16.22	0.24	32.90	43.00	其他分布	32.86	23.00	25.00
Mn	4931	204	238	306	423	570	677	762	446	175	411	32.25	991	74.6	0.39	423	350	其他分布	350	337	440
Mo	4787	0.34	0.40	0.51	0.69	0.94	1.19	1.36	0.75	0.31	0.69	1.58	1.70	0.22	0.41	0.69	0.61	其他分布	0.61	0.64	0.66
N	5058	0.61	0.82	1.14	1.73	2.46	3.11	3.46	1.85	0.88	1.62	1.96	4.49	0.15	0.48	1.73	1.37	偏峰分布	1.37	1.30	1.28
Nb	297	14.85	15.84	16.83	17.82	19.70	21.40	22.71	18.26	2.17	18.14	5.42	24.10	12.87	0.12	17.82	16.83	剔除后对数分布	18.14	16.83	16.83
Ni	4984	7.00	8.55	14.32	25.71	30.79	35.73	39.23	23.66	10.45	20.73	6.53	56.1	0.71	0.44	25.71	25.00	其他分布	25.00	31.00	35.00
P	4798	0.23	0.34	0.51	0.69	0.99	1.46	1.67	0.79	0.42	0.69	1.82	2.00	0.06	0.53	0.69	0.60	其他分布	0.60	0.84	0.60
Pb	4957	19.60	21.80	27.70	34.50	39.80	45.00	48.82	34.08	8.88	32.84	7.99	59.1	13.60	0.26	34.50	36.00	其他分布	36.00	22.00	32.00

续表 4-2

元素/指标	N	$X_{5\%}$	$X_{10\%}$	$X_{25\%}$	$X_{50\%}$	$X_{75\%}$	$X_{90\%}$	$X_{95\%}$	$\overline{X}$	S	$\overline{X}_g$	S_g	X_{max}	X_{min}	CV	X_{me}	X_{mo}	分布类型	余姚市背景值	宁波市背景值	浙江省背景值
Rb	319	94.9	99.0	110	123	140	151	159	125	19.56	123	16.56	171	80.9	0.16	123	114	正态分布	125	126	120
S	302	143	195	231	280	338	415	472	288	92.7	271	25.72	520	63.1	0.32	280	289	剔除后正态分布	288	301	248
Sb	319	0.49	0.50	0.56	0.63	0.72	0.84	0.93	0.66	0.15	0.64	1.38	1.67	0.42	0.23	0.63	0.57	对数正态分布	0.64	0.50	0.53
Sc	319	8.30	8.80	10.00	10.94	12.25	14.14	15.30	11.36	2.34	11.15	4.15	22.07	6.74	0.21	10.94	10.30	对数正态分布	11.15	10.53	8.70
Se	4769	0.15	0.20	0.28	0.39	0.48	0.61	0.69	0.40	0.16	0.36	2.04	0.85	0.07	0.40	0.39	0.40	其他分布	0.40	0.21	0.21
Sn	317	2.50	2.92	3.83	6.90	11.90	15.92	17.84	8.32	5.17	6.75	3.40	23.10	1.09	0.62	6.90	9.40	其他分布	9.40	3.70	3.60
Sr	312	47.07	51.2	70.3	97.8	111	128	143	93.2	29.19	88.3	12.93	170	34.70	0.31	97.8	105	剔除后正态分布	93.2	113	105
Th	319	11.50	12.20	13.40	15.30	17.39	19.38	20.36	15.57	2.80	15.33	5.03	24.77	9.70	0.18	15.30	12.80	正态分布	15.57	14.52	13.30
Ti	301	3371	3510	3858	4173	4423	4735	4949	4153	453	4128	122	5238	3051	0.11	4173	4150	剔除后正态分布	4153	4397	4665
Tl	319	0.55	0.58	0.67	0.79	0.93	1.02	1.09	0.80	0.17	0.78	1.27	1.40	0.46	0.22	0.79	0.90	对数正态分布	0.80	0.78	0.70
U	319	2.28	2.42	2.73	3.23	3.66	4.01	4.26	3.25	0.68	3.18	2.08	6.08	2.08	0.21	3.23	3.46	正态分布	3.25	2.90	2.90
V	4970	38.00	44.89	62.4	79.5	91.2	101	108	76.5	21.10	73.0	12.45	134	20.20	0.28	79.5	90.0	其他分布	90.0	109	106
W	319	1.52	1.61	1.78	2.09	2.62	3.26	3.89	2.36	1.05	2.22	1.83	12.07	1.01	0.44	2.09	1.84	对数正态分布	2.22	2.04	1.80
Y	315	16.00	17.54	19.74	23.54	25.35	27.00	28.00	22.68	3.70	22.36	5.94	31.45	13.80	0.16	23.54	24.00	偏峰分布	24.00	25.00	25.00
Zn	4858	57.2	64.5	74.4	87.0	102	116	125	88.8	20.39	86.5	13.66	149	31.20	0.23	87.0	90.0	剔除后正态分布	86.5	102	101
Zr	301	223	232	246	264	282	318	330	268	31.66	266	25.24	345	190	0.12	264	264	偏峰分布	264	213	243
SiO$_2$	319	65.6	66.8	69.1	70.8	72.6	74.3	75.2	70.6	2.96	70.6	11.64	77.2	60.5	0.04	70.8	71.5	正态分布	70.6	69.8	71.3
Al$_2$O$_3$	319	11.85	12.10	12.91	13.90	15.40	16.62	17.22	14.20	1.71	14.10	4.72	18.87	10.75	0.12	13.90	12.94	对数正态分布	14.10	13.79	13.20
TFe$_2$O$_3$	298	2.75	2.92	3.36	3.77	4.12	4.47	4.77	3.74	0.59	3.69	2.15	5.24	2.36	0.16	3.77	3.89	剔除后正态分布	3.74	3.76	3.74
MgO	315	0.55	0.60	0.68	0.87	1.24	1.50	1.69	0.99	0.37	0.92	1.46	2.07	0.39	0.37	0.87	0.67	偏峰分布	0.67	0.63	0.50
CaO	302	0.10	0.12	0.17	0.39	0.79	0.96	1.05	0.50	0.36	0.37	3.03	1.72	0.05	0.72	0.39	0.12	其他分布	0.12	0.24	0.24
Na$_2$O	319	0.33	0.44	0.63	1.13	1.47	1.70	1.75	1.06	0.48	0.93	1.77	2.05	0.19	0.46	1.13	0.63	其他分布	0.63	0.97	0.19
K$_2$O	4653	1.91	2.01	2.15	2.31	2.53	2.86	3.07	2.36	0.34	2.34	1.67	3.30	1.46	0.14	2.31	2.24	正态分布	2.24	2.35	2.35
TC	319	0.96	1.10	1.33	1.60	1.96	2.56	2.90	1.72	0.60	1.63	1.55	4.15	0.45	0.35	1.60	1.45	对数正态分布	1.63	1.56	1.43
Corg	5041	0.53	0.71	1.04	1.72	2.41	3.02	3.38	1.79	0.90	1.54	2.01	4.50	0.07	0.50	1.72	2.20	其他分布	2.20	0.90	1.31
pH	5081	4.42	4.53	4.81	5.55	6.50	8.15	8.38	5.01	4.86	5.88	2.78	9.03	3.77	0.97	5.55	4.58	其他分布	4.58	5.00	5.10

注：氧化物、TC、Corg单位为%，N、P单位为g/kg，Au、Ag单位为μg/kg，pH无量纲，其他元素、指标单位为mg/kg；后表单位相同。

在土壤各元素/指标中,多数元素/指标变异系数小于0.40,分布相对均匀,仅pH、I、CaO、Au、Hg、Sn、Ag、P、Br、Corg、N、Na$_2$O、Ni、W、Cu、Cr、Mo共17项元素/指标变异系数大于0.40,其中pH、I变异系数大于0.80,空间变异性较大。

与宁波市土壤元素背景值相比,余姚市土壤元素背景值中Cl、CaO背景值明显低于宁波市背景值,不足宁波市背景值的60%;I、P、Na$_2$O、Hg背景值略低于宁波市背景值,为宁波市背景值的60%~80%;Ag、Sb、Zr背景值略高于宁波市背景值,是宁波市背景值的1.2~1.4倍;Sn、Corg、Se、Pb、Li、Au背景值明显偏高,是宁波市背景值的1.4倍以上,其中Sn、Corg明显富集,背景值是宁波市背景值的2.0倍以上;其他元素/指标背景值则与宁波市背景值基本接近。

与浙江省土壤元素背景值相比,余姚市土壤元素背景值中CaO背景值明显低于浙江省背景值,仅为浙江省背景值的50%;As、Cl、Co、Hg、Mn、Ni背景值略低于浙江省背景值;Bi、Cd、Sb、Sc、W、MgO背景值略高于浙江省背景值,是浙江省背景值的1.2~1.4倍;Au、B、Br、Cu、Se、Sn、Na$_2$O、Corg背景值明显偏高,是浙江省背景值的1.4倍以上;其他元素/指标背景值则与浙江省背景值基本接近。

三、慈溪市土壤元素背景值

慈溪市土壤元素背景值数据经正态分布检验,结果表明,原始数据中Ce、Ga、Li、W、Zr、SiO$_2$、TFe$_2$O$_3$符合正态分布,Ag、Au、Be、Bi、Br、I、La、Rb、S、Sb、Sn、Al$_2$O$_3$、CaO、TC符合对数正态分布,B、Cl、Co、Ge、Sc、Ti、V剔除异常值后符合正态分布,Th、Tl剔除异常值后符合对数正态分布,其他元素/指标不符合正态分布或对数正态分布(表4-3)。

慈溪市表层土壤总体呈碱性,土壤pH背景值为8.07,极大值为10.01,极小值为3.82,明显高于宁波市背景值和浙江省背景值。

在土壤各元素/指标中,大多数元素/指标变异系数小于0.40,分布相对均匀;pH、Sn、CaO、Au、Hg、Ag、I共7项元素/指标变异系数大于0.40,其中pH变异系数大于0.80,空间变异性较大。

与宁波市土壤元素背景值相比,慈溪市土壤元素背景值中Ce、V、Corg、S、N、Hg、Mo背景值略低于宁波市背景值,为宁波市背景值的60%~80%;Ag、Sb、Sr背景值略高于宁波市背景值,是宁波市背景值的1.2~1.4倍;CaO、MgO、I、Sn、Na$_2$O、Li、Mn、Au背景值明显偏高,是宁波市背景值的1.4倍以上,其中CaO、MgO明显富集,背景值是宁波市背景值的2.0倍以上;其他元素/指标背景值则与宁波市背景值基本接近。

与浙江省土壤元素背景值相比,慈溪市土壤元素背景值中Corg、Mo背景值明显低于浙江省背景值,低于浙江省背景值的60%;As、Ce、Hg、N、S、Pb背景值略低于浙江省背景值;Cd、F、Sc、Sr背景值略高于浙江省背景值,是浙江省背景值的1.2~1.4倍;Au、B、Br、Cu、I、Li、P、Sn、MgO、CaO、Na$_2$O背景值明显偏高,是浙江省背景值的1.4倍以上,B、Br、I、MgO、CaO、Na$_2$O背景值是浙江省背景值的2.0倍以上;其他元素/指标背景值则与浙江省背景值基本接近。

四、海曙区土壤元素背景值

海曙区土壤元素背景值数据经正态分布检验,结果表明,原始数据中B、Be、Ga、Ge、La、Rb、S、Sc、Sr、Th、Ti、Tl、Y、SiO$_2$、Al$_2$O$_3$、TFe$_2$O$_3$、Na$_2$O、TC符合正态分布,As、Au、Bi、Br、Ce、Li、Nb、Sb、Sn、U、W、MgO符合对数正态分布,F、Zn剔除异常值后符合正态分布,Mo、Pb剔除异常值后符合对数正态分布,其他元素/指标不符合正态分布或对数正态分布(表4-4)。

海曙区表层土壤总体呈酸性,土壤pH背景值为5.10,极大值为6.24,极小值为3.80,与宁波市背景值和浙江省背景值接近。

在土壤各元素/指标中,多数元素/指标变异系数小于0.40,分布相对均匀;Au、Sn、pH、I、Hg、Ag、Br、CaO、P、S、Sb、Cl、Bi、Cr、Ni、Cu、N共17项元素/指标变异系数大于0.40,其中Au、Sn、pH、I、Hg变异系数

表 4-3 慈溪市土壤元素背景值参数统计表

元素/指标	N	$X_{5\%}$	$X_{10\%}$	$X_{25\%}$	$X_{50\%}$	$X_{75\%}$	$X_{90\%}$	$X_{95\%}$	$\bar{X}$	S	$\bar{X}_g$	S_g	X_{max}	X_{min}	CV	X_{me}	X_{mo}	分布类型	慈溪市背景值	宁波市背景值	浙江省背景值
Ag	233	58.6	63.0	74.0	89.0	114	163	212	105	55.8	96.3	14.83	485	42.00	0.53	89.0	82.0	对数正态分布	96.3	69.0	100.0
As	4392	4.11	4.70	5.67	6.73	8.10	9.60	10.30	6.94	1.85	6.69	3.07	11.92	2.10	0.27	6.73	6.80	其他分布	6.80	6.50	10.10
Au	233	1.10	1.20	1.50	2.00	3.20	4.38	5.14	2.55	1.46	2.24	2.04	10.60	0.60	0.57	2.00	1.50	对数正态分布	2.24	1.50	1.50
B	4236	48.49	53.9	60.6	67.7	75.2	82.2	86.3	67.7	11.07	66.8	11.43	97.8	36.63	0.16	67.7	69.8	剔除后正态分布	67.7	67.0	20.00
Ba	212	400	405	421	442	481	534	561	458	50.6	455	34.71	616	340	0.11	442	434	其他分布	434	503	475
Be	233	1.75	1.82	1.93	2.13	2.34	2.45	2.56	2.16	0.32	2.14	1.61	4.32	1.55	0.15	2.13	1.94	对数正态分布	2.14	2.16	2.00
Bi	233	0.23	0.24	0.27	0.33	0.39	0.47	0.53	0.34	0.10	0.33	1.92	0.92	0.17	0.30	0.33	0.34	对数正态分布	0.33	0.34	0.28
Br	233	3.92	4.50	5.38	6.50	8.47	10.39	11.75	7.12	2.62	6.68	3.04	18.73	1.20	0.37	6.50	6.50	对数正态分布	6.68	6.17	2.20
Cd	4108	0.08	0.11	0.14	0.17	0.20	0.23	0.25	0.17	0.05	0.16	2.92	0.31	0.04	0.29	0.17	0.18	其他分布	0.18	0.17	0.14
Ce	233	62.1	65.9	70.2	73.0	75.9	79.1	79.7	72.6	5.23	72.4	11.91	83.6	53.5	0.07	73.0	72.5	正态分布	72.6	90.8	102
Cl	211	48.59	51.5	56.0	64.7	77.6	87.1	96.9	67.2	14.75	65.7	11.14	112	37.84	0.22	64.7	67.6	剔除后正态分布	67.2	76.0	71.0
Co	4204	9.57	10.28	11.43	12.74	14.04	15.22	15.99	12.73	1.94	12.58	4.35	18.17	6.98	0.15	12.74	13.23	剔除后正态分布	12.73	11.40	14.80
Cr	4110	58.0	60.0	64.2	69.9	75.0	80.3	83.5	69.9	7.95	69.5	11.65	92.8	45.06	0.11	69.9	68.0	偏峰分布	68.0	70.0	82.0
Cu	4163	16.27	19.38	23.89	28.29	33.00	38.00	41.20	28.51	7.40	27.44	7.10	49.15	8.79	0.26	28.29	27.00	其他分布	27.00	27.00	16.00
F	215	361	407	513	573	616	672	722	561	99.4	551	37.76	796	324	0.18	573	590	偏峰分布	590	535	453
Ga	233	12.74	12.98	14.02	15.20	16.66	17.84	18.44	15.41	1.97	15.29	4.93	23.62	11.43	0.13	15.20	14.91	正态分布	15.41	17.52	16.00
Ge	4400	1.14	1.19	1.26	1.34	1.42	1.50	1.54	1.34	0.12	1.34	1.21	1.66	1.02	0.09	1.34	1.35	剔除后正态分布	1.34	1.42	1.44
Hg	4011	0.04	0.05	0.06	0.08	0.12	0.19	0.23	0.10	0.06	0.09	4.01	0.28	0.01	0.56	0.08	0.07	其他分布	0.07	0.11	0.110
I	233	1.70	2.00	2.80	3.90	4.90	7.00	8.46	4.23	2.15	3.77	2.47	15.00	1.00	0.51	3.90	4.60	对数正态分布	3.77	2.10	1.70
La	233	33.00	34.00	36.00	38.00	41.00	44.00	45.00	38.67	3.71	38.49	8.31	49.00	28.00	0.10	38.00	38.00	对数正态分布	38.49	42.67	41.00
Li	233	23.26	27.24	32.90	37.40	41.60	44.98	47.26	36.87	7.33	36.07	7.93	57.6	16.30	0.20	37.40	38.80	正态分布	36.87	23.00	25.00
Mn	4396	328	382	517	615	715	792	843	608	153	586	39.52	1019	213	0.25	615	525	其他分布	525	337	440
Mo	4209	0.32	0.35	0.40	0.47	0.59	0.71	0.79	0.50	0.14	0.48	1.62	0.95	0.18	0.28	0.47	0.39	其他分布	0.39	0.64	0.66
N	4018	0.58	0.67	0.82	1.01	1.21	1.58	1.80	1.06	0.35	1.00	1.40	2.15	0.27	0.33	1.01	0.91	其他分布	0.91	1.30	1.28
Nb	229	13.86	13.86	14.85	16.83	17.82	19.80	19.80	16.70	2.03	16.58	5.16	21.78	12.87	0.12	16.83	17.82	其他分布	17.82	16.83	16.83
Ni	4133	22.00	24.00	26.56	30.00	33.60	36.56	38.49	30.12	5.11	29.67	7.13	44.48	14.80	0.17	30.00	31.00	其他分布	31.00	31.00	35.00
P	4288	0.42	0.60	0.76	0.97	1.19	1.43	1.58	0.98	0.34	0.91	1.55	1.90	0.09	0.34	0.97	0.96	其他分布	0.96	0.84	0.60
Pb	4406	17.00	18.49	21.00	24.80	31.45	38.83	41.59	26.69	7.58	25.69	6.95	48.35	12.00	0.28	24.80	22.00	其他分布	22.00	22.00	32.00

第四章 土壤元素背景值

续表 4-3

元素/指标	N	$X_{5\%}$	$X_{10\%}$	$X_{25\%}$	$X_{50\%}$	$X_{75\%}$	$X_{90\%}$	$X_{95\%}$	$\overline{X}$	S	$\overline{X}_g$	S_g	X_{max}	X_{min}	CV	X_{me}	X_{mo}	分布类型	慈溪市背景值	宁波市背景值	浙江省背景值
Rb	233	89.0	91.2	100.0	113	132	151	164	118	24.76	116	16.20	217	85.0	0.21	113	111	对数正态分布	116	126	120
S	233	150	165	183	223	282	340	379	240	74.0	229	24.23	488	87.0	0.31	223	189	对数正态分布	229	301	248
Sb	233	0.47	0.47	0.53	0.61	0.72	0.87	1.03	0.66	0.24	0.63	1.43	2.65	0.41	0.37	0.61	0.47	剔除后正态分布	0.63	0.50	0.53
Sc	218	8.20	8.70	9.90	10.60	11.20	11.70	12.00	10.45	1.13	10.38	3.86	13.30	7.56	0.11	10.60	11.00	其他分布	10.45	10.53	8.70
Se	4170	0.11	0.13	0.16	0.19	0.25	0.34	0.38	0.21	0.08	0.20	2.56	0.44	0.05	0.36	0.19	0.21	对数正态分布	0.21	0.21	0.21
Sn	233	3.10	3.30	4.00	5.90	10.10	14.28	17.32	7.87	5.63	6.54	3.67	48.10	2.50	0.71	5.90	4.90	偏峰分布	6.54	3.70	3.60
Sr	230	60.0	76.5	106	132	146	163	169	125	31.63	120	15.23	186	44.30	0.25	132	136	正态分布	136	113	105
Th	217	10.89	11.17	11.90	12.60	14.10	16.30	16.90	13.13	1.88	13.01	4.51	18.61	9.50	0.14	12.60	12.50	剔除后正态分布	13.01	14.52	13.30
Ti	200	3797	3962	4132	4307	4485	4637	4788	4306	285	4296	124	5053	3487	0.07	4307	4268	剔除后正态分布	4306	4397	4665
Tl	225	0.49	0.52	0.57	0.65	0.78	0.95	1.05	0.69	0.17	0.67	1.35	1.17	0.33	0.24	0.65	0.63	剔除后正态分布	0.67	0.78	0.70
U	230	2.04	2.11	2.21	2.41	3.03	3.94	4.19	2.71	0.70	2.63	1.90	4.58	1.86	0.26	2.41	2.37	其他分布	2.37	2.90	2.90
V	4220	66.3	70.7	77.1	85.3	93.2	100.0	105	85.2	11.79	84.4	13.04	119	50.2	0.14	85.3	77.0	剔除后正态分布	85.2	109	106
W	233	1.30	1.38	1.52	1.72	1.94	2.08	2.22	1.74	0.31	1.72	1.46	2.81	1.12	0.18	1.72	1.65	正态分布	1.74	2.04	1.80
Y	219	22.00	22.71	24.00	25.00	26.00	27.00	28.00	24.84	1.89	24.77	6.40	30.00	20.00	0.08	25.00	25.00	偏峰分布	25.00	25.00	25.00
Zn	4244	58.6	66.0	75.7	87.0	97.0	109	117	86.8	16.90	85.1	13.37	134	41.20	0.19	87.0	87.0	正态分布	87.0	102	101
Zr	233	220	227	239	254	269	282	292	255	24.59	254	24.30	356	175	0.10	254	252	正态分布	255	213	243
SiO$_2$	233	62.4	64.3	66.1	68.0	69.9	72.3	73.8	68.0	3.34	68.0	11.45	76.1	57.5	0.05	68.0	67.3	正态分布	68.0	69.8	71.3
Al$_2$O$_3$	233	11.32	11.52	12.17	13.09	13.87	15.41	16.09	13.21	1.44	13.14	4.52	18.94	10.74	0.11	13.09	12.93	对数正态分布	13.14	13.79	13.20
TFe$_2$O$_3$	233	2.72	3.03	3.74	4.08	4.53	4.91	5.15	4.07	0.74	4.00	2.26	6.32	2.08	0.18	4.08	4.06	正态分布	4.07	3.76	3.74
MgO	233	0.55	0.68	1.15	1.93	2.14	2.23	2.28	1.66	0.60	1.51	1.67	2.37	0.35	0.36	1.93	2.06	其他分布	2.06	0.63	0.50
CaO	233	0.19	0.33	0.80	1.89	3.05	3.83	4.02	1.96	1.26	1.41	2.64	4.33	0.09	0.64	1.89	2.06	对数正态分布	1.41	0.24	0.24
Na$_2$O	221	0.97	1.12	1.41	1.58	1.71	1.84	1.91	1.54	0.26	1.51	1.32	2.05	0.87	0.17	1.58	1.64	偏峰分布	1.64	0.97	0.19
K$_2$O	233	2.02	2.07	2.18	2.31	2.43	2.55	2.64	2.31	0.19	2.31	1.64	2.87	1.78	0.08	2.31	2.36	其他分布	2.36	2.35	2.35
TC	4198	0.96	1.03	1.13	1.34	1.58	1.87	2.10	1.40	0.37	1.36	1.37	2.71	0.71	0.26	1.34	1.13	对数正态分布	1.36	1.56	1.43
Corg	4107	0.47	0.54	0.66	0.80	1.02	1.43	1.62	0.88	0.34	0.82	1.46	1.88	0.15	0.38	0.80	0.70	其他分布	0.70	0.90	1.31
pH	4463	4.41	4.96	6.40	7.87	8.09	8.24	8.33	5.29	4.77	7.21	3.09	10.01	3.82	0.90	7.87	8.07	其他分布	8.07	5.00	5.10

表 4-4 海曙区土壤元素背景值参数统计表

元素/指标	N	$X_{5\%}$	$X_{10\%}$	$X_{25\%}$	$X_{50\%}$	$X_{75\%}$	$X_{90\%}$	$X_{95\%}$	$\bar{X}$	S	$\bar{X}_g$	S_g	X_{max}	X_{min}	CV	X_{me}	X_{mo}	分布类型	海曙区背景值	宁波市背景值	浙江省背景值
Ag	142	46.10	56.3	72.0	121	224	304	353	158	104	128	17.13	488	25.00	0.66	121	113	偏峰分布	113	69.0	100.0
As	1590	3.05	3.63	4.65	5.76	6.87	8.15	9.05	5.88	1.95	5.58	2.93	25.70	1.51	0.33	5.76	6.20	对数正态分布	5.58	6.50	10.10
Au	147	0.90	1.02	1.33	2.30	9.20	15.88	21.28	6.02	7.47	3.25	3.43	45.20	0.71	1.24	2.30	2.50	对数正态分布	3.25	1.50	1.50
B	1591	19.80	24.10	32.00	43.20	54.2	63.2	68.8	43.42	15.11	40.52	9.22	93.8	5.30	0.35	43.20	48.20	正态分布	43.42	67.0	20.00
Ba	142	478	532	557	610	712	807	867	643	117	633	40.86	942	394	0.18	610	552	偏峰分布	552	503	475
Be	147	1.68	1.73	1.86	2.30	2.60	2.76	2.84	2.25	0.40	2.22	1.64	2.99	1.48	0.18	2.30	2.69	正态分布	2.25	2.16	2.00
Bi	147	0.23	0.25	0.30	0.40	0.50	0.61	0.67	0.43	0.20	0.40	1.94	1.97	0.20	0.47	0.40	0.28	对数正态分布	0.40	0.34	0.28
Br	147	3.40	3.71	4.75	5.98	8.93	14.34	19.85	7.69	4.73	6.64	3.40	24.62	1.10	0.61	5.98	5.70	对数正态分布	6.64	6.17	2.20
Cd	1375	0.06	0.09	0.13	0.17	0.20	0.26	0.29	0.17	0.07	0.16	3.06	0.40	0.03	0.39	0.17	0.17	其他分布	0.17	0.17	0.14
Ce	147	63.3	71.7	77.1	84.6	92.7	106	127	87.6	18.38	86.0	13.23	178	58.2	0.21	84.6	87.4	对数正态分布	86.0	90.8	102
Cl	147	39.70	40.76	43.55	48.60	103	118	134	71.9	34.17	64.7	11.16	174	37.50	0.48	48.60	43.90	其他分布	43.90	76.0	71.0
Co	1568	5.15	5.98	7.84	10.20	12.10	13.60	14.55	9.99	2.90	9.52	3.96	18.60	3.47	0.29	10.20	11.90	其他分布	11.90	11.40	14.80
Cr	1586	22.65	25.90	34.90	59.6	83.7	93.1	98.6	59.9	26.70	53.3	11.26	157	10.40	0.45	59.6	87.0	其他分布	87.0	70.0	82.0
Cu	1555	10.10	12.54	20.10	30.70	39.90	47.50	53.0	30.61	13.32	27.30	7.85	70.0	5.12	0.44	30.70	26.20	其他分布	26.20	27.00	16.00
F	135	450	488	553	658	751	900	970	675	156	658	42.03	1141	423	0.23	658	658	剔除后正态分布	675	535	453
Ga	147	15.33	15.70	16.73	18.33	19.71	20.50	20.90	18.25	1.97	18.15	5.32	24.30	13.40	0.11	18.33	18.50	正态分布	18.25	17.52	16.00
Ge	1591	1.16	1.21	1.30	1.39	1.49	1.60	1.65	1.40	0.15	1.39	1.25	1.90	0.86	0.11	1.39	1.33	正态分布	1.40	1.42	1.44
Hg	1562	0.07	0.08	0.13	0.30	0.69	0.96	1.11	0.43	0.35	0.29	2.93	1.55	0.01	0.81	0.30	0.17	其他分布	0.17	0.11	0.110
I	143	1.00	1.20	1.80	3.70	9.18	13.71	15.99	5.99	5.14	4.00	3.48	21.26	0.50	0.86	3.70	2.10	其他分布	2.10	2.10	1.70
La	147	31.19	33.91	37.88	43.26	46.56	49.05	50.5	42.21	6.06	41.75	8.57	56.2	26.90	0.14	43.26	42.29	正态分布	42.21	42.67	41.00
Li	147	25.12	26.70	28.77	33.40	44.57	52.1	54.6	36.74	9.94	35.49	7.78	59.8	21.39	0.27	33.40	27.07	对数正态分布	35.49	23.00	25.00
Mn	1444	222	239	282	347	459	600	705	386	144	363	29.77	836	147	0.37	347	250	其他分布	250	337	440
Mo	1494	0.47	0.50	0.58	0.70	0.87	1.06	1.19	0.75	0.21	0.72	1.42	1.39	0.37	0.29	0.70	0.64	剔除后对数分布	0.72	0.64	0.66
N	1591	1.00	1.25	1.75	2.69	3.52	4.10	4.53	2.68	1.11	2.42	2.14	6.09	0.32	0.41	2.69	2.63	其他分布	2.63	1.30	1.28
Nb	147	15.94	16.38	17.30	18.80	21.10	25.92	28.70	19.91	3.81	19.59	5.74	33.70	14.66	0.19	18.80	19.80	对数正态分布	19.59	16.83	16.83
Ni	1582	8.09	9.21	12.40	23.10	31.00	35.20	37.29	22.37	10.16	19.77	6.51	53.2	4.47	0.45	23.10	29.50	其他分布	35.49	31.00	35.00
P	1587	0.25	0.38	0.74	1.31	1.88	2.35	2.63	1.35	0.75	1.09	2.10	3.49	0.10	0.55	1.31	1.34	其他分布	1.34	0.84	0.60
Pb	1556	26.58	30.25	35.90	45.65	55.8	64.6	69.8	46.41	13.53	44.39	9.56	85.5	12.50	0.29	45.65	51.6	剔除后对数分布	44.39	22.00	32.00

续表 4-4

元素/指标	N	$X_{5\%}$	$X_{10\%}$	$X_{25\%}$	$X_{50\%}$	$X_{75\%}$	$X_{90\%}$	$X_{95\%}$	$\bar{X}$	S	$\bar{X}_g$	S_g	X_{max}	X_{min}	CV	X_{me}	X_{mo}	分布类型	海曙区背景值	宁波市背景值	浙江省背景值
Rb	147	94.1	108	119	125	134	141	147	125	14.60	124	16.08	162	81.4	0.12	125	122	正态分布	125	126	120
S	147	70.5	86.8	225	304	466	565	623	335	175	281	26.37	901	50.00	0.52	304	50.00	正态分布	335	301	248
Sb	147	0.49	0.53	0.59	0.67	0.77	0.90	0.95	0.72	0.37	0.69	1.42	4.75	0.44	0.52	0.67	0.66	对数正态分布	0.69	0.50	0.53
Sc	147	9.67	10.10	11.01	12.07	13.93	14.88	15.89	12.48	1.99	12.33	4.28	18.50	7.64	0.16	12.07	11.79	正态分布	12.48	10.53	8.70
Se	1394	0.24	0.27	0.30	0.34	0.37	0.41	0.45	0.34	0.06	0.34	1.91	0.53	0.19	0.18	0.34	0.34	其他分布	0.34	0.21	0.21
Sn	147	2.09	2.96	4.04	7.14	13.61	18.30	22.20	9.93	10.86	7.22	3.83	111	1.17	1.09	7.14	5.94	对数正态分布	7.22	3.70	3.60
Sr	147	58.3	65.1	81.2	104	113	130	137	99.7	24.28	96.6	13.78	173	43.50	0.24	104	108	正态分布	99.7	113	105
Th	147	12.11	12.92	13.98	15.22	16.42	18.17	19.59	15.41	2.18	15.26	4.86	22.69	9.95	0.14	15.22	15.09	正态分布	15.41	14.52	13.30
Ti	147	3968	4076	4295	4582	4982	5277	5862	4702	635	4664	131	7690	3388	0.14	4582	4622	正态分布	4702	4397	4665
Tl	147	0.65	0.68	0.77	0.84	0.93	1.00	1.08	0.85	0.15	0.84	1.21	1.70	0.53	0.18	0.84	0.81	正态分布	0.85	0.78	0.70
U	147	2.38	2.49	2.89	3.22	3.46	4.00	4.37	3.24	0.64	3.19	2.03	6.39	1.96	0.20	3.22	2.89	对数正态分布	3.19	2.90	2.90
V	1580	45.49	51.5	61.8	79.3	99.9	111	115	80.6	22.67	77.2	13.03	151	30.90	0.28	79.3	107	其他分布	107	109	106
W	147	1.86	1.96	2.17	2.45	2.88	3.35	4.13	2.62	0.70	2.54	1.83	6.12	1.61	0.27	2.45	2.57	对数正态分布	2.54	2.04	1.80
Y	147	17.80	18.10	20.20	24.57	27.54	29.12	29.54	23.95	4.18	23.58	6.25	34.20	16.50	0.17	24.57	18.10	正态分布	23.95	25.00	25.00
Zn	1502	63.7	71.8	89.4	106	120	138	150	105	24.98	102	15.02	171	41.80	0.24	106	114	剔除后正态分布	105	102	101
Zr	147	203	207	220	284	316	337	352	275	51.8	270	25.67	389	194	0.19	284	224	其他分布	224	213	243
SiO$_2$	147	64.8	65.8	66.9	69.3	72.7	74.6	75.2	69.8	3.46	69.7	11.60	78.2	62.4	0.05	69.3	70.0	正态分布	69.8	69.8	71.3
Al$_2$O$_3$	147	12.00	12.41	13.61	14.78	15.43	16.05	16.49	14.51	1.41	14.44	4.64	18.62	10.88	0.10	14.78	15.22	正态分布	14.51	13.79	13.20
TFe$_2$O$_3$	147	3.10	3.28	3.63	4.20	4.66	5.23	5.55	4.24	0.89	4.15	2.31	8.18	2.55	0.21	4.20	4.32	正态分布	4.24	3.76	3.74
MgO	147	0.63	0.64	0.75	0.89	1.23	1.37	1.44	0.97	0.28	0.93	1.33	1.59	0.52	0.29	0.89	0.63	其他分布	0.93	0.63	0.50
CaO	145	0.14	0.17	0.26	0.53	0.73	0.81	0.88	0.51	0.29	0.43	2.30	1.48	0.08	0.56	0.53	0.73	其他分布	0.73	0.24	0.24
Na$_2$O	147	0.55	0.62	0.81	1.08	1.26	1.36	1.49	1.04	0.30	0.99	1.39	1.68	0.36	0.29	1.08	1.24	正态分布	1.04	0.97	0.19
K$_2$O	1420	2.13	2.22	2.33	2.45	2.59	2.78	2.90	2.47	0.23	2.46	1.69	3.10	1.86	0.09	2.45	2.37	其他分布	2.37	2.35	2.35
TC	147	1.13	1.20	1.50	2.13	2.83	3.21	3.58	2.18	0.82	2.02	1.76	4.47	0.63	0.37	2.13	2.11	正态分布	2.18	1.56	1.43
Corg	1589	1.06	1.27	1.72	2.35	3.09	3.53	3.83	2.39	0.87	2.21	1.95	4.93	0.25	0.36	2.35	2.51	其他分布	2.51	0.90	1.31
pH	1538	4.25	4.37	4.65	5.01	5.28	5.52	5.72	4.77	4.74	4.99	2.56	6.24	3.80	0.99	5.01	5.10	其他分布	5.10	5.00	5.10

大于0.80,空间变异性较大。

与宁波市土壤元素背景值相比,海曙区土壤元素背景值中Cl背景值明显低于宁波市背景值,为宁波市背景值的58%;B、Mn背景值略低于宁波市背景值,为宁波市背景值的60%～80%;TC、Sb、F、W、Cr背景值略高于宁波市背景值,是宁波市背景值的1.2～1.4倍;CaO、Corg、Au、N、Pb、Sn、Ag、Se、P、Hg、Li、MgO背景值明显偏高,是宁波市背景值的1.4倍以上,其中CaO、Corg、Au、N、Pb明显富集,背景值是宁波市背景值的2.0倍以上;其他元素/指标背景值则与宁波市背景值基本接近。

与浙江省土壤元素背景值相比,海曙区土壤元素背景值中As、Mn背景值明显低于浙江省背景值,在浙江省背景值的60%以下;而Cl背景值略低于浙江省背景值,为浙江省背景值的61.8%;Cd、I、Pb、S、Sb、Tl背景值略高于浙江省背景值,是浙江省背景值的1.2～1.4倍;Au、B、Bi、Br、Cu、F、Hg、Li、N、P、Sc、Se、Sn、W、MgO、CaO、Na_2O、TC、Corg背景值明显偏高,是浙江省背景值的1.4倍以上,Au、B、Br、N、P、Sn、CaO、Na_2O背景值是浙江省背景值的2.0倍以上;其他元素/指标背景值则与浙江省背景值基本接近。

五、江北区土壤元素背景值

江北区土壤元素背景值数据经正态分布检验,结果表明,原始数据中Ag、As、Au、B、Ba、Be、Bi、Br、Ce、Cl、F、Ga、La、Li、N、Nb、Rb、S、Sc、Sn、Sr、Th、Ti、U、Y、Zr、SiO_2、Al_2O_3、TFe_2O_3、MgO、CaO、Na_2O、TC符合正态分布,Hg、I、Mo、P、Sb、Tl、W、pH符合对数正态分布,Cd、Co、Cu、Ge、Zn、K_2O、Corg剔除异常值后符合正态分布,Se剔除异常值后符合对数正态分布,其他元素/指标不符合正态分布或对数正态分布(表4-5)。

江北区表层土壤总体呈酸性,土壤pH背景值为5.12,极大值为7.55,极小值为3.31,与宁波市背景值和浙江省背景值接近。

在土壤各元素/指标中,大多数元素/指标变异系数小于0.40,分布相对均匀;pH、Hg、Au、P、S、CaO、I、Sb共8项指标变异系数大于0.40,其中pH、Hg变异系数大于0.80,空间变异性较大。

与宁波市土壤元素背景值相比,江北区土壤元素背景值中Bi、Mo、Na_2O、Cu、Cl背景值略高于宁波市背景值,是宁波市背景值的1.2～1.4倍;Au、Sn、CaO、Hg、Ag、Corg、MgO、Pb、Li、N、S、Sb、TC、Se、I背景值明显偏高,是宁波市背景值的1.4倍以上,其中Au、Sn、CaO、Hg、Ag、Corg明显富集,背景值是宁波市背景值的2.0倍以上;其他元素/指标背景值则与宁波市背景值基本接近。

与浙江省土壤元素背景值相比,江北区土壤元素背景值中As、Ce、Mn略低于浙江省背景值,为浙江省背景值的60%～80%;Ba、Cl、F、Mo、Pb、Sc、W背景值略高于浙江省背景值,是浙江省背景值的1.2～1.4倍;Ag、Au、B、Bi、Br、Cu、Hg、I、Li、N、S、Sb、Se、Sn、MgO、CaO、Na_2O、TC、Corg、P背景值明显偏高,是浙江省背景值的1.4倍以上,Au、B、Br、Cu、Hg、Sn、MgO、CaO、Na_2O背景值是浙江省背景值的2.0倍以上;其他元素/指标背景值则与浙江省背景值基本接近。

六、镇海区土壤元素背景值

镇海区土壤元素背景值数据经正态分布检验,结果表明,原始数据中Ag、Be、Br、Ce、F、Ga、Ge、I、La、Rb、S、Sc、Sn、Sr、Th、Ti、U、W、Y、SiO_2、Al_2O_3、TFe_2O_3、MgO、Na_2O、TC符合正态分布,As、Au、B、Bi、Cl、Mo、Nb、P、Sb、Tl、CaO、pH符合对数正态分布,Ba、Co、Cr、Cu、Ni、Pb、Zr、K_2O剔除异常值后符合正态分布,Cd、Zn剔除异常值后符合对数正态分布,其他元素/指标不符合正态分布或对数正态分布(表4-6)。

镇海区表层土壤总体呈酸性,土壤pH背景值为5.34,极大值为8.70,极小值为4.03,与宁波市背景值和浙江省背景值接近。

在土壤各元素/指标中,大多数元素/指标变异系数小于0.40,分布相对均匀;pH、Au、CaO、Cl、I、Hg、P、Sn、Sb共9项元素/指标变异系数大于0.40,其中pH、Au变异系数大于0.80,空间变异性较大。

与宁波市土壤元素背景值相比,镇海区土壤元素背景值中大部分元素/指标背景值高于宁波市背景

第四章 土壤元素背景值

表4-5 江北区土壤元素背景值参数统计表

元素/指标	N	$X_{5\%}$	$X_{10\%}$	$X_{25\%}$	$X_{50\%}$	$X_{75\%}$	$X_{90\%}$	$X_{95\%}$	$\bar{X}$	S	$\bar{X}_g$	S_g	X_{max}	X_{min}	CV	X_{me}	X_{mo}	分布类型	江北区背景值	宁波市背景值	浙江省背景值
Ag	49	111	116	133	158	242	302	316	184	72.7	171	20.17	378	64.0	0.40	158	117	正态分布	184	69.0	100.0
As	685	3.90	4.58	6.01	7.26	8.37	9.47	10.60	7.24	2.01	6.96	3.24	15.90	2.87	0.28	7.26	13.97	正态分布	7.24	6.50	10.10
Au	49	2.18	2.66	4.00	6.10	8.40	11.70	15.26	6.88	4.28	5.72	3.52	23.00	1.00	0.62	6.10	7.00	正态分布	6.88	1.50	1.50
B	685	24.15	30.37	45.45	56.8	67.9	80.1	84.8	56.5	17.89	53.2	10.59	108	13.81	0.32	56.8	46.38	正态分布	56.5	67.0	20.00
Ba	49	481	504	524	562	645	722	749	591	92.9	585	38.44	872	462	0.16	562	584	正态分布	591	503	475
Be	49	1.90	2.02	2.17	2.40	2.59	2.67	2.72	2.37	0.26	2.36	1.69	2.87	1.79	0.11	2.40	2.39	正态分布	2.37	2.16	2.00
Bi	49	0.28	0.34	0.42	0.46	0.50	0.60	0.67	0.47	0.11	0.46	1.63	0.81	0.24	0.24	0.46	0.44	正态分布	0.47	0.34	0.28
Br	49	3.70	4.14	5.10	6.40	7.30	9.10	9.42	6.43	1.99	6.14	2.95	13.50	2.90	0.31	6.40	6.40	正态分布	6.43	6.17	2.20
Cd	614	0.07	0.08	0.12	0.15	0.19	0.22	0.25	0.15	0.05	0.14	3.15	0.31	0.03	0.35	0.15	0.15	剔除后正态分布	0.15	0.17	0.14
Ce	49	69.2	70.0	73.4	77.8	82.3	85.8	90.2	78.3	6.81	78.0	12.24	98.4	66.4	0.09	77.8	69.2	正态分布	78.3	90.8	102
Cl	49	66.8	70.6	76.0	87.0	105	121	127	91.9	21.65	89.6	13.75	151	52.6	0.24	87.0	83.0	正态分布	91.9	76.0	71.0
Co	665	7.49	8.43	10.51	12.12	13.69	14.78	15.74	11.96	2.44	11.69	4.27	18.64	5.55	0.20	12.12	12.05	剔除后正态分布	11.96	11.40	14.80
Cr	592	53.2	61.6	75.6	83.5	89.7	94.1	99.7	81.3	13.39	80.0	12.69	121	37.01	0.16	83.5	81.1	其他分布	81.1	70.0	82.0
Cu	644	12.27	17.74	27.79	34.51	40.31	47.27	51.7	33.79	11.04	31.54	8.14	62.7	6.85	0.33	34.51	35.11	剔除后正态分布	33.79	27.00	16.00
F	49	406	463	518	603	658	743	773	600	112	589	40.62	850	312	0.19	603	630	正态分布	600	535	453
Ga	49	15.27	15.54	16.64	17.50	18.62	19.47	19.84	17.52	1.44	17.46	5.22	20.15	14.61	0.08	17.50	16.66	正态分布	17.52	17.52	16.00
Ge	673	1.17	1.20	1.25	1.31	1.38	1.46	1.50	1.32	0.10	1.32	1.19	1.59	1.04	0.08	1.31	1.25	剔除后正态分布	1.32	1.42	1.44
Hg	685	0.08	0.10	0.24	0.40	0.62	1.13	1.55	0.53	0.45	0.38	2.55	2.31	0.02	0.86	0.40	2.31	对数正态分布	0.38	0.11	0.110
I	49	1.90	2.06	2.40	2.90	3.80	5.12	6.56	3.29	1.48	3.04	2.02	8.50	1.40	0.45	2.90	2.90	其他分布	3.29	2.10	1.70
La	49	35.91	38.12	40.17	43.52	45.40	47.28	50.1	43.00	4.24	42.80	8.64	55.1	35.00	0.10	43.52	44.00	正态分布	43.00	42.67	41.00
Li	49	27.62	30.06	37.55	43.80	47.50	50.9	51.6	41.71	7.88	40.88	8.90	53.2	20.60	0.19	43.80	44.40	正态分布	41.71	23.00	25.00
Mn	655	235	253	296	361	477	609	708	399	141	376	30.82	804	108	0.35	361	279	其他分布	279	337	440
Mo	685	0.55	0.60	0.69	0.81	1.00	1.20	1.49	0.89	0.34	0.84	1.38	2.72	0.41	0.38	0.81	2.72	对数正态分布	0.84	0.64	0.66
N	685	0.83	1.07	1.77	2.36	2.84	3.30	3.51	2.29	0.80	2.11	1.92	4.73	0.51	0.35	2.36	2.33	正态分布	2.29	1.30	1.28
Nb	49	15.21	15.54	16.32	16.90	18.06	18.92	20.24	17.26	1.52	17.20	5.14	21.76	14.65	0.09	16.90	16.83	正态分布	17.26	16.83	16.83
Ni	602	14.42	19.72	27.95	31.76	35.12	39.15	41.40	30.87	7.43	29.73	7.34	49.25	10.21	0.24	31.76	30.61	其他分布	30.61	31.00	35.00
P	685	0.31	0.44	0.58	0.83	1.18	1.75	2.21	0.98	0.56	0.84	1.77	2.81	0.12	0.58	0.83	2.81	对数正态分布	0.84	0.84	0.60
Pb	647	27.94	31.27	35.57	39.37	46.30	53.7	58.7	41.11	8.84	40.18	8.84	65.8	17.86	0.21	39.37	41.00	偏峰分布	41.00	22.00	32.00

续表 4-5

元素/指标	N	$X_{5\%}$	$X_{10\%}$	$X_{25\%}$	$X_{50\%}$	$X_{75\%}$	$X_{90\%}$	$X_{95\%}$	$\bar{X}$	S	$\bar{X}_g$	S_g	X_{max}	X_{min}	CV	X_{me}	X_{mo}	分布类型	江北区背景值	宁波市背景值	浙江省背景值
Rb	49	120	122	125	132	137	149	163	134	14.14	133	16.60	181	112	0.11	132	132	正态分布	134	126	120
S	49	252	275	346	434	573	656	905	487	236	447	35.06	1548	172	0.49	434	530	正态分布	487	301	248
Sb	49	0.53	0.58	0.62	0.75	0.93	1.37	1.45	0.85	0.39	0.80	1.43	2.78	0.50	0.45	0.75	0.68	对数正态分布	0.80	0.50	0.53
Sc	49	8.06	8.87	10.47	12.13	13.01	13.75	14.19	11.64	1.94	11.47	4.23	15.17	7.14	0.17	12.13	9.90	正态分布	11.64	10.53	8.70
Se	619	0.26	0.27	0.30	0.33	0.36	0.41	0.44	0.34	0.05	0.33	1.91	0.48	0.20	0.16	0.33	0.34	剔除后对数分布	0.33	0.21	0.21
Sn	49	8.20	9.15	11.64	15.21	19.17	22.26	22.81	15.31	4.98	14.35	4.96	24.21	3.10	0.33	15.21	15.75	正态分布	15.31	3.70	3.60
Sr	49	79.2	82.4	96.0	105	121	129	138	107	20.78	105	15.06	159	40.70	0.19	105	105	正态分布	107	113	105
Th	49	12.39	13.15	13.93	14.60	15.52	16.26	16.55	14.67	1.32	14.61	4.65	17.60	11.59	0.09	14.60	15.50	正态分布	14.67	14.52	13.30
Ti	49	3434	3490	4043	4391	4685	4964	5091	4344	523	4312	125	5183	3309	0.12	4391	4333	正态分布	4344	4397	4665
Tl	49	0.68	0.71	0.74	0.80	0.84	0.94	1.06	0.81	0.12	0.81	1.21	1.22	0.65	0.14	0.80	0.81	对数正态分布	0.81	0.78	0.70
U	49	2.37	2.54	2.71	3.00	3.15	3.39	3.53	2.96	0.35	2.94	1.85	3.82	2.21	0.12	3.00	3.02	正态分布	2.96	2.90	2.90
V	643	64.3	72.1	90.8	102	110	115	119	98.3	15.98	96.9	14.27	132	54.1	0.16	102	105	其他分布	105	109	106
W	49	1.68	1.83	1.95	2.20	2.45	2.58	2.93	2.27	0.59	2.22	1.69	5.56	1.45	0.26	2.20	2.18	对数正态分布	2.22	2.04	1.80
Y	49	19.00	20.31	23.31	25.46	26.46	27.01	28.79	24.70	2.88	24.53	6.44	30.46	17.00	0.12	25.46	25.46	正态分布	24.70	25.00	25.00
Zn	645	65.1	75.2	87.0	100.0	112	126	136	99.9	19.91	97.9	14.58	154	50.6	0.20	100.0	99.1	剔除后正态分布	99.9	102	101
Zr	49	202	205	209	225	258	274	306	234	34.35	232	22.47	335	192	0.15	225	213	正态分布	234	213	243
SiO₂	49	65.3	65.5	66.2	67.3	69.4	70.8	71.2	67.8	2.03	67.7	11.22	71.8	63.7	0.03	67.3	67.7	正态分布	67.8	69.8	71.3
Al₂O₃	49	13.37	13.50	14.10	14.55	14.95	15.21	15.75	14.53	0.85	14.51	4.65	18.11	13.03	0.06	14.55	14.10	正态分布	14.53	13.79	13.20
TFe₂O₃	49	3.36	3.53	3.98	4.66	4.98	5.21	5.27	4.48	0.64	4.44	2.46	5.50	3.24	0.14	4.66	4.61	正态分布	4.48	3.76	3.74
MgO	49	0.71	0.75	1.01	1.25	1.40	1.53	1.56	1.19	0.28	1.15	1.34	1.60	0.62	0.23	1.25	1.20	正态分布	1.19	0.63	0.50
CaO	49	0.27	0.36	0.68	0.87	1.02	1.30	1.75	0.87	0.41	0.77	1.73	2.14	0.12	0.48	0.87	0.93	正态分布	0.87	0.24	0.24
Na₂O	49	0.94	0.96	1.09	1.27	1.32	1.44	1.47	1.22	0.19	1.20	1.22	1.60	0.76	0.15	1.27	1.30	正态分布	1.22	0.97	0.19
K₂O	49	2.20	2.27	2.39	2.50	2.63	2.79	2.86	2.51	0.20	2.50	1.70	3.08	2.00	0.08	2.50	2.71	剔除后正态分布	2.51	2.35	2.35
TC	49	1.37	1.52	1.89	2.49	2.95	3.37	3.77	2.48	0.76	2.37	1.82	4.15	0.98	0.30	2.49	2.49	正态分布	2.48	1.56	1.43
Corg	667	0.89	1.10	1.64	2.08	2.45	3.06	3.32	2.07	0.69	1.93	1.79	3.65	0.47	0.33	2.08	2.10	剔除后正态分布	2.07	0.90	1.31
pH	685	4.03	4.22	4.59	5.04	5.46	6.23	6.83	4.63	4.37	5.12	2.60	7.55	3.31	0.94	5.04	7.34	对数正态分布	5.12	5.00	5.10

第四章 土壤元素背景值

表 4-6 镇海区土壤元素背景值参数统计表

元素/指标	N	$X_{5\%}$	$X_{10\%}$	$X_{25\%}$	$X_{50\%}$	$X_{75\%}$	$X_{90\%}$	$X_{95\%}$	$\bar{X}$	S	$\bar{X}_g$	S_g	X_{max}	X_{min}	CV	X_{me}	X_{mo}	分布类型	镇海区背景值	宁波市背景值	浙江省背景值
Ag	52	102	118	145	176	220	315	350	195	77.0	182	20.88	419	89.0	0.40	176	187	正态分布	195	69.0	100.0
As	690	5.21	5.82	6.92	7.95	9.39	10.70	11.75	8.28	2.30	7.98	3.37	25.80	1.34	0.28	7.95	10.10	对数正态分布	7.98	6.50	10.10
Au	52	1.61	1.92	3.20	4.65	7.08	10.29	13.53	6.06	4.96	4.82	3.27	29.60	1.30	0.82	4.65	4.50	对数正态分布	4.82	1.50	1.50
B	690	33.36	39.30	46.62	55.3	65.6	74.6	83.6	56.5	14.97	54.5	10.22	111	15.00	0.27	55.3	55.6	正态分布	54.5	67.0	20.00
Ba	46	440	460	492	518	536	552	574	513	38.24	511	36.22	590	421	0.07	518	517	剔除后正态分布	513	503	475
Be	52	1.89	2.00	2.31	2.54	2.67	2.80	2.91	2.48	0.31	2.46	1.72	3.04	1.72	0.12	2.54	2.46	正态分布	2.48	2.16	2.00
Bi	52	0.31	0.37	0.44	0.49	0.55	0.67	0.76	0.52	0.16	0.50	1.64	1.14	0.24	0.31	0.49	0.51	对数正态分布	0.50	0.34	0.28
Br	52	3.82	4.91	5.50	6.55	7.62	8.40	9.03	6.53	1.67	6.30	2.98	10.40	2.10	0.26	6.55	5.80	正态分布	6.53	6.17	2.20
Cd	626	0.09	0.11	0.14	0.18	0.23	0.27	0.31	0.19	0.07	0.18	2.87	0.41	0.05	0.36	0.18	0.16	剔除后正态分布	0.18	0.17	0.14
Ce	52	72.1	72.3	73.7	78.7	81.5	85.6	88.8	78.4	6.85	78.1	12.32	98.1	55.0	0.09	78.7	78.5	正态分布	78.4	90.8	102
Cl	52	57.9	62.4	70.8	80.3	94.0	106	110	90.0	61.2	83.1	12.99	507	48.13	0.68	80.3	94.0	对数正态分布	83.1	76.0	71.0
Co	667	9.35	10.76	12.60	14.40	15.90	17.40	18.20	14.18	2.56	13.93	4.58	20.50	7.41	0.18	14.40	15.50	剔除后正态分布	14.18	11.40	14.80
Cr	649	50.3	60.8	71.5	81.5	90.7	99.4	106	80.4	15.71	78.8	12.53	121	39.10	0.20	81.5	84.9	剔除后正态分布	80.4	70.0	82.0
Cu	638	24.12	27.10	31.50	35.50	40.18	45.50	48.63	35.89	7.11	35.16	8.03	55.4	16.80	0.20	35.50	35.10	剔除后正态分布	35.89	27.00	16.00
F	52	382	448	554	649	720	777	812	631	130	616	41.58	821	310	0.21	649	620	正态分布	631	535	453
Ga	52	15.67	16.10	17.60	18.74	19.48	20.34	20.87	18.47	1.58	18.40	5.35	21.30	15.25	0.09	18.74	18.88	正态分布	18.47	17.52	16.00
Ge	690	1.25	1.29	1.38	1.49	1.58	1.66	1.72	1.48	0.15	1.47	1.28	1.92	1.02	0.10	1.49	1.38	正态分布	1.48	1.42	1.44
Hg	677	0.09	0.12	0.21	0.45	0.72	1.00	1.13	0.51	0.33	0.39	2.41	1.49	0.05	0.66	0.45	0.14	其他分布	0.14	0.11	0.110
I	52	1.60	1.71	2.20	3.30	5.22	6.89	7.63	3.93	2.60	3.35	2.29	15.90	1.30	0.66	3.30	2.40	正态分布	3.93	2.10	1.70
La	52	38.06	39.00	41.00	43.37	45.00	47.00	50.7	43.59	3.93	43.42	8.78	54.8	34.00	0.09	43.37	45.00	正态分布	43.59	42.67	41.00
Li	52	26.80	29.64	39.90	48.55	51.7	53.5	55.6	44.67	9.43	43.54	9.14	58.3	25.70	0.21	48.55	48.70	偏峰分布	48.70	23.00	25.00
Mn	686	295	318	386	524	758	916	1001	580	232	535	36.77	1304	98.0	0.40	524	620	其他分布	320	337	440
Mo	690	0.51	0.57	0.66	0.80	0.97	1.16	1.37	0.86	0.33	0.81	1.38	4.49	0.41	0.39	0.80	0.64	对数正态分布	0.81	0.64	0.66
N	689	0.88	1.02	1.38	1.89	2.58	3.18	3.37	1.99	0.80	1.81	1.87	4.18	0.03	0.40	1.89	2.87	偏峰分布	2.87	1.30	1.28
Nb	52	15.75	15.84	16.82	17.05	17.82	18.81	19.80	17.54	1.91	17.46	5.15	27.71	14.85	0.11	17.05	16.83	对数正态分布	17.46	16.83	16.83
Ni	619	22.64	26.78	31.70	35.57	39.00	43.02	45.23	35.11	6.43	34.46	7.66	51.6	17.40	0.18	35.57	34.10	剔除后正态分布	35.11	31.00	35.00
P	690	0.46	0.53	0.67	0.95	1.30	1.76	2.16	1.07	0.58	0.94	1.65	5.04	0.11	0.54	0.95	0.60	对数正态分布	0.94	0.84	0.60
Pb	668	28.90	31.30	36.27	43.95	50.2	57.7	61.3	44.04	9.88	42.93	9.23	73.3	24.60	0.22	43.95	46.00	剔除后正态分布	44.04	22.00	32.00

续表 4-6

元素/指标	N	$X_{5\%}$	$X_{10\%}$	$X_{25\%}$	$X_{50\%}$	$X_{75\%}$	$X_{90\%}$	$X_{95\%}$	$\overline{X}$	S	$\overline{X}_g$	S_g	X_{max}	X_{min}	CV	X_{me}	X_{mo}	分布类型	镇海区背景值	宁波市背景值	浙江省背景值
Rb	52	121	122	127	137	142	151	170	138	15.53	137	16.76	204	117	0.11	137	137	正态分布	138	126	120
S	52	224	244	290	341	417	483	556	362	107	348	29.10	688	210	0.30	341	341	正态分布	362	301	248
Sb	52	0.66	0.72	0.76	0.83	0.91	1.02	1.17	0.91	0.37	0.87	1.31	3.08	0.62	0.41	0.83	0.91	对数正态分布	0.87	0.50	0.53
Sc	52	9.05	9.71	11.05	12.79	13.81	14.43	14.81	12.34	1.85	12.19	4.34	15.40	7.60	0.15	12.79	13.20	正态分布	12.34	10.53	8.70
Se	677	0.15	0.17	0.24	0.31	0.36	0.41	0.45	0.30	0.09	0.29	2.12	0.54	0.11	0.30	0.31	0.36	其他分布	0.36	0.21	0.21
Sn	52	6.26	9.14	12.75	15.66	20.35	25.92	28.98	16.80	6.93	15.28	5.34	36.52	3.50	0.41	15.66	15.71	正态分布	16.80	3.70	3.60
Sr	52	66.8	71.6	95.6	109	117	132	135	106	21.33	104	15.04	155	55.9	0.20	109	117	正态分布	106	113	105
Th	52	12.61	13.37	14.05	14.80	16.10	16.66	17.34	14.99	1.54	14.92	4.70	19.40	11.90	0.10	14.80	16.10	正态分布	14.99	14.52	13.30
Ti	52	3602	3944	4232	4609	4925	5110	5205	4528	517	4497	128	5285	3106	0.11	4609	4532	正态分布	4528	4397	4665
Tl	52	0.70	0.72	0.75	0.81	0.87	1.04	1.28	0.85	0.17	0.84	1.24	1.43	0.66	0.20	0.81	0.75	对数正态分布	0.84	0.78	0.70
U	52	2.24	2.33	2.63	2.85	3.35	3.82	4.13	3.04	0.65	2.98	1.87	5.28	2.20	0.21	2.85	2.73	正态分布	3.04	2.90	2.90
V	616	85.8	91.5	99.8	106	112	117	121	105	9.93	105	14.67	128	75.0	0.09	106	109	偏峰分布	109	109	106
W	52	1.67	1.77	1.90	2.06	2.42	2.70	2.94	2.22	0.53	2.17	1.63	4.62	1.65	0.24	2.06	2.06	正态分布	2.22	2.04	1.80
Y	52	17.64	20.10	24.59	26.41	28.00	29.00	30.00	25.55	3.62	25.26	6.55	30.26	16.00	0.14	26.41	29.00	正态分布	25.55	25.00	25.00
Zn	654	83.2	87.6	97.8	109	122	136	145	110	19.01	109	15.21	165	58.2	0.17	109	113	剔除后对数分布	109	102	101
Zr	45	193	200	210	221	237	262	272	227	25.17	226	22.39	302	188	0.11	221	214	剔除后正态分布	227	213	243
SiO$_2$	52	63.6	64.3	65.3	66.6	69.1	71.3	71.5	67.0	3.07	66.9	11.18	73.1	57.5	0.05	66.6	67.0	正态分布	67.0	69.8	71.3
Al$_2$O$_3$	52	13.75	13.84	14.39	14.89	15.13	15.62	15.90	14.80	0.67	14.78	4.69	16.53	13.42	0.05	14.89	14.99	正态分布	14.80	13.79	13.20
TFe$_2$O$_3$	52	3.37	3.51	3.76	4.83	5.40	5.67	5.88	4.69	0.85	4.61	2.53	6.13	3.21	0.18	4.83	4.81	正态分布	4.69	3.76	3.74
MgO	52	0.61	0.70	0.98	1.44	1.66	1.84	2.04	1.36	0.46	1.27	1.54	2.39	0.54	0.34	1.44	1.38	正态分布	1.36	0.63	0.50
CaO	52	0.27	0.32	0.62	0.85	1.09	2.01	2.35	1.03	0.78	0.82	1.94	3.97	0.15	0.76	0.85	0.88	对数正态分布	0.82	0.24	0.24
Na$_2$O	52	0.60	0.75	1.06	1.15	1.24	1.39	1.44	1.11	0.23	1.08	1.30	1.54	0.47	0.21	1.15	1.17	正态分布	1.11	0.97	0.19
K$_2$O	659	2.34	2.39	2.49	2.59	2.70	2.80	2.87	2.60	0.16	2.59	1.73	3.00	2.19	0.06	2.59	2.51	剔除后正态分布	2.60	2.35	2.35
TC	52	1.45	1.48	1.77	2.17	2.45	2.82	3.34	2.20	0.61	2.12	1.66	4.31	1.19	0.28	2.17	2.34	正态分布	2.20	1.56	1.43
Corg	689	0.87	0.99	1.25	1.69	2.32	2.72	2.94	1.79	0.66	1.66	1.70	3.63	0.38	0.37	1.69	1.55	其他分布	1.55	0.90	1.31
pH	690	4.10	4.20	4.55	5.09	5.89	7.08	7.43	4.72	4.62	5.34	2.61	8.70	4.03	0.98	5.09	4.10	对数正态分布	5.34	5.00	5.10

值,其中 Cu、Hg、Mo、TFe_2O_3、Co、As、S 背景值略高于宁波市背景值,是宁波市背景值的 1.2~1.4 倍;Sn、CaO、Au、Ag、N、MgO、Li、Pb、I、Sb、Corg、Se、Bi、TC 背景值明显偏高,是宁波市背景值的 1.4 倍以上,其中 Sn、CaO、Au、Ag、N、MgO、Li、Pb 明显富集,背景值是宁波市背景值的 2.0 倍以上;其他元素/指标背景值则与宁波市背景值基本接近。

与浙江省土壤元素背景值相比,镇海区土壤元素背景值中 As、Ce、Mn 背景值略低于浙江省背景值,为浙江省背景值的 60%~80%;Be、Cd、F、Hg、Mo、Pb、W、TFe_2O_3、Tl 背景值略高于浙江省背景值,是浙江省背景值的 1.2~1.4 倍;Ag、Au、B、Bi、Br、Cu、I、Li、N、P、S、Sb、Sc、Se、Sn、MgO、CaO、Na_2O、TC 背景值明显偏高,是浙江省背景值的 1.4 倍以上,Au、B、Br、Cu、I、N、Sn、MgO、CaO、Na_2O 背景值是浙江省背景值的 2.0 倍以上;其他元素/指标背景值则与浙江省背景值基本接近。

七、鄞州区土壤元素背景值

鄞州区土壤元素背景值数据经正态分布检验,结果表明,原始数据中 Ce、F、Ga、Ge、La、Nb、Rb、Sc、Sn、Th、Ti、Y、SiO_2、Al_2O_3、TFe_2O_3、TC 符合正态分布,Au、Br、Cl、N、Sb、Tl、U、W、Corg 符合对数正态分布,Ag、As、S、Se 剔除异常值后符合正态分布,Ba、Cd、I、Mo、P、Pb、K_2O 剔除异常值后符合对数正态分布,其他元素/指标不符合正态分布或对数正态分布(表 4-7)。

鄞州区表层土壤总体呈酸性,土壤 pH 背景值为 5.43,极大值为 7.31,极小值为 3.98,与宁波市背景值和浙江省背景值接近。

在土壤各元素/指标中,大多数元素/指标变异系数小于 0.40,分布相对均匀;pH、I、Au、Sn、Br、Hg、Sb、MgO、Cl、CaO、N、Corg 共 12 项元素/指标变异系数大于 0.40,其中 pH 变异系数大于 0.80,空间变异性较大。

与宁波市土壤元素背景值相比,鄞州区土壤元素背景值中 B 背景值明显低于宁波市背景值,仅为宁波市背景值的 42%;MgO 略低于宁波市背景值,为宁波市背景值的 62%;Na_2O、I、Li、S、Bi、Mo、TC、Nb 背景值略高于宁波市背景值,是宁波市背景值的 1.2~1.4 倍;Sn、CaO、Au、Ag、N、Pb、Hg、Sb、Corg、Se、Cl 等背景值明显偏高,是宁波市背景值的 1.4 倍以上,其中 Sn、CaO、Au、Corg、Hg 明显富集,背景值是宁波市背景值的 2.0 倍以上;其他元素/指标背景值则与宁波市背景值基本接近。

与浙江省土壤元素背景值相比,鄞州区土壤元素背景值中 As、Mn、MgO 背景值略低于浙江省背景值,为浙江省背景值的 60%~80%;Ag、Ba、Be、Cd、Li、Mo、Nb、Pb、Sb、Sc、W、Tl 背景值略高于浙江省背景值,是浙江省背景值的 1.2~1.4 倍;Au、Bi、Br、Cl、Cu、Hg、I、N、S、Se、Sn、CaO、Na_2O、TC、Crog、P、B 背景值明显偏高,是浙江省背景值的 1.4 倍以上,Na_2O 背景值是浙江省背景值的 7.11 倍;其他元素/指标背景值则与浙江省背景值基本接近。

八、北仑区土壤元素背景值

北仑区土壤元素背景值数据经正态分布检验,结果表明,原始数据中 Ba、Be、Ce、F、Ga、Ge、La、Rb、Sc、Th、Ti、U、Y、Zr、SiO_2、Al_2O_3、TFe_2O_3、Na_2O、TC 符合正态分布,As、Au、Br、Cl、Hg、I、Li、N、Nb、P、S、Sb、Sn、W、MgO、CaO、Corg 符合对数正态分布,Ag、Bi、Sr、Zn 剔除异常值后符合正态分布,Cd、Mo、Pb、Tl、pH 剔除异常值后符合对数正态分布,其他元素/指标不符合正态分布或对数正态分布(表 4-8)。

北仑区表层土壤总体呈酸性,土壤 pH 背景值为 5.37,极大值为 7.39,极小值为 4.09,与宁波市背景值和浙江省背景值接近。

在土壤各元素/指标中,多数元素/指标变异系数小于 0.40,分布相对均匀;Au、S、Hg、pH、CaO、Sb、I、Sn、Cl、Ni、MgO、P、Cr、Cu、Cd、Se、Corg、As、Br、N、Mn 共 21 项元素/指标变异系数大于 0.40,其中 Au、S、Hg、pH、CaO 变异系数大于 0.80,空间变异性较大。

宁波市土壤元素背景值

表 4-7 鄞州区土壤元素背景值参数统计表

元素/指标	N	$X_{5\%}$	$X_{10\%}$	$X_{25\%}$	$X_{50\%}$	$X_{75\%}$	$X_{90\%}$	$X_{95\%}$	$\overline{X}$	S	$\overline{X}_g$	S_g	X_{max}	X_{min}	CV	X_{me}	X_{mo}	分布类型	鄞州区背景值	宁波市背景值	浙江省背景值
Ag	184	57.0	66.6	90.5	122	166	194	205	128	50.00	118	15.84	271	34.00	0.39	122	103	剔除后正态分布	128	69.0	100.0
As	1972	2.97	4.00	5.62	6.95	8.26	9.54	10.43	6.88	2.12	6.50	3.14	12.34	1.56	0.31	6.95	6.50	剔除后正态分布	6.88	6.50	10.10
Au	194	1.10	1.30	1.92	3.35	5.30	7.40	8.44	4.06	2.72	3.28	2.49	16.00	0.70	0.67	3.35	1.30	对数正态分布	3.28	1.50	1.50
B	1934	31.53	40.48	53.9	63.8	71.4	77.8	81.6	61.5	14.27	59.5	10.81	98.6	23.96	0.23	63.8	28.00	偏峰分布	28.00	67.0	20.00
Ba	187	484	499	521	561	638	725	778	589	91.0	583	39.80	834	427	0.15	561	561	剔除后对数分布	583	503	475
Be	194	1.80	1.87	2.06	2.43	2.58	2.69	2.76	2.35	0.31	2.32	1.63	3.09	1.56	0.13	2.43	2.50	偏峰分布	2.50	2.16	2.00
Bi	182	0.25	0.28	0.34	0.44	0.48	0.54	0.59	0.42	0.11	0.41	1.82	0.71	0.19	0.25	0.44	0.45	其他分布	0.45	0.34	0.28
Br	194	3.46	4.13	4.80	5.60	7.15	9.92	12.94	6.58	3.62	6.02	3.06	38.40	2.20	0.55	5.60	5.00	对数正态分布	6.02	6.17	2.20
Cd	1780	0.10	0.11	0.15	0.19	0.24	0.29	0.33	0.20	0.07	0.18	2.74	0.44	0.02	0.36	0.19	0.20	剔除后对数分布	0.18	0.17	0.14
Ce	194	71.9	74.1	78.5	84.8	92.3	100.0	109	86.5	11.46	85.8	13.02	132	67.0	0.13	84.8	86.3	正态分布	86.5	90.8	102
Cl	194	71.7	76.3	87.2	108	130	157	181	118	56.9	111	15.25	652	59.0	0.48	108	79.0	对数正态分布	111	76.0	71.0
Co	2012	4.39	5.89	9.38	12.10	14.36	16.28	17.32	11.65	3.78	10.87	4.21	21.62	2.37	0.32	12.10	13.65	其他分布	13.65	11.40	14.80
Cr	1885	35.00	40.42	69.1	79.7	86.2	90.9	94.6	74.2	18.02	71.4	12.09	117	29.11	0.24	79.7	78.3	其他分布	78.3	70.0	82.0
Cu	1845	16.80	20.86	27.41	31.86	36.66	42.27	45.33	31.79	8.05	30.66	7.60	53.4	11.87	0.25	31.86	31.30	其他分布	31.30	27.00	16.00
F	194	331	363	417	505	602	658	689	507	115	494	35.26	865	268	0.23	505	603	正态分布	507	535	453
Ga	194	14.46	15.43	16.42	17.56	18.80	20.05	20.47	17.60	1.85	17.50	5.21	22.70	12.10	0.11	17.56	16.90	正态分布	17.60	17.52	16.00
Ge	2016	1.26	1.31	1.41	1.51	1.60	1.68	1.74	1.50	0.15	1.50	1.28	2.52	0.99	0.10	1.51	1.46	其他分布	1.50	1.42	1.44
Hg	1946	0.07	0.10	0.16	0.27	0.37	0.47	0.54	0.28	0.15	0.24	2.56	0.71	0.02	0.52	0.27	0.25	剔除后对数分布	0.25	0.11	0.110
I	183	1.08	1.40	1.78	2.59	4.82	8.14	9.12	3.56	2.56	2.84	2.51	11.15	0.30	0.72	2.59	2.10	剔除后正态分布	2.84	2.10	1.70
La	194	37.00	38.11	40.71	43.00	46.00	51.7	54.0	43.90	4.95	43.63	8.83	60.0	35.00	0.11	43.00	41.00	正态分布	43.90	42.67	41.00
Li	194	22.00	24.00	27.25	39.60	49.00	52.1	54.6	38.46	11.48	36.63	7.85	64.7	16.00	0.30	39.60	31.00	其他分布	31.00	23.00	25.00
Mn	1907	266	292	346	428	593	804	914	489	196	454	33.88	1066	137	0.40	428	347	其他分布	347	337	440
Mo	1934	0.55	0.59	0.69	0.84	1.01	1.18	1.30	0.87	0.23	0.84	1.32	1.55	0.41	0.26	0.84	0.71	剔除后正态分布	0.84	0.64	0.66
N	2016	1.02	1.25	1.74	2.42	3.18	3.89	4.37	2.51	1.02	2.29	2.02	7.13	0.25	0.41	2.42	2.76	对数正态分布	2.29	1.30	1.28
Nb	194	16.10	16.67	17.75	20.00	22.25	24.47	25.50	20.30	3.24	20.06	5.69	33.80	14.18	0.16	20.00	20.00	正态分布	20.30	16.83	16.83
Ni	2007	8.84	10.52	22.32	29.78	34.50	39.40	41.73	27.67	10.19	25.11	6.96	52.7	4.18	0.37	29.78	30.55	其他分布	30.55	31.00	35.00
P	1896	0.43	0.51	0.65	0.85	1.10	1.43	1.63	0.91	0.35	0.84	1.50	1.93	0.16	0.39	0.85	0.84	剔除后对数分布	0.84	0.84	0.60
Pb	1945	30.40	33.13	37.67	43.56	51.6	59.1	63.0	44.92	9.92	43.84	9.25	74.1	19.46	0.22	43.56	48.00	剔除后对数分布	43.84	22.00	32.00

续表 4-7

元素/指标	N	$X_{5\%}$	$X_{10\%}$	$X_{25\%}$	$X_{50\%}$	$X_{75\%}$	$X_{90\%}$	$X_{95\%}$	$\bar{X}$	S	$\bar{X}_g$	S_g	X_{max}	X_{min}	CV	X_{mc}	X_{mo}	分布类型	鄞州区背景值	宁波市背景值	浙江省背景值
Rb	194	105	112	117	126	134	142	146	126	13.16	125	16.08	176	77.0	0.10	126	117	正态分布	126	126	120
S	188	194	235	326	412	486	544	591	402	120	381	31.19	720	90.0	0.30	412	487	剔除后正态分布	402	301	248
Sb	194	0.48	0.53	0.62	0.70	0.86	1.00	1.21	0.78	0.40	0.73	1.44	4.97	0.38	0.51	0.70	0.65	对数正态分布	0.73	0.50	0.53
Sc	194	6.40	7.00	8.60	10.98	13.10	14.18	14.62	10.79	2.67	10.43	3.85	16.10	5.40	0.25	10.98	9.90	正态分布	10.79	10.53	8.70
Se	1956	0.22	0.26	0.33	0.39	0.46	0.52	0.56	0.39	0.10	0.38	1.81	0.65	0.14	0.25	0.39	0.35	剔除后正态分布	0.39	0.21	0.21
Sn	194	2.77	3.36	5.10	9.21	14.20	18.94	20.38	10.39	6.20	8.59	3.77	35.00	1.60	0.60	9.21	5.10	其他分布	10.39	3.70	3.60
Sr	189	55.0	62.8	79.0	101	108	123	130	95.9	22.32	93.1	13.86	150	44.00	0.23	101	107	正态分布	107	113	105
Th	194	11.90	12.40	13.20	14.40	15.46	16.38	17.55	14.43	1.72	14.32	4.64	19.60	10.10	0.12	14.40	16.30	正态分布	14.43	14.52	13.30
Ti	194	3752	3970	4198	4490	4832	5119	5417	4537	518	4508	128	6381	3313	0.11	4490	4457	正态分布	4537	4397	4665
Tl	194	0.67	0.70	0.75	0.80	0.91	1.07	1.22	0.86	0.20	0.84	1.24	2.27	0.53	0.24	0.80	0.78	对数正态分布	0.84	0.78	0.70
U	194	2.33	2.47	2.63	2.90	3.40	3.60	3.83	3.01	0.50	2.97	1.93	4.70	1.80	0.16	2.90	3.60	对数正态分布	2.97	2.90	2.90
V	1883	57.5	65.3	91.8	102	109	113	116	96.9	17.37	95.1	14.01	142	51.0	0.18	102	106	其他分布	106	109	106
W	194	1.69	1.81	1.99	2.17	2.39	2.57	2.88	2.22	0.41	2.19	1.61	4.18	1.36	0.19	2.17	2.19	对数正态分布	2.19	2.04	1.80
Y	194	23.00	23.00	25.00	27.00	29.00	31.00	32.35	27.13	3.02	26.97	6.64	37.00	21.00	0.11	27.00	25.00	正态分布	27.13	25.00	25.00
Zn	1918	71.0	81.0	95.5	109	125	142	151	110	23.49	108	15.26	176	49.00	0.21	109	102	偏峰分布	102	102	101
Zr	191	206	208	216	280	316	369	395	277	63.0	270	25.87	452	195	0.23	280	208	其他分布	208	213	243
SiO$_2$	194	62.8	65.1	67.0	69.1	71.8	74.3	75.1	69.3	3.67	69.2	11.55	78.1	60.2	0.05	69.1	68.4	正态分布	69.3	69.8	71.3
Al$_2$O$_3$	194	11.21	11.57	12.64	14.02	14.79	15.42	15.93	13.76	1.56	13.67	4.50	19.25	9.86	0.11	14.02	15.08	正态分布	13.76	13.79	13.20
TFe$_2$O$_3$	194	2.35	2.74	3.38	4.06	4.71	5.39	5.66	4.07	1.01	3.94	2.24	7.40	1.88	0.25	4.06	4.63	其他分布	4.07	3.76	3.74
MgO	194	0.39	0.41	0.51	0.74	1.36	1.55	1.75	0.94	0.47	0.82	1.74	2.22	0.33	0.50	0.74	0.39	其他分布	0.39	0.63	0.50
CaO	183	0.17	0.20	0.33	0.62	0.70	0.85	0.94	0.56	0.25	0.49	2.04	1.33	0.10	0.45	0.62	0.62	偏峰分布	0.62	0.24	0.24
Na$_2$O	191	0.51	0.60	0.79	1.08	1.27	1.35	1.39	1.02	0.29	0.97	1.40	1.53	0.31	0.29	1.08	1.35	剔除后对数正态分布	1.35	0.97	0.19
K$_2$O	1926	2.29	2.37	2.47	2.61	2.77	2.90	2.99	2.62	0.21	2.62	1.74	3.24	2.02	0.08	2.61	2.55	正态分布	2.62	2.35	2.35
TC	194	0.90	1.21	1.55	2.03	2.49	2.82	2.98	2.02	0.64	1.90	1.70	3.43	0.37	0.32	2.03	2.06	正态分布	2.02	1.56	1.43
Corg	2016	0.93	1.13	1.61	2.25	2.96	3.65	4.09	2.33	0.96	2.12	1.97	5.99	0.21	0.41	2.25	1.46	对数正态分布	2.12	0.90	1.31
pH	1860	4.61	4.76	5.08	5.43	5.81	6.34	6.71	5.14	4.99	5.49	2.69	7.31	3.98	0.97	5.43	5.43	其他分布	5.43	5.00	5.10

宁波市土壤元素背景值

表 4-8 北仑区土壤元素背景值参数统计表

元素/指标	N	$X_{5\%}$	$X_{10\%}$	$X_{25\%}$	$X_{50\%}$	$X_{75\%}$	$X_{90\%}$	$X_{95\%}$	$\bar{X}$	S	$\bar{X}_g$	S_g	X_{max}	X_{min}	CV	X_{me}	X_{mo}	分布类型	北仑区背景值	宁波市背景值	浙江省背景值
Ag	136	61.0	71.2	83.0	100.0	117	135	147	103	27.01	99.2	14.08	181	55.0	0.26	100.0	117	剔除后正态分布	103	69.0	100.0
As	1489	2.95	3.42	4.42	5.79	7.40	9.19	10.10	6.16	2.56	5.71	2.94	29.78	1.80	0.42	5.79	6.90	对数正态分布	5.71	6.50	10.10
Au	144	1.10	1.28	1.70	2.41	3.32	4.64	6.34	4.17	11.65	2.54	2.31	123	0.90	2.79	2.41	1.80	对数正态分布	2.54	1.50	1.50
B	1489	16.18	19.83	30.95	48.03	62.2	69.3	72.7	46.23	18.45	41.63	9.62	88.5	5.48	0.40	48.03	37.00	其他分布	37.00	67.0	20.00
Ba	144	455	465	495	591	701	755	807	607	130	595	40.59	1288	401	0.21	591	695	正态分布	607	503	475
Be	144	1.83	1.91	2.06	2.29	2.47	2.62	2.73	2.28	0.28	2.26	1.62	3.00	1.60	0.13	2.29	2.23	正态分布	2.28	2.16	2.00
Bi	129	0.29	0.32	0.35	0.40	0.44	0.51	0.57	0.40	0.08	0.39	1.77	0.61	0.19	0.20	0.40	0.41	剔除后正态分布	0.40	0.34	0.28
Br	144	3.60	4.40	4.90	6.10	8.43	11.10	13.74	7.06	2.95	6.53	3.17	16.20	2.06	0.42	6.10	5.80	对数正态分布	6.53	6.17	2.20
Cd	1296	0.07	0.08	0.11	0.15	0.20	0.25	0.30	0.16	0.07	0.15	3.19	0.40	0.03	0.43	0.15	0.21	剔除后对数正态分布	0.15	0.17	0.14
Ce	144	72.0	74.9	81.0	88.3	95.9	102	107	89.4	11.98	88.6	13.41	138	64.8	0.13	88.3	90.9	对数正态分布	89.4	90.8	102
Cl	144	72.8	79.0	89.0	106	129	178	214	125	79.3	114	15.78	669	57.2	0.63	106	124	其他分布	114	76.0	71.0
Co	1487	4.46	5.19	6.72	9.46	12.43	14.72	15.92	9.72	3.59	9.02	3.82	20.79	2.33	0.37	9.46	12.32	正态分布	12.32	11.40	14.80
Cr	1488	14.57	19.66	29.46	45.58	75.1	85.8	91.6	50.8	25.58	43.52	10.11	115	4.00	0.50	45.58	40.00	其他分布	40.00	70.0	82.0
Cu	1458	8.20	9.76	13.26	19.98	29.00	34.60	38.53	21.51	9.82	19.23	6.25	53.4	3.93	0.46	19.98	22.89	其他分布	22.89	27.00	16.00
F	144	325	370	425	522	613	703	762	529	129	513	36.27	841	272	0.24	522	559	正态分布	529	535	453
Ga	144	14.82	15.33	16.27	17.25	18.62	19.46	20.10	17.47	1.76	17.38	5.21	24.20	14.10	0.10	17.25	15.70	正态分布	17.47	17.52	16.00
Ge	1489	1.17	1.21	1.30	1.39	1.48	1.55	1.60	1.39	0.13	1.38	1.24	2.02	0.94	0.10	1.39	1.44	正态分布	1.39	1.42	1.44
Hg	1489	0.05	0.06	0.07	0.12	0.20	0.28	0.36	0.16	0.18	0.12	3.50	3.48	0.02	1.12	0.12	0.24	对数正态分布	0.12	0.11	0.110
I	144	1.52	1.69	2.44	3.84	6.56	10.34	11.73	5.02	3.43	4.07	2.89	18.04	1.12	0.68	3.84	3.76	对数正态分布	4.07	2.10	1.70
La	144	38.01	39.05	42.00	45.84	49.00	52.7	54.0	45.74	5.28	45.44	9.12	62.0	34.00	0.12	45.84	44.00	正态分布	45.74	42.67	41.00
Li	144	21.00	22.00	26.00	34.00	46.00	52.7	55.1	35.83	11.48	33.99	7.63	60.00	14.00	0.32	34.00	25.00	对数正态分布	33.99	23.00	25.00
Mn	1397	282	346	456	643	825	1059	1170	670	274	614	40.53	1481	144	0.41	643	786	其他分布	786	337	440
Mo	1388	0.56	0.60	0.71	0.86	1.13	1.46	1.65	0.95	0.34	0.90	1.40	2.03	0.39	0.35	0.86	0.76	剔除后对数正态分布	0.90	0.64	0.66
N	1489	0.72	0.86	1.17	1.57	2.10	2.62	2.94	1.67	0.71	1.53	1.72	6.23	0.20	0.42	1.57	1.07	对数正态分布	1.53	1.30	1.28
Nb	144	17.21	17.53	18.31	19.95	21.22	24.47	25.88	20.36	2.76	20.19	5.73	32.60	15.33	0.14	19.95	20.90	对数正态分布	20.19	16.83	16.83
Ni	1489	6.72	7.99	10.26	15.20	27.80	34.61	37.80	19.03	10.35	16.28	5.77	51.3	2.64	0.54	15.20	11.40	正态分布	11.40	31.00	35.00
P	1489	0.24	0.31	0.53	0.76	1.02	1.27	1.49	0.80	0.41	0.70	1.77	5.86	0.09	0.51	0.76	0.98	对数正态分布	0.70	0.84	0.60
Pb	1359	26.32	28.64	32.72	38.04	44.43	52.5	58.3	39.33	9.37	38.27	8.49	67.6	17.27	0.24	38.04	32.96	剔除后正态分布	38.27	22.00	32.00

续表 4-8

元素/指标	N	$X_{5\%}$	$X_{10\%}$	$X_{25\%}$	$X_{50\%}$	$X_{75\%}$	$X_{90\%}$	$X_{95\%}$	$\bar{X}$	S	$\bar{X}_g$	S_g	X_{max}	X_{min}	CV	X_{me}	X_{mo}	分布类型	北仑区背景值	宁波市背景值	浙江省背景值
Rb	144	104	108	119	127	135	144	152	127	14.52	126	16.25	180	95.0	0.11	127	120	正态分布	127	126	120
S	144	198	210	259	338	436	543	594	461	1252	345	30.48	15 296	140	2.72	338	487	对数正态分布	345	301	248
Sb	144	0.43	0.50	0.59	0.68	0.77	0.89	1.01	0.76	0.58	0.69	1.51	5.60	0.36	0.76	0.68	0.68	对数正态分布	0.69	0.50	0.53
Sc	144	6.90	7.83	9.20	10.98	12.65	14.07	14.59	10.92	2.43	10.64	3.98	17.80	5.31	0.22	10.98	9.50	正态分布	10.92	10.53	8.70
Se	1393	0.17	0.21	0.32	0.40	0.52	0.72	0.83	0.43	0.19	0.39	2.01	0.96	0.05	0.43	0.40	0.25	其他分布	0.25	0.21	0.21
Sn	144	2.60	3.26	4.67	7.15	11.93	17.82	19.28	8.93	5.76	7.35	3.54	37.20	1.90	0.65	7.15	6.20	对数正态分布	7.35	3.70	3.60
Sr	141	59.0	68.0	90.0	111	124	137	150	107	26.05	103	14.59	167	49.00	0.24	111	115	剔除后正态分布	107	113	105
Th	144	9.76	11.29	13.00	14.50	16.02	17.57	18.60	14.45	2.59	14.21	4.65	21.77	7.10	0.18	14.50	14.30	正态分布	14.45	14.52	13.30
Ti	144	3771	4106	4440	4817	5073	5341	5759	4774	535	4743	132	6200	3366	0.11	4817	4869	正态分布	4774	4397	4665
Tl	265	0.63	0.66	0.69	0.75	0.82	0.92	1.01	0.77	0.11	0.76	1.23	1.11	0.57	0.14	0.75	0.78	剔除后对数分布	0.76	0.78	0.70
U	144	2.00	2.30	2.60	3.00	3.42	3.86	3.98	3.01	0.60	2.95	1.93	4.40	1.60	0.20	3.00	3.00	正态分布	3.01	2.90	2.90
V	1486	34.85	41.51	53.4	71.3	93.8	106	112	73.2	24.53	68.7	12.05	154	10.25	0.34	71.3	106	其他分布	106	109	106
W	144	1.61	1.72	1.88	2.05	2.39	3.30	3.54	2.28	0.72	2.20	1.70	6.94	1.41	0.31	2.05	1.96	对数正态分布	2.20	2.04	1.80
Y	144	22.40	23.06	25.90	28.23	30.84	32.00	33.00	28.05	3.49	27.82	6.82	37.00	14.98	0.12	28.23	29.00	正态分布	28.05	25.00	25.00
Zn	1402	56.6	62.5	77.6	95.8	113	134	148	97.3	27.15	93.4	14.19	176	34.86	0.28	95.8	97.0	剔除后正态分布	97.3	102	101
Zr	144	210	220	256	293	339	372	389	297	58.5	291	26.84	531	200	0.20	293	297	正态分布	297	213	243
SiO$_2$	144	60.8	61.9	65.1	68.2	70.3	73.0	73.8	67.7	4.05	67.6	11.37	76.2	53.2	0.06	68.2	67.1	正态分布	67.7	69.8	71.3
Al$_2$O$_3$	144	10.88	11.80	12.38	13.50	14.64	15.41	15.69	13.57	1.58	13.48	4.50	19.64	10.36	0.12	13.50	13.38	正态分布	13.57	13.79	13.20
TFe$_2$O$_3$	144	2.82	3.10	3.53	4.17	5.00	5.62	5.83	4.25	0.95	4.15	2.32	6.54	2.37	0.22	4.17	4.43	正态分布	4.25	3.76	3.74
MgO	144	0.44	0.50	0.59	0.83	1.36	1.86	2.14	1.03	0.56	0.90	1.68	2.60	0.37	0.54	0.83	0.59	对数正态分布	0.90	0.63	0.50
CaO	144	0.22	0.28	0.44	0.65	1.09	1.97	2.33	0.88	0.75	0.68	2.10	5.83	0.13	0.86	0.65	0.70	对数正态分布	0.68	0.24	0.24
Na$_2$O	144	0.68	0.75	0.97	1.21	1.38	1.53	1.67	1.18	0.32	1.14	1.37	2.23	0.27	0.27	1.21	1.24	正态分布	1.18	0.97	0.19
K$_2$O	1401	2.21	2.30	2.48	2.70	2.97	3.35	3.57	2.76	0.40	2.73	1.80	3.91	1.70	0.15	2.70	2.78	其他分布	2.78	2.35	2.35
TC	144	0.89	1.05	1.33	1.62	1.94	2.18	2.31	1.62	0.46	1.55	1.48	3.81	0.52	0.29	1.62	1.42	正态分布	1.62	1.56	1.43
C$_{org}$	1489	0.65	0.80	1.04	1.41	1.78	2.22	2.57	1.47	0.63	1.35	1.64	5.58	0.18	0.43	1.41	1.60	对数正态分布	1.35	0.90	1.31
pH	1387	4.56	4.64	4.85	5.18	5.70	6.55	7.06	5.02	5.01	5.37	2.65	7.39	4.09	1.00	5.18	4.68	剔除后对数分布	5.37	5.00	5.10

与宁波市土壤元素背景值相比，北仑区土壤元素背景值中个别元素/指标背景值低于宁波市背景值，其中 Cr、B、Ni 背景值明显低于宁波市背景值，低于宁波市背景值的 60%；Zr、Sb、Na_2O、Ba 背景值略高于宁波市背景值，是宁波市背景值的 1.2~1.4 倍；CaO、Mn、Sn、I、Pb、Au、Cl、Corg、Ag、Li、MgO、Mo、Cl 背景值明显偏高，是宁波市背景值的 1.4 倍以上，其中 CaO、Mn 明显富集，背景值是宁波市背景值的 2.0 倍以上；其他元素/指标背景值则与宁波市背景值基本接近。

与浙江省土壤元素背景值相比，北仑区土壤元素背景值中 As、Cr、Ni 背景值明显低于浙江省背景值，在浙江省背景值的 60% 以下；Ba、Li、Mo、S、Sb、Sc、W、Zr 背景值略高于浙江省背景值，是浙江省背景值的 1.2~1.4 倍；Au、B、Bi、Br、Cl、Cr、Cu、I、Mn、Sn、MgO、CaO、Na_2O 背景值明显偏高，是浙江省背景值的 1.4 倍以上，其中 I 背景值是浙江省背景值的 6.21 倍；其他元素/指标背景值则与浙江省背景值基本接近。

九、奉化区土壤元素背景值

奉化区土壤元素背景值数据经正态分布检验，结果表明，原始数据中 Ba、Ce、Ga、La、Sc、Sr、Ti、Zr、SiO_2、Al_2O_3、TFe_2O_3、Na_2O 符合正态分布，Ag、Au、Be、Bi、Br、Cu、I、Li、Nb、P、Sb、Sn、Th、Tl、U、W、Y、MgO、CaO、TC 符合对数正态分布，F、Pb、Rb、S 剔除异常值后符合正态分布，Ge、Mn、Mo、pH 剔除异常值后符合对数正态分布，其他元素/指标不符合正态分布或对数正态分布（表 4-9）。

奉化区表层土壤总体呈酸性，土壤 pH 背景值为 5.12，极大值为 6.60，极小值为 3.70，与宁波市背景值和浙江省背景值接近。

在土壤各元素/指标中，一多半元素/指标变异系数小于 0.40，分布相对均匀；Ag、Au、pH、Sb、I、Bi、Hg、CaO、Ni、Sn、P、Br、B、Cr、MgO、Cu、S、Na_2O、As、N、Co、Cl、Corg、Sr 共 24 项元素/指标变异系数大于 0.40，其中 Ag、Au、pH、Sb、I 变异系数大于 0.80，空间变异性较大。

与宁波市土壤元素背景值相比，奉化区土壤元素背景值中 Cl、As、B、V、Hg、Ni、Cr 背景值明显低于宁波市背景值，低于宁波市背景值的 60%；Cu、Co 背景值略低于宁波市背景值，为宁波市背景值的 60%~80%；Ba、Tl、Mn、Corg、Nb、Mo、Li 背景值略高于宁波市背景值，是宁波市背景值的 1.2~1.4 倍；I、Pb、CaO、Sn、N、Zr、Se 背景值明显偏高，是宁波市背景值的 1.4 倍以上，其中 I 背景值是宁波市背景值的 2.17 倍；其他元素/指标背景值则与宁波市背景值基本接近。

与浙江省土壤元素背景值相比，奉化区土壤元素背景值中 As、Cr、Ni、Cl、Hg、V、Co 背景值明显低于浙江省背景值，在浙江省背景值的 60% 以下；Bi、Cd、Nb、Pb、Th、W、Zr、MgO 背景值略高于浙江省背景值，是浙江省背景值的 1.2~1.4 倍；B、Ba、Br、I、N、Se、Sn、Tl、CaO、Na_2O 背景值明显偏高，是浙江省背景值的 1.4 倍以上，其中 Na_2O 背景值是浙江省背景值的 5.79 倍；其他元素/指标背景值则与浙江省背景值基本接近。

十、宁海县土壤元素背景值

宁海县土壤元素背景值数据经正态分布检验，结果表明，原始数据中 Be、Ce、Ga、Ge、La、Rb、U、Al_2O_3 符合正态分布，Au、Bi、Br、N、Nb、Sb、Sc、Th、Tl、W、CaO、Na_2O、TC、Corg 符合对数正态分布，Ag、Cl、S、Zr 剔除异常值后符合正态分布，Ba、Li、P、Sn、Ti、TFe_2O_3、MgO 剔除异常值后符合对数正态分布，其他元素/指标不符合正态分布或对数正态分布（表 4-10）。

宁海县表层土壤总体呈强酸性，土壤 pH 背景值为 4.84，极大值为 9.24，极小值为 3.79，与宁波市背景值和浙江省背景值接近。

在土壤各元素/指标中，大多数元素/指标变异系数小于 0.40，分布相对均匀；CaO、pH、I、Au、Ni、Bi、Br、Cr、As、Co、Mn、B、Cu、V、W、Na_2O、Corg 共 17 项元素/指标变异系数大于 0.40，其中 CaO、pH 变异系

第四章 土壤元素背景值

表4-9 奉化区土壤元素背景值参数统计表

元素/指标	N	$X_{5\%}$	$X_{10\%}$	$X_{25\%}$	$X_{50\%}$	$X_{75\%}$	$X_{90\%}$	$X_{95\%}$	$\bar{X}$	S	$\bar{X}_g$	S_g	X_{max}	X_{min}	CV	X_{me}	X_{mo}	分布类型	奉化区背景值	宁波市背景值	浙江省背景值
Ag	304	37.15	45.00	58.0	79.0	109	151	182	98.4	114	81.5	12.68	1797	18.00	1.16	79.0	69.0	对数正态分布	81.5	69.0	100.0
As	2851	1.33	1.60	2.45	3.56	4.72	6.00	6.87	3.72	1.66	3.33	2.45	8.64	0.73	0.45	3.56	3.50	其他分布	3.50	6.50	10.10
Au	304	0.65	0.73	0.92	1.35	2.22	3.77	5.08	1.95	1.99	1.51	1.95	21.76	0.37	1.02	1.35	1.00	对数正态分布	1.51	1.50	1.50
B	2985	7.91	10.08	16.04	27.77	42.67	54.8	61.4	30.43	17.02	25.36	7.80	82.6	2.82	0.56	27.77	32.00	其他分布	32.00	67.0	20.00
Ba	304	376	440	565	696	806	950	1038	698	201	666	43.74	1278	142	0.29	696	713	正态分布	698	503	475
Be	304	1.61	1.68	1.87	2.08	2.48	2.85	3.37	2.24	0.59	2.17	1.66	5.31	1.20	0.27	2.08	1.97	对数正态分布	2.17	2.16	2.00
Bi	304	0.20	0.22	0.26	0.33	0.51	0.76	1.06	0.45	0.35	0.38	2.13	2.54	0.14	0.78	0.33	0.26	对数正态分布	0.38	0.34	0.28
Br	304	2.80	3.09	3.87	5.40	7.38	10.39	13.24	6.27	3.55	5.56	3.03	25.85	2.00	0.57	5.40	3.60	对数正态分布	5.56	6.17	2.20
Cd	2652	0.07	0.08	0.11	0.15	0.20	0.24	0.27	0.16	0.06	0.14	3.16	0.38	0.02	0.40	0.15	0.17	偏峰分布	0.17	0.17	0.14
Ce	304	65.6	70.2	77.5	87.2	94.9	103	108	87.1	14.58	85.8	13.12	148	28.44	0.17	87.2	90.6	正态分布	87.1	90.8	102
Cl	298	39.37	40.50	44.73	73.9	98.6	120	138	77.0	33.39	70.1	12.39	179	36.80	0.43	73.9	41.70	其他分布	41.70	76.0	71.0
Co	2923	2.93	3.59	4.80	6.59	9.37	11.80	13.35	7.24	3.20	6.54	3.37	16.82	0.98	0.44	6.59	7.60	对数分布	7.60	11.40	14.80
Cr	2936	16.28	18.51	23.32	32.95	52.3	73.5	80.9	39.79	20.97	34.86	8.68	100.0	7.00	0.53	32.95	18.00	其他分布	18.00	70.0	82.0
Cu	2988	9.49	10.94	13.92	18.77	24.93	30.17	33.44	20.15	9.58	18.50	5.94	190	3.87	0.48	18.77	11.50	对数正态分布	18.50	27.00	16.00
F	278	274	313	399	491	593	700	767	499	146	477	34.87	913	149	0.29	491	514	剔除后正态分布	499	535	453
Ga	304	14.12	14.70	15.82	17.70	19.32	20.90	21.58	17.72	2.36	17.56	5.29	24.60	12.30	0.13	17.70	16.00	正态分布	17.72	17.52	16.00
Ge	2935	1.03	1.07	1.14	1.25	1.35	1.45	1.52	1.25	0.15	1.25	1.19	1.68	0.82	0.12	1.25	1.30	剔除后对数分布	1.25	1.42	1.44
Hg	2914	0.03	0.04	0.06	0.10	0.19	0.26	0.31	0.13	0.09	0.10	3.90	0.41	0.001	0.67	0.10	0.05	其他分布	0.05	0.11	0.110
I	304	1.10	1.46	2.40	4.85	8.05	12.42	14.84	6.12	4.97	4.55	3.35	35.08	0.70	0.81	4.85	1.46	对数正态分布	4.55	2.10	1.70
La	304	30.00	32.31	37.99	42.76	48.11	52.0	54.0	42.58	7.45	41.86	8.66	61.2	10.71	0.18	42.76	40.00	正态分布	42.58	42.67	41.00
Li	304	19.00	20.70	23.94	27.66	32.00	37.92	42.31	28.77	7.66	27.88	6.74	69.0	15.75	0.27	27.66	28.00	对数正态分布	27.88	23.00	25.00
Mn	2856	213	262	339	439	588	754	841	476	188	439	34.44	1016	90.4	0.39	439	474	剔除后对数分布	439	337	440
Mo	2706	0.46	0.52	0.63	0.77	0.98	1.27	1.44	0.83	0.29	0.79	1.44	1.75	0.27	0.35	0.77	0.86	剔除后对数分布	0.79	0.64	0.66
N	2840	0.72	0.86	1.17	1.55	2.13	2.91	3.34	1.71	0.77	1.55	1.75	3.86	0.18	0.45	1.55	1.88	其他分布	1.88	1.30	1.28
Nb	304	16.13	17.40	18.70	20.80	23.42	27.57	30.30	21.76	4.52	21.34	5.96	40.70	13.00	0.21	20.80	20.40	正态分布	21.34	16.83	16.83
Ni	2868	4.24	5.03	6.79	9.72	16.29	27.15	29.90	12.75	8.12	10.57	4.80	35.09	1.60	0.64	9.72	8.80	对数正态分布	8.80	31.00	35.00
P	2988	0.27	0.33	0.49	0.70	1.03	1.41	1.71	0.81	0.46	0.69	1.82	3.78	0.04	0.58	0.70	0.77	对数正态分布	0.69	0.84	0.60
Pb	2833	24.56	27.53	32.76	38.73	44.53	49.94	53.7	38.80	8.77	37.77	8.50	64.7	14.18	0.23	38.73	39.00	剔除后正态分布	38.80	22.00	32.00

续表 4-9

元素/指标	N	$X_{5\%}$	$X_{10\%}$	$X_{25\%}$	$X_{50\%}$	$X_{75\%}$	$X_{90\%}$	$X_{95\%}$	$\overline{X}$	S	$\overline{X}_g$	S_g	X_{max}	X_{min}	CV	X_{me}	X_{mo}	分布类型	奉化区背景值	宁波市背景值	浙江省背景值
Rb	279	108	113	123	134	146	162	173	136	19.51	134	17.13	193	88.5	0.14	134	129	剔除后正态分布	136	126	120
S	297	69.5	76.0	186	251	324	421	467	256	120	222	24.03	556	50.00	0.47	251	50.00	剔除后正态分布	256	301	248
Sb	304	0.33	0.38	0.46	0.54	0.67	0.78	0.92	0.62	0.56	0.56	1.68	8.79	0.28	0.90	0.54	0.53	对数正态分布	0.56	0.50	0.53
Sc	304	5.90	6.60	7.49	9.60	11.35	12.64	13.44	9.56	2.44	9.25	3.61	16.82	4.10	0.25	9.60	7.30	正态分布	9.56	10.53	8.70
Se	2822	0.17	0.18	0.21	0.26	0.30	0.34	0.37	0.26	0.06	0.25	2.23	0.44	0.09	0.23	0.26	0.30	其他分布	0.30	0.21	0.21
Sn	304	2.41	2.65	3.72	5.33	8.06	10.84	13.64	6.42	3.99	5.49	2.99	29.40	0.85	0.62	5.33	4.50	对数分布	5.49	3.70	3.60
Sr	304	47.05	52.5	70.8	100.0	127	159	175	104	42.52	95.7	14.54	301	31.65	0.41	100.0	107	正态分布	104	113	105
Th	304	12.44	13.10	14.30	15.70	17.79	20.69	24.63	16.56	4.07	16.17	5.10	46.55	8.71	0.25	15.70	15.70	对数正态分布	16.17	14.52	13.30
Ti	304	2703	3186	3760	4270	4710	5132	5588	4236	860	4142	120	7272	1670	0.20	4270	4367	正态分布	4236	4397	4665
Tl	304	0.72	0.76	0.83	0.99	1.17	1.55	1.87	1.08	0.36	1.03	1.34	2.62	0.55	0.33	0.99	0.80	对数正态分布	1.03	0.78	0.70
U	304	2.60	2.80	3.10	3.40	3.82	4.30	4.73	3.54	0.77	3.47	2.12	8.46	1.95	0.22	3.40	3.30	对数正态分布	3.47	2.90	2.90
V	2945	30.99	35.88	46.59	59.8	77.7	95.1	104	63.0	22.55	58.9	11.14	127	11.31	0.36	59.8	51.0	其他分布	51.0	109	106
W	304	1.48	1.57	1.80	2.30	2.87	3.80	4.59	2.51	1.00	2.35	1.83	7.78	1.01	0.40	2.30	2.34	对数正态分布	2.35	2.04	1.80
Y	304	19.10	19.83	21.00	22.90	26.00	29.80	31.18	23.80	3.86	23.51	6.19	36.00	15.80	0.16	22.90	24.00	对数正态分布	23.51	25.00	25.00
Zn	2910	49.10	54.8	65.4	80.4	95.6	109	116	81.2	20.99	78.4	12.96	143	25.02	0.26	80.4	95.0	其他分布	95.0	102	101
Zr	304	206	221	265	304	346	379	405	306	61.7	299	27.20	545	164	0.20	304	342	正态分布	306	213	243
SiO$_2$	304	64.8	66.3	68.4	70.8	73.3	74.8	76.1	70.7	3.41	70.7	11.64	78.3	61.1	0.05	70.8	68.8	正态分布	70.7	69.8	71.3
Al$_2$O$_3$	304	11.09	11.46	12.69	14.03	15.47	16.66	17.15	14.04	1.90	13.91	4.62	18.59	10.12	0.14	14.03	13.11	正态分布	14.04	13.79	13.20
TFe$_2$O$_3$	304	2.10	2.33	2.86	3.41	4.20	4.78	5.38	3.56	1.07	3.40	2.11	9.11	1.44	0.30	3.41	3.44	对数正态分布	3.56	3.76	3.74
MgO	304	0.33	0.37	0.44	0.61	0.84	1.06	1.26	0.69	0.34	0.62	1.70	2.85	0.25	0.50	0.61	0.59	对数正态分布	0.62	0.63	0.50
CaO	304	0.12	0.16	0.23	0.41	0.64	0.84	1.06	0.47	0.30	0.38	2.42	1.59	0.06	0.64	0.41	0.17	对数正态分布	0.38	0.24	0.24
Na$_2$O	304	0.41	0.49	0.72	1.03	1.38	1.70	2.07	1.10	0.50	0.99	1.61	3.09	0.24	0.46	1.03	1.10	正态分布	1.10	0.97	0.19
K$_2$O	2975	2.12	2.35	2.57	2.92	3.42	3.84	4.11	3.01	0.60	2.95	1.89	4.71	1.32	0.20	2.92	2.60	其他分布	2.60	2.35	2.35
TC	304	0.93	1.02	1.22	1.49	1.84	2.32	2.66	1.59	0.52	1.51	1.46	3.62	0.70	0.33	1.49	1.15	对数正态分布	1.51	1.56	1.43
Corg	2856	0.66	0.83	1.11	1.44	1.94	2.58	2.94	1.57	0.67	1.43	1.69	3.46	0.09	0.42	1.44	1.16	其他分布	1.16	0.90	1.31
pH	2843	4.40	4.51	4.74	5.05	5.44	5.80	6.09	4.87	4.84	5.12	2.59	6.60	3.70	0.99	5.05	5.00	剔除后对数分布	5.12	5.00	5.10

第四章 土壤元素背景值

表4-10 宁海县土壤元素背景值参数统计表

元素/指标	N	$X_{5\%}$	$X_{10\%}$	$X_{25\%}$	$X_{50\%}$	$X_{75\%}$	$X_{90\%}$	$X_{95\%}$	$\bar{X}$	S	$\bar{X}_g$	S_g	X_{max}	X_{min}	CV	X_{me}	X_{mo}	分布类型	宁海县背景值	宁波市背景值	浙江省背景值
Ag	363	44.00	48.00	62.0	81.0	98.0	121	141	82.8	28.66	77.7	12.68	166	8.00	0.35	81.0	84.0	剔除后正态分布	82.8	69.0	100.0
As	3924	1.85	2.32	3.47	5.95	11.19	13.86	15.09	7.35	4.46	5.94	3.39	22.26	1.00	0.61	5.95	3.80	其他分布	3.80	6.50	10.10
Au	391	0.74	0.83	1.03	1.40	1.80	2.50	3.59	1.64	1.23	1.43	1.68	14.37	0.58	0.75	1.40	1.50	对数正态分布	1.43	1.50	1.50
B	3933	11.10	14.90	22.57	37.42	57.2	70.8	77.7	40.50	21.21	34.39	8.42	108	3.58	0.52	37.42	24.00	其他分布	24.00	67.0	20.00
Ba	374	406	453	493	624	746	885	953	637	171	615	40.58	1148	245	0.27	624	563	剔除后对数分布	615	503	475
Be	391	1.62	1.73	1.89	2.10	2.33	2.58	2.70	2.13	0.33	2.10	1.59	3.73	1.26	0.16	2.10	1.89	正态分布	2.13	2.16	2.00
Bi	391	0.19	0.21	0.25	0.33	0.43	0.55	0.73	0.39	0.27	0.34	2.16	2.50	0.15	0.70	0.33	0.25	对数正态分布	0.34	0.34	0.28
Br	391	2.20	2.40	3.30	5.30	8.64	11.88	14.54	6.59	4.34	5.45	3.14	30.63	1.80	0.66	5.30	2.30	对数正态分布	5.45	6.17	2.20
Cd	3462	0.07	0.09	0.11	0.14	0.17	0.21	0.23	0.15	0.05	0.14	3.26	0.30	0.04	0.32	0.14	0.14	其他分布	0.14	0.17	0.14
Ce	391	70.8	74.5	82.2	94.5	108	117	127	95.5	17.75	93.9	13.71	163	56.0	0.19	94.5	89.0	正态分布	95.5	90.8	102
Cl	374	44.86	47.23	60.0	70.0	83.0	98.3	107	72.0	18.31	69.8	11.63	121	42.10	0.25	70.0	65.0	剔除后正态分布	72.0	76.0	71.0
Co	3739	3.90	4.40	5.66	9.94	17.82	19.81	21.78	11.95	6.90	9.97	4.23	36.94	2.29	0.58	9.94	5.70	其他分布	5.70	11.40	14.80
Cr	3740	15.07	17.80	25.20	43.00	90.2	99.6	107	57.1	36.31	45.44	9.94	193	5.20	0.64	43.00	29.00	其他分布	29.00	70.0	82.0
Cu	3774	9.69	11.26	15.02	22.38	35.79	43.41	50.6	26.11	13.44	22.74	6.52	69.4	2.96	0.51	22.38	12.50	其他分布	12.50	27.00	16.00
F	381	273	314	380	477	632	766	831	513	177	484	37.15	1036	207	0.34	477	417	偏峰分布	417	535	453
Ga	391	14.00	15.00	16.50	18.30	20.10	21.50	22.20	18.29	2.69	18.09	5.35	29.90	10.70	0.15	18.30	18.00	正态分布	18.29	17.52	16.00
Ge	3936	1.03	1.10	1.26	1.43	1.60	1.76	1.89	1.44	0.25	1.42	1.30	2.56	0.88	0.18	1.43	1.42	正态分布	1.44	1.42	1.44
Hg	3673	0.04	0.05	0.06	0.07	0.09	0.11	0.12	0.07	0.02	0.07	1.41	0.14	0.02	0.32	0.07	0.07	其他分布	0.07	0.11	0.110
I	384	1.10	1.30	1.84	5.02	8.94	12.83	14.34	5.97	4.48	4.25	3.36	20.14	0.42	0.75	5.02	1.59	其他分布	1.59	2.10	1.70
La	391	32.14	36.29	41.20	47.00	52.0	58.0	63.0	47.22	9.41	46.28	9.21	89.0	21.43	0.20	47.00	45.00	正态分布	47.22	42.67	41.00
Li	350	19.00	19.93	21.91	24.50	29.00	34.00	36.55	25.78	5.72	25.21	6.58	45.00	16.00	0.22	24.50	22.00	剔除后对数分布	25.21	23.00	25.00
Mn	3904	237	275	361	638	996	1167	1316	699	372	599	40.62	1960	127	0.53	638	488	其他分布	488	337	440
Mo	3553	0.49	0.54	0.65	0.80	1.00	1.31	1.51	0.86	0.30	0.82	1.41	1.81	0.23	0.34	0.80	0.92	其他分布	0.92	0.64	0.66
N	3936	0.80	0.92	1.14	1.43	1.78	2.15	2.41	1.50	0.50	1.41	1.51	5.17	0.18	0.33	1.43	1.50	对数正态分布	1.41	1.30	1.28
Nb	391	17.40	18.00	20.30	22.90	25.45	28.60	33.40	23.61	5.31	23.11	6.19	57.1	14.40	0.22	22.90	24.00	对数正态分布	23.11	16.83	16.83
Ni	3738	5.78	6.83	9.23	15.33	43.20	48.34	52.4	25.58	19.05	18.71	6.39	96.8	2.35	0.74	15.33	31.00	其他分布	12.40	31.00	35.00
P	3719	0.27	0.36	0.51	0.69	0.88	1.12	1.26	0.71	0.29	0.65	1.67	1.53	0.05	0.40	0.69	0.65	剔除后偏峰分布	0.65	0.84	0.60
Pb	3618	24.67	26.72	29.74	33.00	36.81	41.00	44.14	33.46	5.71	32.97	7.66	50.2	17.91	0.17	33.00	32.00	偏峰分布	32.00	22.00	32.00

续表 4-10

元素/指标	N	$X_{5\%}$	$X_{10\%}$	$X_{25\%}$	$X_{50\%}$	$X_{75\%}$	$X_{90\%}$	$X_{95\%}$	$\overline{X}$	S	$\overline{X}_g$	S_g	X_{max}	X_{min}	CV	X_{me}	X_{mo}	分布类型	宁海县背景值	宁波市背景值	浙江省背景值
Rb	391	89.0	97.0	115	131	144	156	164	130	25.20	127	16.34	240	48.70	0.19	131	137	正态分布	130	126	120
S	355	165	192	241	285	332	394	421	288	73.6	278	25.66	472	95.0	0.26	285	276	剔除后正态分布	288	301	248
Sb	391	0.39	0.42	0.47	0.54	0.63	0.74	0.83	0.57	0.20	0.55	1.54	2.35	0.28	0.34	0.54	0.52	对数正态分布	0.55	0.50	0.53
Sc	391	6.60	7.10	8.37	9.70	12.09	14.60	16.10	10.46	3.17	10.05	3.93	28.67	5.30	0.30	9.70	7.80	对数正态分布	10.05	10.53	8.70
Se	3654	0.14	0.15	0.17	0.21	0.27	0.33	0.38	0.23	0.07	0.22	2.48	0.45	0.06	0.32	0.21	0.25	其他分布	0.25	0.21	0.21
Sn	365	1.99	2.30	2.80	3.60	4.50	5.96	6.70	3.81	1.41	3.56	2.27	7.80	0.98	0.37	3.60	3.60	剔除后对数分布	3.56	3.70	3.60
Sr	386	40.12	45.25	57.2	80.0	109	122	138	84.0	32.00	77.9	12.55	186	29.60	0.38	80.0	66.0	其他分布	66.0	113	105
Th	391	10.15	10.80	12.40	13.90	15.59	17.32	18.65	14.14	2.76	13.89	4.56	29.70	8.60	0.20	13.90	13.40	对数正态分布	13.89	14.52	13.30
Ti	358	3128	3372	3742	4370	5254	5923	6386	4533	1026	4421	129	7802	1858	0.23	4370	4218	剔除后对数正态分布	4421	4397	4665
Tl	391	0.62	0.71	0.80	0.97	1.17	1.48	1.69	1.03	0.33	0.99	1.35	2.48	0.36	0.32	0.97	0.93	对数正态分布	0.99	0.78	0.70
U	391	2.30	2.40	2.70	3.10	3.50	3.80	3.98	3.13	0.57	3.09	1.93	6.00	1.90	0.18	3.10	3.10	正态分布	3.13	2.90	2.90
V	3825	31.40	36.17	48.50	79.3	118	131	145	85.8	42.70	75.1	12.57	226	15.84	0.50	79.3	68.0	其他分布	68.0	109	106
W	391	1.54	1.65	1.82	2.08	2.53	3.15	3.80	2.35	1.13	2.22	1.73	16.37	1.19	0.48	2.08	1.82	对数正态分布	2.22	2.04	1.80
Y	390	18.05	19.89	23.00	26.00	29.00	31.00	32.00	25.59	4.22	25.22	6.54	36.00	14.50	0.16	26.00	30.00	偏峰分布	30.00	25.00	25.00
Zn	3809	56.5	63.4	75.8	95.3	110	123	136	94.0	23.84	90.9	13.70	163	27.88	0.25	95.3	69.0	其他分布	69.0	102	101
Zr	376	208	261	302	332	365	390	406	328	53.1	323	27.98	459	195	0.16	332	363	剔除后正态分布	328	213	243
SiO₂	373	61.1	63.5	68.2	71.7	74.0	76.0	76.9	70.7	4.64	70.5	11.65	80.6	58.9	0.07	71.7	71.4	偏峰分布	71.4	69.8	71.3
Al₂O₃	391	10.46	11.01	12.23	14.12	15.37	16.36	16.97	13.82	2.10	13.66	4.56	20.35	9.01	0.15	14.12	14.65	正态分布	13.82	13.79	13.20
TFe₂O₃	365	2.24	2.44	2.83	3.34	4.33	5.99	6.35	3.70	1.27	3.51	2.24	7.19	1.31	0.34	3.34	2.87	剔除后对数正态分布	3.51	3.76	3.74
MgO	350	0.32	0.36	0.42	0.51	0.66	0.82	0.97	0.56	0.19	0.53	1.63	1.15	0.22	0.34	0.51	0.50	剔除后对数正态分布	0.53	0.63	0.50
CaO	391	0.10	0.12	0.17	0.31	0.52	1.17	1.59	0.47	0.53	0.32	2.87	3.05	0.06	1.11	0.31	0.12	对数正态分布	0.32	0.24	0.24
Na₂O	391	0.32	0.37	0.52	0.75	1.00	1.22	1.40	0.79	0.36	0.71	1.68	2.30	0.13	0.45	0.75	0.56	其他分布	0.71	0.97	0.19
K₂O	3516	2.02	2.22	2.61	2.89	3.13	3.47	3.70	2.87	0.47	2.83	1.85	4.07	1.57	0.17	2.89	2.86	对数正态分布	2.86	2.35	2.35
TC	391	0.93	1.07	1.27	1.51	1.75	2.08	2.33	1.56	0.46	1.49	1.44	3.52	0.55	0.29	1.51	1.42	对数正态分布	1.49	1.56	1.43
Corg	3936	0.57	0.68	0.89	1.22	1.57	1.95	2.19	1.28	0.54	1.18	1.57	7.11	0.09	0.42	1.22	1.33	对数正态分布	1.18	0.90	1.31
pH	3936	4.35	4.52	4.83	5.30	7.47	8.19	8.40	4.95	4.78	5.95	2.78	9.24	3.79	0.96	5.30	4.84	其他分布	4.84	5.00	5.10

数大于0.80,空间变异性较大。

与宁波市土壤元素背景值相比,宁海县土壤元素背景值中As、Sr、Co、Cu、Cr、Ni、B背景值明显低于宁波市背景值,低于宁波市背景值的60%;F、P、I、Na_2O、Zn、Hg、V背景值略低于宁波市背景值,为宁波市背景值的60%~80%;Nb、CaO、Corg、Tl、Ba、K_2O、Ag、Y背景值略高于宁波市背景值,是宁波市背景值的1.2~1.4倍;Zr、Pb、Mn、Mo背景值明显偏高,是宁波市背景值的1.4倍以上;其他元素/指标背景值则与宁波市背景值基本接近。

与浙江省土壤元素背景值相比,宁海县土壤元素背景值中As、Co、Cr、Ni背景值明显低于浙江省背景值,低于浙江省背景值的60%;Cu、Hg、Sr、V、Zn背景值略低于浙江省背景值,为浙江省背景值的60%~80%;Ba、Bi、Mo、Nb、W、Zr、CaO、K_2O、B、Y背景值略高于浙江省背景值,是浙江省背景值的1.2~1.4倍;Br、Tl、Na_2O背景值明显高于浙江省背景值,是浙江省背景值的1.4倍以上;其他元素/指标背景值则与浙江省背景值基本接近。

十一、象山县土壤元素背景值

象山县土壤元素背景值数据经正态分布检验,结果表明,原始数据中Ba、Ga、Nb、Rb、Th、Ti、U、Zr、SiO_2、Al_2O_3、Na_2O、TC符合正态分布,Be、Bi、Br、Ce、F、I、N、P、S、Sb、Sc、Sn、Sr、Tl、W、TFe_2O_3、MgO、CaO、Corg符合对数正态分布,Au、La、K_2O剔除异常值后符合正态分布,Cl剔除异常值后符合对数正态分布,其他元素/指标不符合正态分布或对数正态分布(表4-11)。

象山县表层土壤总体呈酸性,土壤pH背景值为5.12,极大值为9.17,极小值为3.78,与宁波市背景值和浙江省背景值接近。

在土壤各元素/指标中,大多数元素/指标变异系数小于0.40,分布相对均匀;pH、F、CaO、I、MgO、Br、Ni、Sn、Cr、As、Co、Mn、Corg、P共14项指标变异系数大于0.40,其中pH、F、CaO变异系数大于0.80,空间变异性较大。

与宁波市土壤元素背景值相比,象山县土壤元素背景值中部分元素/指标背景值低于宁波市背景值,其中Cu、Cr、B、Ni背景值明显低于宁波市背景值,不足宁波市背景值的60%;Hg背景值略低于宁波市背景值,为宁波市背景值的73%;As、Nb、Co、K_2O、Sb、Sn背景值略高于宁波市背景值,是宁波市背景值的1.2~1.4倍;CaO、I、Mn、Pb、Se、Zr、Corg背景值明显偏高,是宁波市背景值的1.4倍以上,其中CaO、I背景值是宁波市背景值的2.0倍以上;其他元素/指标背景值则与宁波市背景值基本接近。

与浙江省土壤元素背景值相比,宁海县土壤元素背景值中Cr、Ni背景值明显低于浙江省背景值,不足浙江省背景值的60%;Ag、Hg背景值略低于浙江省背景值,为浙江省背景值的60%~80%;Ba、Bi、Nb、P、S、Sn、Tl、Zr、K_2O、B背景值略高于浙江省背景值,是浙江省背景值的1.2~1.4倍;Br、I、Mn、Se、MgO、CaO、Na_2O背景值明显高于浙江省背景值,为浙江省背景值的1.4倍以上,Na_2O背景值是浙江省背景值的5.32倍;其他元素/指标背景值则与浙江省背景值基本接近。

第二节 主要土壤母质类型元素背景值

一、松散岩类沉积物土壤母质元素背景值

宁波市松散岩类沉积物土壤母质元素背景值数据经正态分布检验,结果表明,原始数据中Ga、Li、Rb、Sc、Th、SiO_2、Al_2O_3、TFe_2O_3、Na_2O符合正态分布,Ag、Au、La、S、U、W、Zr、TC符合对数正态分布,Bi、F、

宁波市土壤元素背景值

表 4-11 象山县土壤元素背景值参数统计表

元素/指标	N	$X_{5\%}$	$X_{10\%}$	$X_{25\%}$	$X_{50\%}$	$X_{75\%}$	$X_{90\%}$	$X_{95\%}$	$\bar{X}$	S	$\bar{X}_g$	S_g	X_{max}	X_{min}	CV	X_{me}	X_{mo}	分布类型	象山县背景值	宁波市背景值	浙江省背景值
Ag	255	57.7	63.3	72.5	85.0	104	118	127	89.0	22.49	86.3	13.26	159	41.00	0.25	85.0	69.0	偏峰分布	69.0	69.0	100.0
As	3440	2.44	3.10	5.03	8.50	11.27	13.47	14.64	8.35	3.86	7.29	3.46	20.47	0.43	0.46	8.50	8.60	其他分布	8.60	6.50	10.10
Au	252	1.00	1.10	1.40	1.70	2.00	2.46	2.62	1.74	0.50	1.66	1.51	3.10	0.56	0.29	1.70	2.00	剔除后正态分布	1.74	1.50	1.50
B	3460	22.00	26.17	36.63	63.4	74.3	80.5	83.9	56.6	21.13	51.8	9.93	103	6.62	0.37	63.4	24.00	其他分布	24.00	67.00	20.00
Ba	273	387	436	484	565	675	789	862	591	158	570	39.14	1307	160	0.27	565	519	正态分布	591	503	475
Be	273	1.81	1.91	2.09	2.28	2.52	2.85	3.04	2.42	0.83	2.34	1.73	10.17	1.46	0.34	2.28	2.30	对数正态分布	2.34	2.16	2.00
Bi	273	0.23	0.24	0.29	0.35	0.44	0.52	0.61	0.38	0.14	0.36	1.94	1.19	0.19	0.37	0.35	0.35	对数正态分布	0.36	0.34	0.28
Br	273	3.20	3.52	4.40	6.10	8.80	11.70	15.11	7.22	4.16	6.37	3.35	32.85	2.20	0.58	6.10	4.80	对数正态分布	6.37	6.17	2.20
Cd	3064	0.07	0.09	0.12	0.14	0.17	0.20	0.22	0.14	0.05	0.14	3.31	0.29	0.02	0.31	0.14	0.14	其他分布	0.14	0.17	0.14
Ce	273	67.0	71.7	78.3	85.6	93.8	101	106	86.9	16.61	85.6	13.03	252	41.80	0.19	85.6	85.9	正态分布	85.6	90.8	102
Cl	248	63.0	66.0	72.8	81.0	93.2	107	115	84.1	16.13	82.7	12.87	137	51.0	0.19	81.0	71.0	剔除后对数分布	82.7	76.0	71.0
Co	3455	4.02	4.74	6.83	13.45	16.35	17.97	19.02	11.95	5.22	10.57	4.13	29.31	1.07	0.44	13.45	14.38	其他分布	14.38	11.40	14.80
Cr	3460	17.31	20.27	27.97	65.6	85.5	94.8	101	58.8	30.04	49.63	9.93	156	3.54	0.51	65.6	27.00	其他分布	27.00	70.00	82.00
Cu	3430	10.81	12.97	17.36	26.70	33.47	38.89	42.50	26.12	10.12	23.93	6.43	57.8	1.93	0.39	26.70	13.30	其他分布	13.30	27.00	16.00
F	273	271	290	345	436	592	757	817	518	459	460	35.81	6807	179	0.89	436	342	其他分布	460	535	453
Ga	273	14.10	14.72	15.90	17.30	18.70	20.27	21.28	17.37	2.18	17.24	5.22	23.40	12.00	0.13	17.30	17.80	正态分布	17.37	17.52	16.00
Ge	3225	1.22	1.28	1.37	1.45	1.51	1.57	1.61	1.44	0.12	1.43	1.25	1.76	1.09	0.08	1.45	1.49	其他分布	1.49	1.42	1.44
Hg	3205	0.05	0.05	0.06	0.07	0.10	0.13	0.15	0.08	0.03	0.08	4.22	0.18	0.002	0.36	0.07	0.08	其他分布	0.08	0.11	0.110
I	273	1.75	2.02	2.79	4.48	6.67	10.05	11.62	5.31	3.76	4.41	2.89	40.57	0.99	0.71	4.48	1.85	对数正态分布	4.41	2.10	1.70
La	260	35.00	38.00	42.00	46.00	50.00	54.0	55.0	45.56	5.89	45.17	8.99	58.0	31.00	0.13	46.00	46.00	剔除后正态分布	45.56	42.67	41.00
Li	271	19.00	20.00	23.00	27.00	41.38	53.0	58.2	32.48	12.83	30.28	7.51	67.4	16.00	0.40	27.00	24.00	其他分布	24.00	23.00	25.00
Mn	3431	255	311	514	822	1011	1174	1290	782	327	700	43.68	1759	117	0.42	822	667	其他分布	667	337	440
Mo	3210	0.45	0.49	0.57	0.68	0.84	1.02	1.16	0.72	0.21	0.70	1.41	1.35	0.19	0.29	0.68	0.54	其他分布	0.54	0.64	0.66
N	3460	0.69	0.81	1.03	1.33	1.67	2.08	2.29	1.39	0.49	1.30	1.51	3.83	0.10	0.35	1.33	1.30	其他分布	1.30	1.30	1.28
Nb	273	17.66	18.15	19.10	21.40	23.41	25.28	26.50	21.48	2.86	21.29	5.82	32.60	15.20	0.13	21.40	21.60	正态分布	21.48	16.83	16.83
Ni	3459	6.60	7.72	10.33	29.53	39.20	43.61	46.16	26.00	14.93	20.76	6.32	77.6	1.41	0.57	29.53	10.20	其他分布	31.00	31.00	35.00
P	3460	0.36	0.43	0.59	0.76	1.01	1.26	1.44	0.82	0.34	0.75	1.58	3.09	0.09	0.41	0.76	0.50	对数正态分布	0.75	0.84	0.60
Pb	3219	25.56	27.03	29.67	33.05	37.80	43.03	46.47	34.09	6.29	33.54	7.79	53.4	16.07	0.18	33.05	34.00	其他分布	34.00	22.00	32.00

第四章 土壤元素背景值

续表 4-11

元素/指标	N	$X_{5\%}$	$X_{10\%}$	$X_{25\%}$	$X_{50\%}$	$X_{75\%}$	$X_{90\%}$	$X_{95\%}$	$\overline{X}$	S	$\overline{X}_g$	S_g	X_{max}	X_{min}	CV	X_{me}	X_{mo}	分布类型	象山县背景值	宁波市背景值	浙江省背景值
Rb	273	103	108	115	125	133	142	148	125	13.80	124	16.13	175	89.0	0.11	125	125	正态分布	125	126	120
S	273	192	215	249	301	365	435	509	319	106	304	27.30	849	112	0.33	301	277	对数正态分布	304	301	248
Sb	273	0.43	0.46	0.51	0.59	0.70	0.86	0.91	0.63	0.19	0.61	1.47	2.51	0.33	0.30	0.59	0.50	对数正态分布	0.61	0.50	0.53
Sc	273	5.96	6.40	7.70	9.40	11.50	14.39	15.60	9.82	2.90	9.42	3.80	18.56	5.20	0.30	9.40	9.40	对数正态分布	9.42	10.53	8.70
Se	3319	0.15	0.16	0.19	0.26	0.33	0.40	0.44	0.27	0.09	0.26	2.28	0.56	0.05	0.34	0.26	0.31	其他分布	0.31	0.21	0.21
Sn	273	2.60	2.90	3.50	4.20	5.60	7.48	9.10	4.90	2.54	4.48	2.53	21.50	1.90	0.52	4.20	3.60	对数正态分布	4.48	3.70	3.60
Sr	273	52.9	60.1	80.0	102	120	145	172	103	35.36	97.5	14.55	273	32.00	0.34	102	95.0	对数正态分布	97.5	113	105
Th	273	11.00	11.61	12.70	13.80	15.10	16.18	16.90	13.90	1.79	13.78	4.55	18.60	9.40	0.13	13.80	13.50	正态分布	13.90	14.52	13.30
Ti	273	3333	3518	4083	4555	5024	5296	5547	4533	755	4468	128	7437	2461	0.17	4555	4462	正态分布	4533	4397	4665
Tl	273	0.63	0.67	0.75	0.85	0.97	1.09	1.20	0.87	0.19	0.86	1.25	1.90	0.47	0.21	0.85	0.83	对数正态分布	0.86	0.78	0.70
U	273	2.40	2.50	2.78	3.10	3.40	3.70	3.90	3.12	0.51	3.07	1.94	6.00	2.00	0.16	3.10	3.40	正态分布	3.12	2.90	2.90
V	3450	41.70	46.80	60.5	97.4	113	122	127	88.3	29.30	82.6	12.78	188	10.60	0.33	97.4	109	其他分布	109	109	106
W	273	1.32	1.48	1.67	1.86	2.09	2.37	2.61	1.93	0.53	1.87	1.53	5.81	1.04	0.27	1.86	1.75	对数正态分布	1.87	2.04	1.80
Y	271	21.00	22.00	24.00	27.00	29.00	30.59	31.00	26.57	3.25	26.36	6.62	34.00	18.54	0.12	27.00	29.00	其他分布	29.00	25.00	25.00
Zn	3420	49.50	56.0	71.1	91.7	104	113	120	88.2	22.22	85.0	13.04	154	23.79	0.25	91.7	101	对数正态分布	101	102	101
Zr	273	204	222	267	310	355	402	433	313	72.3	305	27.18	717	173	0.23	310	308	正态分布	313	213	243
SiO$_2$	273	59.5	62.0	65.8	70.1	73.4	75.4	76.6	69.5	5.17	69.3	11.50	81.7	54.4	0.07	70.1	67.2	正态分布	69.5	69.8	71.3
Al$_2$O$_3$	273	10.48	10.84	11.74	12.94	13.96	15.16	15.57	12.92	1.57	12.82	4.40	17.59	9.04	0.12	12.94	12.83	正态分布	12.92	13.79	13.20
TFe$_2$O$_3$	273	2.38	2.58	2.98	3.74	4.71	5.70	6.05	3.91	1.18	3.74	2.29	7.45	1.78	0.30	3.74	2.99	对数正态分布	3.74	3.76	3.74
MgO	273	0.33	0.37	0.44	0.67	1.17	2.02	2.22	0.91	0.63	0.74	1.88	2.97	0.28	0.69	0.67	0.45	对数正态分布	0.74	0.63	0.50
CaO	273	0.20	0.23	0.38	0.62	1.11	1.76	2.48	0.88	0.74	0.65	2.19	3.95	0.13	0.85	0.62	0.22	对数正态分布	0.65	0.24	0.24
Na$_2$O	273	0.55	0.61	0.77	0.99	1.24	1.40	1.50	1.01	0.31	0.96	1.39	1.97	0.34	0.31	0.99	0.62	对数正态分布	1.01	0.97	0.19
K$_2$O	3281	2.39	2.50	2.70	2.89	3.09	3.27	3.38	2.89	0.30	2.88	1.85	3.71	2.08	0.10	2.89	2.86	剔除后正态分布	2.89	2.35	2.35
TC	273	1.12	1.26	1.45	1.60	1.83	2.07	2.23	1.63	0.34	1.60	1.42	3.01	0.62	0.21	1.60	1.48	正态分布	1.63	1.56	1.43
C$_{org}$	3460	0.60	0.72	0.97	1.28	1.75	2.24	2.52	1.40	0.59	1.28	1.62	4.65	0.05	0.42	1.28	1.07	对数正态分布	1.28	0.90	1.31
pH	3460	4.64	4.85	5.15	5.92	7.79	8.23	8.37	5.27	5.00	6.35	2.87	9.17	3.78	0.95	5.92	5.12	其他分布	5.12	5.00	5.10

Tl剔除异常值后符合正态分布，Br、Ce、Cl、Sb剔除异常值后符合对数正态分布，其他元素/指标不符合正态分布或对数正态分布（表4-12）。

宁波市松散岩类沉积物区表层土壤总体为碱性，土壤pH背景值为8.07，极大值为9.54，极小值为3.31，明显高于宁波市背景值。

表层土壤各元素/指标中，大多数元素/指标变异系数小于0.40，分布相对均匀；S、Au、pH、Hg、CaO、Ag、Sn、Corg、I、N、Mn共11项指标变异系数大于0.40，其中S、Au、pH变异系数大于0.80，空间变异性较大。

与宁波市土壤元素背景值相比，松散岩类沉积物区土壤元素背景值中I、P、Hg、Mo背景值略低于宁波市背景值，是宁波市背景值的60%～80%；Na_2O、Sb、Bi背景值略高于宁波市背景值，是宁波市背景值的1.2～1.4倍；CaO、MgO、Au、Ag、Li、Mn背景值明显偏高，是宁波市背景值的1.4倍以上，其中CaO、MgO、Au背景值为宁波市背景值的2.0倍以上；其他元素/指标背景值则与宁波市背景值基本接近。

二、碎屑岩类风化物土壤母质元素背景值

宁波市碎屑岩类风化物土壤母质元素背景值数据经正态分布检验，结果表明，原始数据中Ba、Be、Bi、Br、Ce、Cl、F、Ga、La、Li、Nb、Rb、S、Sc、Sr、Th、Tl、U、W、Y、Zr、SiO_2、Al_2O_3、Na_2O、K_2O、TC符合正态分布，As、Au、B、Co、Cu、I、Mo、N、P、Sb、Se、Sn、Zn、TFe_2O_3、MgO、CaO、Corg符合对数正态分布，Ag、Cd、Ge、Pb、Ti剔除异常值后符合正态分布，pH剔除异常值后符合对数正态分布，其他元素/指标不符合正态分布或对数正态分布（表4-13）。

宁波市碎屑岩类风化物区表层土壤总体为酸性，土壤pH背景值为5.19，极大值为7.79，极小值为3.92，与宁波市背景值接近。

表层土壤各元素/指标中，约一半元素/指标变异系数小于0.40，分布相对均匀；Au、pH、Co、Mo、Ni、Sn、I、As、CaO、Cr、Mn、Cu、P、Hg、MgO、B、Bi、Se、Corg、Br、Ag、N、V、Cd、Sb共25项元素/指标变异系数大于0.40，其中Au、pH、Co变异系数大于0.80，空间变异性较大。

与宁波市土壤元素背景值相比，碎屑岩类风化物区土壤元素背景值中B、Cr、Ni背景值明显低于宁波市背景值，低于宁波市背景值的60%；Br、P、V背景值略低于宁波市背景值，是宁波市背景值的60%～80%；I、Corg、Au、Ag、Se、Ba、Nb、Li、Sb背景值略高于宁波市背景值，是宁波市背景值的1.2～1.4倍；CaO、Pb、Sn、Zr、Mo背景值明显偏高，是宁波市背景值的1.4倍以上；其他元素/指标背景值则与宁波市背景值基本接近。

三、紫色碎屑岩类风化物土壤母质元素背景值

宁波市紫色碎屑岩类风化物土壤母质元素背景值数据经正态分布检验，结果表明，原始数据中Ba、Be、Br、Ce、Ga、I、La、Li、Rb、S、Sc、Sn、Th、U、W、Y、Zr、SiO_2、Al_2O_3、Na_2O、K_2O、TC符合正态分布，As、Au、B、Bi、Cl、Cu、Ge、Mn、Mo、N、P、Sb、Se、Sr、Tl、TFe_2O_3、MgO、CaO、Corg符合对数正态分布，Ag、F、Nb剔除异常值后符合正态分布，Co、Cr、Ni、V、pH剔除异常值后符合对数正态分布，其他元素/指标不符合正态分布或对数正态分布（表4-14）。

宁波市紫色碎屑岩类风化物区表层土壤总体为强酸性，土壤pH背景值为4.76，极大值为5.90，极小值为3.71，与宁波市背景值接近。

表层土壤各元素/指标中，多数元素/指标变异系数小于0.40，分布相对均匀；pH、Mo、Au、CaO、P、I、Cu、Se、Mn、Sb、Br、Cd、Hg、Sn、S、As、B、Corg、N、Na_2O、Sr共21项元素/指标变异系数大于0.40，其中pH、Mo、Au变异系数大于0.80，空间变异性较大。

第四章 土壤元素背景值

表4-12 松散岩类沉积物土壤母质元素背景值参数统计表

元素/指标	N	$X_{5\%}$	$X_{10\%}$	$X_{25\%}$	$X_{50\%}$	$X_{75\%}$	$X_{90\%}$	$X_{95\%}$	$\bar{X}$	S	$\bar{X}_g$	S_g	X_{max}	X_{min}	CV	X_{me}	X_{mo}	分布类型	松散岩类沉积物背景值	宁波市背景值
Ag	803	65.0	72.0	85.5	117	168	229	304	141	82.7	124	17.08	634	38.00	0.59	117	117	对数正态分布	124	69.0
As	16 554	3.19	3.96	5.39	6.80	8.56	10.63	11.77	7.05	2.51	6.57	3.12	13.85	0.85	0.36	6.80	5.80	其他分布	5.80	6.50
Au	803	1.30	1.50	1.90	3.10	5.10	8.28	11.59	4.41	4.80	3.29	2.73	61.8	0.70	1.09	3.10	1.50	对数正态分布	3.29	1.50
B	16 466	30.32	39.21	54.1	65.6	74.2	81.3	85.8	63.1	16.08	60.6	10.84	106	19.90	0.25	65.6	69.8	其他分布	69.8	67.0
Ba	763	415	424	458	509	565	654	700	523	85.7	516	37.92	768	377	0.16	509	503	偏峰分布	503	503
Be	797	1.84	1.94	2.14	2.38	2.56	2.69	2.78	2.34	0.29	2.33	1.68	3.09	1.52	0.12	2.38	2.50	偏峰分布	2.50	2.16
Bi	784	0.24	0.27	0.34	0.41	0.48	0.54	0.58	0.41	0.10	0.40	1.77	0.68	0.16	0.25	0.41	0.44	剔除后正态分布	0.41	0.34
Br	774	2.70	3.50	4.80	6.02	7.49	9.27	10.10	6.20	2.13	5.80	2.86	11.83	1.10	0.34	6.02	6.30	剔除后对数分布	5.80	6.17
Cd	15 631	0.10	0.11	0.14	0.17	0.20	0.24	0.27	0.17	0.05	0.17	2.88	0.34	0.03	0.30	0.17	0.18	其他分布	0.18	0.17
Ce	786	66.9	70.3	73.2	78.6	85.9	92.7	96.1	79.9	9.09	79.4	12.75	107	53.5	0.11	78.6	77.3	剔除后对数分布	79.4	90.8
Cl	763	54.8	59.8	73.0	89.0	111	131	146	93.0	27.46	89.0	13.99	175	40.80	0.30	89.0	107	剔除后对数分布	89.0	76.0
Co	16 602	6.10	7.87	10.64	12.60	14.74	16.96	18.10	12.54	3.38	12.02	4.28	21.15	4.11	0.27	12.60	11.40	其他分布	11.40	11.40
Cr	15 811	39.81	53.0	64.3	74.0	84.4	92.8	97.3	73.3	16.18	71.2	11.88	117	28.97	0.22	74.0	70.0	其他分布	70.0	70.0
Cu	16 251	15.65	19.00	24.86	30.29	35.68	41.40	45.14	30.30	8.57	28.97	7.33	54.1	7.80	0.28	30.29	27.00	其他分布	27.00	27.00
F	772	380	425	505	578	644	725	769	577	112	565	38.80	857	298	0.19	578	565	剔除后正态分布	577	535
Ga	803	13.38	14.03	15.52	16.97	18.50	19.81	20.39	16.98	2.18	16.84	5.23	23.62	11.43	0.13	16.97	16.80	正态分布	16.98	17.52
Ge	16 708	1.13	1.20	1.29	1.40	1.50	1.59	1.65	1.39	0.15	1.39	1.25	1.81	0.98	0.11	1.40	1.42	其他分布	1.42	1.42
Hg	15 766	0.05	0.05	0.07	0.12	0.24	0.36	0.44	0.17	0.13	0.13	3.49	0.59	0.002	0.74	0.12	0.07	其他分布	0.07	0.11
I	762	1.10	1.30	1.62	2.40	3.60	4.80	5.60	2.75	1.41	2.41	2.01	7.19	0.30	0.51	2.40	1.50	其他分布	1.50	2.10
La	803	35.00	37.00	39.00	43.00	46.00	50.00	53.0	43.34	5.94	42.97	8.98	89.0	31.00	0.14	43.00	39.00	对数正态分布	42.97	42.67
Li	803	23.00	27.00	34.65	41.10	48.00	53.4	56.5	40.97	9.78	39.69	8.51	66.0	16.00	0.24	41.10	46.00	正态分布	40.97	23.00
Mn	16 835	262	295	376	542	728	943	1055	577	243	527	36.21	1276	90.4	0.42	542	577	其他分布	577	337
Mo	16 384	0.36	0.40	0.50	0.65	0.82	0.99	1.11	0.68	0.23	0.64	1.51	1.34	0.18	0.34	0.65	0.39	其他分布	0.39	0.64
N	16 880	0.69	0.82	1.07	1.58	2.46	3.23	3.63	1.82	0.94	1.59	1.92	4.62	0.03	0.51	1.58	1.27	其他分布	1.27	1.30
Nb	754	14.85	14.85	16.38	17.70	18.81	20.70	21.70	17.71	2.07	17.59	5.34	23.30	12.87	0.12	17.70	16.83	其他分布	16.83	16.83
Ni	16 222	11.67	16.90	25.72	30.83	36.10	41.81	44.70	30.33	9.07	28.63	7.09	52.7	8.38	0.30	30.83	31.00	其他分布	31.00	31.00
P	16 224	0.46	0.53	0.67	0.88	1.17	1.51	1.73	0.95	0.38	0.88	1.51	2.06	0.06	0.40	0.88	0.60	其他分布	0.60	0.84
Pb	16 574	19.39	21.60	27.10	34.97	42.30	50.3	55.5	35.49	10.86	33.80	8.24	66.5	9.50	0.31	34.97	22.00	其他分布	22.00	22.00

续表 4-12

元素/指标	N	$X_{5\%}$	$X_{10\%}$	$X_{25\%}$	$X_{50\%}$	$X_{75\%}$	$X_{90\%}$	$X_{95\%}$	$\bar{X}$	S	$\bar{X}_g$	S_g	X_{max}	X_{min}	CV	X_{me}	X_{mo}	分布类型	松散岩类沉积物背景值	宁波市背景值
Rb	803	93.0	99.0	111	122	133	141	146	122	16.72	121	16.31	217	81.0	0.14	122	122	正态分布	122	126
S	803	170	187	244	336	446	548	620	382	558	332	31.01	15 296	50.00	1.46	336	301	对数正态分布	332	301
Sb	766	0.45	0.49	0.55	0.63	0.73	0.86	0.91	0.65	0.14	0.63	1.40	1.04	0.33	0.21	0.63	0.57	剔除后对数分布	0.63	0.50
Sc	803	7.40	8.30	10.10	11.22	13.00	14.27	14.92	11.37	2.24	11.14	4.10	20.20	5.30	0.20	11.22	11.20	正态分布	11.37	10.53
Se	16 879	0.13	0.15	0.19	0.27	0.35	0.43	0.47	0.28	0.11	0.26	2.26	0.61	0.03	0.39	0.27	0.21	其他分布	0.21	0.21
Sn	792	3.10	3.50	4.60	9.10	13.90	18.19	20.48	9.88	5.77	8.21	3.94	28.30	1.70	0.58	9.10	3.60	其他分布	3.60	3.70
Sr	768	85.0	94.0	104	112	127	142	153	115	19.23	114	15.13	166	66.0	0.17	112	104	其他分布	104	113
Th	803	11.00	11.60	12.50	13.71	15.09	16.30	17.17	13.90	1.97	13.77	4.64	26.60	9.50	0.14	13.71	12.80	正态分布	13.90	14.52
Ti	783	3760	3974	4165	4410	4737	5079	5235	4458	439	4437	128	5636	3262	0.10	4410	4435	偏峰分布	4435	4397
Tl	855	0.54	0.57	0.65	0.73	0.81	0.89	0.94	0.73	0.12	0.72	1.27	1.05	0.43	0.16	0.73	0.71	剔除后正态分布	0.73	0.78
U	803	2.11	2.20	2.40	2.70	3.07	3.48	3.71	2.78	0.55	2.73	1.87	8.78	1.80	0.20	2.70	2.50	对数正态分布	2.73	2.90
V	16 796	52.0	63.1	78.2	92.5	106	115	121	90.9	20.37	88.3	13.45	148	35.00	0.22	92.5	109	其他分布	109	109
W	803	1.40	1.51	1.70	1.92	2.19	2.45	2.67	1.98	0.45	1.93	1.57	5.75	1.01	0.23	1.92	1.81	对数正态分布	1.93	2.04
Y	799	22.10	23.00	24.81	26.09	28.50	30.00	31.00	26.50	2.63	26.37	6.70	34.00	19.50	0.10	26.09	25.00	其他分布	25.00	25.00
Zn	16 260	65.4	72.0	84.1	97.0	110	123	132	97.3	19.66	95.3	14.27	152	44.47	0.20	97.0	102	其他正态分布	102	102
Zr	803	200	206	218	246	273	332	364	255	50.4	251	24.44	531	166	0.20	246	209	对数分布	251	213
SiO₂	803	60.9	63.0	65.8	68.2	70.7	73.1	74.4	68.1	3.94	68.0	11.42	79.1	53.2	0.06	68.2	68.4	正态分布	68.1	69.8
Al₂O₃	803	11.28	11.59	12.54	13.54	14.57	15.20	15.52	13.51	1.34	13.44	4.53	16.66	9.20	0.10	13.54	12.95	正态分布	13.51	13.79
TFe₂O₃	803	2.66	3.01	3.73	4.24	4.86	5.57	5.93	4.29	0.98	4.18	2.36	8.89	1.63	0.23	4.24	4.06	其他分布	4.29	3.76
MgO	803	0.43	0.55	1.04	1.36	1.86	2.14	2.22	1.39	0.55	1.25	1.65	2.64	0.22	0.40	1.36	1.43	其他分布	1.43	0.63
CaO	739	0.36	0.48	0.66	0.82	1.30	2.19	2.57	1.07	0.65	0.91	1.80	3.02	0.10	0.61	0.82	0.69	其他分布	0.69	0.24
Na₂O	803	0.85	0.95	1.15	1.30	1.54	1.72	1.81	1.32	0.30	1.29	1.31	2.19	0.40	0.23	1.30	1.28	正态分布	1.32	0.97
K₂O	16 634	2.05	2.13	2.28	2.48	2.74	3.00	3.13	2.53	0.33	2.51	1.72	3.48	1.57	0.13	2.48	2.35	正态分布	2.48	2.35
TC	803	1.10	1.18	1.40	1.73	2.27	2.82	3.12	1.89	0.64	1.79	1.64	4.31	0.52	0.34	1.73	1.65	对数正态分布	1.79	1.56
Corg	16 932	0.54	0.65	0.86	1.41	2.23	2.96	3.34	1.61	0.90	1.37	1.94	4.34	0.07	0.56	1.41	0.88	其他分布	0.88	0.90
pH	17 053	4.59	4.84	5.28	6.05	7.89	8.20	8.34	5.26	4.85	6.43	2.86	9.54	3.31	0.92	6.05	8.07	其他分布	8.07	5.00

注: 氧化物、TC、Corg 单位为%, N、P 单位为 g/kg, Au、Ag 单位为 μg/kg, pH 为无量纲, 其他元素/指标单位为 mg/kg; 后表单位相同。

第四章 土壤元素背景值

表 4-13 碎屑岩类风化物土壤母质元素背景值参数统计表

元素/指标	N	$X_{5\%}$	$X_{10\%}$	$X_{25\%}$	$X_{50\%}$	$X_{75\%}$	$X_{90\%}$	$X_{95\%}$	$\bar{X}$	S	$\bar{X}_g$	S_g	X_{max}	X_{min}	CV	X_{me}	X_{mo}	分布类型	碎屑岩类风化物背景值	宁波市背景值
Ag	47	44.00	48.60	69.5	85.0	107	151	171	94.0	41.81	86.2	13.26	226	34.00	0.44	85.0	85.0	剔除后正态分布	94.0	69.0
As	580	2.60	3.05	4.03	5.64	9.57	14.84	16.22	7.32	4.84	6.13	3.22	42.18	1.64	0.66	5.64	5.60	对数正态分布	6.13	6.50
Au	54	1.00	1.10	1.12	1.85	2.40	6.25	7.49	3.03	4.88	2.06	2.27	35.10	0.90	1.61	1.85	1.10	对数正态分布	2.06	1.50
B	580	15.44	18.36	25.67	36.38	53.1	68.7	78.6	40.31	19.67	35.68	8.34	115	6.06	0.49	36.38	35.00	对数正态分布	35.68	67.0
Ba	54	459	490	579	663	734	798	856	657	119	646	40.82	918	388	0.18	663	663	正态分布	657	503
Be	54	1.79	1.84	1.94	2.10	2.29	2.54	2.59	2.13	0.28	2.12	1.58	2.91	1.66	0.13	2.10	2.16	正态分布	2.13	2.16
Bi	54	0.19	0.19	0.27	0.32	0.45	0.56	0.65	0.37	0.18	0.34	2.08	1.13	0.18	0.47	0.32	0.32	正态分布	0.37	0.34
Br	54	2.23	2.46	3.23	4.65	6.02	7.81	9.15	4.93	2.19	4.49	2.59	11.10	2.00	0.44	4.65	5.10	正态分布	4.93	6.17
Cd	510	0.05	0.07	0.09	0.13	0.17	0.21	0.24	0.14	0.06	0.12	3.56	0.32	0.03	0.42	0.13	0.06	剔除后正态分布	0.14	0.17
Ce	54	71.4	73.1	76.8	84.5	92.8	98.9	102	84.8	10.16	84.2	13.05	105	65.4	0.12	84.5	85.6	正态分布	84.8	90.8
Cl	54	54.7	57.2	65.0	73.7	89.0	103	125	79.1	21.18	76.6	12.58	142	39.00	0.27	73.7	84.0	对数正态分布	79.1	76.0
Co	580	4.00	4.84	6.29	9.60	17.33	21.36	26.48	13.08	11.51	10.32	4.29	93.4	1.47	0.88	9.60	5.30	其他分布	10.32	11.40
Cr	564	15.39	18.89	25.80	38.77	77.5	102	108	51.3	32.28	41.99	9.21	162	7.80	0.63	38.77	29.00	对数正态分布	29.00	70.0
Cu	580	9.01	11.40	15.88	21.82	34.80	44.71	50.6	26.11	14.78	22.58	6.50	123	4.01	0.57	21.82	11.80	其他分布	22.58	27.00
F	54	319	351	390	460	530	602	630	463	100.0	453	33.89	699	261	0.22	460	411	正态分布	463	535
Ga	54	13.70	14.39	15.26	16.34	17.50	19.78	20.70	16.67	2.22	16.53	5.04	22.30	11.80	0.13	16.34	16.50	正态分布	16.67	17.52
Ge	572	1.11	1.17	1.26	1.39	1.54	1.66	1.74	1.40	0.19	1.39	1.26	1.95	0.91	0.14	1.39	1.31	剔除后正态分布	1.40	1.42
Hg	522	0.05	0.05	0.06	0.08	0.12	0.19	0.22	0.10	0.05	0.09	4.04	0.26	0.02	0.53	0.08	0.09	其他分布	0.09	0.11
I	54	1.12	1.41	1.62	2.69	4.86	6.44	7.69	3.57	2.38	2.91	2.34	11.60	1.01	0.67	2.69	4.10	对数正态分布	2.91	2.10
La	54	36.65	37.90	42.02	45.98	50.00	56.0	58.0	46.55	6.40	46.12	9.26	59.0	33.00	0.14	45.98	47.00	正态分布	46.55	42.67
Li	54	19.00	20.30	23.00	29.00	35.00	39.17	44.12	29.88	8.34	28.81	7.01	55.00	17.00	0.28	29.00	28.00	正态分布	29.88	23.00
Mn	572	216	260	341	543	907	1131	1362	644	366	546	38.26	1770	103	0.57	543	319	其他分布	319	337
Mo	580	0.49	0.54	0.67	0.87	1.14	1.61	2.17	1.06	0.84	0.92	1.61	10.32	0.39	0.80	0.87	0.91	对数正态分布	0.92	0.64
N	580	0.70	0.84	1.03	1.36	1.71	2.32	2.90	1.47	0.65	1.35	1.59	4.48	0.28	0.44	1.36	1.77	对数正态分布	1.35	1.30
Nb	54	16.83	16.89	18.47	21.65	24.10	26.42	27.94	21.88	4.27	21.51	6.00	39.50	15.36	0.20	21.65	24.10	正态分布	21.88	16.83
Ni	560	5.38	6.40	8.42	12.44	30.00	48.81	52.6	20.64	16.34	15.33	5.53	71.6	2.99	0.79	12.44	11.70	其他分布	11.70	31.00
P	580	0.22	0.32	0.47	0.67	0.92	1.23	1.49	0.74	0.41	0.64	1.84	3.26	0.05	0.56	0.67	0.72	对数正态分布	0.64	0.84
Pb	549	24.17	25.99	29.88	33.60	37.77	41.37	44.74	33.89	6.09	33.32	7.77	51.2	17.70	0.18	33.60	36.00	剔除后正态分布	33.89	22.00

续表 4-13

元素/指标	N	$X_{5\%}$	$X_{10\%}$	$X_{25\%}$	$X_{50\%}$	$X_{75\%}$	$X_{90\%}$	$X_{95\%}$	$\bar{X}$	S	$\bar{X}_g$	S_g	X_{max}	X_{min}	CV	X_{me}	X_{mo}	分布类型	碎屑岩类风化物背景值	宁波市背景值
Rb	54	92.0	94.3	106	122	131	140	143	120	16.06	118	15.32	146	89.0	0.13	122	106	正态分布	120	126
S	54	197	217	240	292	386	464	483	321	105	305	27.36	655	144	0.33	292	270	正态分布	321	301
Sb	54	0.43	0.45	0.51	0.59	0.72	0.85	0.97	0.65	0.27	0.62	1.52	2.00	0.34	0.41	0.59	0.57	对数正态分布	0.62	0.50
Sc	54	6.70	6.93	7.89	8.65	10.15	11.98	14.78	9.33	2.41	9.07	3.65	17.20	5.90	0.26	8.65	9.90	正态分布	9.33	10.53
Se	580	0.15	0.17	0.20	0.28	0.38	0.50	0.59	0.31	0.15	0.28	2.25	1.04	0.10	0.47	0.28	0.32	对数正态分布	0.28	0.21
Sn	54	2.29	3.03	3.50	4.80	8.65	15.52	18.32	7.07	5.35	5.66	3.06	24.21	1.90	0.76	4.80	3.50	对数正态分布	5.66	3.70
Sr	54	61.6	64.9	86.5	105	119	129	152	103	27.62	99.0	14.27	173	52.0	0.27	105	113	正态分布	103	113
Th	54	9.73	10.40	12.00	13.40	15.47	17.02	17.77	13.64	2.42	13.42	4.39	18.90	8.60	0.18	13.40	15.50	剔除后正态分布	13.64	14.52
Ti	50	3448	3629	3833	4360	5322	6190	6523	4656	1006	4557	131	6971	3297	0.22	4360	4596	正态分布	4656	4397
Tl	54	0.62	0.66	0.74	0.85	0.97	1.11	1.20	0.89	0.29	0.86	1.31	2.48	0.55	0.33	0.85	0.86	正态分布	0.89	0.78
U	54	2.27	2.33	2.70	3.10	3.31	3.76	3.89	3.08	0.62	3.03	1.92	6.00	2.20	0.20	3.10	3.10	其他分布	3.08	2.90
V	565	37.32	42.75	54.3	71.7	109	133	137	81.3	34.96	74.1	12.07	200	18.00	0.43	71.7	76.0	正态分布	76.0	109
W	54	1.39	1.46	1.63	1.94	2.26	2.72	2.83	2.00	0.48	1.95	1.57	3.41	1.31	0.24	1.94	2.06	正态分布	2.00	2.04
Y	54	19.31	21.47	23.00	25.00	26.95	28.70	30.00	24.90	3.01	24.72	6.47	30.00	17.21	0.12	25.00	25.00	正态分布	24.90	25.00
Zn	580	52.2	56.9	67.8	81.1	108	127	142	90.0	35.06	84.9	13.19	439	36.86	0.39	81.1	79.0	对数正态分布	84.9	102
Zr	54	228	253	295	330	351	384	397	324	52.1	319	27.75	441	200	0.16	330	330	正态分布	324	213
SiO₂	54	61.5	64.9	69.6	72.1	73.9	75.8	76.3	71.2	4.42	71.0	11.57	80.6	59.5	0.06	72.1	71.7	正态分布	71.2	69.8
Al₂O₃	54	10.84	11.23	11.84	13.20	14.16	14.67	15.02	13.02	1.53	12.93	4.33	17.00	9.13	0.12	13.20	13.20	正态分布	13.02	13.79
TFe₂O₃	54	2.74	2.89	3.01	3.40	4.07	5.76	7.53	3.84	1.33	3.67	2.26	7.79	2.24	0.35	3.40	3.81	对数正态分布	3.67	3.76
MgO	54	0.36	0.39	0.45	0.60	0.78	1.09	1.37	0.69	0.34	0.63	1.65	2.10	0.33	0.50	0.60	0.54	对数正态分布	0.63	0.63
CaO	54	0.22	0.23	0.30	0.44	0.61	0.99	1.37	0.53	0.35	0.45	2.03	1.56	0.21	0.65	0.44	0.53	对数正态分布	0.45	0.24
Na₂O	54	0.51	0.60	0.69	1.06	1.29	1.41	1.45	1.01	0.32	0.96	1.42	1.62	0.42	0.32	1.06	0.67	正态分布	1.01	0.97
K₂O	580	1.68	1.98	2.37	2.75	3.09	3.39	3.55	2.71	0.61	2.63	1.85	6.12	0.72	0.23	2.75	3.49	正态分布	2.71	2.35
TC	54	1.11	1.20	1.36	1.63	1.89	2.26	2.50	1.71	0.53	1.64	1.49	4.15	0.88	0.31	1.63	1.89	正态分布	1.71	1.56
Corg	580	0.62	0.73	0.93	1.24	1.64	2.23	2.49	1.37	0.64	1.24	1.64	4.36	0.09	0.46	1.24	0.93	对数正态分布	1.24	0.90
pH	507	4.33	4.42	4.66	5.01	5.48	6.26	6.89	4.80	4.74	5.19	2.59	7.79	3.92	0.99	5.01	5.28	剔除后对数正态分布	5.19	5.00

表4-14 紫色碎屑岩类风化物土壤母质元素背景值参数统计表

元素/指标	N	$X_{5\%}$	$X_{10\%}$	$X_{25\%}$	$X_{50\%}$	$X_{75\%}$	$X_{90\%}$	$X_{95\%}$	$\bar{X}$	S	$\bar{X}_g$	S_g	X_{max}	X_{min}	CV	X_{me}	X_{mo}	分布类型	紫色碎屑岩类风化物背景值	宁波市背景值
Ag	85	39.00	50.4	66.0	88.0	106	131	151	88.4	32.61	82.1	13.34	169	18.00	0.37	88.0	88.0	剔除后正态分布	88.4	69.0
As	912	2.75	3.16	3.90	5.10	7.05	9.27	10.47	5.76	2.63	5.26	2.84	25.94	1.31	0.46	5.10	5.10	对数正态分布	5.26	6.50
Au	91	0.88	0.98	1.12	1.54	2.07	2.99	4.46	1.99	1.87	1.65	1.84	15.31	0.74	0.94	1.54	1.17	对数正态分布	1.65	1.50
B	912	14.20	17.20	24.70	34.85	46.10	58.5	67.6	36.76	16.44	33.11	8.15	130	3.64	0.45	34.85	33.50	对数正态分布	33.11	67.0
Ba	91	406	451	512	602	661	732	762	589	106	580	38.92	822	376	0.18	602	650	正态分布	589	503
Be	91	1.58	1.64	1.75	1.93	2.07	2.19	2.37	1.93	0.25	1.91	1.48	2.62	1.32	0.13	1.93	1.75	正态分布	1.93	2.16
Bi	91	0.21	0.22	0.24	0.28	0.33	0.39	0.49	0.30	0.09	0.29	2.18	0.68	0.15	0.31	0.28	0.28	对数正态分布	0.29	0.34
Br	91	3.05	3.42	4.21	5.92	8.16	11.23	12.93	6.80	3.60	6.04	3.11	22.05	1.80	0.53	5.92	10.21	正态分布	6.80	6.17
Cd	808	0.05	0.06	0.08	0.12	0.17	0.24	0.28	0.13	0.07	0.12	3.64	0.39	0.02	0.53	0.12	0.14	偏峰分布	0.14	0.17
Ce	91	60.5	62.7	68.0	76.8	86.9	95.4	98.7	78.5	14.15	77.4	12.29	153	56.3	0.18	76.8	72.0	正态分布	78.5	90.8
Cl	91	38.55	39.40	40.45	43.50	46.05	65.7	88.0	48.06	16.46	46.28	9.26	118	36.80	0.34	43.50	44.80	对数正态分布	46.28	76.0
Co	834	4.12	4.64	5.51	7.01	9.09	11.69	13.86	7.68	2.92	7.18	3.31	16.99	1.52	0.38	7.01	8.34	剔除后对数分布	7.18	11.40
Cr	833	20.61	23.92	28.80	36.10	46.13	57.0	66.9	38.50	13.47	36.25	8.29	80.4	8.30	0.35	36.10	28.80	剔除后对数分布	36.25	70.0
Cu	912	8.13	9.40	12.32	17.25	24.00	34.92	42.30	20.21	12.79	17.60	5.93	190	3.93	0.63	17.25	21.80	对数正态分布	17.60	27.00
F	86	414	447	522	667	815	1041	1179	699	232	662	42.16	1309	261	0.33	667	746	剔除后对数分布	699	535
Ga	91	14.05	14.40	15.55	16.50	18.60	20.80	22.20	17.18	2.49	17.01	5.09	24.60	12.60	0.14	16.50	16.00	正态分布	17.18	17.52
Ge	912	1.12	1.19	1.28	1.40	1.50	1.62	1.71	1.40	0.19	1.39	1.26	2.52	0.65	0.13	1.40	1.40	对数正态分布	1.39	1.42
Hg	842	0.04	0.05	0.07	0.08	0.12	0.18	0.21	0.10	0.05	0.09	3.97	0.25	0.01	0.50	0.08	0.12	其他分布	0.12	0.11
I	91	2.08	2.74	4.08	7.04	10.36	13.38	15.37	7.90	5.43	6.44	3.45	35.08	0.95	0.69	7.04	8.38	正态分布	7.90	2.10
La	91	29.07	30.65	33.62	36.93	40.84	44.30	47.28	37.34	5.64	36.93	8.04	55.0	26.90	0.15	36.93	36.25	正态分布	37.34	42.67
Li	91	23.17	25.50	28.12	30.40	33.86	37.72	42.81	31.39	5.54	30.93	7.36	50.5	21.00	0.18	30.40	29.29	正态分布	31.39	23.00
Mn	912	211	241	320	458	695	968	1197	545	312	473	36.06	2013	130	0.57	458	507	对数正态分布	473	337
Mo	912	0.47	0.52	0.64	0.81	1.05	1.38	1.70	0.95	0.93	0.84	1.53	19.33	0.29	0.98	0.81	0.76	对数正态分布	0.84	0.64
N	912	0.70	0.87	1.14	1.53	1.96	2.54	3.06	1.64	0.73	1.50	1.69	5.98	0.23	0.44	1.53	1.69	对数正态分布	1.50	1.30
Nb	81	16.90	17.70	19.50	20.70	22.00	23.00	23.40	20.55	2.18	20.43	5.72	26.30	15.80	0.11	20.70	20.40	剔除后正态分布	20.55	16.83
Ni	818	6.84	8.02	9.56	11.84	15.16	19.00	21.86	12.81	4.55	12.06	4.46	27.90	3.77	0.35	11.84	10.70	剔除后对数分布	12.06	31.00
P	912	0.17	0.25	0.43	0.72	1.13	1.75	2.22	0.89	0.65	0.69	2.13	3.89	0.06	0.73	0.72	0.36	对数正态分布	0.69	0.84
Pb	858	22.18	23.93	28.00	31.67	36.85	43.31	46.51	32.59	7.24	31.79	7.63	53.1	15.56	0.22	31.67	32.90	其他分布	32.90	22.00

续表 4-14

元素/指标	N	$X_{5\%}$	$X_{10\%}$	$X_{25\%}$	$X_{50\%}$	$X_{75\%}$	$X_{90\%}$	$X_{95\%}$	$\overline{X}$	S	$\overline{X}_g$	S_g	X_{max}	X_{min}	CV	X_{me}	X_{mo}	分布类型	紫色碎屑岩类风化物背景值	宁波市背景值
Rb	91	89.5	93.3	109	122	134	145	151	121	20.79	119	15.74	209	81.4	0.17	122	122	正态分布	121	126
S	91	50.00	58.0	135	196	258	283	318	193	92.2	167	19.88	504	50.00	0.48	196	50.00	正态分布	193	301
Sb	91	0.52	0.55	0.65	0.71	0.88	1.02	1.27	0.82	0.46	0.77	1.44	3.83	0.45	0.55	0.71	0.67	对数正态分布	0.77	0.50
Sc	91	8.73	9.39	10.25	11.92	13.87	17.07	18.10	12.40	2.92	12.09	4.26	20.97	7.30	0.24	11.92	11.97	正态分布	12.40	10.53
Se	912	0.19	0.22	0.27	0.36	0.52	0.72	0.90	0.43	0.25	0.38	2.10	3.33	0.09	0.58	0.36	0.27	对数正态分布	0.38	0.21
Sn	91	2.39	2.82	3.51	4.75	6.64	8.73	11.01	5.40	2.62	4.85	2.80	14.22	1.65	0.49	4.75	4.02	对数正态分布	5.40	3.70
Sr	91	45.50	49.00	57.5	77.9	108	134	155	86.7	36.75	80.0	13.05	231	37.30	0.42	77.9	108	正态分布	80.0	113
Th	91	11.97	12.82	13.71	14.85	16.16	17.48	17.98	14.94	2.19	14.78	4.71	22.76	8.71	0.15	14.85	14.91	正态分布	14.94	14.52
Ti	85	3884	4081	4520	4873	5443	6345	7059	5068	907	4994	137	7690	3485	0.18	4873	4622	偏峰分布	4622	4397
Tl	91	0.65	0.67	0.74	0.86	0.95	1.01	1.10	0.87	0.20	0.85	1.23	2.19	0.61	0.23	0.86	0.90	对数正态分布	0.85	0.78
U	91	2.77	2.90	3.05	3.25	3.46	3.77	4.05	3.29	0.46	3.26	1.99	5.41	1.95	0.14	3.25	3.45	正态分布	3.29	2.90
V	831	39.40	44.10	51.7	62.2	75.5	91.9	106	65.7	19.88	63.0	11.13	129	23.20	0.30	62.2	56.9	剔除后正态分布	63.0	109
W	91	1.79	1.97	2.44	2.87	3.25	3.90	4.69	2.90	0.79	2.80	1.90	5.09	1.36	0.27	2.87	2.87	正态分布	2.90	2.04
Y	91	18.05	19.20	20.10	22.00	23.95	26.00	26.85	22.22	2.82	22.04	6.00	30.10	16.50	0.13	22.00	19.30	正态分布	22.22	25.00
Zn	845	51.7	57.6	64.8	75.5	87.5	103	111	77.4	17.68	75.5	12.41	130	32.00	0.23	75.5	78.4	偏峰分布	78.4	102
Zr	91	232	244	281	301	318	337	356	297	38.15	295	26.37	388	172	0.13	301	298	正态分布	297	213
SiO₂	91	63.4	65.3	69.5	72.8	74.7	75.9	76.7	71.6	4.26	71.5	11.72	78.2	60.5	0.06	72.8	74.5	正态分布	71.6	69.8
Al₂O₃	91	11.41	11.69	12.41	13.62	15.25	16.74	17.45	13.94	1.89	13.82	4.52	17.86	10.88	0.14	13.62	13.11	正态分布	13.94	13.79
TFe₂O₃	91	2.94	3.03	3.48	3.93	5.12	6.91	8.11	4.54	1.64	4.30	2.47	9.38	2.25	0.36	3.93	3.93	对数正态分布	4.30	3.76
MgO	91	0.57	0.63	0.67	0.82	0.92	1.27	1.50	0.87	0.33	0.83	1.39	2.61	0.34	0.38	0.82	0.63	对数正态分布	0.83	0.63
CaO	91	0.08	0.10	0.15	0.29	0.53	0.72	0.91	0.37	0.28	0.28	2.86	1.48	0.05	0.76	0.29	0.16	对数正态分布	0.28	0.24
Na₂O	91	0.25	0.32	0.47	0.71	0.94	1.10	1.26	0.73	0.31	0.65	1.71	1.59	0.19	0.43	0.71	0.69	正态分布	0.73	0.97
K₂O	912	1.53	1.72	2.10	2.53	2.91	3.25	3.52	2.51	0.60	2.44	1.77	4.48	0.58	0.24	2.53	2.37	正态分布	2.51	2.35
TC	91	0.96	1.11	1.24	1.51	1.69	2.11	2.46	1.53	0.44	1.48	1.44	2.91	0.63	0.29	1.51	1.33	正态分布	1.53	1.56
Corg	912	0.73	0.89	1.20	1.57	2.05	2.62	2.98	1.68	0.75	1.53	1.70	10.25	0.16	0.45	1.57	1.72	对数正态分布	1.53	0.90
pH	858	4.23	4.32	4.47	4.69	4.97	5.35	5.55	4.61	4.70	4.76	2.47	5.90	3.71	1.02	4.69	4.78	剔除后对数分布	4.76	5.00

与宁波市土壤元素背景值相比,紫色碎屑岩类风化物区土壤元素背景值中 V、Cr、B、Ni 背景值明显低于宁波市背景值,低于宁波市背景值的 60%;Zn、Na_2O、Sr、Cu、S、Co、Cl 背景值略低于宁波市背景值,是宁波市背景值的 60%～80%;Zr、Li、MgO、Mo、F、Ag、Nb 背景值略高于宁波市背景值,是宁波市背景值的 1.2～1.4 倍;I、Se、Corg、Sb、Pb、Sn、W、Mn 背景值明显偏高,是宁波市背景值的 1.4 倍以上,最高的 I 背景值是宁波市背景值的 3.76 倍;其他元素/指标背景值则与宁波市背景值基本接近。

四、中酸性火成岩类风化物土壤母质元素背景值

宁波市中酸性火成岩类风化物土壤母质元素背景值数据经正态分布检验,结果表明,原始数据中 Ga、SiO_2、Al_2O_3 符合正态分布,Br、Ce、La、Li、N、Nb、Sc、Sr、Zr、TFe_2O_3、MgO、CaO、Na_2O、TC 符合对数正态分布,Ba、Be、Rb、Th、Ti、U、Y 剔除异常值后符合正态分布,Ag、Au、Bi、Cd、Co、F、Sb、Sn、Tl、V、W、Zn、Corg 剔除异常值后符合对数正态分布,其他元素/指标不符合正态分布或对数正态分布(表 4-15)。

宁波市中酸性火成岩类风化物区表层土壤总体为酸性,土壤 pH 背景值为 5.00,极大值为 6.38,极小值为 3.70,与宁波市背景值相等。

表层土壤各元素/指标中,多数元素/指标变异系数小于 0.4,分布相对均匀;pH、CaO、I、Br、Mn、As、B、P、Sn、Na_2O、Cd、Ni、Se、Cr、Hg、MgO、Sr、Co、Cu、Au、N 共 21 项元素/指标变异系数大于 0.4,其中 pH、CaO 变异系数大于 0.8,空间变异性较大。

与宁波市土壤元素背景值相比,中酸性火成岩类风化物区土壤元素背景值中 Co、V、Cu、Cr、P、B、Ni 背景值明显低于宁波市背景值,低于宁波市背景值的 60%;Cd、Zn、Sr 背景值略低于宁波市背景值,是宁波市背景值的 60%～80%;CaO、Mo、Ba、Nb、K_2O 背景值略高于宁波市背景值,是宁波市背景值的 1.2～1.4 倍;Mn、Corg、Zr、Pb、Se 背景值明显偏高,是宁波市背景值的 1.4 倍以上;其他元素/指标背景值则与宁波市背景值基本接近。

五、中基性火成岩类风化物土壤母质元素背景值

宁波市中基性火成岩类风化物土壤母质元素背景值数据经正态分布检验,结果表明,原始数据中 As、B、Co、Cr、Cu、Ge、Mo、N、Ni、Zn、Corg 符合正态分布,Hg、P、Se、K_2O、pH 符合对数正态分布,Cd、Pb 剔除异常值后符合正态分布,Mn、V 不符合正态分布或对数正态分布,其他元素/指标样品不足 30 件,无法进行正态分布检验(表 4-16)。

宁波市中基性火成岩类风化物区表层土壤总体为酸性,土壤 pH 背景值为 5.00,极大值为 7.98,极小值为 3.79,与宁波市背景值相等。

表层土壤各元素/指标中,多数元素/指标变异系数小于 0.40,分布相对均匀;CaO、pH、I、Na_2O、Mn、Co、Ni、Hg、Ti、TFe_2O_3、P、Br、MgO、Cr、Cu、Au、Se、B、Sc、As、K_2O、Sr 共 22 项元素/指标变异系数大于 0.40,其中 CaO、pH、I 变异系数大于 0.80,空间变异性较大。

与宁波市土壤元素背景值相比,中基性火成岩类风化物区土壤元素背景值中 Sr、K_2O 背景值明显低于宁波市背景值,均低于宁波市背景值的 60%;Tl、Bi、F、Br、Rb、Hg、B、Na_2O 背景值略低于宁波市背景值,为宁波市背景值的 60%～80%;N、Pb、Zn、Ga、P、Sb 背景值略高于宁波市背景值,是宁波市背景值的 1.2～1.4 倍;Mn、Co、Ni、Mo、I、Cr、TFe_2O_3、Cu、Ti、Se、Corg、V、Zr、Nb、Li、Sc 背景值明显偏高,是宁波市背景值的 1.4 倍以上,其中 Mn、Co、Ni、Mo、I、Cr、TFe_2O_3、Cu、Ti 背景值是宁波市背景值的 2.0 倍以上,最高的 Mn 背景值为宁波市背景值的 3.49 倍;其他元素/指标背景值则与宁波市背景值基本接近。

表 4-15 中酸性火成岩类风化物土壤母质元素背景值参数统计表

元素/指标	N	$X_{5\%}$	$X_{10\%}$	$X_{25\%}$	$X_{50\%}$	$X_{75\%}$	$X_{90\%}$	$X_{95\%}$	$\bar{X}$	S	$\bar{X}_g$	S_g	X_{max}	X_{min}	CV	X_{me}	X_{mo}	分布类型	中酸性火成岩类风化物背景值	宁波市背景值
Ag	1005	41.20	48.00	61.0	80.0	103	129	148	84.3	31.73	78.4	12.71	179	8.00	0.38	80.0	69.0	剔除后对数分布	78.4	69.0
As	7029	1.58	1.99	2.98	4.49	6.43	8.61	10.14	4.95	2.56	4.29	2.81	12.56	0.43	0.52	4.49	5.70	其他分布	5.70	6.50
Au	990	0.71	0.81	1.00	1.34	1.89	2.50	2.85	1.50	0.64	1.38	1.56	3.40	0.30	0.42	1.34	1.20	剔除后对数分布	1.38	1.50
B	7339	9.76	13.14	21.00	31.60	45.45	61.9	71.0	34.62	18.00	29.72	8.14	83.3	2.82	0.52	31.60	24.00	其他分布	24.00	67.0
Ba	1036	388	448	533	650	772	892	962	658	174	634	41.70	1154	172	0.26	650	695	剔除后正态分布	658	503
Be	1024	1.60	1.70	1.87	2.06	2.28	2.47	2.61	2.08	0.31	2.06	1.57	2.97	1.23	0.15	2.06	2.05	剔除后正态分布	2.08	2.16
Bi	958	0.21	0.22	0.26	0.32	0.39	0.48	0.54	0.33	0.10	0.32	2.05	0.64	0.14	0.29	0.32	0.34	剔除后对数分布	0.32	0.34
Br	1068	2.90	3.40	4.48	6.17	9.18	12.92	15.65	7.37	4.26	6.43	3.26	38.40	1.80	0.58	6.17	5.00	对数正态分布	6.43	6.17
Cd	6213	0.05	0.07	0.09	0.13	0.17	0.22	0.26	0.14	0.06	0.13	3.54	0.40	0.01	0.46	0.13	0.12	剔除后对数分布	0.13	0.17
Ce	1068	70.0	73.0	79.4	89.5	99.8	112	121	91.1	17.09	89.7	13.59	252	28.44	0.19	89.5	90.8	对数正态分布	89.7	90.8
Cl	1039	40.43	42.30	48.30	70.0	87.0	107	119	72.1	24.85	68.0	11.90	148	36.80	0.34	70.0	79.0	其他分布	79.0	76.0
Co	6892	3.26	3.80	4.89	6.50	8.80	11.53	13.50	7.13	3.05	6.52	3.23	16.40	0.98	0.43	6.50	5.70	剔除后对数分布	6.52	11.40
Cr	6721	13.45	15.70	20.53	27.40	37.47	50.6	60.1	30.53	13.83	27.67	7.39	74.3	4.00	0.45	27.40	27.00	其他分布	27.00	70.0
Cu	6988	7.69	8.96	11.55	15.52	21.15	28.32	32.58	17.11	7.44	15.60	5.31	38.75	1.05	0.43	15.52	12.50	其他分布	12.50	27.00
F	1008	275	312	380	471	595	741	838	502	166	476	35.35	954	128	0.33	471	417	剔除后对数分布	476	535
Ga	1068	14.30	14.90	16.30	17.90	19.56	21.00	21.70	17.95	2.29	17.80	5.32	24.60	11.60	0.13	17.90	17.40	正态分布	17.95	17.52
Ge	7253	1.04	1.11	1.22	1.33	1.45	1.55	1.61	1.33	0.17	1.32	1.23	1.81	0.86	0.13	1.33	1.38	其他分布	1.38	1.42
Hg	6777	0.04	0.05	0.06	0.08	0.11	0.15	0.17	0.09	0.04	0.08	4.19	0.21	0.004	0.45	0.08	0.11	其他分布	0.11	0.11
I	1042	1.63	2.00	3.20	6.07	9.77	13.07	14.96	6.84	4.24	5.48	3.31	20.14	0.55	0.62	6.07	2.10	偏峰分布	2.10	2.10
La	1068	31.23	34.36	39.00	43.88	49.00	54.0	56.8	44.02	8.40	43.24	8.93	119	10.71	0.19	43.88	46.00	对数正态分布	43.24	42.67
Li	1068	19.00	20.00	23.00	26.00	31.00	37.00	41.68	27.77	7.58	26.89	6.74	71.0	14.00	0.27	26.00	24.00	对数正态分布	26.89	23.00
Mn	7161	200	236	327	504	776	1039	1180	577	309	498	37.55	1528	74.6	0.54	504	570	其他分布	570	337
Mo	6783	0.49	0.55	0.68	0.87	1.14	1.48	1.71	0.95	0.37	0.88	1.46	2.11	0.19	0.39	0.87	0.84	其他分布	0.84	0.64
N	7400	0.68	0.82	1.08	1.43	1.84	2.31	2.68	1.52	0.64	1.40	1.62	5.36	0.10	0.42	1.43	0.91	对数正态分布	1.40	1.30
Nb	1068	16.83	17.60	19.00	21.40	24.00	27.03	29.86	22.05	4.36	21.67	6.05	57.4	12.00	0.20	21.40	17.82	对数正态分布	21.67	16.83
Ni	6589	4.54	5.50	7.25	9.67	13.02	17.76	21.26	10.74	4.92	9.71	4.16	27.15	0.71	0.46	9.67	11.00	其他分布	11.00	31.00
P	7124	0.20	0.25	0.39	0.59	0.82	1.09	1.24	0.63	0.32	0.55	1.90	1.56	0.04	0.50	0.59	0.31	其他分布	0.31	0.84
Pb	6823	24.70	26.90	30.70	35.10	40.88	47.91	53.0	36.34	8.30	35.42	8.09	61.2	13.06	0.23	35.10	32.00	其他分布	32.00	22.00

续表 4-15

元素/指标	N	$X_{5\%}$	$X_{10\%}$	$X_{25\%}$	$X_{50\%}$	$X_{75\%}$	$X_{90\%}$	$X_{95\%}$	$\overline{X}$	S	$\overline{X}_g$	S_g	X_{max}	X_{min}	CV	X_{me}	X_{mo}	分布类型	中酸性火成岩类风化物背景值	宁波市背景值
Rb	1017	103	109	119	132	143	156	163	132	18.21	131	16.61	183	86.0	0.14	132	129	剔除后正态分布	132	126
S	1026	81.6	162	225	275	330	388	419	274	91.1	254	24.98	507	57.7	0.33	275	302	其他分布	302	301
Sb	1033	0.39	0.43	0.49	0.57	0.68	0.78	0.86	0.59	0.14	0.57	1.51	0.97	0.28	0.23	0.57	0.50	剔除后对数正态分布	0.57	0.50
Sc	1068	6.33	6.90	8.20	9.70	11.44	13.09	14.35	9.93	2.50	9.63	3.76	22.07	4.10	0.25	9.70	9.80	对数正态分布	9.63	10.53
Se	6992	0.17	0.19	0.25	0.35	0.49	0.65	0.76	0.39	0.18	0.35	2.07	0.93	0.05	0.46	0.35	0.30	其他分布	0.30	0.21
Sn	992	2.10	2.50	3.18	4.26	6.04	8.40	9.90	4.86	2.32	4.36	2.59	12.13	0.85	0.48	4.26	2.60	剔除后对数正态分布	4.36	3.70
Sr	1068	44.00	49.51	61.8	84.2	109	141	165	91.1	40.30	83.6	13.27	335	30.00	0.44	84.2	65.0	剔除后对数正态分布	83.6	113
Th	1031	11.11	12.10	13.50	15.20	16.80	18.60	19.70	15.24	2.53	15.02	4.75	22.10	8.60	0.17	15.20	13.50	剔除后正态分布	15.24	14.52
Ti	1028	2945	3309	3752	4288	4800	5259	5637	4283	788	4208	125	6459	2128	0.18	4288	4064	剔除后正态分布	4283	4397
Tl	1031	0.68	0.73	0.81	0.92	1.07	1.22	1.34	0.95	0.19	0.93	1.23	1.52	0.47	0.20	0.92	0.90	剔除后对数正态分布	0.93	0.78
U	1029	2.57	2.74	3.00	3.37	3.70	4.01	4.26	3.37	0.50	3.33	2.02	4.73	2.00	0.15	3.37	3.30	剔除后对数正态分布	3.37	2.90
V	6967	29.47	34.40	43.60	55.2	69.4	87.3	100.0	58.2	20.50	54.6	10.46	116	9.80	0.35	55.2	57.0	对数正态分布	54.6	109
W	1003	1.53	1.61	1.82	2.13	2.54	3.07	3.35	2.23	0.56	2.17	1.65	3.91	1.04	0.25	2.13	1.92	正态分布	2.17	2.04
Y	1061	17.00	18.40	21.00	24.00	27.00	30.00	31.36	24.10	4.41	23.69	6.35	35.70	13.80	0.18	24.00	25.00	正态分布	24.10	25.00
Zn	7071	48.15	53.4	64.7	78.1	95.0	112	122	80.7	22.47	77.6	12.70	148	19.95	0.28	78.1	74.0	剔除后对数正态分布	77.6	102
Zr	1068	233	250	277	312	349	385	407	315	57.5	310	27.87	717	164	0.18	312	310	对数正态分布	310	213
SiO_2	1068	64.4	66.1	68.3	70.7	73.2	75.0	76.2	70.6	3.66	70.5	11.67	81.7	51.0	0.05	70.7	70.2	正态分布	70.6	69.8
Al_2O_3	1068	10.79	11.46	12.52	14.00	15.47	16.57	17.12	14.02	1.97	13.88	4.57	20.35	9.04	0.14	14.00	13.70	正态分布	14.02	13.79
TFe_2O_3	1068	2.32	2.52	2.92	3.48	4.20	4.85	5.61	3.68	1.23	3.53	2.19	16.36	1.31	0.33	3.48	3.42	对数正态分布	3.53	3.76
MgO	1068	0.35	0.39	0.47	0.61	0.77	0.97	1.16	0.66	0.30	0.61	1.62	2.85	0.22	0.45	0.61	0.50	对数正态分布	0.61	0.63
CaO	1068	0.11	0.13	0.19	0.31	0.54	0.79	1.15	0.42	0.36	0.32	2.62	3.05	0.06	0.86	0.31	0.12	对数正态分布	0.32	0.24
Na_2O	1068	0.36	0.44	0.61	0.84	1.14	1.45	1.69	0.91	0.43	0.82	1.62	3.35	0.15	0.48	0.84	0.77	对数正态分布	0.82	0.97
K_2O	7208	2.03	2.24	2.55	2.90	3.31	3.77	4.05	2.95	0.59	2.89	1.88	4.52	1.35	0.20	2.90	2.86	正态分布	2.86	2.35
TC	1068	0.90	1.02	1.24	1.53	1.85	2.22	2.58	1.60	0.54	1.52	1.50	4.47	0.37	0.34	1.53	1.23	对数正态分布	1.52	1.56
Corg	7122	0.62	0.78	1.04	1.38	1.76	2.16	2.41	1.42	0.53	1.32	1.60	2.96	0.05	0.37	1.38	1.39	剔除后正态分布	1.32	0.90
pH	6755	4.26	4.40	4.62	4.88	5.20	5.58	5.85	4.73	4.71	4.94	2.52	6.38	3.70	1.00	4.88	5.00	其他分布	5.00	5.00

宁波市土壤元素背景值

表 4-16 中基性火成岩类风化物土壤母质元素背景值参数统计表

元素/指标	N	$X_{5\%}$	$X_{10\%}$	$X_{25\%}$	$X_{50\%}$	$X_{75\%}$	$X_{90\%}$	$X_{95\%}$	$\overline{X}$	S	$\overline{X}_g$	S_g	X_{max}	X_{min}	CV	X_{me}	X_{mo}	分布类型	中基性火成岩类风化物背景值	宁波市背景值
Ag	12	52.5	57.6	63.0	73.5	75.5	77.0	78.3	68.8	9.94	68.0	10.74	80.0	47.00	0.14	73.5	63.0	—	73.5	69.0
As	296	2.89	3.52	4.82	6.85	9.21	11.68	12.98	7.24	3.05	6.58	3.37	16.15	1.48	0.42	6.85	7.45	正态分布	7.24	6.50
Au	15	1.27	1.30	1.38	1.50	2.20	3.32	3.84	1.98	0.95	1.82	1.66	4.40	1.20	0.48	1.50	1.50	—	1.50	1.50
B	296	15.07	19.74	28.68	41.16	52.2	67.5	82.6	42.90	19.42	38.50	9.10	107	8.25	0.45	41.16	44.90	正态分布	42.90	67.0
Ba	15	320	376	436	470	628	729	759	520	159	498	35.27	814	245	0.31	470	539	—	470	503
Be	15	1.79	1.81	1.86	2.02	2.25	2.57	2.72	2.11	0.32	2.09	1.54	2.78	1.75	0.15	2.02	1.89	—	2.02	2.16
Bi	15	0.21	0.22	0.25	0.26	0.30	0.33	0.39	0.28	0.08	0.27	2.24	0.51	0.18	0.27	0.26	0.25	—	0.26	0.34
Br	15	2.55	2.74	3.45	4.70	6.40	9.18	10.70	5.37	2.78	4.80	2.65	11.95	2.20	0.52	4.70	5.10	—	4.70	6.17
Cd	280	0.06	0.07	0.10	0.14	0.17	0.21	0.22	0.14	0.05	0.13	3.52	0.29	0.04	0.38	0.14	0.11	剔除后正态分布	0.14	0.17
Ce	15	63.0	69.6	76.8	83.8	94.0	95.8	101	84.4	14.00	83.2	12.13	113	56.0	0.17	83.8	83.8	—	83.8	90.8
Cl	15	44.58	45.84	70.5	78.0	91.5	101	102	76.7	19.88	74.0	11.56	103	42.20	0.26	78.0	73.0	—	78.0	76.0
Co	296	7.27	10.32	19.80	34.58	53.2	69.1	80.3	38.45	23.41	30.83	8.12	142	4.37	0.61	34.58	39.37	正态分布	38.45	11.40
Cr	296	40.58	54.0	116	196	239	294	325	184	90.7	155	19.97	482	18.00	0.49	196	141	正态分布	184	70.0
Cu	296	12.88	18.23	33.48	58.1	73.8	90.0	99.4	55.5	27.12	47.20	10.18	136	6.92	0.49	58.1	55.4	正态分布	55.5	27.00
F	15	344	362	385	408	517	633	668	459	119	447	31.85	725	318	0.26	408	439	—	408	535
Ga	15	10.70	11.78	14.95	21.90	24.70	27.70	28.92	20.23	6.27	19.24	5.55	29.90	10.70	0.31	21.90	10.70	正态分布	21.90	17.52
Ge	296	1.32	1.38	1.52	1.68	1.88	2.03	2.15	1.70	0.26	1.68	1.39	2.71	1.00	0.15	1.68	1.41	正态分布	1.70	1.42
Hg	296	0.05	0.05	0.06	0.08	0.10	0.12	0.15	0.09	0.05	0.08	4.19	0.66	0.02	0.55	0.08	0.07	对数正态分布	0.08	0.11
I	15	1.08	1.23	1.77	5.74	8.19	10.42	13.05	5.91	4.78	4.09	3.39	18.08	0.88	0.81	5.74	5.74	—	5.74	2.10
La	15	31.15	35.59	38.05	44.00	49.50	53.6	54.3	43.06	8.97	42.03	8.25	55.0	21.43	0.21	44.00	44.00	正态分布	44.00	42.67
Li	15	21.88	23.76	26.84	36.00	42.00	48.20	53.4	35.36	10.92	33.87	7.56	59.0	21.00	0.31	36.00	36.00	其他分布	36.00	23.00
Mn	295	247	337	456	707	1244	1696	1890	877	539	722	45.96	2348	143	0.62	707	1175	正态分布	1175	337
Mo	296	0.70	0.89	1.28	1.82	2.18	2.60	2.93	1.78	0.68	1.64	1.68	4.21	0.43	0.38	1.82	1.77	正态分布	1.78	0.64
N	296	0.97	1.13	1.40	1.67	2.08	2.35	2.74	1.74	0.51	1.66	1.57	3.20	0.27	0.29	1.67	0.99	正态分布	1.74	1.30
Nb	15	20.28	21.04	22.15	26.50	38.90	47.32	53.8	31.53	11.80	29.73	6.91	57.1	20.00	0.37	26.50	22.00	正态分布	26.50	16.83
Ni	296	15.75	22.48	54.5	101	144	184	205	104	61.0	81.0	14.42	327	7.70	0.59	101	104	正态分布	104	31.00
P	296	0.36	0.51	0.79	1.14	1.52	2.05	2.54	1.23	0.65	1.05	1.81	4.20	0.14	0.53	1.14	1.05	对数正态分布	1.05	0.84
Pb	279	18.69	20.33	24.61	28.66	32.57	35.69	38.04	28.46	6.07	27.77	7.05	46.00	12.74	0.21	28.66	29.00	剔除后正态分布	28.46	22.00

续表 4-16

元素/指标	N	$X_{5\%}$	$X_{10\%}$	$X_{25\%}$	$X_{50\%}$	$X_{75\%}$	$X_{90\%}$	$X_{95\%}$	$\bar{X}$	S	$\bar{X}_g$	S_g	X_{max}	X_{min}	CV	X_{me}	X_{mo}	分布类型	中基性火成岩类风化物背景值	宁波市背景值
Rb	15	53.5	60.5	79.0	94.0	100.0	123	138	90.7	25.33	87.4	12.72	141	48.70	0.28	94.0	94.0	—	94.0	126
S	15	154	195	232	287	341	404	459	294	99.7	276	25.49	513	106	0.34	287	295	—	287	301
Sb	15	0.39	0.42	0.51	0.60	0.76	0.86	0.92	0.63	0.19	0.60	1.53	1.00	0.35	0.30	0.60	0.51	—	0.60	0.50
Sc	15	7.55	8.40	10.00	15.50	20.15	23.94	25.61	15.57	6.80	14.18	4.82	28.67	6.50	0.44	15.50	15.50	对数正态分布	15.50	10.53
Se	296	0.19	0.22	0.29	0.40	0.58	0.73	0.89	0.45	0.22	0.41	1.96	1.33	0.10	0.48	0.40	0.46	—	0.41	0.21
Sn	15	2.44	2.58	2.85	3.40	3.87	4.18	5.30	3.58	1.23	3.44	2.04	7.50	2.30	0.34	3.40	3.60	—	3.40	3.70
Sr	15	35.48	40.40	51.5	67.0	103	114	120	74.9	30.93	68.7	11.40	129	29.60	0.41	67.0	66.0	—	67.0	113
Th	15	8.93	9.20	10.54	12.82	13.70	15.04	15.96	12.38	2.40	12.16	4.10	16.80	8.77	0.19	12.82	13.40	—	12.82	14.52
Ti	15	4247	4803	5762	8972	12 534	18 851	19 409	10 171	5426	8890	180	19 688	3715	0.53	8972	11 148	偏峰分布	8972	4397
Tl	15	0.46	0.48	0.54	0.61	0.70	0.80	0.83	0.63	0.13	0.62	1.39	0.89	0.45	0.20	0.61	0.69	—	0.61	0.78
U	15	2.31	2.35	2.42	2.70	3.02	3.52	3.66	2.81	0.48	2.77	1.81	3.80	2.30	0.17	2.70	2.70	—	2.70	2.90
V	296	63.1	75.0	132	196	232	257	274	182	67.1	166	19.90	330	28.90	0.37	196	190	正态分布	190	109
W	15	1.47	1.52	1.66	1.84	2.04	2.35	2.39	1.88	0.32	1.86	1.47	2.43	1.40	0.17	1.84	1.91	—	1.84	2.04
Y	15	22.88	23.00	24.00	26.00	27.10	30.00	30.60	25.99	2.86	25.85	6.26	32.00	22.60	0.11	26.00	26.00	—	26.00	25.00
Zn	296	66.3	75.2	94.3	130	154	180	194	128	39.32	121	16.17	228	49.59	0.31	130	136	—	128	102
Zr	15	271	296	303	342	362	381	393	332	48.35	329	26.86	405	213	0.15	342	361	—	342	213
SiO$_2$	15	51.9	53.0	57.8	63.7	71.6	78.9	79.8	64.6	9.96	63.9	10.58	80.1	49.79	0.15	63.7	64.7	—	63.7	69.8
Al$_2$O$_3$	15	10.37	10.59	12.18	15.59	16.95	18.57	19.08	14.71	3.17	14.38	4.65	19.62	9.94	0.22	15.59	15.59	—	15.59	13.79
TFe$_2$O$_3$	15	2.64	2.94	4.22	8.44	10.94	13.77	14.12	7.94	4.24	6.79	3.44	14.69	2.48	0.53	8.44	8.44	—	8.44	3.76
MgO	15	0.39	0.44	0.58	0.74	1.06	1.13	1.44	0.84	0.44	0.76	1.60	2.15	0.39	0.52	0.74	1.13	—	0.74	0.63
CaO	15	0.15	0.17	0.21	0.28	0.36	0.58	1.14	0.44	0.55	0.32	2.64	2.37	0.12	1.26	0.28	0.21	—	0.28	0.24
Na$_2$O	15	0.14	0.17	0.29	0.60	1.03	1.19	1.32	0.68	0.45	0.52	2.37	1.59	0.13	0.67	0.60	0.75	—	0.60	0.97
K$_2$O	296	0.78	0.87	1.03	1.24	1.69	2.27	2.71	1.43	0.60	1.32	1.51	3.77	0.50	0.42	1.24	2.06	对数正态分布	1.32	2.35
TC	15	1.07	1.15	1.23	1.37	1.54	1.71	1.82	1.41	0.25	1.38	1.26	1.90	0.98	0.18	1.37	1.54	—	1.37	1.56
Corg	296	0.84	0.98	1.23	1.54	1.89	2.35	2.64	1.61	0.56	1.51	1.58	3.83	0.12	0.35	1.54	1.68	正态分布	1.61	0.90
pH	296	4.21	4.30	4.54	4.88	5.34	5.83	6.28	4.68	4.63	5.00	2.54	7.98	3.79	0.99	4.88	4.72	对数正态分布	5.00	5.00

第三节 主要土壤类型元素背景值

一、黄壤土壤元素背景值

宁波市黄壤区土壤元素背景值数据经正态分布检验,结果表明,原始数据中 Be、Ce、F、Ga、Ge、I、La、Li、Nb、Rb、S、Sb、Sc、Th、U、Y、Zr、SiO_2、K_2O、TC 共 20 项元素/指标符合正态分布,As、Au、Bi、Br、Cl、Cr、Cu、Hg、N、P、Se、Sn、Sr、Tl、W、MgO、Na_2O、Corg 共 18 项指标符合对数正态分布,Ag、Mo、Pb、Ti、V、TFe_2O_3、pH 剔除异常值后符合正态分布,B、Cd、Co、Mn、Ni、Zn、CaO 剔除异常值后符合对数正态分布,其他元素/指标不符合正态分布或对数正态分布(表 4-17)。

宁波市黄壤区表层土壤总体为强酸性,土壤 pH 背景值为 4.58,极大值为 5.43,极小值为 3.95,与宁波市背景值接近。

表层土壤各元素/指标中,多数元素/指标变异系数小于 0.40,分布相对均匀;pH、Bi、Au、Cr、Cl、P、Na_2O、I、Cu、CaO、Sn、As、Mn、Se、Sr、MgO、Cd、Corg、Br、W、Hg、Tl、B 共 23 项元素/指标变异系数大于 0.40,其中 pH、Bi、Au 变异系数大于 0.80,空间变异性较大。

与宁波市土壤元素背景值相比,黄壤区土壤元素背景值中 Cr、B、V、Cu、Ni 背景值明显低于宁波市背景值,低于宁波市背景值的 60%;Zn、P、Na_2O、Sr、Cd、Co 背景值略低于宁波市背景值,是宁波市背景值的 60%~80%;N、Li、Zr、Nb、F、Sb、TC 背景值略高于宁波市背景值,是宁波市背景值的 1.2~1.4 倍;I、Se、Corg、Br、MgO、Mo、Pb、Mn 背景值明显偏高,在宁波市背景值的 1.4 倍以上,其中 I、Se、Corg 背景值是宁波市背景值的 2.0 倍以上;其他元素/指标背景值则与宁波市背景值基本接近。

二、红壤土壤元素背景值

宁波市红壤区土壤元素背景值数据经正态分布检验,结果表明,原始数据中 Ga、Zr、SiO_2、Al_2O_3 符合正态分布,Ba、Br、Ce、I、La、Li、Nb、Sb、Sc、Sr、Th、W、MgO、CaO、Na_2O、TC 共 16 项元素/指标符合对数正态分布,Be、Ge、Rb、Ti、U、Y 剔除异常值后符合正态分布,Ag、Au、Bi、F、N、P、Sn、Tl、TFe_2O_3、Corg 剔除异常值后符合对数正态分布,其他元素/指标不符合正态分布或对数正态分布(表 4-18)。

宁波市红壤区表层土壤总体为酸性,土壤 pH 背景值为 5.00,极大值为 6.63,极小值为 3.59,与宁波市土壤背景值相等。

表层土壤各元素/指标中,多数元素/指标变异系数小于 0.40,分布相对均匀;pH、CaO、I、Ni、Cr、Hg、Mn、Br、P、Sn、B、Cu、Co、As、Au、W、Na_2O、Cd、Sr、Se、MgO 共 21 项元素/指标变异系数大于 0.40,其中 pH、CaO 变异系数大于 0.80,空间变异性较大。

与宁波市土壤元素背景值相比,红壤区土壤元素背景值中 Hg、V、Ni、Cr、B 背景值明显低于宁波市背景值,低于宁波市背景值的 60%;Sr、Cd、P、As、Cu 背景值略低于宁波市背景值,是宁波市背景值的 60%~80%;CaO、Ba、Nb、Sn、Sb、Li 背景值略高于宁波市背景值,是宁波市背景值的 1.2~1.4 倍;I、Pb、Se、Corg、Zr 背景值明显偏高,是宁波市背景值的 1.4 倍以上,其中 I 背景值是宁波市背景值的 2.52 倍;其他元素/指标背景值则与宁波市背景值基本接近。

三、粗骨土土壤元素背景值

宁波市粗骨土区土壤元素背景值数据经正态分布检验,结果表明,原始数据中 Ba、Ce、Ga、La、Y、Zr、SiO_2、Al_2O_3 共 8 项元素/指标符合正态分布,Be、Bi、Br、Co、F、I、Li、N、Nb、P、Sc、Sn、Sr、Th、Tl、W、

第四章 土壤元素背景值

表 4-17 黄壤土壤元素背景值参数统计表

元素/指标	N	$X_{5\%}$	$X_{10\%}$	$X_{25\%}$	$X_{50\%}$	$X_{75\%}$	$X_{90\%}$	$X_{95\%}$	$\overline{X}$	S	$\overline{X}_g$	S_g	X_{max}	X_{min}	CV	X_{me}	X_{mo}	分布类型	黄壤背景值	宁波市背景值
Ag	83	31.30	43.60	57.0	73.0	89.0	102	114	73.3	24.31	69.0	11.75	139	26.00	0.33	73.0	74.0	剔除后正态分布	73.3	69.0
As	516	2.60	3.39	4.89	6.89	8.94	11.23	12.47	7.22	3.65	6.44	3.38	45.10	1.18	0.51	6.89	7.20	对数正态分布	6.44	6.50
Au	87	0.68	0.75	0.94	1.17	1.50	1.75	1.97	1.41	1.30	1.22	1.59	11.47	0.50	0.92	1.17	1.50	对数正态分布	1.22	1.50
B	512	15.33	20.10	29.48	39.95	55.1	70.7	74.6	42.83	18.34	38.43	9.17	91.4	3.58	0.43	39.95	38.10	剔除后对数分布	38.43	67.0
Ba	84	345	390	420	474	670	829	911	553	179	527	38.63	1017	265	0.32	474	582	偏峰分布	582	503
Be	87	1.67	1.78	1.86	2.00	2.18	2.38	2.49	2.04	0.25	2.03	1.53	2.69	1.52	0.12	2.00	1.98	正态分布	2.04	2.16
Bi	87	0.22	0.23	0.26	0.31	0.38	0.47	1.07	0.41	0.39	0.34	2.13	2.50	0.17	0.95	0.31	0.24	对数分布	0.34	0.34
Br	87	6.53	7.34	8.73	10.56	16.23	21.00	24.51	12.70	5.90	11.58	4.39	35.60	4.30	0.46	10.56	11.25	对数正态分布	11.58	6.17
Cd	426	0.05	0.06	0.08	0.11	0.15	0.20	0.23	0.12	0.06	0.11	3.82	0.39	0.03	0.48	0.11	0.09	剔除后对数分布	0.11	0.17
Ce	87	66.2	70.6	75.9	93.9	108	121	130	94.4	20.10	92.3	14.13	153	61.6	0.21	93.9	108	正态分布	94.4	90.8
Cl	87	40.06	41.70	44.25	49.90	75.7	108	129	68.8	48.90	61.3	10.65	444	38.10	0.71	49.90	46.00	对数正态分布	61.3	76.0
Co	87	3.62	4.50	5.76	7.48	9.79	12.91	14.13	7.99	3.18	7.37	3.45	17.84	1.45	0.40	7.48	6.59	剔除后正态分布	7.37	11.40
Cr	476	16.68	20.95	28.60	38.15	54.5	76.6	118	48.12	36.49	40.21	9.30	306	7.60	0.76	38.15	41.90	对数正态分布	40.21	70.0
Cu	516	7.43	8.29	10.58	13.65	18.87	26.45	36.06	16.39	9.94	14.49	5.12	116	4.15	0.61	13.65	8.20	对数正态分布	14.49	27.00
F	87	436	451	510	642	790	990	1035	678	247	642	42.31	1932	303	0.36	642	565	正态分布	678	535
Ga	87	13.12	13.91	17.75	19.00	20.90	22.10	22.30	18.63	2.89	18.39	5.56	23.60	12.20	0.16	19.00	18.90	正态分布	18.63	17.52
Ge	516	1.13	1.19	1.31	1.41	1.53	1.63	1.72	1.42	0.19	1.41	1.27	2.71	0.83	0.13	1.41	1.38	对数正态分布	1.42	1.42
Hg	516	0.05	0.06	0.07	0.09	0.11	0.14	0.16	0.09	0.04	0.09	4.12	0.44	0.001	0.44	0.09	0.10	对数正态分布	0.09	0.11
I	87	2.60	2.96	5.10	11.61	16.32	24.19	28.96	12.27	7.91	9.62	4.99	34.76	1.70	0.64	11.61	3.00	正态分布	12.27	2.10
La	87	29.93	31.78	35.27	38.00	43.46	50.2	53.4	39.69	7.15	39.08	8.42	61.2	24.68	0.18	38.00	36.00	正态分布	39.69	42.67
Li	87	22.67	24.02	27.31	32.84	35.10	40.04	41.68	31.98	6.19	31.39	7.17	52.7	19.36	0.19	32.84	34.50	正态分布	31.98	23.00
Mn	506	213	246	321	521	741	1006	1128	568	287	498	38.17	1379	139	0.51	521	613	剔除后对数分布	498	337
Mo	475	0.51	0.59	0.76	0.97	1.18	1.47	1.62	1.00	0.33	0.95	1.41	1.91	0.35	0.33	0.97	1.13	剔除后对数分布	1.00	0.64
N	516	0.82	1.08	1.43	1.85	2.44	3.05	3.36	1.97	0.79	1.81	1.79	5.16	0.32	0.40	1.85	1.80	对数正态分布	1.81	1.30
Nb	87	14.85	15.44	17.27	21.50	23.80	27.18	30.41	21.53	4.93	20.99	6.03	34.80	12.87	0.23	21.50	16.83	正态分布	21.53	16.83
Ni	474	7.08	8.46	11.63	15.79	19.91	25.94	29.18	16.43	6.58	15.09	5.26	35.30	2.78	0.40	15.79	26.00	剔除后对数分布	15.09	31.00
P	516	0.22	0.27	0.41	0.64	1.05	1.50	1.77	0.79	0.52	0.64	2.01	3.52	0.04	0.66	0.64	0.48	对数正态分布	0.64	0.84
Pb	489	22.00	24.46	28.80	32.76	37.10	41.22	43.92	32.97	6.46	32.32	7.55	50.5	16.90	0.20	32.76	32.30	剔除后正态分布	32.97	22.00

133

续表 4-17

元素/指标	N	$X_{5\%}$	$X_{10\%}$	$X_{25\%}$	$X_{50\%}$	$X_{75\%}$	$X_{90\%}$	$X_{95\%}$	$\overline{X}$	S	$\overline{X}_g$	S_g	X_{max}	X_{min}	CV	X_{me}	X_{mo}	分布类型	黄壤背景值	宁波市背景值
Rb	87	90.0	93.0	108	137	147	162	172	132	28.68	129	17.25	248	85.0	0.22	137	93.0	正态分布	132	126
S	87	166	183	226	283	335	395	413	285	78.8	274	26.78	487	162	0.28	283	238	正态分布	285	301
Sb	87	0.45	0.49	0.52	0.59	0.71	0.82	0.86	0.63	0.16	0.61	1.46	1.32	0.28	0.26	0.59	0.50	正态分布	0.63	0.50
Sc	87	8.37	8.64	9.90	11.51	13.46	14.70	16.00	11.70	2.57	11.42	4.12	18.34	5.81	0.22	11.51	11.85	正态分布	11.70	10.53
Se	516	0.22	0.29	0.45	0.62	0.89	1.17	1.32	0.68	0.34	0.60	1.81	2.27	0.09	0.50	0.62	0.45	对数正态分布	0.60	0.21
Sn	87	2.51	2.66	3.24	3.82	5.00	6.58	9.96	4.52	2.34	4.13	2.51	16.37	1.65	0.52	3.82	4.00	对数正态分布	4.13	3.70
Sr	87	39.15	45.82	51.1	72.4	122	156	166	87.6	43.51	78.0	11.84	185	31.65	0.50	72.4	83.1	对数正态分布	78.0	113
Th	87	11.07	11.62	13.50	16.04	18.25	19.87	21.68	16.03	3.22	15.70	5.08	22.76	10.08	0.20	16.04	16.23	正态分布	16.03	14.52
Ti	77	3706	3903	4066	4277	4548	4900	5098	4329	416	4309	123	5238	3348	0.10	4277	4333	剔除后正态分布	4329	4397
Tl	87	0.53	0.57	0.71	0.94	1.07	1.73	2.07	1.01	0.45	0.93	1.48	2.40	0.49	0.44	0.94	0.96	对数正态分布	0.93	0.78
U	87	2.21	2.28	2.92	3.60	3.89	4.18	4.49	3.45	0.84	3.35	2.17	6.39	2.05	0.24	3.60	3.71	正态分布	3.45	2.90
V	470	32.68	38.45	48.50	60.2	75.4	87.1	94.6	61.9	19.30	58.7	10.85	120	16.90	0.31	60.2	81.0	剔除后正态分布	61.9	109
W	87	1.38	1.48	1.75	2.29	2.88	3.34	4.38	2.48	1.11	2.31	1.91	7.43	1.14	0.45	2.29	1.43	对数正态分布	2.31	2.04
Y	87	19.06	19.52	21.75	23.90	25.10	26.30	26.84	23.44	2.65	23.28	6.11	30.10	15.50	0.11	23.90	25.00	正态分布	23.44	25.00
Zn	480	62.6	66.6	73.8	81.6	89.8	103	107	82.6	13.56	81.5	12.82	119	49.22	0.16	81.6	79.0	剔除后对数分布	81.5	102
Zr	87	239	243	254	274	308	341	354	285	39.79	283	26.34	419	223	0.14	274	300	正态分布	285	213
SiO$_2$	87	65.7	66.2	67.2	68.5	70.1	71.7	72.9	68.7	2.37	68.7	11.46	74.2	60.6	0.03	68.5	67.6	正态分布	68.7	69.8
Al$_2$O$_3$	85	11.60	11.86	14.52	15.35	16.33	17.14	17.53	14.99	1.87	14.86	4.87	18.00	11.34	0.12	15.35	15.82	偏峰分布	15.82	13.79
TFe$_2$O$_3$	80	3.07	3.37	3.65	3.96	4.22	4.78	5.07	3.99	0.59	3.95	2.22	5.60	2.52	0.15	3.96	4.00	剔除后正态分布	3.99	3.76
MgO	87	0.55	0.65	0.75	0.87	1.26	2.09	2.13	1.12	0.55	1.01	1.57	2.26	0.42	0.49	0.87	0.87	对数正态分布	1.01	0.63
CaO	68	0.09	0.11	0.15	0.19	0.27	0.44	0.53	0.23	0.13	0.20	2.87	0.64	0.06	0.57	0.19	0.15	剔除后对数正态分布	0.20	0.24
Na$_2$O	87	0.33	0.36	0.44	0.63	0.94	1.75	1.87	0.84	0.54	0.70	1.94	2.05	0.25	0.65	0.63	1.72	对数正态分布	0.70	0.97
K$_2$O	516	1.39	1.57	2.01	2.37	2.72	3.14	3.46	2.39	0.61	2.31	1.73	4.48	0.95	0.26	2.37	2.39	正态分布	2.39	2.35
TC	87	1.24	1.28	1.40	1.74	2.30	2.89	3.46	1.96	0.70	1.86	1.67	4.15	1.10	0.35	1.74	1.56	正态分布	1.96	1.56
Corg	516	0.73	0.99	1.51	2.12	2.82	3.70	4.32	2.27	1.08	2.01	1.98	6.77	0.36	0.47	2.12	2.34	对数正态分布	2.01	0.90
pH	480	4.24	4.35	4.49	4.63	4.81	4.99	5.13	4.58	4.79	4.65	2.43	5.43	3.95	1.05	4.63	4.56	剔除后正态分布	4.58	5.00

注：氧化物、TC、Corg 单位为%，N、P 单位为 g/kg，Au、Ag 单位为 μg/kg，pH 为无量纲，其他元素、指标单位为 mg/kg；后表单位相同。

表 4-18 红壤土壤元素背景值参数统计表

元素/指标	N	$X_{5\%}$	$X_{10\%}$	$X_{25\%}$	$X_{50\%}$	$X_{75\%}$	$X_{90\%}$	$X_{95\%}$	$\overline{X}$	S	$\overline{X}_g$	S_g	X_{max}	X_{min}	CV	X_{me}	X_{mo}	分布类型	红壤背景值	宁波市背景值
Ag	671	43.00	50.00	62.0	82.0	109	143	160	88.7	35.85	81.9	12.95	200	16.00	0.40	82.0	69.0	剔除后对数分布	81.9	69.0
As	5865	1.75	2.21	3.33	4.81	6.50	8.50	9.84	5.11	2.39	4.54	2.82	12.06	0.43	0.47	4.81	4.30	其他分布	4.30	6.50
Au	663	0.74	0.85	1.02	1.37	1.90	2.80	3.16	1.58	0.73	1.43	1.59	3.80	0.58	0.46	1.37	1.50	剔除后对数分布	1.43	1.50
B	6187	11.76	15.87	23.90	35.70	53.0	69.9	77.2	39.41	20.03	34.02	8.73	97.1	3.33	0.51	35.70	24.00	其他分布	24.00	67.0
Ba	705	438	478	546	660	777	903	1021	680	186	656	42.95	1810	240	0.27	660	707	对数正态分布	656	503
Be	705	1.61	1.70	1.87	2.06	2.27	2.46	2.56	2.07	0.30	2.05	1.55	2.92	1.23	0.14	2.06	1.97	剔除后正态分布	2.07	2.16
Bi	664	0.20	0.22	0.26	0.32	0.38	0.48	0.56	0.33	0.10	0.32	2.08	0.65	0.15	0.31	0.32	0.34	其他分布	0.32	0.34
Br	726	2.80	3.39	4.49	6.04	8.70	11.39	13.81	6.92	3.61	6.15	3.14	38.40	1.10	0.52	6.04	5.00	其他分布	6.15	6.17
Cd	5357	0.06	0.07	0.10	0.14	0.18	0.23	0.26	0.15	0.06	0.13	3.39	0.38	0.01	0.43	0.14	0.12	其他分布	0.12	0.17
Ce	726	69.7	72.0	77.9	86.3	96.9	108	117	88.9	16.21	87.6	13.46	252	55.5	0.18	86.3	99.4	对数正态分布	87.6	90.8
Cl	707	40.03	41.70	48.10	70.9	87.0	106	123	72.0	25.24	67.7	11.90	148	36.80	0.35	70.9	73.0	其他分布	73.0	76.0
Co	5898	3.52	4.10	5.37	7.48	10.90	14.84	17.19	8.54	4.14	7.62	3.58	20.85	1.19	0.49	7.48	10.60	其他分布	10.60	11.40
Cr	5966	14.70	17.43	22.98	33.00	58.8	83.3	91.8	42.13	25.04	35.58	8.79	125	5.00	0.59	33.00	26.00	其他分布	26.00	70.0
Cu	5926	8.17	9.60	12.58	17.80	27.93	37.10	42.30	20.91	10.73	18.37	6.01	55.7	1.05	0.51	17.80	16.80	其他分布	16.80	27.00
F	674	275	324	390	466	571	684	767	488	144	467	35.00	920	128	0.29	466	465	剔除后对数分布	467	535
Ga	726	14.40	14.90	16.12	17.70	19.30	20.80	21.48	17.80	2.33	17.65	5.29	29.90	10.70	0.13	17.70	17.40	正态分布	17.80	17.52
Ge	6017	1.05	1.12	1.23	1.35	1.46	1.58	1.65	1.35	0.17	1.34	1.24	1.83	0.88	0.13	1.35	1.33	剔除后正态分布	1.35	1.42
Hg	5513	0.04	0.05	0.06	0.08	0.12	0.20	0.24	0.10	0.06	0.09	4.03	0.31	0.01	0.58	0.08	0.06	其他分布	0.06	0.11
I	726	1.51	1.88	3.02	5.85	9.37	12.98	14.59	6.74	4.63	5.29	3.32	32.65	0.50	0.69	5.85	2.40	其他分布	5.29	2.10
La	726	32.30	35.00	39.00	43.00	48.00	53.00	56.0	43.82	8.12	43.13	8.93	119	21.43	0.19	43.00	45.00	对数正态分布	43.13	42.67
Li	726	19.18	21.00	23.58	27.00	31.78	38.89	44.00	28.49	7.42	27.63	6.82	57.0	16.00	0.26	27.00	24.00	对数正态分布	27.63	23.00
Mn	5998	203	238	315	456	736	1016	1152	549	300	475	35.92	1465	74.6	0.55	456	290	其他分布	290	337
Mo	5708	0.47	0.52	0.63	0.81	1.06	1.39	1.58	0.88	0.34	0.83	1.47	1.96	0.19	0.38	0.81	0.76	其他分布	0.76	0.64
N	5888	0.71	0.86	1.12	1.48	1.93	2.46	2.81	1.57	0.62	1.45	1.64	3.37	0.18	0.39	1.48	1.30	剔除后对数分布	1.45	1.30
Nb	726	16.50	17.07	18.50	20.80	23.48	25.90	28.55	21.50	4.63	21.10	5.98	57.4	12.00	0.22	20.80	17.82	对数正态分布	21.10	16.83
Ni	5852	5.03	6.15	8.20	11.34	20.28	32.87	38.69	15.55	10.52	12.70	5.11	47.56	0.71	0.68	11.34	13.00	对数正态分布	13.00	31.00
P	5909	0.20	0.26	0.42	0.64	0.90	1.21	1.41	0.69	0.36	0.59	1.89	1.74	0.07	0.52	0.64	0.49	剔除后对数分布	0.59	0.84
Pb	5787	24.66	26.80	30.60	35.30	41.11	49.00	54.2	36.55	8.68	35.55	8.16	61.6	12.46	0.24	35.30	38.00	其他分布	38.00	22.00

续表 4-18

元素/指标	N	$X_{5\%}$	$X_{10\%}$	$X_{25\%}$	$X_{50\%}$	$X_{75\%}$	$X_{90\%}$	$X_{95\%}$	$\bar{X}$	S	$\bar{X}_g$	S_g	X_{max}	X_{min}	CV	X_{me}	X_{mo}	分布类型	红壤背景值	宁波市背景值
Rb	696	99.0	108	119	130	143	155	162	131	18.35	130	16.49	181	81.9	0.14	130	119	剔除后正态分布	131	126
S	699	80.6	156	222	275	334	397	437	275	94.6	254	24.97	515	53.5	0.34	275	277	偏峰分布	277	301
Sb	726	0.41	0.44	0.50	0.59	0.70	0.84	0.93	0.63	0.21	0.60	1.52	2.55	0.30	0.33	0.59	0.54	对数正态分布	0.60	0.50
Sc	726	6.40	7.00	8.27	9.81	11.54	13.10	14.47	10.07	2.68	9.75	3.79	28.67	4.10	0.27	9.81	8.50	对数正态分布	9.75	10.53
Se	5865	0.16	0.19	0.25	0.35	0.46	0.59	0.68	0.37	0.15	0.34	2.07	0.82	0.05	0.42	0.35	0.35	其他分布	0.35	0.21
Sn	665	2.10	2.54	3.24	4.44	6.70	9.46	11.00	5.25	2.74	4.62	2.69	13.70	0.85	0.52	4.44	3.00	剔除后对数正态分布	4.62	3.70
Sr	726	44.30	49.25	64.0	88.1	112	140	165	93.0	39.50	85.7	13.53	335	29.60	0.42	88.1	89.0	剔除后正态分布	85.7	113
Th	726	11.10	12.21	13.40	15.14	16.80	18.70	19.98	15.32	2.78	15.07	4.76	29.70	8.60	0.18	15.14	15.50	对数正态分布	15.07	14.52
Ti	691	3139	3387	3792	4308	4787	5258	5714	4322	762	4255	126	6453	2440	0.18	4308	4257	其他分布	4322	4397
Tl	707	0.66	0.71	0.79	0.90	1.03	1.21	1.33	0.93	0.19	0.91	1.23	1.49	0.45	0.21	0.90	0.83	剔除后对数正态分布	0.91	0.78
U	709	2.50	2.70	3.00	3.33	3.62	3.94	4.18	3.33	0.48	3.30	2.00	4.60	2.02	0.14	3.33	3.50	剔除后对数正态分布	3.33	2.90
V	5956	32.34	37.47	47.80	62.5	85.3	107	117	67.8	26.38	62.8	11.38	150	9.80	0.39	62.5	57.0	其他分布	57.0	109
W	726	1.52	1.62	1.82	2.16	2.63	3.27	3.83	2.38	1.04	2.25	1.75	16.37	1.09	0.44	2.16	1.84	对数正态分布	2.25	2.04
Y	720	17.00	18.00	20.50	23.95	26.47	29.00	31.00	23.69	4.34	23.29	6.27	35.70	13.80	0.18	23.95	25.00	剔除后正态分布	23.69	25.00
Zn	5973	49.59	55.5	67.1	81.7	101	119	131	85.2	24.72	81.6	13.14	158	19.95	0.29	81.7	109	其他分布	109	102
Zr	726	228	242	272	310	348	385	406	313	56.2	308	27.91	584	175	0.18	310	312	正态分布	313	213
SiO₂	726	64.4	66.2	68.3	70.6	73.1	75.1	76.2	70.5	3.81	70.4	11.65	79.7	49.79	0.05	70.6	72.2	正态分布	70.5	69.8
Al₂O₃	726	11.03	11.59	12.65	14.00	15.46	16.56	17.18	14.09	1.93	13.95	4.58	20.35	9.15	0.14	14.00	13.14	正态分布	14.09	13.79
TFe₂O₃	694	2.40	2.62	2.99	3.46	4.12	4.64	4.92	3.57	0.80	3.48	2.12	6.04	1.52	0.22	3.46	3.31	剔除后对数正态分布	3.48	3.76
MgO	726	0.36	0.40	0.49	0.63	0.80	1.04	1.24	0.69	0.28	0.64	1.60	2.61	0.25	0.41	0.63	0.57	对数正态分布	0.64	0.63
CaO	726	0.11	0.13	0.19	0.32	0.55	0.84	1.07	0.43	0.35	0.33	2.64	3.95	0.05	0.83	0.32	0.24	对数正态分布	0.33	0.24
Na₂O	726	0.36	0.45	0.63	0.86	1.14	1.39	1.53	0.90	0.39	0.82	1.61	3.35	0.13	0.43	0.86	0.97	对数正态分布	0.82	0.97
K₂O	5930	1.90	2.14	2.40	2.75	3.14	3.59	3.87	2.80	0.57	2.74	1.83	4.32	1.24	0.21	2.75	2.35	其他分布	2.35	2.35
TC	726	0.92	1.02	1.24	1.53	1.89	2.24	2.63	1.61	0.54	1.53	1.50	4.15	0.37	0.33	1.53	1.42	对数正态分布	1.53	1.56
Corg	5956	0.64	0.81	1.08	1.45	1.88	2.36	2.66	1.52	0.60	1.39	1.65	3.27	0.09	0.40	1.45	1.37	剔除后对数正态分布	1.39	0.90
pH	5688	4.26	4.40	4.63	4.93	5.30	5.74	6.04	4.75	4.70	5.01	2.55	6.63	3.59	0.99	4.93	5.00	其他分布	5.00	5.00

TFe_2O_3、MgO、CaO、Na_2O、TC、Corg 共22项元素/指标符合对数正态分布,Rb、S、Sb、Ti、U 剔除异常值后符合正态分布,Ag、As、Au、Mo、Se、Zn、K_2O 剔除异常值后符合对数正态分布,其他元素/指标不符合正态分布或对数正态分布(表4-19)。

宁波市粗骨土区表层土壤总体为强酸性,土壤pH背景值为4.92,极大值为7.17,极小值为3.76,与宁波市背景值接近。

表层土壤各元素/指标中,多数元素/指标变异系数小于0.40,分布相对均匀;pH、CaO、I、Sn、Co、Ni、P、Hg、Bi、Cr、Br、F、Mn、B、Cu、MgO、Na_2O、As、N、Cd、Corg、Au 共22项元素/指标变异系数大于0.40,其中pH、CaO变异系数大于0.80,空间变异性较大。

与宁波市土壤元素背景值相比,粗骨土区土壤元素背景值中Cu、Cr背景值明显低于宁波市背景值,不足宁波市背景值的60%;P、As、Sr、Co、Cd、V 背景值略低于宁波市背景值,是宁波市背景值的60%~80%;Sn、Nb、Mo、Li、Ba、Ag 背景值略高于宁波市背景值,是宁波市背景值的1.2~1.4倍;I、Corg、Pb、CaO、Se、Zr 背景值明显偏高,是宁波市背景值的1.4倍以上,其中I背景值是宁波市背景值的2.37倍;其他元素/指标背景值则与宁波市背景值基本接近。

四、紫色土土壤元素背景值

宁波市紫色土区土壤元素背景值数据经正态分布检验,结果表明,原始数据中B、Ge、Pb、Zn、K_2O、Corg 共6项元素/指标符合正态分布,As、Co、Cr、Cu、Hg、Mn、Mo、N、Ni、P、Se、V、pH 共13项元素/指标符合对数正态分布,Cd 剔除异常值后符合对数正态分布,其他元素/指标样品不足30件,无法进行正态分布检验(表4-20)。

宁波市紫色土区表层土壤总体为强酸性,土壤pH背景值为4.91,极大值为6.66,极小值为4.19,与宁波市背景值相接近。

表层土壤各元素/指标中,一小半元素/指标变异系数大于0.40,包括pH、Hg、CaO、Sb、Ag、Cu、Sr、Au、I、S、P、Co、Cd、As、F、Br、Se、Na_2O、MgO、N、Ni、Tl、Mn、Sn、V、Corg、Mo、B、Cr 共29项元素/指标,其中pH、Hg、CaO、Sb、Ag、Cu 变异系数大于0.80,空间变异性较大;其他元素/指标变异系数小于0.40,分布相对均匀。

与宁波市土壤元素背景值相比,紫色土区土壤元素背景值中Cl、S、B、Ni 背景值明显低于宁波市背景值,均低于宁波市背景值的60%;Co、Zn、Sr、As、V、Na_2O、Cu、Bi、Cr、Cd 背景值略低于宁波市背景值,是宁波市背景值的60%~80%;Ag、Se、Ti、F、Mo、Sc、W、Nb 背景值略高于宁波市背景值,是宁波市背景值的1.2~1.4倍;I、MgO、Corg、Sn、Li、Pb、Mn、TFe_2O_3、Sb、Zr 背景值明显偏高,是宁波市背景值的1.4倍以上,其中I背景值是宁波市背景值的3.75倍;其他元素/指标背景值则与宁波市背景值基本接近。

五、水稻土土壤元素背景值

宁波市水稻土区土壤元素背景值数据经正态分布检验,结果表明,原始数据中Ga、Rb、Sc、SiO_2、Al_2O_3、TFe_2O_3 符合正态分布,Ag、Au、Br、Ce、La、Nb、Th、U、TC 共9项元素/指标符合对数正态分布,Bi、Cl、F、S、Ti、Y 剔除异常值后符合正态分布,I、Sb、W 剔除异常值后符合对数正态分布,其他元素/指标不符合正态分布或对数正态分布(表4-21)。

宁波市水稻土区表层土壤总体为酸性,土壤pH背景值为5.34,极大值为7.73,极小值为3.44,与宁波市背景值接近。

表层土壤各元素/指标中,大多数变异系数小于0.40,分布相对均匀;Au、pH、Hg、Ag、Sn、I、Ni、Mn、MgO、Corg、Br、N、P 共13项元素/指标变异系数大于0.40,其中Au、pH变异系数大于0.80,空间变异性较大。

与宁波市土壤元素背景值相比,水稻土区土壤元素背景值中P背景值略低于宁波市土壤背景值,为宁波市背景值的73%;Sb、Corg、Cl、Bi、S、Cu、Na_2O 背景值略高于宁波市背景值,是宁波市背景值的1.2~

表 4-19 粗骨土元素背景值参数统计表

元素/指标	N	$X_{5\%}$	$X_{10\%}$	$X_{25\%}$	$X_{50\%}$	$X_{75\%}$	$X_{90\%}$	$X_{95\%}$	$\overline{X}$	S	$\overline{X}_g$	S_g	X_{max}	X_{min}	CV	X_{me}	X_{mo}	分布类型	粗骨土背景值	宁波市背景值
Ag	329	43.00	50.00	66.0	84.0	110	137	158	89.6	33.79	83.3	13.12	188	27.00	0.38	84.0	91.0	剔除后对数分布	83.3	69.0
As	2411	1.79	2.33	3.68	5.36	7.30	10.00	11.46	5.74	2.82	5.02	3.02	13.41	0.73	0.49	5.36	5.70	剔除后对数分布	5.02	6.50
Au	314	0.72	0.84	1.09	1.40	1.90	2.48	3.00	1.55	0.65	1.43	1.58	3.65	0.30	0.42	1.40	1.40	剔除后对数分布	1.43	1.50
B	2504	10.93	15.34	24.59	37.30	57.6	73.1	78.3	41.17	21.33	35.09	8.98	107	3.64	0.52	37.30	61.0	其他分布	61.0	67.0
Ba	346	353	395	489	600	723	862	961	612	183	583	39.63	1188	142	0.30	600	499	正态分布	612	503
Be	346	1.63	1.73	1.93	2.16	2.40	2.76	3.28	2.27	0.65	2.21	1.67	8.88	1.30	0.29	2.16	2.30	对数分布	2.21	2.16
Bi	346	0.21	0.23	0.27	0.33	0.41	0.55	0.73	0.39	0.24	0.35	2.07	2.54	0.15	0.61	0.33	0.33	对数正态分布	0.35	0.34
Br	346	2.80	3.31	4.40	5.80	8.35	12.62	14.96	7.03	4.04	6.15	3.18	24.30	1.80	0.57	5.80	4.70	对数分布	6.15	6.17
Cd	2115	0.06	0.07	0.10	0.14	0.19	0.25	0.29	0.15	0.07	0.14	3.35	0.43	0.02	0.47	0.14	0.12	其他分布	0.12	0.17
Ce	346	63.3	69.1	77.1	86.0	97.4	111	118	88.1	17.64	86.4	13.27	178	28.44	0.20	86.0	84.5	正态分布	88.1	90.8
Cl	337	40.36	41.90	48.30	70.4	88.1	107	119	72.8	25.48	68.6	11.85	151	37.40	0.35	70.4	74.0	其他分布	74.0	76.0
Co	2505	3.48	4.09	5.62	8.36	12.30	16.68	18.69	9.74	6.55	8.27	3.89	90.9	0.98	0.67	8.36	11.80	对数分布	8.27	11.40
Cr	2470	14.57	17.41	23.30	35.99	67.5	85.5	92.9	45.06	26.40	37.66	9.18	129	3.54	0.59	35.99	30.00	其他分布	30.00	70.0
Cu	2448	8.15	9.59	12.69	18.97	30.99	37.75	43.06	22.05	11.41	19.20	6.23	60.0	1.93	0.52	18.97	11.60	其他正态分布	11.60	27.00
F	346	288	320	399	516	645	935	1101	589	338	530	37.48	2805	207	0.57	516	417	对数正态分布	530	535
Ga	346	14.22	14.95	16.10	17.80	19.39	20.70	21.77	17.83	2.32	17.68	5.29	24.60	12.10	0.13	17.80	19.30	对数正态分布	17.83	17.52
Ge	2438	1.10	1.16	1.27	1.39	1.48	1.58	1.64	1.38	0.16	1.37	1.25	1.82	0.95	0.12	1.39	1.40	正态分布	1.40	1.42
Hg	2272	0.04	0.05	0.06	0.09	0.14	0.22	0.27	0.11	0.07	0.09	3.95	0.34	0.002	0.62	0.09	0.11	其他分布	0.11	0.11
I	346	1.47	1.70	2.69	5.29	9.11	12.78	15.34	6.62	5.23	4.98	3.40	38.10	0.30	0.79	5.29	1.90	其他正态分布	4.98	2.10
La	346	29.32	32.29	37.77	43.00	48.90	53.9	56.0	43.21	8.48	42.32	8.81	74.5	10.71	0.20	43.00	47.00	正态分布	43.21	42.67
Li	346	18.81	20.00	22.07	27.36	34.00	41.06	46.11	29.25	9.04	28.02	6.82	67.4	14.00	0.31	27.36	23.00	其他正态分布	28.02	23.00
Mn	2434	224	263	339	504	811	1094	1235	599	324	519	37.76	1604	85.7	0.54	504	381	其他分布	381	337
Mo	2288	0.46	0.52	0.63	0.78	1.03	1.39	1.57	0.87	0.34	0.81	1.47	1.94	0.23	0.39	0.78	0.76	剔除后对数分布	0.81	0.64
N	2505	0.72	0.85	1.10	1.53	2.05	2.78	3.34	1.69	0.82	1.52	1.75	5.80	0.10	0.48	1.53	1.33	对数分布	1.52	1.30
Nb	346	17.00	17.82	19.20	21.60	25.30	29.05	32.38	22.84	5.07	22.35	6.20	45.50	13.00	0.22	21.60	21.70	对数正态分布	22.35	16.83
Ni	2461	14.24	14.24	19.20	21.60	26.10	29.05	41.78	17.77	11.96	14.24	5.51	54.2	1.10	0.67	12.63	27.50	其他分布	27.50	31.00
P	2505	0.22	0.29	0.46	0.67	0.95	1.42	1.79	0.78	0.50	0.65	1.91	4.59	0.06	0.64	0.67	0.51	对数分布	0.65	0.84
Pb	2345	23.81	26.70	30.80	35.26	42.28	50.3	54.3	36.90	9.11	35.80	8.19	64.0	11.90	0.25	35.26	34.00	其他分布	34.00	22.00

续表 4-19

元素/指标	N	$X_{5\%}$	$X_{10\%}$	$X_{25\%}$	$X_{50\%}$	$X_{75\%}$	$X_{90\%}$	$X_{95\%}$	$\overline{X}$	S	$\overline{X}_g$	S_g	X_{max}	X_{min}	CV	X_{me}	X_{mo}	分布类型	粗骨土背景值	宁波市背景值
Rb	317	99.5	106	115	126	137	146	152	126	15.93	125	16.25	170	81.4	0.13	126	117	剔除后正态分布	126	126
S	331	73.8	88.4	214	270	325	385	420	263	99.5	238	24.36	506	50.00	0.38	270	50.00	剔除后正态分布	263	301
Sb	328	0.36	0.42	0.50	0.58	0.68	0.78	0.87	0.59	0.14	0.57	1.52	0.98	0.28	0.24	0.58	0.50	剔除后正态分布	0.59	0.50
Sc	346	6.62	7.14	8.40	9.95	11.50	13.91	15.55	10.25	2.68	9.93	3.80	22.07	4.42	0.26	9.95	9.80	对数正态分布	9.93	10.53
Se	2331	0.17	0.19	0.25	0.32	0.42	0.53	0.60	0.35	0.13	0.32	2.08	0.73	0.05	0.38	0.32	0.33	剔除后对数正态分布	0.32	0.21
Sn	346	2.11	2.60	3.30	4.47	7.12	11.78	15.24	5.94	4.13	4.95	2.83	23.30	1.10	0.70	4.47	4.30	对数正态分布	4.95	3.70
Sr	346	42.88	49.90	63.7	86.0	109	134	149	89.8	35.85	83.3	13.01	273	32.00	0.40	86.0	65.0	对数正态分布	83.3	113
Th	346	10.90	11.55	13.20	14.70	16.40	18.81	22.34	15.27	4.07	14.85	4.78	46.55	8.10	0.27	14.70	14.70	剔除后正态分布	14.85	14.52
Ti	321	2784	3288	3764	4373	4863	5298	5602	4314	815	4231	124	6459	2128	0.19	4373	4447	剔除后正态分布	4231	4397
Tl	366	0.65	0.69	0.78	0.89	1.05	1.22	1.43	0.94	0.25	0.91	1.27	2.17	0.47	0.26	0.89	0.85	剔除后正态分布	0.91	0.78
U	331	2.40	2.50	2.80	3.20	3.50	3.98	4.29	3.22	0.56	3.17	1.98	4.66	1.80	0.17	3.20	3.10	剔除后正态分布	3.22	2.90
V	2458	30.26	37.00	48.04	65.0	90.5	112	120	70.2	28.22	64.3	11.74	158	9.80	0.40	65.0	68.0	其他分布	68.0	109
W	346	1.54	1.65	1.82	2.15	2.73	3.71	4.37	2.41	0.91	2.28	1.76	7.78	1.04	0.38	2.15	1.92	对数正态分布	2.28	2.04
Y	346	18.51	19.40	22.00	25.26	28.00	30.68	31.32	25.15	4.21	24.78	6.48	35.00	15.90	0.17	25.26	27.00	正态分布	25.15	25.00
Zn	2414	48.99	55.1	68.1	85.9	104	120	132	87.0	25.43	83.2	13.30	161	21.26	0.29	85.9	106	剔除后对数分布	83.2	102
Zr	346	211	236	270	310	339	371	389	306	55.3	301	27.27	545	164	0.18	310	308	正态分布	306	213
SiO_2	346	63.1	65.1	68.4	71.3	73.3	75.1	76.3	70.6	4.11	70.5	11.64	78.9	51.0	0.06	71.3	71.4	正态分布	70.6	69.8
Al_2O_3	346	10.76	11.36	12.32	13.55	15.00	16.12	16.98	13.70	1.83	13.58	4.51	17.88	9.04	0.13	13.55	14.18	正态分布	13.70	13.79
TFe_2O_3	346	2.23	2.45	2.94	3.58	4.25	5.32	6.33	3.82	1.51	3.60	2.23	16.36	1.31	0.39	3.58	3.56	对数正态分布	3.60	3.76
MgO	346	0.36	0.38	0.47	0.64	0.87	1.15	1.39	0.73	0.37	0.66	1.68	2.59	0.22	0.51	0.64	0.63	对数正态分布	0.66	0.63
CaO	346	0.12	0.14	0.21	0.35	0.63	0.89	1.34	0.49	0.43	0.37	2.61	3.06	0.06	0.88	0.35	0.26	对数正态分布	0.37	0.24
Na_2O	346	0.41	0.47	0.63	0.89	1.24	1.53	1.86	0.98	0.48	0.87	1.64	3.09	0.15	0.49	0.89	0.96	剔除后正态分布	0.87	0.97
K_2O	2433	1.99	2.16	2.39	2.77	3.13	3.53	3.82	2.80	0.55	2.74	1.83	4.32	1.23	0.20	2.77	2.35	剔除后对数正态分布	2.74	2.35
TC	346	0.90	1.02	1.27	1.55	1.88	2.42	2.80	1.65	0.59	1.56	1.53	4.47	0.42	0.36	1.55	1.53	对数正态分布	1.56	1.56
Corg	2504	0.66	0.81	1.10	1.48	2.01	2.59	3.10	1.62	0.75	1.46	1.74	7.11	0.05	0.46	1.48	1.64	对数正态分布	1.46	0.90
pH	2285	4.33	4.47	4.72	5.02	5.48	6.10	6.49	4.84	4.77	5.16	2.60	7.17	3.76	0.99	5.02	4.92	其他分布	4.92	5.00

表 4-20 紫色土元素背景值参数统计表

元素/指标	N	$X_{5\%}$	$X_{10\%}$	$X_{25\%}$	$X_{50\%}$	$X_{75\%}$	$X_{90\%}$	$X_{95\%}$	$\overline{X}$	S	$\overline{X}_g$	S_g	X_{max}	X_{min}	CV	X_{me}	X_{mo}	分布类型	紫色土背景值	宁波市背景值
Ag	9	47.40	49.80	55.0	96.0	104	155	254	111	94.0	90.3	13.93	353	45.00	0.85	96.0	106	—	96.0	69.0
As	114	2.65	2.92	3.47	4.59	6.37	7.91	9.36	5.37	3.17	4.81	2.74	28.09	2.15	0.59	4.59	6.34	对数正态分布	4.81	6.50
Au	9	1.01	1.12	1.42	1.52	1.97	3.06	4.15	1.98	1.31	1.73	1.84	5.24	0.91	0.66	1.52	1.97	—	1.52	1.50
B	114	12.04	14.69	20.81	29.73	40.60	48.04	54.1	30.85	13.18	27.82	7.58	61.7	6.65	0.43	29.73	15.30	正态分布	30.85	67.0
Ba	9	423	424	527	603	674	690	711	585	110	575	35.28	732	421	0.19	603	570	—	603	503
Be	9	1.68	1.68	1.76	2.04	2.07	2.12	2.23	1.95	0.22	1.94	1.46	2.33	1.68	0.11	2.04	2.07	—	2.04	2.16
Bi	9	0.18	0.21	0.24	0.24	0.26	0.27	0.28	0.24	0.04	0.24	2.38	0.28	0.14	0.17	0.24	0.24	—	0.24	0.34
Br	9	3.47	3.72	3.91	6.40	8.23	11.51	13.72	7.18	4.01	6.35	2.91	15.94	3.23	0.56	6.40	7.10	—	6.40	6.17
Cd	105	0.05	0.06	0.07	0.10	0.18	0.23	0.28	0.13	0.08	0.11	3.71	0.39	0.04	0.59	0.10	0.15	剔除后对数分布	0.11	0.17
Ce	9	62.8	66.9	72.6	73.7	84.9	87.6	89.9	76.8	10.25	76.2	11.23	92.2	58.7	0.13	73.7	73.7	—	73.7	90.8
Cl	9	37.72	38.64	39.60	40.20	42.20	43.78	46.34	41.17	3.38	41.05	8.10	48.90	36.80	0.08	40.20	41.50	—	40.20	76.0
Co	114	4.65	5.41	6.69	8.44	11.14	15.61	21.01	10.16	6.08	8.96	3.74	35.73	2.47	0.60	8.44	10.29	对数正态分布	8.96	11.40
Cr	114	27.94	31.82	37.02	45.64	55.1	70.3	84.0	49.84	20.83	46.65	9.27	155	22.14	0.42	45.64	67.3	对数正态分布	46.65	70.0
Cu	114	12.17	13.50	15.75	19.18	22.75	30.50	37.37	22.00	17.60	19.75	5.95	190	8.84	0.80	19.18	18.30	对数正态分布	19.75	27.00
F	9	478	499	607	698	946	1293	1721	894	515	801	43.81	2149	457	0.58	698	927	—	698	535
Ga	9	14.16	15.72	16.70	18.20	19.00	20.30	20.70	17.71	2.46	17.55	4.99	21.10	12.60	0.14	18.20	18.20	—	18.20	17.52
Ge	114	1.04	1.08	1.20	1.29	1.44	1.51	1.58	1.30	0.19	1.29	1.23	1.84	0.65	0.14	1.29	1.34	正态分布	1.30	1.42
Hg	114	0.03	0.04	0.06	0.09	0.16	0.22	0.27	0.12	0.12	0.10	3.98	0.94	0.02	0.97	0.09	0.04	对数正态分布	0.10	0.11
I	9	2.94	3.35	3.70	7.88	12.51	13.57	15.34	8.14	5.04	6.75	3.19	17.11	2.54	0.62	7.88	7.88	—	7.88	2.10
La	9	28.45	29.94	36.30	38.38	39.21	39.61	40.38	36.51	4.64	36.22	7.51	41.16	26.96	0.13	38.38	36.30	—	38.38	42.67
Li	9	31.34	32.59	33.49	35.37	37.33	46.28	47.55	37.23	6.09	36.82	7.67	48.83	30.09	0.16	35.37	37.33	—	35.37	23.00
Mn	114	216	291	388	540	681	847	1176	569	273	513	36.80	1577	170	0.48	540	568	对数正态分布	513	337
Mo	114	0.44	0.48	0.65	0.79	0.97	1.34	1.55	0.87	0.40	0.80	1.48	3.41	0.29	0.46	0.79	0.71	对数正态分布	0.80	0.64
N	114	0.70	0.81	1.01	1.35	1.81	2.64	3.11	1.53	0.76	1.37	1.70	4.55	0.40	0.49	1.35	1.01	对数正态分布	1.37	1.30
Nb	9	14.94	16.18	18.90	20.30	20.80	22.84	23.12	19.64	2.95	19.43	5.29	23.40	13.70	0.15	20.30	19.80	—	20.30	16.83
Ni	114	7.32	8.49	10.67	13.61	16.55	19.08	27.97	14.82	7.30	13.56	4.74	48.22	5.24	0.49	13.61	13.41	对数正态分布	13.56	31.00
P	114	0.26	0.32	0.54	0.79	1.10	1.49	1.96	0.89	0.55	0.75	1.84	3.61	0.11	0.62	0.79	0.88	对数正态分布	0.75	0.84
Pb	114	22.56	25.08	27.69	32.20	38.37	42.36	44.69	33.65	9.95	32.45	7.81	88.7	14.18	0.30	32.20	33.63	正态分布	33.65	22.00

续表 4-20

元素/指标	N	$X_{5\%}$	$X_{10\%}$	$X_{25\%}$	$X_{50\%}$	$X_{75\%}$	$X_{90\%}$	$X_{95\%}$	$\overline{X}$	S	$\overline{X}_g$	S_g	X_{max}	X_{min}	CV	X_{me}	X_{mo}	分布类型	紫色土背景值	宁波市背景值
Rb	9	93.7	97.6	108	116	148	167	188	130	36.89	126	15.38	209	89.8	0.28	116	132	—	116	126
S	9	56.1	59.7	73.1	151	163	247	303	154	94.8	130	14.77	359	52.5	0.62	151	156	—	151	301
Sb	9	0.53	0.56	0.67	0.73	1.49	2.89	3.36	1.35	1.15	1.04	1.97	3.83	0.50	0.86	0.73	1.49	—	0.73	0.50
Sc	9	12.07	12.22	12.51	12.86	14.01	15.87	18.92	14.06	3.09	13.82	4.37	21.96	11.92	0.22	12.86	14.01	对数正态分布	12.86	10.53
Se	114	0.16	0.18	0.22	0.26	0.34	0.48	0.59	0.31	0.18	0.28	2.28	1.27	0.12	0.56	0.26	0.25	—	0.28	0.21
Sn	9	3.25	3.52	3.93	5.92	7.65	10.54	10.75	6.30	2.96	5.70	3.17	10.96	2.98	0.47	5.92	5.92	—	5.92	3.70
Sr	9	54.0	58.9	71.2	83.9	127	171	236	112	76.7	96.1	14.43	301	49.20	0.69	83.9	127	—	83.9	113
Th	9	10.68	11.52	12.98	14.00	15.16	16.14	16.25	13.85	2.06	13.70	4.33	16.37	9.84	0.15	14.00	14.00	—	14.00	14.52
Ti	9	5233	5287	5600	5767	6206	6615	6628	5879	517	5859	129	6641	5179	0.09	5767	5858	—	5767	4397
Tl	9	0.62	0.67	0.75	0.93	0.97	1.32	1.75	0.99	0.48	0.92	1.44	2.19	0.57	0.48	0.93	0.97	—	0.93	0.78
U	9	2.26	2.45	2.87	2.94	3.47	3.77	3.84	3.06	0.58	3.01	1.89	3.91	2.06	0.19	2.94	2.94	—	2.94	2.90
V	114	44.39	52.5	61.1	74.2	103	141	172	87.6	41.26	80.2	12.46	255	31.83	0.47	74.2	87.5	对数正态分布	80.2	109
W	9	1.76	1.91	2.06	2.49	2.82	3.05	3.40	2.49	0.62	2.43	1.74	3.76	1.62	0.25	2.49	2.49	—	2.49	2.04
Y	9	20.60	20.80	21.70	22.10	24.20	25.78	25.94	22.92	2.03	22.84	5.87	26.10	20.40	0.09	22.10	23.20	—	22.10	25.00
Zn	114	58.0	60.9	68.5	77.9	87.3	102	108	79.9	18.41	78.0	12.44	177	32.00	0.23	77.9	65.8	正态分布	79.9	102
Zr	9	202	219	240	300	315	322	329	279	50.2	275	23.35	336	185	0.18	300	290	—	300	213
SiO_2	9	63.0	65.4	67.4	73.2	73.3	74.6	74.9	70.3	4.80	70.1	10.92	75.2	60.7	0.07	73.2	68.7	—	73.2	69.8
Al_2O_3	9	12.41	12.82	13.28	13.64	14.92	16.71	17.70	14.47	2.01	14.35	4.42	18.69	12.00	0.14	13.64	14.91	—	13.64	13.79
TFe_2O_3	9	3.88	4.09	4.62	5.58	6.80	7.19	7.57	5.68	1.41	5.52	2.65	7.95	3.67	0.25	5.58	5.58	—	5.58	3.76
MgO	9	0.77	0.86	1.00	1.09	1.37	1.71	2.28	1.28	0.63	1.18	1.48	2.85	0.69	0.49	1.09	1.37	—	1.09	0.63
CaO	9	0.11	0.12	0.24	0.28	0.40	0.82	1.03	0.41	0.36	0.31	2.66	1.24	0.11	0.88	0.28	0.40	—	0.28	0.24
Na_2O	9	0.30	0.36	0.53	0.71	0.99	1.28	1.43	0.77	0.42	0.67	1.77	1.59	0.24	0.55	0.71	0.71	—	0.71	0.97
K_2O	114	1.64	1.79	2.09	2.46	2.88	3.16	3.59	2.51	0.58	2.44	1.75	4.09	1.28	0.23	2.46	2.50	正态分布	2.51	2.35
TC	9	1.18	1.22	1.33	1.55	1.67	1.69	1.70	1.48	0.22	1.47	1.27	1.72	1.14	0.15	1.55	1.55	—	1.55	1.56
Corg	114	0.73	0.79	1.00	1.41	1.77	2.45	2.87	1.51	0.69	1.37	1.67	3.83	0.34	0.46	1.41	1.28	正态分布	1.51	0.90
pH	114	4.38	4.43	4.55	4.76	5.16	5.49	5.95	4.73	4.87	4.91	2.52	6.66	4.19	1.03	4.76	4.58	对数正态分布	4.91	5.00

表 4-21 水稻土壤元素背景值参数统计表

元素/指标	N	$X_{5\%}$	$X_{10\%}$	$X_{25\%}$	$X_{50\%}$	$X_{75\%}$	$X_{90\%}$	$X_{95\%}$	$\bar{X}$	S	$\bar{X}_g$	S_g	X_{max}	X_{min}	CV	X_{me}	X_{mo}	分布类型	水稻土背景值	宁波市背景值
Ag	612	57.0	71.0	90.8	123	175	227	300	143	80.8	126	16.31	634	25.00	0.57	123	117	对数正态分布	126	69.0
As	10 608	2.43	3.15	4.60	6.25	7.91	9.74	10.92	6.36	2.49	5.81	3.07	13.18	0.85	0.39	6.25	6.50	其他分布	6.50	6.50
Au	612	1.24	1.50	2.06	3.30	5.30	7.80	10.49	4.47	4.62	3.42	2.59	61.8	0.61	1.03	3.30	2.70	对数正态分布	3.42	1.50
B	10 877	16.48	23.51	40.63	60.1	72.3	79.9	84.6	55.9	21.10	50.3	10.56	114	2.82	0.38	60.1	67.0	其他分布	67.0	67.0
Ba	589	444	467	501	545	642	731	794	576	105	567	39.75	876	327	0.18	545	552	其他分布	552	503
Be	606	1.70	1.87	2.11	2.38	2.57	2.69	2.80	2.33	0.32	2.30	1.65	3.18	1.46	0.14	2.38	2.40	偏峰分布	2.40	2.16
Bi	587	0.25	0.28	0.35	0.42	0.49	0.56	0.61	0.42	0.11	0.41	1.79	0.72	0.16	0.25	0.42	0.44	剔除后正态分布	0.42	0.34
Br	612	2.80	3.20	4.20	5.60	7.06	9.10	10.19	5.96	2.50	5.51	2.84	19.40	2.00	0.42	5.60	6.30	对数正态分布	5.51	6.17
Cd	9914	0.08	0.10	0.13	0.17	0.21	0.26	0.29	0.18	0.06	0.16	2.92	0.36	0.02	0.34	0.17	0.18	其他分布	0.18	0.17
Ce	612	70.9	72.1	76.1	82.8	90.7	97.8	104	84.2	11.04	83.5	13.10	153	52.3	0.13	82.8	77.3	对数正态分布	83.5	90.8
Cl	587	46.53	60.0	76.0	93.0	111	130	142	94.0	27.15	89.9	13.84	169	38.30	0.29	93.0	76.0	剔除后正态分布	94.0	76.0
Co	10 814	4.28	5.22	8.09	11.59	13.97	16.20	17.30	11.14	4.01	10.27	4.16	22.43	1.73	0.36	11.59	11.40	其他分布	11.40	11.40
Cr	10 765	20.61	25.59	43.53	72.2	83.6	91.9	97.0	64.9	25.09	58.4	11.50	144	5.97	0.39	72.2	73.0	其他分布	73.0	70.0
Cu	10 437	12.89	15.74	22.61	29.70	35.35	41.78	45.78	29.24	9.74	27.38	7.33	56.2	3.93	0.33	29.70	33.00	其他分布	33.00	27.00
F	598	307	348	453	542	630	720	772	542	138	523	36.89	896	207	0.25	542	603	剔除后正态分布	542	535
Ga	612	14.00	14.80	15.94	17.10	18.60	19.77	20.35	17.24	1.98	17.13	5.19	24.60	11.80	0.12	17.10	15.70	正态分布	17.24	17.52
Ge	10 713	1.10	1.17	1.28	1.40	1.50	1.59	1.64	1.39	0.16	1.38	1.25	1.83	0.94	0.12	1.40	1.42	其他分布	1.42	1.42
Hg	10 106	0.05	0.06	0.09	0.18	0.29	0.41	0.49	0.21	0.14	0.17	3.10	0.66	0.01	0.66	0.18	0.20	其他分布	0.20	0.11
I	557	1.00	1.20	1.50	2.10	3.00	4.34	5.38	2.47	1.27	2.19	1.94	6.56	0.42	0.52	2.10	1.50	剔除后对数正态分布	2.19	2.10
La	612	37.00	38.61	41.00	44.00	47.36	51.9	54.0	44.54	5.64	44.19	9.03	82.0	24.00	0.13	44.00	42.00	对数正态分布	44.19	42.67
Li	612	21.00	23.00	28.00	39.70	47.00	52.0	55.0	38.22	11.11	36.48	7.98	69.0	16.80	0.29	39.70	25.00	其他分布	25.00	23.00
Mn	10 472	237	270	331	430	613	860	970	496	222	452	33.75	1122	90.4	0.45	430	337	其他分布	337	337
Mo	10 263	0.47	0.52	0.61	0.74	0.91	1.10	1.22	0.78	0.23	0.75	1.39	1.45	0.23	0.29	0.74	0.60	偏峰分布	0.60	0.64
N	10 770	0.89	1.07	1.42	1.98	2.71	3.38	3.74	2.11	0.88	1.92	1.89	4.68	0.15	0.42	1.98	1.30	其他分布	1.30	1.30
Nb	612	15.84	16.10	16.90	18.36	20.80	23.60	24.94	19.21	3.14	18.98	5.61	39.70	13.86	0.16	18.36	16.83	对数正态分布	18.98	16.83
Ni	10 791	6.79	8.56	14.70	28.43	34.73	40.08	43.19	26.03	11.87	22.43	6.92	64.7	1.41	0.46	28.43	25.00	其他分布	25.00	31.00
P	10 283	0.38	0.46	0.59	0.79	1.06	1.37	1.57	0.86	0.36	0.78	1.59	1.92	0.05	0.42	0.79	0.61	其他分布	0.61	0.84
Pb	10 361	27.65	29.79	33.86	39.10	45.10	52.4	56.9	40.08	8.69	39.16	8.66	65.0	15.87	0.22	39.10	38.00	偏峰分布	38.00	22.00

第四章 土壤元素背景值

续表 4-21

元素/指标	N	$X_{5\%}$	$X_{10\%}$	$X_{25\%}$	$X_{50\%}$	$X_{75\%}$	$X_{90\%}$	$X_{95\%}$	$\bar{X}$	S	$\bar{X}_g$	S_g	X_{max}	X_{min}	CV	X_{me}	X_{mo}	分布类型	水稻土背景值	宁波市背景值
Rb	612	101	107	116	125	136	144	150	126	16.90	125	16.39	228	77.0	0.13	125	122	正态分布	126	126
S	595	188	227	281	358	458	531	581	370	123	346	29.82	716	50.00	0.33	358	431	剔除后正态分布	370	301
Sb	583	0.45	0.49	0.55	0.63	0.73	0.86	0.92	0.65	0.14	0.64	1.41	1.04	0.33	0.22	0.63	0.62	剔除后正对数分布	0.64	0.50
Sc	612	7.00	7.60	9.39	10.98	12.82	14.20	14.88	11.01	2.48	10.72	3.96	20.97	4.20	0.23	10.98	10.90	正态分布	11.01	10.53
Se	10 599	0.17	0.19	0.25	0.32	0.39	0.46	0.51	0.33	0.10	0.31	2.03	0.62	0.07	0.31	0.32	0.31	其他分布	0.31	0.21
Sn	603	2.72	3.60	5.30	9.90	14.47	18.44	20.70	10.45	5.78	8.73	3.77	28.30	1.08	0.55	9.90	5.20	其他分布	5.20	3.70
Sr	541	77.2	86.0	99.5	107	115	122	131	106	14.74	105	14.68	144	68.3	0.14	107	104	其他分布	104	113
Th	612	11.52	12.18	13.14	14.41	15.60	16.75	17.98	14.54	2.20	14.39	4.71	28.51	8.80	0.15	14.41	13.40	对数正态分布	14.39	14.52
Ti	593	3548	3827	4123	4410	4760	5085	5233	4427	489	4400	127	5765	3181	0.11	4410	4787	剔除后正对数分布	4427	4397
Tl	665	0.60	0.63	0.70	0.77	0.86	0.99	1.05	0.79	0.13	0.78	1.23	1.17	0.46	0.17	0.77	0.81	偏峰分布	0.81	0.78
U	612	2.25	2.40	2.61	2.90	3.30	3.70	3.90	3.01	0.60	2.95	1.94	8.78	1.80	0.20	2.90	2.90	对数正态分布	2.95	2.90
V	10 834	39.71	47.68	66.7	91.6	106	114	118	85.9	25.06	81.4	13.24	163	15.20	0.29	91.6	109	其他分布	109	109
W	576	1.52	1.61	1.79	2.02	2.27	2.54	2.72	2.05	0.36	2.01	1.56	3.04	1.08	0.18	2.02	2.04	剔除后对数正态分布	2.01	2.04
Y	594	21.00	22.90	24.53	26.22	28.05	30.00	31.00	26.28	2.84	26.12	6.63	33.00	18.70	0.11	26.22	27.00	剔除后正态分布	26.28	25.00
Zn	10 316	60.5	68.6	85.2	99.3	112	127	138	98.8	22.13	96.2	14.41	158	42.33	0.22	99.3	114	其他分布	114	102
Zr	603	203	207	220	254	307	357	383	268	57.1	263	25.46	435	180	0.21	254	231	正态分布	231	213
SiO₂	612	63.6	64.9	66.8	69.6	72.3	74.5	75.6	69.6	3.86	69.5	11.56	81.7	53.2	0.06	69.6	70.0	正态分布	69.6	69.8
Al₂O₃	612	10.89	11.51	12.61	13.72	14.65	15.28	15.74	13.57	1.47	13.49	4.49	18.73	9.01	0.11	13.72	13.97	正态分布	13.57	13.79
TFe₂O₃	612	2.42	2.71	3.24	4.00	4.68	5.37	5.68	4.04	1.05	3.90	2.27	9.06	1.60	0.26	4.00	4.28	其他分布	4.04	3.76
MgO	612	0.37	0.42	0.61	1.13	1.38	1.59	1.82	1.05	0.47	0.93	1.70	2.50	0.22	0.45	1.13	1.29	其他分布	1.29	0.63
CaO	573	0.24	0.31	0.52	0.69	0.85	1.03	1.18	0.69	0.27	0.62	1.79	1.43	0.06	0.39	0.69	0.69	其他分布	0.69	0.24
Na₂O	590	0.69	0.82	1.06	1.24	1.38	1.56	1.65	1.21	0.27	1.18	1.30	1.86	0.50	0.22	1.24	1.17	其他分布	1.17	0.97
K₂O	10 355	2.13	2.23	2.38	2.57	2.83	3.12	3.28	2.62	0.35	2.60	1.74	3.61	1.66	0.13	2.57	2.46	其他分布	2.46	2.35
TC	612	1.17	1.28	1.52	1.83	2.32	2.82	3.12	1.96	0.62	1.87	1.60	4.31	0.45	0.31	1.83	1.65	对数正态分布	1.87	1.56
Corg	10 754	0.79	0.96	1.29	1.80	2.45	3.10	3.44	1.92	0.82	1.74	1.83	4.26	0.07	0.43	1.80	1.12	其他分布	1.12	0.90
pH	10 082	4.38	4.58	4.95	5.39	5.88	6.60	7.10	5.00	4.75	5.49	2.68	7.73	3.44	0.95	5.39	5.34	其他分布	5.34	5.00

1.4倍;CaO、Au、MgO、Ag、Hg、Pb、Se、Sn背景值明显偏高,是宁波市背景值的1.4倍以上,其中CaO、Au、MgO背景值是宁波市背景值的2.0倍以上;其他元素/指标背景值则与宁波市背景值基本接近。

六、潮土土壤元素背景值

宁波市潮土区土壤元素背景值数据经正态分布检验,结果表明,原始数据中Be、Bi、Li、Rb、Ti、W、SiO_2、Al_2O_3、TFe_2O_3、CaO共10项元素/指标符合正态分布,Au、Ba、Br、Cl、Ga、I、Nb、S、Sb、Sn、Th、Tl、U、Zr、TC共15项元素/指标符合对数正态分布,B、Ce、Ge、Sc、Sr剔除异常值后符合正态分布,Ag、Co、Cr、La、N、K_2O剔除异常值后符合对数正态分布,其他元素/指标不符合正态分布或对数正态分布(表4-22)。

宁波市潮土区表层土壤总体为碱性,土壤pH背景值为8.02,极大值为8.84,极小值为6.82,明显高于宁波市背景值。

潮土区表层土壤各元素/指标中,大多数元素/指标变异系数小于0.40,分布相对均匀;pH、Sn、Au、Sb、Cl、I共6项元素/指标变异系数大于0.40,其中pH变异系数大于0.80,空间变异性较大。

与宁波市土壤元素背景值相比,潮土区土壤元素背景值中Corg、N、S、V、Hg、Mo背景值略低于宁波市背景值,为宁波市背景值的60%~80%;Ag、Sb、P背景值略高于宁波市背景值,是宁波市背景值的1.2~1.4倍;CaO、MgO、Mn、Li、I、Na_2O、Sn、Au背景值明显偏高,是宁波市背景值的1.4倍以上,其中CaO、MgO、Mn背景值是宁波市背景值的2.0倍以上,最高的CaO背景值是宁波市背景值的9.0倍;其他元素/指标背景值则与宁波市背景值基本接近。

七、滨海盐土土壤元素背景值

宁波市滨海盐土区土壤元素背景值数据经正态分布检验,结果表明,原始数据中Be、Bi、Ce、F、Ga、I、La、Li、Rb、Sb、Sc、Sr、Th、U、Zr、SiO_2、Al_2O_3、TFe_2O_3、Na_2O、TC共20项元素/指标符合正态分布,Ag、Au、Br、N、Nb、S、Sn、Tl、W、CaO符合对数正态分布,Ti剔除异常值后符合正态分布,Cd、Ge、Mo、Corg剔除异常值后符合对数正态分布,其他元素/指标不符合正态分布或对数正态分布(表4-23)。

宁波市滨海盐土区表层土壤总体为碱性,土壤pH背景值为8.19,极大值为10.01,极小值为4.84,明显高于宁波市背景值。

盐土区表层土壤各元素/指标中,大多数元素/指标变异系数小于0.40,分布相对均匀;Au、pH、Sn、Br、CaO、Ag、I、MgO、N、S、Corg变异系数大于0.40,其中Au、pH、Sn、Br变异系数大于0.80,空间变异性较大。

与宁波市土壤元素背景值相比,滨海盐土区土壤元素背景值中Hg背景值明显低于宁波市背景值,仅为宁波市背景值的55%;N、Cu、MgO背景值略低于宁波市背景值,为宁波市背景值的60%~80%;Zr、Sb、TFe_2O_3、Na_2O、Ag背景值略高于宁波市背景值,是宁波市背景值的1.2~1.4倍;CaO、I、Mn、Li、As、Y背景值明显偏高,是宁波市背景值的1.4倍以上,其中CaO、I背景值是宁波市背景值的2.0倍以上,最高的CaO背景值是宁波市背景值的4.46倍;其他元素/指标背景值则与宁波市背景值基本接近。

第四节　主要土地利用类型元素背景值

一、水田土壤元素背景值

宁波市水田土壤元素背景值数据经正态分布检验,结果表明,原始数据中Be、Ce、Ga、La、Li、Rb、Sc、Th、U、Y、SiO_2、Al_2O_3、MgO、Na_2O共14项元素/项指标符合正态分布,Ag、Au、Ba、Bi、Br、F、I、Nb、Sb、

第四章 土壤元素背景值

表 4-22 潮土土壤元素背景参数统计表

元素/指标	N	$X_{5\%}$	$X_{10\%}$	$X_{25\%}$	$X_{50\%}$	$X_{75\%}$	$X_{90\%}$	$X_{95\%}$	$\overline{X}$	S	$\overline{X}_g$	S_g	X_{max}	X_{min}	CV	X_{me}	X_{mo}	分布类型		潮土背景值	宁波市背景值
Ag	145	66.3	71.0	80.0	90.0	104	123	135	93.9	20.92	91.8	13.87	159	50.00	0.22	90.0	77.0	剔除后偏峰分布	偏峰分布	91.8	69.0
As	3328	4.48	5.10	6.03	7.10	8.50	9.90	10.80	7.31	1.87	7.07	3.19	12.50	2.33	0.26	7.10	7.10	对数正态分布	对数正态分布	7.10	6.50
Au	162	1.30	1.40	1.70	2.15	3.08	4.19	4.89	2.58	1.47	2.32	1.97	11.60	1.00	0.57	2.15	1.70	剔除后对数正态分布	对数正态分布	2.32	1.50
B	3295	53.0	56.9	62.8	69.4	75.8	82.4	86.2	69.5	9.87	68.7	11.60	96.2	41.83	0.14	69.4	66.5	剔除后正态分布	正态分布	69.5	67.0
Ba	162	402	410	423	443	471	503	606	462	77.6	457	34.83	902	386	0.17	443	434	对数正态分布	正态分布	457	503
Be	162	1.85	1.89	1.99	2.17	2.39	2.60	2.69	2.21	0.27	2.20	1.63	3.36	1.72	0.12	2.17	2.22	正态分布	正态分布	2.21	2.16
Bi	162	0.23	0.25	0.29	0.35	0.45	0.51	0.54	0.37	0.10	0.36	1.84	0.84	0.22	0.27	0.35	0.28	对数正态分布	正态分布	0.37	0.34
Br	162	4.29	5.10	5.75	6.72	8.39	10.17	11.13	7.18	2.19	6.84	3.15	14.20	2.20	0.30	6.72	7.30	对数正态分布	对数正态分布	6.84	6.17
Cd	3117	0.11	0.12	0.15	0.17	0.20	0.22	0.24	0.17	0.04	0.17	2.83	0.28	0.07	0.22	0.17	0.18	其他分布	其他分布	0.17	0.17
Ce	148	64.6	68.1	70.7	73.1	76.7	80.0	84.3	73.7	5.45	73.5	11.98	89.5	60.00	0.07	73.1	72.8	剔除后正态分布	正态分布	73.7	90.8
Cl	162	51.6	54.5	58.6	67.6	84.5	115	140	78.5	32.67	74.0	12.52	292	43.90	0.42	67.6	78.5	剔除后对数正态分布	对数正态分布	74.0	76.0
Co	3291	9.73	10.37	11.51	12.83	14.22	15.75	16.66	12.93	2.07	12.76	4.40	18.55	7.20	0.16	12.83	11.80	剔除后对数正态分布	对数正态分布	12.76	11.40
Cr	3199	57.7	59.8	63.9	69.0	74.5	80.6	84.5	69.6	8.10	69.1	11.59	92.9	46.40	0.12	69.0	68.0	剔除后对数正态分布	对数正态分布	69.1	70.0
Cu	3216	19.29	21.30	24.59	28.55	33.18	38.05	42.00	29.21	6.74	28.43	7.12	49.04	10.71	0.23	28.55	27.00	其他分布	其他分布	27.00	27.00
F	150	517	540	565	616	663	722	737	619	71.4	615	40.70	821	425	0.12	616	590	偏峰分布	偏峰分布	590	535
Ga	162	12.59	12.90	13.87	15.23	17.36	19.10	20.19	15.70	2.46	15.52	5.01	23.62	11.43	0.16	15.23	15.70	对数正态分布	对数正态分布	15.52	17.52
Ge	3346	1.17	1.22	1.29	1.37	1.45	1.53	1.57	1.37	0.12	1.37	1.23	1.70	1.05	0.09	1.37	1.35	剔除后正态分布	正态分布	1.37	1.42
Hg	3178	0.05	0.05	0.07	0.08	0.10	0.14	0.15	0.09	0.03	0.08	4.06	0.19	0.01	0.36	0.08	0.07	其他分布	其他分布	0.07	0.11
I	162	1.90	2.10	2.82	3.79	4.60	5.79	6.88	3.99	1.70	3.67	2.37	11.71	1.33	0.42	3.79	4.50	对数正态分布	正态分布	3.67	2.10
La	153	33.60	34.20	37.00	38.42	41.00	44.06	45.18	38.90	3.63	38.73	8.34	49.00	31.00	0.09	38.42	37.00	剔除后对数正态分布	对数正态分布	38.73	42.67
Li	162	29.32	31.36	34.40	39.35	45.48	53.0	57.9	40.55	8.42	39.70	8.56	62.0	19.00	0.21	39.35	38.80	正态分布	正态分布	40.55	23.00
Mn	3277	489	520	573	649	732	813	863	657	117	647	42.26	998	322	0.18	649	727	其他分布	其他分布	727	337
Mo	3189	0.30	0.33	0.37	0.43	0.52	0.63	0.70	0.46	0.12	0.44	1.70	0.82	0.20	0.26	0.43	0.39	剔除后对数正态分布	对数正态分布	0.39	0.64
N	3246	0.65	0.73	0.88	1.03	1.18	1.37	1.48	1.04	0.24	1.01	1.28	1.72	0.39	0.23	1.03	0.91	剔除后正态分布	正态分布	1.01	1.30
Nb	162	13.86	14.85	14.85	16.60	17.82	19.80	23.37	16.96	2.89	16.74	5.23	29.90	12.87	0.17	16.60	14.85	对数正态分布	对数正态分布	16.74	16.83
Ni	3226	23.43	24.99	27.00	30.54	34.00	37.45	39.99	30.80	4.92	30.41	7.25	44.48	16.95	0.16	30.54	31.00	其他分布	其他分布	31.00	31.00
P	3276	0.71	0.80	0.94	1.14	1.44	1.77	2.00	1.22	0.39	1.16	1.41	2.32	0.15	0.32	1.14	1.04	其他分布	其他分布	1.04	0.84
Pb	3228	18.00	19.33	21.20	23.47	26.47	30.32	32.71	24.17	4.23	23.81	6.38	35.92	13.00	0.18	23.47	22.00	其他分布	其他分布	22.00	22.00

续表 4-22

元素/指标	N	$X_{5\%}$	$X_{10\%}$	$X_{25\%}$	$X_{50\%}$	$X_{75\%}$	$X_{90\%}$	$X_{95\%}$	$\overline{X}$	S	$\overline{X}_g$	S_g	X_{max}	X_{min}	CV	X_{me}	X_{mo}	分布类型	潮土背景值	宁波市背景值
Rb	162	89.0	92.0	100.0	111	124	135	138	113	16.41	112	15.58	176	83.0	0.15	111	111	正态分布	113	126
S	162	148	162	183	223	273	378	457	245	93.6	229	24.47	603	50.00	0.38	223	189	对数正态分布	229	301
Sb	162	0.45	0.47	0.53	0.61	0.76	0.87	1.02	0.68	0.30	0.64	1.45	3.08	0.36	0.44	0.61	0.53	对数正态分布	0.64	0.50
Sc	148	9.05	9.30	10.20	11.00	11.60	12.60	13.74	10.97	1.27	10.89	3.99	14.20	7.90	0.12	11.00	11.20	剔除后正态分布	10.97	10.53
Se	3289	0.13	0.15	0.17	0.20	0.23	0.26	0.28	0.20	0.04	0.19	2.57	0.32	0.08	0.21	0.20	0.21	其他分布	0.21	0.21
Sn	162	3.40	3.60	4.31	5.60	9.05	12.39	14.22	7.21	5.11	6.23	3.33	48.10	2.50	0.71	5.60	4.90	对数正态分布	6.23	3.70
Sr	151	109	115	125	136	144	153	156	134	14.78	134	16.53	175	91.8	0.11	136	136	剔除后正态分布	134	113
Th	162	10.90	11.20	11.83	12.50	13.70	14.90	15.78	12.89	1.54	12.81	4.44	18.50	10.37	0.12	12.50	14.80	对数正态分布	12.81	14.52
Ti	162	3981	4078	4168	4339	4602	4958	5114	4420	385	4404	127	5593	3086	0.09	4339	4399	正态分布	4420	4397
Tl	170	0.48	0.51	0.56	0.64	0.73	0.82	0.93	0.66	0.16	0.65	1.38	1.37	0.33	0.24	0.64	0.63	对数正态分布	0.65	0.78
U	162	2.01	2.08	2.17	2.31	2.62	3.00	3.45	2.46	0.44	2.42	1.75	4.58	1.86	0.18	2.31	2.29	对数正态分布	2.42	2.90
V	3298	67.2	70.8	76.7	84.6	93.7	104	109	85.8	12.63	84.9	13.07	121	50.3	0.15	84.6	74.0	偏峰分布	74.0	109
W	162	1.28	1.38	1.52	1.72	1.94	2.16	2.39	1.76	0.32	1.73	1.47	2.92	1.17	0.18	1.72	1.59	正态分布	1.76	2.04
Y	155	22.42	23.00	24.00	25.00	27.00	29.37	30.00	25.68	2.34	25.57	6.57	31.00	21.00	0.09	25.00	24.00	其他分布	24.00	25.00
Zn	3263	68.0	71.7	78.9	87.6	98.0	109	117	89.1	14.51	87.9	13.48	132	47.68	0.16	87.6	86.0	偏峰分布	86.0	102
Zr	162	202	211	230	250	269	286	316	254	40.84	251	24.16	431	166	0.16	250	258	对数正态分布	251	213
SiO₂	162	60.1	61.4	64.8	67.4	69.0	71.4	72.8	66.7	3.82	66.6	11.24	76.1	56.6	0.06	67.4	65.1	正态分布	66.7	69.8
Al₂O₃	162	11.25	11.46	11.93	12.95	13.62	14.61	15.24	12.93	1.23	12.87	4.42	15.81	10.36	0.10	12.95	12.95	正态分布	12.93	13.79
TFe₂O₃	162	3.40	3.62	3.94	4.38	4.88	5.64	5.90	4.46	0.80	4.39	2.42	6.69	1.89	0.18	4.38	4.18	偏峰分布	4.46	3.76
MgO	148	1.56	1.69	1.88	2.06	2.17	2.27	2.36	2.02	0.24	2.00	1.51	2.60	1.34	0.12	2.06	2.06	正态分布	2.06	0.63
CaO	162	0.47	0.98	1.60	2.23	2.77	3.27	3.38	2.16	0.87	1.92	1.88	4.09	0.29	0.40	2.23	2.06	偏峰分布	2.16	0.24
Na₂O	155	1.07	1.14	1.42	1.59	1.69	1.83	1.88	1.54	0.25	1.52	1.32	2.03	0.86	0.16	1.59	1.64	正态分布	1.64	0.97
K₂O	3278	1.99	2.04	2.14	2.28	2.43	2.59	2.72	2.30	0.22	2.29	1.63	2.91	1.70	0.09	2.28	2.37	剔除后对数正态分布	2.29	2.35
TC	162	1.00	1.07	1.13	1.32	1.55	1.79	2.01	1.40	0.34	1.36	1.35	3.24	0.78	0.25	1.32	1.13	对数正态分布	1.36	1.56
Corg	3220	0.49	0.56	0.67	0.79	0.93	1.08	1.19	0.81	0.20	0.78	1.34	1.38	0.27	0.25	0.79	0.70	其他分布	0.70	0.90
pH	2993	7.25	7.48	7.79	7.99	8.14	8.28	8.36	7.77	7.66	7.93	3.30	8.84	6.82	0.99	7.99	8.02	其他分布	8.02	5.00

第四章 土壤元素背景值

表 4-23 滨海盐土土壤元素背景值参数统计表

元素/指标	N	$X_{5\%}$	$X_{10\%}$	$X_{25\%}$	$X_{50\%}$	$X_{75\%}$	$X_{90\%}$	$X_{95\%}$	$\bar{X}$	S	$\bar{X}_g$	S_g	X_{max}	X_{min}	CV	X_{me}	X_{mo}	分布类型	滨海盐土背景值	宁波市背景值
Ag	91	50.00	59.0	67.5	80.0	96.0	115	156	92.1	59.8	83.5	12.91	485	34.00	0.65	80.0	79.0	对数正态分布	83.5	69.0
As	2619	3.59	4.63	6.44	9.21	11.80	14.08	15.18	9.22	3.54	8.44	3.74	19.70	0.97	0.38	9.21	9.70	其他分布	9.70	6.50
Au	91	1.00	1.10	1.40	1.70	2.15	2.80	3.64	2.07	2.18	1.77	1.74	21.10	0.56	1.05	1.70	1.50	对数正态分布	1.77	1.50
B	2530	29.20	38.22	52.3	63.0	72.1	78.9	83.0	61.1	15.68	58.6	10.58	103	19.17	0.26	63.0	67.5	偏峰分布	67.5	67.0
Ba	89	413	421	461	502	638	770	807	553	137	537	38.22	929	296	0.25	502	509	其他分布	509	503
Be	91	1.81	1.87	2.12	2.34	2.60	2.79	2.83	2.34	0.34	2.32	1.67	3.25	1.55	0.14	2.34	2.41	正态分布	2.34	2.16
Bi	91	0.19	0.23	0.28	0.40	0.47	0.55	0.56	0.39	0.12	0.37	1.94	0.72	0.16	0.32	0.40	0.40	正态分布	0.39	0.34
Br	91	2.10	2.40	3.85	6.20	8.00	11.24	19.77	7.26	5.96	5.79	3.33	32.85	1.20	0.82	6.20	4.70	对数正态分布	5.79	6.17
Cd	2455	0.08	0.09	0.12	0.15	0.17	0.20	0.22	0.15	0.04	0.14	3.13	0.27	0.04	0.27	0.15	0.14	剔除后对数分布	0.14	0.17
Ce	91	64.8	69.3	73.8	79.7	88.7	97.4	102	82.2	12.86	81.3	12.80	135	55.0	0.16	79.7	85.4	正态分布	82.2	90.8
Cl	78	61.1	65.7	72.0	83.4	102	122	151	90.3	27.32	86.8	13.15	177	46.53	0.30	83.4	82.0	偏峰分布	82.0	76.0
Co	2591	5.69	8.22	11.78	14.79	17.63	19.32	20.38	14.40	4.26	13.59	4.72	26.49	3.01	0.30	14.79	12.98	其他分布	12.98	11.40
Cr	2545	28.27	43.05	62.4	77.3	90.7	98.6	104	74.3	21.54	70.2	11.94	134	18.01	0.29	77.3	71.0	其他分布	71.0	70.0
Cu	2567	13.46	15.67	21.60	29.82	36.29	41.03	44.68	29.19	9.78	27.37	7.17	58.9	5.23	0.33	29.82	21.00	其他分布	21.00	27.00
F	91	331	399	452	604	693	794	824	591	158	567	38.78	907	179	0.27	604	693	正态分布	591	535
Ga	91	14.05	14.70	15.80	17.50	20.46	21.50	22.25	17.86	2.79	17.64	5.32	23.50	10.70	0.16	17.50	16.50	正态分布	17.86	17.52
Ge	2549	1.12	1.19	1.30	1.40	1.52	1.64	1.73	1.41	0.18	1.40	1.26	1.88	0.95	0.12	1.40	1.33	剔除后对数分布	1.40	1.42
Hg	2407	0.04	0.04	0.05	0.06	0.07	0.09	0.10	0.06	0.02	0.06	4.77	0.12	0.02	0.29	0.06	0.06	其他分布	0.06	0.11
I	91	1.06	1.40	1.83	3.60	6.61	8.45	9.32	4.37	2.73	3.50	2.77	10.72	0.78	0.62	3.60	3.90	其他分布	4.37	2.10
La	91	36.00	37.00	41.00	45.00	49.00	56.00	58.5	45.49	7.25	44.95	9.15	69.9	32.00	0.16	45.00	45.00	正态分布	45.49	42.67
Li	91	21.00	23.00	28.50	41.01	54.8	59.0	61.0	41.55	14.21	38.94	8.55	71.6	16.00	0.34	41.01	59.00	正态分布	41.55	23.00
Mn	2604	347	451	570	751	942	1101	1187	762	257	715	45.51	1511	122	0.34	751	662	其他分布	662	337
Mo	2510	0.34	0.40	0.49	0.62	0.80	0.96	1.06	0.65	0.22	0.62	1.52	1.32	0.24	0.34	0.62	0.51	剔除后对数分布	0.62	0.64
N	2624	0.44	0.59	0.79	1.05	1.38	1.79	2.09	1.13	0.49	1.02	1.60	3.58	0.17	0.44	1.05	0.68	对数正态分布	1.02	1.30
Nb	91	15.84	17.05	17.95	19.00	21.90	24.10	26.00	19.97	3.21	19.73	5.70	29.30	12.87	0.16	19.00	18.81	对数正态分布	19.73	16.83
Ni	2597	9.11	13.35	26.95	34.94	42.90	47.31	49.91	33.55	11.92	30.48	7.63	61.4	3.34	0.36	34.94	27.00	其他分布	27.00	31.00
P	2460	0.46	0.56	0.65	0.75	0.92	1.11	1.22	0.79	0.22	0.76	1.39	1.44	0.22	0.28	0.75	0.75	其他分布	0.75	0.84
Pb	2567	16.42	18.10	22.22	29.11	33.85	37.50	40.34	28.48	7.53	27.43	7.17	51.5	12.00	0.26	29.11	20.00	其他分布	20.00	22.00

续表 4-23

元素/指标	N	$X_{5\%}$	$X_{10\%}$	$X_{25\%}$	$X_{50\%}$	$X_{75\%}$	$X_{90\%}$	$X_{95\%}$	$\bar{X}$	S	$\bar{X}_g$	S_g	X_{max}	X_{min}	CV	X_{me}	X_{mo}	分布类型	滨海盐土背景值	宁波市背景值
Rb	91	92.5	99.0	113	126	139	146	149	126	17.71	124	16.36	156	84.0	0.14	126	125	正态分布	126	126
S	91	154	174	224	269	348	456	552	298	121	275	26.41	738	87.0	0.41	269	275	对数正态分布	275	301
Sb	91	0.39	0.43	0.51	0.64	0.79	0.89	0.90	0.64	0.17	0.62	1.49	1.04	0.33	0.27	0.64	0.57	正态分布	0.64	0.50
Sc	91	6.25	7.00	8.50	11.60	13.75	15.20	16.15	11.32	3.32	10.80	4.08	20.20	5.50	0.29	11.60	7.10	其他分布	11.32	10.53
Se	2473	0.09	0.11	0.14	0.17	0.20	0.24	0.27	0.17	0.05	0.17	2.82	0.31	0.06	0.29	0.17	0.18	对数正态分布	0.18	0.21
Sn	91	2.45	2.60	3.20	3.60	4.20	5.10	9.25	4.39	4.05	3.84	2.35	37.20	2.10	0.92	3.60	3.70	其他分布	3.84	3.70
Sr	91	64.5	83.2	102	119	138	159	168	119	30.81	115	15.07	224	46.00	0.26	119	119	对数正态分布	119	113
Th	91	10.35	10.70	12.21	13.50	14.60	15.50	16.20	13.45	1.80	13.32	4.49	17.40	9.20	0.13	13.50	13.20	正态分布	13.45	14.52
Ti	87	3570	3839	4324	4995	5316	5544	6296	4884	762	4824	133	6860	3218	0.16	4995	5151	剔除后正态分布	4884	4397
Tl	99	0.57	0.59	0.72	0.78	0.91	1.09	1.20	0.83	0.22	0.80	1.30	1.90	0.46	0.27	0.78	0.78	对数正态分布	0.80	0.78
U	91	2.10	2.20	2.40	2.70	3.00	3.30	3.50	2.74	0.44	2.70	1.82	3.90	2.00	0.16	2.70	2.50	正态分布	2.74	2.90
V	2605	46.88	63.2	77.6	98.6	116	126	130	95.8	25.37	91.8	13.95	175	19.20	0.26	98.6	117	其他分布	117	109
W	91	1.38	1.49	1.69	1.90	2.08	2.35	2.50	1.97	0.79	1.90	1.56	8.29	1.01	0.40	1.90	1.96	对数正态分布	1.90	2.04
Y	90	22.45	23.00	25.00	28.00	30.00	30.64	31.00	27.36	3.06	27.18	6.76	32.00	19.02	0.11	28.00	30.00	其他分布	30.00	25.00
Zn	2579	58.8	65.1	77.0	93.8	107	118	123	92.4	20.03	90.1	13.87	152	34.86	0.22	93.8	105	对数正态分布	105	102
Zr	91	187	192	208	261	332	369	396	277	83.8	266	25.27	717	170	0.30	261	205	正态分布	277	213
SiO₂	91	57.2	58.0	60.4	65.8	72.1	74.0	74.9	65.9	6.37	65.6	11.17	80.1	54.4	0.10	65.8	58.0	正态分布	65.9	69.8
Al₂O₃	91	10.84	11.51	12.14	13.50	15.13	15.67	16.15	13.57	1.70	13.47	4.51	16.66	9.94	0.13	13.50	12.67	正态分布	13.57	13.79
TFe₂O₃	91	2.40	2.80	3.62	4.82	5.97	6.58	6.97	4.80	1.48	4.55	2.55	8.37	2.07	0.31	4.82	5.11	正态分布	4.80	3.76
MgO	91	0.39	0.40	0.57	1.62	2.15	2.37	2.49	1.46	0.80	1.19	2.03	2.97	0.29	0.55	1.62	0.39	其他分布	0.39	0.63
CaO	91	0.23	0.29	0.45	1.27	2.47	3.70	3.88	1.60	1.27	1.07	2.62	4.22	0.17	0.80	1.27	0.35	对数正态分布	1.07	0.24
Na₂O	91	0.56	0.75	0.94	1.14	1.41	1.73	1.88	1.20	0.39	1.14	1.42	2.41	0.33	0.33	1.14	1.37	正态分布	1.20	0.97
K₂O	2592	2.05	2.11	2.30	2.66	2.96	3.15	3.33	2.65	0.42	2.62	1.80	3.95	1.30	0.16	2.66	2.69	其他分布	2.69	2.35
TC	91	1.02	1.09	1.23	1.45	1.65	1.86	2.04	1.48	0.35	1.43	1.38	2.94	0.52	0.24	1.45	1.20	正态分布	1.48	1.56
Corg	2471	0.37	0.47	0.62	0.81	1.06	1.39	1.57	0.87	0.36	0.79	1.57	1.87	0.09	0.41	0.81	0.87	剔除后对数分布	0.79	0.90
pH	2516	5.14	5.46	7.26	8.01	8.27	8.55	8.70	6.03	5.59	7.57	3.19	10.01	4.84	0.93	8.01	8.19	其他分布	8.19	5.00

第四章 土壤元素背景值

TFe_2O_3、TC共11项元素/指标符合对数正态分布,Cl、S、Sr、Ti、Tl、W、CaO剔除异常值后符合正态分布,其他元素/指标不符合正态分布或对数正态分布(表4-24)。

宁波市水田区表层土壤总体为酸性,土壤pH背景值为5.10,极大值为8.76,极小值为3.24,与宁波市背景值接近。

水田区表层土壤各元素/指标中,大多数元素/指标变异系数小于0.40,分布相对均匀;pH、Au、I、Hg、Ag、Sn、MgO、Corg、Ni、CaO、Bi、Br、Mn、N、P、F、As共17项元素/指标变异系数大于0.40,其中pH、Au、I变异系数大于0.80,空间变异性较大。

与宁波市土壤元素背景值相比,水田区土壤元素背景值中P背景值略低于宁波市背景值,是宁波市背景值的70%;N、Cu、Sb、Na_2O、I背景值略高于宁波市背景值,是宁波市背景值的1.2~1.4倍;CaO、Corg、Au、Hg、MgO、Pb、Ag、Li、Se背景值明显偏高,是宁波市背景值的1.4倍以上,其中CaO背景值为宁波市背景值的2.75倍;其他元素/指标背景值则与宁波市背景值基本接近。

二、旱地土壤元素背景值

宁波市旱地土壤元素背景值数据经正态分布检验,结果表明,原始数据中Be、Br、F、Ga、Li、Rb、Th、Tl、W、SiO_2、Al_2O_3、TC共12项元素/指标符合正态分布,Ag、Bi、Ce、Cl、I、La、Nb、Sb、Sc、Sn、U、Y共12项元素/指标符合对数正态分布,Au、Cu、Ge、Ti、Zr、TFe_2O_3剔除异常值后符合正态分布,P、S剔除异常值后符合对数正态分布,其他元素/指标不符合正态分布或对数正态分布(表4-25)。

宁波市旱地区表层土壤总体为碱性,土壤pH背景值为8.0,极大值为9.24,极小值为3.79,明显高于宁波市背景值。

旱地区表层各元素/指标中,大部分元素/指标变异系数小于0.40,分布相对均匀;Cl、pH、CaO、Sn、I、Hg、MgO、Ag、Mo、Ni共10项元素/指标变异系数大于0.40;Cl、pH变异系数大于0.80,空间变异性较大。

与宁波市土壤元素背景值相比,旱地区土壤元素背景值中Sr、V背景值明显低于宁波市背景值,不足宁波市背景值的60%;S、Zn、N、Hg、Mo背景值略低于宁波市背景值,是宁波市背景值的60%~80%;Sn、Ag、Sb、Zr背景值略高于宁波市背景值,是宁波市背景值的1.2~1.4倍;CaO、MgO、I、Mn、Na_2O、Li背景值明显偏高,是宁波市背景值的1.4倍以上,其中CaO、MgO背景值为宁波市背景值的3.0倍以上,最高的CaO背景值为宁波市背景值的4.83倍;其他元素/指标背景值则与宁波市背景值基本接近。

三、园地土壤元素背景值

宁波市园地土壤元素背景值数据经正态分布检验,结果表明,原始数据中Ba、Cl、Ga、La、Rb、S、Sc、Sr、Th、Tl、U、Y、Zr、SiO_2、Al_2O_3、Na_2O共16项元素/指标符合正态分布,Ag、As、Be、Bi、Br、Ce、I、Li、Nb、Sb、Sn、W、TFe_2O_3、MgO、CaO、TC、Corg共17项元素/指标符合对数正态分布,F、Ge、Ti剔除异常值后符合正态分布,Au、Mo、Pb、K_2O剔除异常值后符合对数正态分布,其他元素/指标不符合正态分布或对数正态分布(表4-26)。

宁波市园地区表层土壤总体为强酸性,土壤pH背景值为4.84,极大值为8.86,极小值为3.44,与宁波市背景值相接近。

园地区表层各元素/指标中,多数元素/指标变异系数小于0.40,分布相对均匀;CaO、pH、I、Sn、As、Ag、Ni、Bi、MgO、Hg、Cr、Mn、P、Corg、Cu、Br、B、Co、Se、S共20项元素/指标变异系数大于0.40,其中CaO、pH变异系数大于0.80,空间变异性较大。

与宁波市土壤元素背景值相比,园地区土壤元素背景值中Cd、Hg背景值略低于宁波市背景值,是宁波市背景值的60%~80%;MgO、Corg、Zr、Ag、Sb背景值略高于宁波市背景值,是宁波市背景值的1.2~1.4倍;CaO、I、Mn、Sn、Pb、Li背景值明显偏高,是宁波市背景值的1.4倍以上,最高的CaO背景值为宁波

表 4-24 水田土壤元素背景值参数统计表

元素/指标	N	$X_{5\%}$	$X_{10\%}$	$X_{25\%}$	$X_{50\%}$	$X_{75\%}$	$X_{90\%}$	$X_{95\%}$	$\overline{X}$	S	$\overline{X}_g$	S_g	X_{max}	X_{min}	CV	X_{me}	X_{mo}	分布类型	水田背景值	宁波市背景值
Ag	272	56.5	66.2	85.0	112	160	218	295	135	80.1	118	15.87	630	34.00	0.59	112	110	对数正态分布	118	69.0
As	12 429	2.10	2.84	4.47	6.18	7.92	10.01	11.24	6.31	2.65	5.68	3.09	13.47	0.80	0.42	6.18	5.80	其他分布	5.80	6.50
Au	272	0.90	1.20	1.70	2.70	4.43	6.80	9.74	3.76	3.50	2.86	2.47	28.90	0.63	0.93	2.70	2.00	对数正态分布	2.86	1.50
B	12 803	16.80	24.47	41.17	59.9	71.9	79.8	84.7	55.9	20.89	50.5	10.51	115	4.10	0.37	59.9	67.0	其他正态分布	67.0	67.0
Ba	272	419	438	481	538	643	784	943	586	167	567	40.19	1288	355	0.29	538	499	对数正态分布	567	503
Be	272	1.75	1.87	2.06	2.30	2.53	2.66	2.73	2.30	0.32	2.27	1.64	3.73	1.47	0.14	2.30	2.23	正态分布	2.30	2.16
Bi	272	0.24	0.27	0.33	0.40	0.47	0.57	0.69	0.42	0.18	0.40	1.85	2.54	0.16	0.44	0.40	0.38	对数正态分布	0.40	0.34
Br	272	2.54	3.08	4.37	5.90	7.41	9.51	11.34	6.20	2.75	5.64	2.89	18.00	1.20	0.44	5.90	6.00	对数正态分布	5.64	6.17
Cd	11 981	0.09	0.11	0.13	0.17	0.20	0.24	0.27	0.17	0.05	0.16	2.91	0.33	0.03	0.31	0.17	0.18	其他分布	0.18	0.17
Ce	272	70.4	71.5	75.9	82.0	91.6	98.3	102	83.9	11.03	83.2	13.06	142	52.3	0.13	82.0	77.3	正态分布	83.9	90.8
Cl	254	49.36	62.1	74.0	86.4	105	122	136	89.9	24.05	86.6	13.35	154	38.30	0.27	86.4	79.0	剔除后正态分布	89.9	76.0
Co	12 591	4.19	5.08	8.19	11.61	14.00	16.76	18.22	11.28	4.23	10.33	4.16	23.03	1.47	0.37	11.61	11.20	其他分布	11.20	11.40
Cr	12 558	20.00	24.70	44.83	70.0	83.1	92.7	98.2	64.5	25.05	58.0	11.36	140	7.75	0.39	70.0	73.0	其他分布	73.0	70.0
Cu	12 273	13.19	15.63	21.90	29.15	35.00	41.05	45.20	28.79	9.58	27.02	7.24	56.3	2.96	0.33	29.15	35.00	其他分布	35.00	27.00
F	272	346	393	464	531	640	758	802	576	241	546	38.24	2680	249	0.42	531	495	对数正态分布	546	535
Ga	272	13.97	14.41	15.62	17.00	18.52	19.99	21.01	17.15	2.16	17.02	5.22	22.90	11.60	0.13	17.00	17.30	正态分布	17.15	17.52
Ge	12 504	1.09	1.16	1.28	1.39	1.50	1.60	1.66	1.39	0.17	1.38	1.25	1.84	0.93	0.12	1.39	1.40	其他分布	1.40	1.42
Hg	11 853	0.05	0.06	0.07	0.14	0.26	0.37	0.45	0.18	0.13	0.14	3.37	0.61	0.004	0.72	0.14	0.20	其他分布	0.20	0.11
I	272	1.00	1.18	1.50	2.26	4.11	7.57	9.05	3.30	2.72	2.56	2.44	18.04	0.70	0.82	2.26	1.50	对数正态分布	2.56	2.10
La	272	36.00	38.00	41.00	44.28	48.00	51.9	54.0	44.66	6.05	44.26	9.05	83.0	24.00	0.14	44.28	44.00	正态分布	44.66	42.67
Li	272	22.00	24.00	29.00	37.85	45.75	51.2	55.0	37.72	10.49	36.21	7.96	67.0	16.00	0.28	37.85	25.00	正态分布	37.72	23.00
Mn	12 307	233	265	324	426	598	825	942	485	213	443	33.27	1081	109	0.44	426	305	其他分布	305	337
Mo	12 022	0.41	0.46	0.57	0.70	0.87	1.06	1.18	0.73	0.23	0.70	1.45	1.43	0.22	0.32	0.70	0.56	偏峰分布	0.56	0.64
N	12 654	0.78	0.98	1.37	1.92	2.66	3.39	3.78	2.06	0.92	1.85	1.95	4.68	0.03	0.44	1.92	1.70	其他分布	1.70	1.30
Nb	272	15.40	15.85	16.90	18.30	20.80	23.89	26.50	19.38	3.82	19.07	5.65	39.70	12.87	0.20	18.30	17.82	对数正态分布	19.07	16.83
Ni	12 572	7.09	8.84	16.20	28.30	34.68	41.26	45.13	26.54	11.96	23.01	6.88	62.4	1.10	0.45	28.30	25.00	其他分布	25.00	31.00
P	12 074	0.40	0.47	0.60	0.78	1.08	1.46	1.67	0.88	0.38	0.80	1.55	1.99	0.08	0.43	0.78	0.59	其他分布	0.59	0.84
Pb	12 260	21.50	25.03	31.46	37.30	43.57	51.3	55.8	37.76	9.83	36.42	8.49	64.2	12.87	0.26	37.30	38.00	其他分布	38.00	22.00

续表 4-24

元素/指标	N	$X_{5\%}$	$X_{10\%}$	$X_{25\%}$	$X_{50\%}$	$X_{75\%}$	$X_{90\%}$	$X_{95\%}$	$\bar{X}$	S	$\bar{X}_g$	S_g	X_{max}	X_{min}	CV	X_{me}	X_{mo}	分布类型	水田背景值	宁波市背景值
Rb	272	94.0	99.1	112	122	132	145	153	123	19.66	122	16.29	240	71.0	0.16	122	122	正态分布	123	126
S	263	161	209	260	336	436	515	569	351	128	324	28.97	688	50.00	0.36	336	305	剔除后正态分布	351	301
Sb	272	0.42	0.49	0.52	0.60	0.72	0.88	0.93	0.65	0.19	0.62	1.46	1.82	0.32	0.29	0.60	0.57	对数正态分布	0.62	0.50
Sc	272	7.12	7.59	9.60	10.81	12.39	14.18	14.69	10.94	2.36	10.68	3.96	18.63	5.90	0.22	10.81	10.90	正态分布	10.94	10.53
Se	12 624	0.14	0.17	0.22	0.30	0.38	0.45	0.49	0.30	0.11	0.28	2.15	0.62	0.03	0.35	0.30	0.31	其他分布	0.31	0.21
Sn	266	2.79	3.49	4.40	8.30	12.62	17.11	19.75	9.21	5.37	7.70	3.55	23.10	1.80	0.58	8.30	3.70	偏峰分布	3.70	3.70
Sr	254	71.4	78.3	96.6	107	119	137	141	107	20.22	105	14.57	157	58.1	0.19	107	108	剔除后正态分布	107	113
Th	272	11.20	11.80	12.69	14.20	15.30	16.41	17.28	14.15	2.07	14.00	4.65	26.34	8.70	0.15	14.20	14.00	正态分布	14.15	14.52
Ti	263	3616	3883	4110	4406	4826	5132	5346	4447	527	4416	128	5954	3033	0.12	4406	4619	剔除后正态分布	4447	4397
Tl	354	0.57	0.61	0.69	0.76	0.83	0.93	0.99	0.76	0.12	0.75	1.25	1.11	0.46	0.16	0.76	0.71	正态分布	0.76	0.78
U	272	2.19	2.33	2.59	2.90	3.30	3.60	3.83	2.94	0.51	2.89	1.92	4.60	1.90	0.17	2.90	2.90	正态分布	2.94	2.90
V	12 636	38.88	47.17	67.9	89.2	105	115	121	85.3	25.27	80.8	13.12	159	14.38	0.30	89.2	105	其他分布	105	109
W	255	1.43	1.58	1.72	1.92	2.13	2.34	2.48	1.93	0.31	1.91	1.51	2.75	1.18	0.16	1.92	1.92	剔除后正态分布	1.93	2.04
Y	272	20.86	23.00	24.71	26.27	28.06	30.00	31.00	26.40	3.18	26.20	6.62	37.00	16.00	0.12	26.27	26.00	正态分布	26.40	25.00
Zn	12 291	60.2	67.8	81.8	97.1	111	126	137	97.1	22.40	94.4	14.29	159	37.04	0.23	97.1	114	其他分布	114	102
Zr	270	199	206	224	260	304	350	372	269	54.6	264	25.40	412	180	0.20	260	206	偏峰分布	206	213
SiO₂	272	61.2	63.9	66.9	69.6	72.0	74.0	75.6	69.3	4.04	69.2	11.51	78.8	57.4	0.06	69.6	71.7	正态分布	69.3	69.8
Al₂O₃	272	11.02	11.51	12.32	13.51	14.56	15.27	15.63	13.47	1.48	13.38	4.50	17.40	10.09	0.11	13.51	13.03	正态分布	13.47	13.79
TFe₂O₃	272	2.56	2.91	3.37	3.96	4.67	5.45	6.10	4.08	1.10	3.94	2.29	8.60	1.63	0.27	3.96	3.29	对数正态分布	3.94	3.76
MgO	272	0.39	0.45	0.66	1.12	1.41	2.02	2.16	1.12	0.53	0.99	1.69	2.50	0.31	0.48	1.12	1.15	正态分布	1.12	0.63
CaO	234	0.20	0.27	0.47	0.67	0.81	0.99	1.19	0.66	0.30	0.58	1.92	1.52	0.10	0.45	0.67	0.69	剔除后正态分布	0.66	0.24
Na₂O	272	0.55	0.70	0.99	1.22	1.41	1.65	1.72	1.20	0.35	1.14	1.42	2.02	0.25	0.29	1.22	1.38	正态分布	1.20	0.97
K₂O	12 189	2.06	2.15	2.32	2.53	2.81	3.10	3.27	2.58	0.37	2.55	1.74	3.63	1.53	0.14	2.53	2.35	正态分布	2.35	2.35
TC	272	1.11	1.23	1.49	1.79	2.27	2.80	3.13	1.92	0.63	1.82	1.60	4.31	0.55	0.33	1.79	1.90	对数正态分布	1.82	1.56
Corg	12 690	0.64	0.81	1.19	1.76	2.44	3.13	3.46	1.87	0.87	1.65	1.93	4.36	0.07	0.46	1.76	1.76	其他分布	1.76	0.90
pH	12 745	4.51	4.71	5.08	5.52	6.53	8.04	8.26	5.12	4.82	5.92	2.76	8.76	3.24	0.94	5.52	5.10	其他分布	5.10	5.00

注：氧化物、TC、Corg 单位为%；N、P 单位为 g/kg；Au、Ag 单位为 μg/kg；pH 为无量纲；其他元素/指标单位为 mg/kg；后表单位相同。

宁波市土壤元素背景值

表 4-25 旱地土壤元素背景值参数统计表

元素/指标	N	$X_{5\%}$	$X_{10\%}$	$X_{25\%}$	$X_{50\%}$	$X_{75\%}$	$X_{90\%}$	$X_{95\%}$	$\bar{X}$	S	$\bar{X}_g$	S_g	X_{max}	X_{min}	CV	X_{me}	X_{mo}	分布类型	旱地背景值	宁波市背景值
Ag	85	60.2	64.0	73.0	82.0	101	112	155	91.4	39.20	86.5	13.51	355	41.00	0.43	82.0	101	对数正态分布	86.5	69.0
As	2848	3.00	3.90	5.42	6.70	8.40	10.01	10.93	6.87	2.34	6.41	3.15	13.30	0.91	0.34	6.70	6.30	其他分布	6.30	6.50
Au	78	1.00	1.10	1.40	1.70	2.10	2.50	2.91	1.79	0.59	1.68	1.62	3.50	0.30	0.33	1.70	1.50	剔除后正态分布	1.79	1.50
B	2903	18.36	25.70	49.09	64.0	73.2	80.6	85.1	59.1	20.09	54.2	10.55	104	10.18	0.34	64.0	65.2	其他分布	65.2	67.0
Ba	74	393	411	424	440	474	536	565	456	54.8	453	34.30	619	327	0.12	440	420	偏峰分布	420	503
Be	85	1.81	1.86	1.93	2.13	2.35	2.45	2.56	2.16	0.29	2.14	1.60	3.36	1.65	0.13	2.13	1.92	正态分布	2.16	2.16
Bi	85	0.22	0.23	0.26	0.31	0.36	0.50	0.55	0.34	0.13	0.32	2.00	1.18	0.17	0.39	0.31	0.24	对数正态分布	0.32	0.34
Br	85	3.62	4.40	5.35	6.50	7.88	10.09	11.39	6.97	2.65	6.54	2.96	17.77	2.80	0.38	6.50	7.20	正态分布	6.97	6.17
Cd	2697	0.08	0.10	0.13	0.16	0.19	0.22	0.25	0.16	0.05	0.16	3.00	0.30	0.04	0.29	0.16	0.16	其他分布	0.16	0.17
Ce	85	62.4	66.2	70.6	74.5	82.6	96.2	104	77.9	12.77	76.9	12.53	126	53.5	0.16	74.5	108	对数正态分布	76.9	90.8
Cl	85	47.50	53.1	59.7	75.2	90.0	118	150	92.6	85.7	79.8	12.76	698	41.90	0.92	75.2	81.0	对数正态分布	79.8	76.0
Co	2798	5.35	6.57	10.26	12.22	14.05	15.65	16.81	11.86	3.30	11.30	4.19	20.17	4.07	0.28	12.22	13.39	其他分布	13.39	11.40
Cr	2524	32.60	39.87	61.1	68.4	75.0	81.7	87.0	66.1	15.07	64.0	11.19	104	26.20	0.23	68.4	70.0	其他分布	70.0	70.0
Cu	2817	12.01	14.75	21.00	26.83	32.30	38.00	42.56	26.75	8.89	25.11	6.86	52.0	4.21	0.33	26.83	26.00	剔除后正态分布	26.75	27.00
F	85	345	388	538	590	644	729	762	580	119	566	38.10	816	261	0.20	590	644	正态分布	580	535
Ga	85	12.77	13.22	14.20	15.41	17.60	19.25	21.32	16.04	2.71	15.83	5.07	25.50	11.71	0.17	15.41	14.59	剔除后正态分布	16.04	17.52
Ge	2865	1.13	1.18	1.27	1.35	1.44	1.52	1.57	1.35	0.13	1.35	1.22	1.72	0.99	0.10	1.35	1.42	正态分布	1.35	1.42
Hg	2694	0.04	0.05	0.06	0.08	0.11	0.15	0.18	0.09	0.04	0.08	4.16	0.22	0.01	0.46	0.08	0.07	其他分布	0.07	0.11
I	85	1.58	2.11	2.70	3.90	4.90	6.98	9.35	4.30	2.28	3.81	2.52	11.53	1.22	0.53	3.90	4.60	对数正态分布	3.81	2.10
La	85	34.00	35.00	37.00	39.00	43.00	49.60	53.0	40.87	6.87	40.38	8.64	71.0	31.00	0.17	39.00	38.00	对数正态分布	40.38	42.67
Li	85	23.00	24.71	33.20	36.70	41.40	45.86	48.64	36.84	7.92	35.93	7.86	58.8	20.00	0.22	36.70	36.00	正态分布	36.84	23.00
Mn	2725	349	448	548	643	753	862	967	650	171	625	41.48	1124	211	0.26	643	577	其他分布	577	337
Mo	2718	0.32	0.35	0.40	0.50	0.70	0.95	1.11	0.58	0.24	0.54	1.67	1.35	0.18	0.42	0.50	0.40	其他分布	0.40	0.64
N	2741	0.60	0.68	0.84	1.02	1.21	1.50	1.64	1.05	0.31	1.00	1.36	1.94	0.28	0.29	1.02	0.91	其他分布	0.91	1.30
Nb	85	13.86	13.86	14.85	17.82	20.90	25.76	27.40	18.78	4.97	18.24	5.63	41.10	12.87	0.26	17.82	14.85	对数正态分布	18.24	16.83
Ni	2895	6.80	8.46	20.48	28.31	33.25	37.20	40.95	26.12	10.70	22.94	6.67	52.2	2.27	0.41	28.31	26.00	其他分布	26.00	31.00
P	2780	0.44	0.59	0.80	1.00	1.22	1.47	1.62	1.02	0.34	0.95	1.48	1.94	0.15	0.33	1.00	0.96	剔除后对数分布	0.95	0.84
Pb	2790	18.00	19.00	21.77	25.27	32.00	39.10	43.30	27.39	7.78	26.37	6.94	50.8	12.00	0.28	25.27	22.00	其他分布	22.00	22.00

续表 4-25

元素/指标	N	$X_{5\%}$	$X_{10\%}$	$X_{25\%}$	$X_{50\%}$	$X_{75\%}$	$X_{90\%}$	$X_{95\%}$	$\bar{X}$	S	$\bar{X}_g$	S_g	X_{max}	X_{min}	CV	X_{me}	X_{mo}	分布类型	旱地背景值	宁波市背景值
Rb	85	89.2	91.0	97.0	110	121	133	146	112	18.44	110	15.45	176	78.0	0.17	110	93.0	正态分布	112	126
S	81	148	168	182	215	282	337	369	234	69.5	225	23.86	417	125	0.30	215	189	剔除后对数分布	225	301
Sb	85	0.45	0.48	0.52	0.59	0.72	0.84	0.89	0.64	0.20	0.62	1.43	1.91	0.41	0.31	0.59	0.55	对数正态分布	0.62	0.50
Sc	85	7.30	8.08	9.90	10.80	11.55	12.52	14.80	10.85	2.51	10.60	3.96	21.30	6.60	0.23	10.80	11.00	对数正态分布	10.60	10.53
Se	2722	0.13	0.14	0.17	0.20	0.25	0.34	0.38	0.22	0.07	0.21	2.54	0.44	0.06	0.34	0.20	0.21	其他分布	0.21	0.21
Sn	85	2.52	2.99	3.70	4.50	6.60	9.90	12.62	5.79	3.48	5.07	2.95	18.40	1.90	0.60	4.50	3.70	对数正态分布	5.07	3.70
Sr	84	45.57	65.3	103	136	147	162	168	124	35.36	118	14.97	180	42.20	0.28	136	65.0	偏峰分布	65.0	113
Th	85	10.74	11.05	11.81	12.80	13.90	15.22	16.06	13.10	1.94	12.97	4.48	20.21	9.00	0.15	12.80	12.10	正态分布	13.10	14.52
Ti	73	4046	4103	4237	4362	4574	4846	5018	4419	300	4409	126	5238	3645	0.07	4362	4471	剔除后正态分布	4419	4397
Tl	89	0.51	0.53	0.58	0.66	0.79	0.97	1.06	0.71	0.19	0.69	1.36	1.51	0.47	0.27	0.66	0.63	正态分布	0.71	0.78
U	85	2.01	2.10	2.23	2.43	2.89	3.40	3.58	2.65	0.60	2.59	1.86	5.00	1.86	0.23	2.43	2.80	对数正态分布	2.59	2.90
V	2793	43.84	52.4	70.5	82.0	93.1	103	110	80.7	18.99	78.1	12.53	130	33.70	0.24	82.0	62.6	其他分布	62.6	109
W	85	1.28	1.36	1.50	1.73	1.99	2.25	2.33	1.78	0.38	1.74	1.50	3.12	1.12	0.21	1.73	1.42	正态分布	1.78	2.04
Y	85	22.00	23.00	24.00	25.00	27.00	30.00	32.80	25.87	3.11	25.70	6.58	35.00	19.39	0.12	25.00	24.00	对数正态分布	25.70	25.00
Zn	2777	59.3	65.5	74.3	86.0	98.8	113	121	87.4	18.46	85.4	13.38	141	35.40	0.21	86.0	72.0	偏峰分布	72.0	102
Zr	75	208	226	242	258	275	309	326	261	32.22	259	24.65	345	202	0.12	258	264	剔除后正态分布	261	213
SiO$_2$	85	59.9	62.4	65.3	67.5	69.5	73.0	74.4	67.5	3.99	67.4	11.34	76.2	58.9	0.06	67.5	68.4	正态分布	67.5	69.8
Al$_2$O$_3$	85	10.83	11.34	11.79	12.91	13.61	15.15	15.55	12.92	1.52	12.84	4.42	17.86	10.32	0.12	12.91	12.93	正态分布	12.92	13.79
TFe$_2$O$_3$	76	2.98	3.42	3.85	4.08	4.61	4.85	5.24	4.15	0.64	4.10	2.28	5.85	2.62	0.16	4.08	4.15	剔除后正态分布	4.15	3.76
MgO	85	0.41	0.49	0.83	2.00	2.15	2.26	2.33	1.61	0.71	1.39	1.87	2.61	0.29	0.44	2.00	2.13	其他分布	2.13	0.63
CaO	85	0.21	0.35	0.68	2.13	3.13	3.79	3.94	2.03	1.30	1.41	2.82	4.29	0.06	0.64	2.13	1.16	其他分布	1.16	0.24
Na$_2$O	85	0.54	0.69	1.06	1.57	1.69	1.88	1.89	1.39	0.46	1.29	1.59	2.41	0.19	0.33	1.57	1.62	偏峰分布	1.62	0.97
K$_2$O	85	2.01	2.06	2.17	2.35	2.54	2.89	3.08	2.40	0.32	2.38	1.69	3.30	1.53	0.13	2.35	2.07	其他分布	2.07	2.35
TC	85	1.00	1.07	1.23	1.37	1.58	1.86	2.12	1.43	0.33	1.40	1.36	2.59	0.93	0.23	1.37	1.56	正态分布	1.43	1.56
Corg	2746	0.48	0.54	0.67	0.80	1.02	1.34	1.52	0.87	0.31	0.82	1.44	1.77	0.11	0.35	0.80	0.96	其他分布	0.96	0.90
pH	2942	4.61	4.83	5.53	7.77	8.06	8.22	8.34	5.34	4.93	7.00	3.07	9.24	3.79	0.92	7.77	8.00	其他分布	8.00	5.00

表 4-26 园地土壤元素背景值参数统计表

元素/指标	N	$X_{5\%}$	$X_{10\%}$	$X_{25\%}$	$X_{50\%}$	$X_{75\%}$	$X_{90\%}$	$X_{95\%}$	$\bar{X}$	S	$\bar{X}_g$	S_g	X_{max}	X_{min}	CV	X_{me}	X_{mo}	分布类型	园地背景值	宁波市背景值
Ag	157	51.0	58.6	71.0	87.0	113	167	222	104	64.0	91.7	13.99	439	25.00	0.62	87.0	77.0	对数正态分布	91.7	69.0
As	4531	2.43	3.18	4.54	6.58	9.09	11.83	13.52	7.17	4.51	6.27	3.25	170	0.53	0.63	6.58	6.80	对数正态分布	6.27	6.50
Au	140	0.90	1.00	1.32	1.60	2.12	2.90	3.20	1.79	0.72	1.66	1.62	4.00	0.37	0.40	1.60	1.60	剔除后对数分布	1.66	1.50
B	4529	14.46	19.06	30.35	49.36	68.2	77.1	81.9	48.96	22.00	42.79	9.70	112	2.82	0.45	49.36	73.6	其他分布	73.6	67.0
Ba	157	411	442	494	580	676	778	872	601	152	583	40.12	1262	245	0.25	580	618	正态分布	601	503
Be	157	1.65	1.76	1.96	2.17	2.41	2.61	2.69	2.23	0.63	2.18	1.65	8.88	1.46	0.28	2.17	2.26	对数正态分布	2.18	2.16
Bi	157	0.22	0.24	0.28	0.35	0.45	0.53	0.61	0.40	0.24	0.36	1.98	2.21	0.19	0.60	0.35	0.36	对数正态分布	0.36	0.34
Br	157	2.88	3.27	4.50	5.92	7.60	10.06	11.36	6.43	2.93	5.88	2.99	19.90	2.40	0.45	5.92	6.40	对数正态分布	5.88	6.17
Cd	4240	0.05	0.07	0.10	0.14	0.18	0.22	0.24	0.14	0.06	0.13	3.48	0.32	0.01	0.40	0.14	0.13	其他分布	0.13	0.17
Ce	157	67.9	70.8	74.7	80.5	92.9	100.0	107	83.9	13.08	82.9	13.04	131	56.0	0.16	80.5	76.0	对数正态分布	82.9	90.8
Cl	157	41.88	43.76	61.0	76.0	98.0	121	139	82.1	32.22	76.6	12.79	215	37.76	0.39	76.0	101	正态分布	82.1	76.0
Co	4437	3.81	4.54	6.40	10.40	14.41	16.94	17.95	10.58	4.72	9.42	3.99	26.97	1.47	0.45	10.40	12.80	其他分布	12.80	11.40
Cr	4451	17.00	20.31	28.61	55.5	79.3	90.6	96.0	55.0	27.89	46.96	10.13	156	6.80	0.51	55.5	68.0	其他分布	68.0	70.0
Cu	4400	9.01	10.84	15.02	24.77	33.00	39.81	45.00	25.07	11.56	22.23	6.60	61.6	2.85	0.46	24.77	27.00	其他分布	27.00	27.00
F	153	272	320	396	520	616	750	794	524	161	498	36.26	929	183	0.31	520	465	剔除后对数分布	524	535
Ga	157	13.20	14.21	15.54	17.30	19.00	20.62	21.34	17.43	2.70	17.23	5.29	28.50	11.43	0.15	17.30	17.40	正态分布	17.43	17.52
Ge	4412	1.10	1.16	1.27	1.39	1.50	1.60	1.66	1.38	0.17	1.37	1.25	1.85	0.93	0.12	1.39	1.48	剔除后正态分布	1.38	1.42
Hg	3976	0.04	0.05	0.06	0.08	0.11	0.17	0.21	0.10	0.05	0.08	4.06	0.27	0.01	0.52	0.08	0.07	其他分布	0.07	0.11
I	157	1.39	1.60	2.33	4.04	6.60	10.04	13.48	5.09	3.92	3.96	2.93	26.57	0.90	0.77	4.04	1.90	对数正态分布	3.96	2.10
La	157	34.00	36.00	38.92	43.02	48.00	53.4	56.2	43.96	7.30	43.37	8.99	74.5	21.43	0.17	43.02	47.00	正态分布	43.96	42.67
Li	157	19.86	22.00	24.57	30.92	42.30	52.3	56.9	34.21	11.56	32.38	7.65	62.0	16.00	0.34	30.92	27.00	对数正态分布	32.38	23.00
Mn	4471	220	264	377	597	894	1108	1218	650	326	566	39.12	1694	85.7	0.50	597	574	其他分布	574	337
Mo	4214	0.40	0.45	0.57	0.73	0.95	1.21	1.37	0.78	0.29	0.73	1.51	1.68	0.19	0.37	0.73	0.69	剔除后对数分布	0.73	0.64
N	4312	0.71	0.82	1.02	1.30	1.68	2.18	2.43	1.40	0.51	1.31	1.53	2.88	0.23	0.37	1.30	1.27	其他分布	1.27	1.30
Nb	157	14.85	15.84	17.75	19.30	21.90	25.76	27.62	20.27	5.17	19.78	5.80	57.1	12.87	0.26	19.30	18.81	对数正态分布	19.78	16.83
Ni	4455	5.77	7.00	9.79	20.24	34.28	41.35	44.22	22.54	13.74	17.98	6.20	72.0	1.60	0.61	20.24	28.00	其他分布	28.00	31.00
P	4353	0.23	0.33	0.57	0.84	1.14	1.48	1.69	0.88	0.43	0.76	1.82	2.09	0.05	0.49	0.84	0.84	其他分布	0.84	0.84
Pb	4231	21.51	23.72	28.48	33.14	38.70	45.39	50.00	33.99	8.21	33.01	7.83	57.9	12.27	0.24	33.14	22.00	剔除后对数分布	33.01	22.00

第四章 土壤元素背景值

续表 4-26

元素/指标	N	$X_{5\%}$	$X_{10\%}$	$X_{25\%}$	$X_{50\%}$	$X_{75\%}$	$X_{90\%}$	$X_{95\%}$	$\bar{X}$	S	$\bar{X}_g$	S_g	X_{max}	X_{min}	CV	X_{me}	X_{mo}	分布类型	园地背景值	宁波市背景值
Rb	157	93.6	102	114	127	138	144	153	126	19.89	124	16.19	217	55.5	0.16	127	122	正态分布	126	126
S	157	165	185	230	288	356	447	531	309	126	287	27.14	1096	50.00	0.41	288	304	正态分布	309	301
Sb	157	0.46	0.48	0.54	0.63	0.74	0.89	1.02	0.67	0.23	0.65	1.44	2.55	0.28	0.35	0.63	0.55	对数正态分布	0.65	0.50
Sc	157	6.56	7.18	8.50	10.20	13.07	14.40	16.06	10.84	3.27	10.40	4.02	24.30	5.40	0.30	10.20	9.90	正态分布	10.84	10.53
Se	4281	0.16	0.17	0.20	0.29	0.40	0.53	0.62	0.32	0.14	0.29	2.25	0.76	0.06	0.45	0.29	0.19	其他分布	0.19	0.21
Sn	157	2.38	2.80	3.60	5.09	8.00	14.48	19.20	6.99	5.23	5.69	3.11	32.72	1.75	0.75	5.09	3.50	对数正态分布	5.69	3.70
Sr	157	50.5	57.0	82.2	104	121	147	159	104	36.21	97.7	14.30	273	37.30	0.35	104	95.0	正态分布	104	113
Th	157	10.99	11.70	13.15	14.37	15.90	17.84	19.64	14.67	2.63	14.45	4.69	26.41	8.77	0.18	14.37	15.50	剔除后正态分布	14.67	14.52
Ti	144	3226	3560	4113	4500	4935	5358	5579	4480	703	4423	129	6369	2837	0.16	4500	4520	正态分布	4480	4397
Tl	177	0.56	0.61	0.69	0.79	0.94	1.09	1.17	0.83	0.20	0.81	1.30	1.62	0.36	0.24	0.79	0.79	正态分布	0.83	0.78
U	157	2.20	2.30	2.60	3.07	3.49	3.84	4.16	3.09	0.66	3.03	1.96	6.39	2.10	0.21	3.07	2.90	其他分布	3.09	2.90
V	4449	34.71	41.32	55.0	78.4	103	115	122	79.0	28.71	73.2	12.32	177	16.10	0.36	78.4	102	对数正态分布	102	109
W	157	1.37	1.48	1.74	1.93	2.25	2.80	3.27	2.07	0.62	2.00	1.62	5.94	1.08	0.30	1.93	2.20	正态分布	2.00	2.04
Y	157	18.66	20.00	22.60	25.00	28.00	30.00	31.00	25.13	3.94	24.82	6.50	41.00	16.00	0.16	25.00	25.00	其他分布	25.13	25.00
Zn	4399	49.43	55.6	69.4	87.4	104	116	128	87.4	23.91	83.9	13.26	158	23.79	0.27	87.4	105	正态分布	105	102
Zr	157	197	211	236	281	330	361	414	288	67.8	281	26.32	550	168	0.24	281	213	正态分布	288	213
SiO_2	157	59.7	62.1	66.3	69.6	72.1	74.6	75.2	68.8	4.95	68.7	11.43	81.7	52.8	0.07	69.6	69.1	正态分布	68.8	69.8
Al_2O_3	157	11.18	11.67	12.72	13.73	14.93	15.95	16.37	13.80	1.65	13.70	4.55	18.62	9.76	0.12	13.73	13.73	正态分布	13.80	13.79
TFe_2O_3	157	2.47	2.70	3.18	3.92	4.86	5.71	6.64	4.23	1.65	4.00	2.41	13.87	2.08	0.39	3.92	4.28	对数正态分布	4.00	3.76
MgO	157	0.37	0.41	0.57	0.81	1.39	2.14	2.28	1.05	0.63	0.88	1.81	2.47	0.28	0.60	0.81	0.45	对数正态分布	0.88	0.63
CaO	157	0.16	0.21	0.27	0.54	1.01	2.33	2.72	0.86	0.84	0.58	2.63	4.03	0.05	0.98	0.54	0.27	对数正态分布	0.58	0.24
Na_2O	157	0.33	0.57	0.82	1.08	1.37	1.60	1.75	1.09	0.42	0.99	1.61	2.69	0.19	0.39	1.08	1.31	正态分布	1.09	0.97
K_2O	157	1.98	2.14	2.37	2.68	2.98	3.31	3.57	2.70	0.47	2.66	1.79	3.99	1.42	0.17	2.68	2.95	正态分布	2.66	2.35
TC	4278	0.98	1.13	1.35	1.59	1.85	2.41	2.73	1.67	0.50	1.60	1.50	3.36	0.70	0.30	1.59	1.13	剔除后对数正态分布	1.60	1.56
Corg	157	0.61	0.70	0.90	1.23	1.69	2.20	2.51	1.36	0.62	1.23	1.62	5.97	0.09	0.46	1.23	0.81	对数正态分布	1.23	0.90
pH	4531	4.19	4.34	4.64	5.16	7.17	8.04	8.19	4.78	4.59	5.76	2.74	8.86	3.44	0.96	5.16	4.84	其他分布	4.84	5.00

市背景值的 2.42 倍;其他元素/指标背景值则与宁波市背景值基本接近。

四、林地土壤元素背景值

宁波市林地土壤元素背景值数据经正态分布检验,结果表明,原始数据中 Ga、Zr、Al_2O_3 符合正态分布,As、Au、Br、Ce、La、Li、Nb、P、Sc、Sr、Th、W、MgO、CaO、Na_2O、TC 共 16 项元素/指标符合对数正态分布,Ba、Ge、Rb、Ti、U、SiO_2 剔除异常值后符合正态分布,Ag、Be、Bi、Cd、F、Mo、N、Sb、Sn、Tl、Zn、TFe_2O_3、K_2O、Corg 剔除异常值后符合对数正态分布,其他元素/指标不符合正态分布或对数正态分布(表 4-27)。

宁波市林地区表层土壤总体为强酸性,土壤 pH 背景值为 4.78,极大值为 6.43,极小值为 3.78,与宁波市背景值接近。

林地区表层各元素/指标中,多数元素/指标变异系数小于 0.40,分布相对均匀;pH、CaO、Au、P、I、As、Br、Cd、Ni、Cr、B、MgO、Hg、Se、Na_2O、Cu、Mn、Sn、Sr、Co、W 共 21 项元素/指标变异系数大于 0.40,其中 pH、CaO、Au 变异系数大于 0.80,空间变异性较大。

与宁波市土壤元素背景值相比,林地区土壤元素背景值中 V、Co、Cu、Cr、B、Ni 背景值明显低于宁波市背景值,低于宁波市背景值的 60%;Zn、As、Cd、Sr、P 背景值略低于宁波市背景值,是宁波市背景值的 60%~80%;CaO、Mo、Ba、Nb 背景值略高于宁波市背景值,是宁波市背景值的 1.2~1.4 倍;Mn、Se、Zr、Corg、Pb 背景值明显偏高,是宁波市背景值的 1.4 倍以上,最高的 Mn 背景值为宁波市背景值的 2.11 倍;其他元素/指标背景值则与宁波市背景值基本接近。

第四章 土壤元素背景值

表 4-27 林地土壤元素背景值参数统计表

元素/指标	N	$X_{5\%}$	$X_{10\%}$	$X_{25\%}$	$X_{50\%}$	$X_{75\%}$	$X_{90\%}$	$X_{95\%}$	$\overline{X}$	S	$\overline{X}_g$	S_g	X_{max}	X_{min}	CV	X_{me}	X_{mo}	分布类型	林地背景值	宁波市背景值
Ag	926	41.25	48.00	61.0	80.0	104	134	152	85.6	33.18	79.4	12.78	188	8.00	0.39	80.0	69.0	剔除后对数分布	79.4	69.0
As	4231	2.05	2.59	3.60	5.08	7.18	9.30	10.96	5.70	3.27	4.99	2.97	51.5	0.43	0.57	5.08	5.70	对数正态分布	4.99	6.50
Au	990	0.74	0.85	1.07	1.40	2.00	3.00	4.05	1.80	1.65	1.52	1.76	29.60	0.51	0.91	1.40	1.20	对数正态分布	1.52	1.50
B	4204	11.26	14.90	22.00	32.69	49.00	66.1	73.1	36.56	18.89	31.55	8.33	90.3	3.64	0.52	32.69	24.00	其他分布	24.00	67.0
Ba	958	398	442	528	646	754	860	930	648	163	627	41.45	1116	184	0.25	646	650	剔除后正态分布	648	503
Be	955	1.60	1.69	1.85	2.05	2.29	2.50	2.65	2.08	0.32	2.05	1.57	3.00	1.20	0.15	2.05	2.05	剔除后对数分布	2.05	2.16
Bi	897	0.21	0.22	0.26	0.32	0.39	0.48	0.55	0.33	0.10	0.32	2.07	0.65	0.14	0.30	0.32	0.26	对数正态分布	0.32	0.34
Br	990	2.80	3.40	4.50	6.30	9.38	12.91	15.74	7.44	4.25	6.50	3.27	38.40	1.80	0.57	6.30	5.20	对数正态分布	6.50	6.17
Cd	3229	0.05	0.07	0.09	0.13	0.18	0.24	0.29	0.15	0.08	0.13	3.48	0.85	0.02	0.57	0.13	0.09	剔除后对数分布	0.13	0.17
Ce	990	66.4	71.4	78.0	88.0	99.0	112	119	89.9	17.01	88.4	13.50	178	28.44	0.19	88.0	90.6	剔除后正态分布	88.4	90.8
Cl	966	40.00	41.50	46.32	68.0	86.0	107	119	70.4	25.41	66.1	11.79	148	36.80	0.36	68.0	65.0	其他分布	65.0	76.0
Co	4061	3.56	4.19	5.44	7.34	10.19	13.40	14.91	8.08	3.48	7.35	3.49	18.43	0.98	0.43	7.34	5.70	其他分布	5.70	11.40
Cr	4067	13.78	16.90	22.68	31.40	47.18	70.5	79.0	37.34	19.88	32.56	8.25	92.9	4.00	0.53	31.40	29.00	其他分布	29.00	70.0
Cu	4043	7.33	8.62	11.20	15.24	21.91	30.64	34.70	17.44	8.34	15.62	5.40	41.78	3.09	0.48	15.24	11.60	剔除后对数分布	11.60	27.00
F	935	286	324	396	483	616	774	861	517	174	489	35.62	1018	83.0	0.34	483	417	剔除后对数分布	489	535
Ga	990	14.30	15.00	16.28	17.90	19.55	21.00	21.80	17.94	2.35	17.78	5.31	29.90	10.70	0.13	17.90	18.30	正态分布	17.94	17.52
Ge	4150	1.07	1.13	1.24	1.35	1.45	1.55	1.62	1.35	0.16	1.34	1.23	1.78	0.91	0.12	1.35	1.33	剔除后对数分布	1.35	1.42
Hg	3853	0.04	0.05	0.06	0.09	0.12	0.17	0.20	0.10	0.05	0.09	4.08	0.25	0.01	0.49	0.09	0.11	其他分布	0.11	0.11
I	964	1.50	1.95	3.43	6.17	9.83	13.07	15.01	6.93	4.25	5.55	3.32	20.14	0.42	0.61	6.17	2.40	偏峰分布	2.40	2.10
La	390	30.79	33.63	37.98	43.00	48.00	53.5	56.3	43.29	8.13	42.52	8.87	76.0	10.71	0.19	43.00	46.00	对数正态分布	42.52	42.67
Li	990	19.00	20.00	23.00	26.99	31.68	38.72	43.06	28.23	7.69	27.32	6.78	69.0	14.00	0.27	26.99	22.00	对数正态分布	27.32	23.00
Mn	4045	216	262	378	564	768	982	1129	596	277	530	39.29	1421	74.6	0.46	564	710	其他分布	710	337
Mo	3915	0.46	0.53	0.67	0.87	1.13	1.48	1.67	0.94	0.36	0.87	1.48	2.06	0.24	0.39	0.87	0.76	剔除后对数分布	0.87	0.64
N	4053	0.69	0.82	1.05	1.37	1.76	2.20	2.47	1.44	0.53	1.34	1.56	2.98	0.22	0.37	1.37	1.40	剔除后对数分布	1.34	1.30
Nb	990	16.80	17.50	19.00	21.50	24.00	27.10	29.85	22.06	4.42	21.66	6.08	52.4	12.00	0.20	21.50	22.50	对数正态分布	21.66	16.83
Ni	3882	4.83	5.92	7.96	10.91	15.80	24.70	29.65	12.94	7.15	11.26	4.61	33.60	0.71	0.55	10.91	11.00	其他分布	11.00	31.00
P	4231	0.18	0.23	0.35	0.57	0.84	1.16	1.40	0.65	0.41	0.54	2.02	4.32	0.06	0.64	0.57	0.31	对数正态分布	0.54	0.84
Pb	3955	23.00	25.20	29.79	34.70	41.79	49.00	54.6	36.14	9.35	34.96	8.08	64.0	10.69	0.26	34.70	32.00	其他分布	32.00	22.00

续表 4-27

元素/指标	N	$X_{5\%}$	$X_{10\%}$	$X_{25\%}$	$X_{50\%}$	$X_{75\%}$	$X_{90\%}$	$X_{95\%}$	$\bar{X}$	S	$\bar{X}_g$	S_g	X_{max}	X_{min}	CV	X_{me}	X_{mo}	分布类型	林地背景值	宁波市背景值
Rb	938	100.0	108	119	130	142	154	162	131	17.82	129	16.55	181	83.0	0.14	130	117	剔除后正态分布	131	126
S	945	81.9	152	222	271	324	382	415	268	89.7	249	24.78	492	61.5	0.33	271	277	其他分布	277	301
Sb	958	0.39	0.43	0.50	0.58	0.68	0.79	0.87	0.60	0.14	0.58	1.51	0.98	0.28	0.23	0.58	0.50	对数正态分布	0.58	0.50
Sc	990	6.30	7.00	8.31	9.90	11.68	13.38	14.78	10.14	2.64	9.81	3.79	28.67	4.10	0.26	9.90	8.50	剔除后正态分布	9.81	10.53
Se	4020	0.17	0.20	0.26	0.37	0.54	0.74	0.86	0.42	0.21	0.38	2.08	1.05	0.07	0.49	0.37	0.32	其他分布	0.32	0.21
Sn	915	2.10	2.51	3.20	4.26	5.95	8.10	9.60	4.81	2.23	4.34	2.58	11.40	0.85	0.46	4.26	4.30	对数正态分布	4.34	3.70
Sr	990	44.54	49.80	62.0	85.8	110	139	162	91.3	39.06	84.1	13.24	335	29.60	0.43	85.8	66.0	剔除后正态分布	84.1	113
Th	990	10.90	11.99	13.40	15.19	16.90	18.90	20.53	15.45	3.32	15.14	4.81	46.55	8.00	0.21	15.19	13.50	对数正态分布	15.14	14.52
Ti	938	3106	3423	3806	4328	4828	5288	5737	4341	769	4271	125	6459	2241	0.18	4328	4104	剔除后正态分布	4341	4397
Tl	939	0.65	0.71	0.80	0.92	1.06	1.22	1.34	0.94	0.20	0.92	1.24	1.53	0.43	0.21	0.92	0.91	剔除后正态分布	0.92	0.78
U	957	2.50	2.67	3.00	3.32	3.68	4.00	4.23	3.34	0.52	3.30	2.02	4.73	1.95	0.15	3.32	3.20	剔除后正态分布	3.34	2.90
V	4080	32.18	37.10	47.16	59.9	77.6	97.1	107	63.6	22.54	59.6	11.09	129	9.80	0.35	59.9	59.0	偏峰分布	59.0	109
W	990	1.52	1.62	1.84	2.25	2.75	3.49	4.22	2.47	1.04	2.32	1.78	16.37	1.04	0.42	2.25	2.27	对数正态分布	2.32	2.04
Y	989	17.08	18.30	20.90	24.00	27.00	30.00	31.00	23.94	4.36	23.54	6.34	36.00	13.80	0.18	24.00	25.00	其他分布	25.00	25.00
Zn	4023	50.6	56.3	67.0	80.1	95.1	111	121	82.1	21.24	79.3	12.91	144	25.02	0.26	80.1	74.0	剔除后正态分布	79.3	102
Zr	990	231	248	275	311	347	379	400	313	54.3	308	27.78	717	164	0.17	311	330	正态分布	313	213
SiO$_2$	971	64.7	66.2	68.5	71.0	73.2	75.0	76.2	70.8	3.45	70.7	11.70	80.1	61.1	0.05	71.0	72.2	剔除后正态分布	70.8	69.8
Al$_2$O$_3$	990	10.87	11.45	12.54	13.98	15.44	16.59	17.18	14.03	1.97	13.89	4.57	20.35	9.04	0.14	13.98	13.14	正态分布	14.03	13.79
TFe$_2$O$_3$	947	2.33	2.53	2.94	3.51	4.16	4.77	5.15	3.59	0.88	3.48	2.12	6.23	1.31	0.25	3.51	2.74	剔除后正态分布	3.48	3.76
MgO	990	0.36	0.39	0.48	0.63	0.80	1.04	1.35	0.70	0.34	0.64	1.64	2.85	0.24	0.49	0.63	0.39	对数正态分布	0.64	0.63
CaO	990	0.11	0.13	0.19	0.31	0.54	0.84	1.23	0.44	0.44	0.33	2.68	4.18	0.06	1.00	0.31	0.12	对数正态分布	0.33	0.24
Na$_2$O	990	0.36	0.44	0.60	0.82	1.12	1.46	1.67	0.90	0.43	0.81	1.64	3.35	0.13	0.48	0.82	0.77	对数正态分布	0.81	0.97
K$_2$O	4129	1.91	2.12	2.43	2.78	3.20	3.63	3.88	2.83	0.59	2.77	1.86	4.40	1.24	0.21	2.78	2.90	剔除后正态分布	2.77	2.35
TC	990	0.92	1.04	1.25	1.52	1.85	2.28	2.61	1.61	0.54	1.53	1.50	4.47	0.37	0.34	1.52	1.42	对数正态分布	1.53	1.56
Corg	4022	0.63	0.78	1.03	1.39	1.77	2.22	2.50	1.44	0.56	1.32	1.61	3.06	0.09	0.39	1.39	1.26	对数正态分布	1.32	0.90
pH	3816	4.33	4.43	4.62	4.85	5.17	5.57	5.87	4.75	4.79	4.94	2.52	6.43	3.78	1.01	4.85	4.78	其他分布	4.78	5.00

第五章 土壤碳与特色土地资源开发建议

第一节 土壤碳储量估算

土壤是陆地生态系统的核心,是"地球关键带"研究中的重点内容之一。土壤碳库是地球陆地生态系统碳库的主要组成部分,在陆地水、大气、生物等不同系统中的碳循环研究中有着重要作用。

一、土壤碳与有机碳的区域分布

1. 深层土壤碳与有机碳的区域分布

如表5-1所示,在宁波市深层土壤中,总碳(TC)算术平均值为0.75%,极大值为4.50%,极小值为0.11%。TC基准值(0.65%)与浙江省基准值和中国基准值相比,明显高于浙江省基准值,略低于中国基准值。在区域分布上,TC含量明显受地形地貌及地质背景控制,平原区土壤中TC含量相对较高;低值区则主要分布于宁波市西部、南部、东部及慈溪市南部,在地形地貌类型上属于低山丘陵区,风化剥蚀较强,而且主要低值区地质背景为中酸性火成岩类风化物和紫色碎屑岩类风化物,成土条件较差,土壤粗骨性较强。

宁波市深层土壤有机碳(TOC)几何平均值为0.44%,极大值为1.06%,极小值为0.03%。TOC基准值(0.44%)与浙江省基准值和中国基准值相比,与浙江省基准值接近,明显高于中国基准值。高值区主要分布于宁波市中心城区周边至余姚市城区周边平原区,以及海曙区西部和宁海县西部丘陵区局部区域;低值区主要分布于宁波市西部、南部、东部和慈溪市南部丘陵区一带。

表 5-1 宁波市深层土壤总碳与有机碳统计参数表

元素/指标	N/件	$\overline{X}$/%	$\overline{X}_g$/%	S/%	CV	X_{max}/%	X_{min}/%	X_{mo}/%	X_{me}/%	浙江省基准值/%	中国基准值/%
TC	568	0.75	0.65	0.44	0.59	4.50	0.11	0.63	0.68	0.43	0.90
TOC	528	0.48	0.44	0.19	0.48	1.06	0.03	0.48	0.46	0.42	0.30

注:浙江省基准值引自《浙江省土壤元素背景值》(黄春雷等,2023);中国基准值引自《全国地球化学基准网建立与土壤地球化学基准值特征》(王学求等,2016)。

2. 表层土壤碳与有机碳的区域分布

如表5-2所示,在宁波市表层土壤中,总碳(TC)算术平均值为1.63%,极大值为2.95%,极小值为0.37%。TC背景值(1.56%)与浙江省背景值接近,略高于中国背景值。高值区主要分布于宁波市中心城区周边至余姚市城区周边平原区,丘陵区高值区主要位于海曙区西部、宁海县西部及象山县局部区域;低值区主要分布于丘陵区大部分区域及余姚市至慈溪市的平原区。

表 5-2 宁波市表层土壤总碳与有机碳参数统计表

元素/指标	N/件	$\overline{X}$/%	$\overline{X}_g$/%	S/%	CV	X_{max}/%	X_{min}/%	X_{mo}/%	X_{me}/%	浙江省基准值/%	中国基准值/%
TC	2016	1.63	1.56	0.48	0.29	2.95	0.37	1.56	1.56	1.43	1.30
TOC	26 104	1.54	1.35	0.77	0.50	3.77	0.05	0.90	1.40	1.31	0.60

注:浙江省背景值引自《浙江省土壤元素背景值》(黄春雷等,2023);中国背景值引自《全国地球化学基准网建立与土壤地球化学基准值特征》(王学求等,2016)。

土壤有机碳(TOC)算术平均值为1.54%,极大值为3.77%,极小值为0.05%。TOC背景值(0.90%)与浙江省背景值和中国背景值相比,略低于浙江省背景值,而明显高于中国背景值,是中国背景值的1.5倍。在区域分布上,TOC含量分布基本与TC相同,高值区主要分布于宁波市中心城区周边至余姚市城区周边平原区,丘陵区高值区主要位于海曙区西部局部区域,低值区主要分布于丘陵区大部分区域及余姚市至慈溪市的平原区一带。

二、单位土壤碳量与碳储量计算方法

依据奚小环等(2009)提出的碳储量计算方法,利用多目标地球化学调查数据,根据《多目标区域地球化学调查规范(1∶250 000)》(DZ/T 0258—2014)要求,计算单位土壤的碳量与碳储量,即以多目标区域地球化学调查确定的土壤表层样品分析单元为最小计算单位,土壤表层碳含量单元为4km²,深层土壤样根据表深层土壤样的对应关系,利用ArcGIS对深层样测试分析结果进行空间插值,碳含量单元为4km²,依据其不同的分布模式计算得到单位土壤碳量,通过对单位土壤碳量进行加和计算得到土壤碳储量。

研究表明,土壤碳含量由表层至深层存在两种分布模式,其中有机碳含量分布为指数模式,无机碳含量为直线模式。区域土壤容重利用《浙江土壤》(俞震豫等,1994)中的土壤容重统计结果进行计算(表5-3)。

表 5-3 浙江省主要土壤类型土壤容重统计表　　　　　　　　　　　　　　单位:t/m³

土壤类型	红壤	黄壤	紫色土	粗骨土	潮土	滨海盐土	水稻土
土壤容重	1.20	1.20	1.20	1.20	1.33	1.33	1.08

(一)有机碳(TOC)单位土壤碳量(USCA)计算

1. 深层土壤有机碳单位碳量计算

深层土壤有机碳单位碳量计算公式为:

$$USCA_{TOC,0-120cm} = TOC \times D \times 4 \times 10^4 \times \rho \tag{5-1}$$

式中:$USCA_{TOC,0-120cm}$为0~1.20m深度(即0~120cm)土壤有机碳单位碳量(t);TOC为有机碳含量(%);D为采样深度(1.20m);4为表层土壤单位面积(4km²);10^4为单位土壤面积换算系数;ρ为土壤容重(t/m³)。式(5-1)中TOC的计算公式为:

$$TOC = \frac{(TOC_表 - TOC_深) \times (d_1 - d_2)}{d_2(\ln d_1 - \ln d_2)} + TOC_深 \tag{5-2}$$

式中:$TOC_表$为表层土壤有机碳含量(%);$TOC_深$为深层土壤有机碳含量(%);d_1取表样采样深度中间值0.1m;d_2取深层样平均采样深度1.20m(或实际采样深度)。

2. 中层土壤有机碳单位碳量计算

中层土壤(计算深度为1.00m)有机碳单位碳量计算公式为:

$$USCA_{TOC,0-100cm} = TOC \times D \times 4 \times 10^4 \times \rho \tag{5-3}$$

式中:$USCA_{TOC,0-100cm}$表示采样深度为1.20m以下时,计算1.00m(100cm)深度土壤有机碳含量(t);其他参数同前。其中,TOC的计算公式为:

$$TOC = \frac{(TOC_表 - TOC_深) \times [(d_1 - d_3) + (\ln d_3 - \ln d_2)]}{d_3(\ln d_1 - \ln d_2)} + TOC_深 \tag{5-4}$$

式中:d_3为计算深度1.00m;其他参数同前。

3. 表层土壤有机碳单位碳量计算

表层土壤有机碳单位碳量计算公式为:

$$USCA_{TOC,0-20cm} = TOC \times D \times 4 \times 10^4 \times \rho \tag{5-5}$$

式中:TOC为表层土壤有机碳实测值;D为采样深度(0～20cm);其他参数同前。

(二)无机碳(TIC)单位土壤碳量(USCA)计算

1. 深层土壤无机碳单位碳量计算

深层土壤无机碳单位碳量计算公式为:

$$USCA_{TIC,0-120cm} = [(TIC_表 + TIC_深)/2] \times D \times 4 \times 10^4 \times \rho \tag{5-6}$$

式中:$TIC_表$与$TIC_深$分别由总碳实测数据减去有机碳数据取得(%);其他参数同前。

2. 中层土壤无机碳单位碳量计算

中层土壤无机碳单位碳量计算公式为:

$$USCA_{TIC,0-100cm(深120cm)} = [(TIC_表 + TIC_{100cm})/2] \times D \times 4 \times 10^4 \times \rho \tag{5-7}$$

式中:$USCA_{TIC,0-100cm(深120cm)}$表示采样深度为1.20m时,计算1.00m深度(即100cm)土壤无机碳单位碳量(t);D为1.00m;TIC_{100cm}采用内插法确定;其他参数同前。

3. 表层土壤无机碳单位碳量计算

表层土壤无机碳单位碳量计算公式为:

$$USCA_{TIC,0-20cm} = TIC_表 \times D \times 4 \times 10^4 \times \rho \tag{5-8}$$

式中:$TIC_表$由总碳实测数据减去有机碳数据取得(%);其他参数同前。

(三)总碳(TC)单位土壤碳量(USCA)计算

1. 深层土壤总碳单位碳量计算

深层土壤总碳单位碳量计算公式为:

$$USCA_{TC,0-120cm} = USCA_{TOC,0-120cm} + USCA_{TIC,0-120cm} \tag{5-9}$$

当实际采样深度超过1.20m(120cm)时,取实际采样深度值。

2. 中层土壤总碳单位碳量计算

中层土壤总碳单位碳量计算公式为：

$$\mathrm{USCA_{TC,0-100cm(深120cm)}} = \mathrm{USCA_{TOC,0-100cm(深120cm)}} + \mathrm{USCA_{TIC,0-100cm(深120cm)}} \quad (5-10)$$

3. 表层土壤总碳单位碳量计算

表层土壤总碳单位碳量计算公式为：

$$\mathrm{USCA_{TC,0-20cm}} = \mathrm{USCA_{TOC,0-20cm}} + \mathrm{USCA_{TIC,0-20cm}} \quad (5-11)$$

（四）土壤碳储量（SCR）

土壤碳储量为研究区内所有单位碳量总和，其计算公式为：

$$\mathrm{SCR} = \sum_{i=1}^{n} \mathrm{USCA} \quad (5-12)$$

式中：SCR 为土壤碳储量（t）；USCA 为单位土壤碳量（t）；n 为土壤碳储量计算范围内单位土壤碳量的加和个数。

三、土壤碳密度分布特征

宁波市表层、中层、深层土壤碳密度空间分布情况如图 5-1~图 5-3 所示。

由图可知，全市土壤碳密度由表层→中层→深层呈现出规律性变化特征，整体表现为：平原区高于丘陵区，松散岩类沉积物土壤母质区高于碎屑岩类风化物、紫色碎屑岩类风化物和中酸性火成岩类风化物土壤母质区，随着土体深度的增加，土壤碳密度明显增加。

表层（0~0.2m）土壤碳密度高值区分布于宁波市中心城区至余姚市城区周边广大平原以及海曙区西部、宁海县西部等丘陵局部区域；低值区主要分布于宁海市西部、南部、东部和慈溪市南部丘陵区，以及余姚市至慈溪市平原区。表层土壤中碳密度极大值为 $42.92 \times 10^3 \mathrm{t/4km^2}$，极小值为 $3.56 \times 10^3 \mathrm{t/4km^2}$。

中层（0~1.0m）土壤碳密度高值、低值区分布与表层土壤基本相同，不同之处在于随着土体深度的增加，城区周边土壤中碳密度显著增高。中层土壤中碳密度极大值为 $170.32 \times 10^3 \mathrm{t/4km^2}$，极小值为 $23.36 \times 10^3 \mathrm{t/4km^2}$。

深层（0~1.2m）土壤碳密度低值区仍然主要分布在宁波市西部、南部、东部和慈溪市南部丘陵区广大区域，高值区主要分布于宁波市中心城区至余姚市城区周边平原区。在平原区随着土体深度的增加，碳密度显著增加。深层土壤中碳密度极大值为 $198.32 \times 10^3 \mathrm{t/4km^2}$，极小值为 $28.60 \times 10^3 \mathrm{t/4km^2}$。

由以上分析可知，宁波市土壤碳密度分布主要与地形地貌、土壤母质类型、土壤深度有关。在地形地貌方面，丘陵区土壤碳密度小于平原区；在土壤母岩母质方面，松散岩类沉积物土壤碳密度大于碎屑岩类风化物、紫色碎屑岩类风化物和中酸性火成岩类风化物土壤母质区；在土壤深度方面，随土壤深度增加，土壤碳密度逐渐增大。

四、土壤碳储量分布特征

1. 土壤碳密度及碳储量

根据土壤碳密度及碳储量计算方法，宁波市不同深度土壤碳密度及碳储量统计结果见表 5-4。

宁波市表层、中层、深层土壤中 TIC 密度分别为 $0.46 \times 10^3 \mathrm{t/km^2}$、$1.12 \times 10^3 \mathrm{t/km^2}$、$2.84 \times 10^3 \mathrm{t/km^2}$；TOC 密度分别为 $3.55 \times 10^3 \mathrm{t/km^2}$、$11.51 \times 10^3 \mathrm{t/km^2}$、$12.93 \times 10^3 \mathrm{t/km^2}$；TC 密度分别为 $4.01 \times 10^3 \mathrm{t/km^2}$、

第五章 土壤碳与特色土地资源开发建议

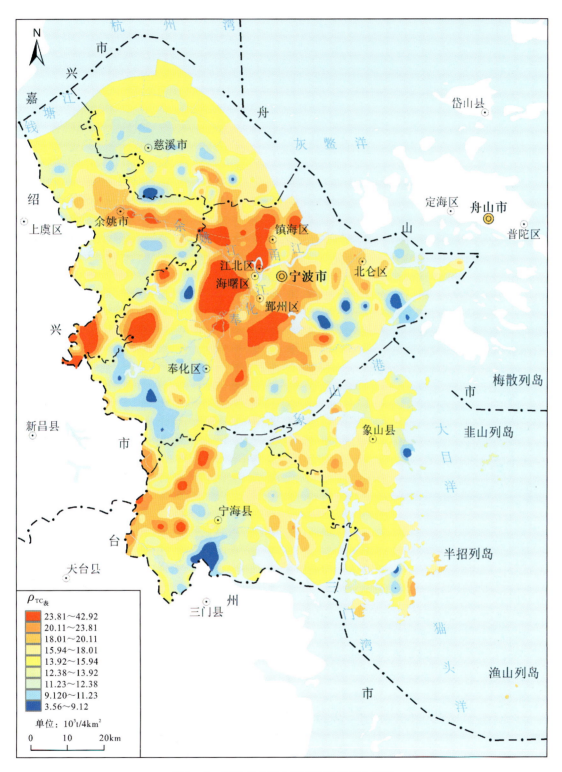

图 5-1 宁波市表层土壤 TC 碳密度分布图

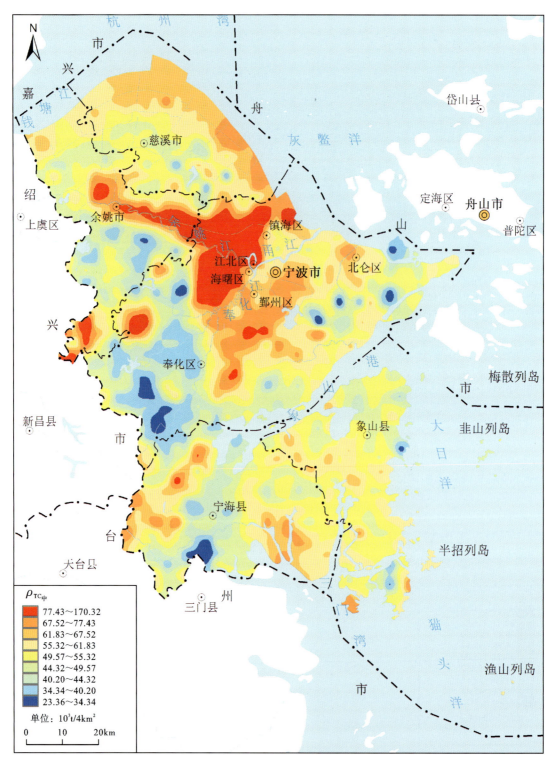

图 5-2 宁波市中层土壤 TC 碳密度分布图

第五章
土壤碳与特色土地资源开发建议

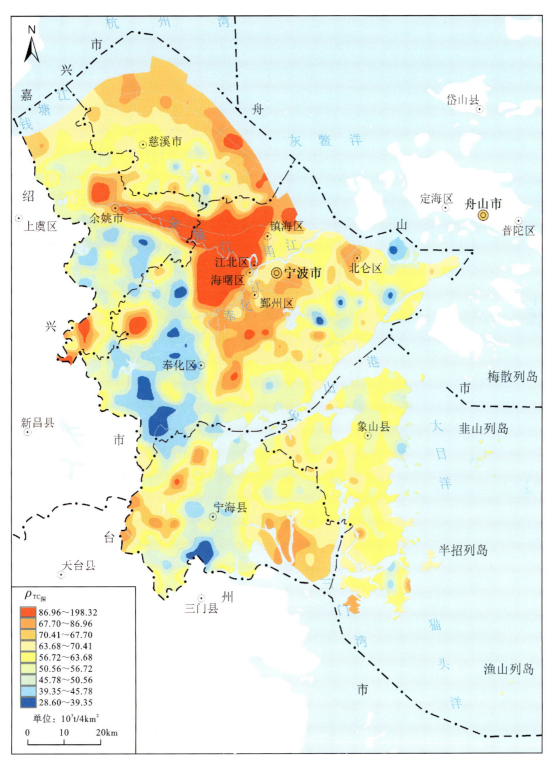

图 5-3　宁波市深层土壤 TC 碳密度分布图

$12.63×10^3 t/km^2$、$15.77×10^3 t/km^2$。其中,表层 TC 密度略高于中国总碳密度(奚小环等,2010)的 $3.19×10^3 t/km^2$,中层 TC 密度略高于中国平均值 $11.65×10^3 t/km^2$。宁波市土地利用类型、地形地貌类型齐全,代表了浙江省碳密度的客观现状,说明宁波市碳储量已接近"饱和"状态,固碳能力十分有限。

表 5-4 宁波市不同深度土壤碳密度及碳储量统计表

土壤层	碳密度/$10^3 t·km^{-2}$			碳储量/$10^6 t$			TOC 储量占比/%
	TOC	TIC	TC	TOC	TIC	TC	
表层	3.55	0.46	4.01	29.88	3.88	33.76	88.51
中层	11.51	1.12	12.63	96.99	19.65	116.64	83.15
深层	12.93	2.84	15.77	108.96	23.89	132.85	82.02

从不同深度土壤碳储量可以看出(图 5-4),随着土壤深度的增加,TOC、TIC、TC 均呈现逐渐增加的趋势。在表层(0~0.2m)、中层(0~1.0m)、深层(0~1.2m)不同深度土体中,TOC 储量之比为 1∶3.25∶3.65,TIC 储量之比为 1∶5.06∶6.16,TC 储量之比为 1∶3.45∶3.94。

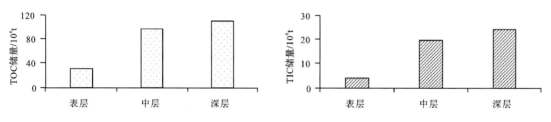

图 5-4 宁波市不同深度土壤碳储量对比柱状图

全市土壤中(0~1.2m)碳储量为 $283.25×10^6 t$,其中 TOC 储量为 $235.83×10^6 t$,TIC 储量为 $47.42×10^6 t$,TOC 储量与 TIC 储量之比约为 5∶1。土壤中的碳以 TOC 为主,占 TC 的 83.26%。随着土体深度的增加,TOC 储量的比例有减少趋势,TIC 储量的比例则逐渐增加,但仍以 TOC 为主。

2. 主要土壤类型土壤碳密度及碳储量分布

宁波市共分布 7 种主要土壤类型,不同土壤类型土壤碳密度及碳储量(SCR)统计结果见表 5-5。

表 5-5 宁波市不同土壤类型土壤碳密度及碳储量统计表

土壤类型	面积	深层(0~1.2m)			中层(0~1.0m)			表层(0~0.2m)		
		TOC 密度	TIC 密度	SCR	TOC 密度	TIC 密度	SCR	TOC 密度	TIC 密度	SCR
	km^2	$10^3 t/km^2$		$10^6 t$	$10^3 t/km^2$		$10^6 t$	$10^3 t/km^2$		$10^6 t$
滨海盐土	476	10.81	6.73	8.35	9.52	5.49	7.15	2.77	1.07	1.83
潮土	648	10.11	7.51	11.42	8.96	5.68	9.49	2.69	1.02	2.41
粗骨土	1384	12.96	2.03	20.75	11.57	1.68	18.34	3.62	0.33	5.48
红壤	3008	12.68	2.03	44.27	11.29	1.74	39.22	3.49	0.36	11.57
黄壤	348	14.50	2.62	5.96	13.06	2.26	5.33	4.25	0.47	1.64
水稻土	2520	14.16	2.37	41.63	12.58	1.98	36.68	3.85	0.40	10.69
紫色土	40	11.36	0.45	0.47	10.30	0.37	0.43	3.48	0.07	0.14

深层土壤中,TOC密度以黄壤为最高,达14.50×10³t/km²,其次为水稻土、粗骨土、红壤、紫色土,最低为潮土,仅为10.11×10³t/km²。TIC密度以潮土为最高,为7.51×10³t/km²,次为滨海盐土,而最低则为紫色土,仅为0.45×10³t/km²。

中层土壤中,TOC密度以黄壤为最高,达13.06×10³t/km²,其次为水稻土、粗骨土、红壤、紫色土,最低为潮土,仅为8.96×10³t/km²。TIC密度以潮土为最高,为5.68×10³t/km²,次为滨海盐土,而最低则为紫色土,仅为0.37×10³t/km²。

表层土壤中,TOC密度以黄壤为最高,达4.25×10³t/km²,其次为水稻土、粗骨土、红壤、紫色土,最低为潮土,仅为2.69×10³t/km²。TIC密度以滨海盐土为最高,为1.07×10³t/km²,次为潮土,而最低则为紫色土,仅为0.07×10³t/km²。

通过以上对比分析可以看出,土壤碳密度(TOC、TIC)的分布受地形地貌的影响较为明显。分布于山地丘陵区的土壤类型中,TOC密度较高,如黄壤、红壤、粗骨土等;而分布于平原区的土壤类型中TOC密度相对较低,如滨海盐土、潮土等。TIC密度的分布情况大致与之相反,平原区土壤滨海盐土、潮土中较高,而山地丘陵区的紫色土、红壤、粗骨土则相对较低。

表层土壤碳储量为33.76×10⁶t,最高为红壤,碳储量为11.57×10⁶t,占表层总碳储量的34.27%;其次为水稻土,碳储量为10.69×10⁶t,占总表层碳储量的31.66%,略高于面积所占比例。最低为紫色土,为0.14×10⁶t。表层土壤中整体碳储量从大到小依次为红壤、水稻土、粗骨土、潮土、滨海盐土、黄壤、紫色土。

中层土壤碳储量为116.64×10⁶t,储量从大到小依次为红壤、水稻土、粗骨土、潮土、滨海盐土、黄壤、紫色土。

深层土壤碳储量为132.85×10⁶t,碳储量从大到小依次为红壤、水稻土、粗骨土、潮土、滨海盐土、黄壤、紫色土。

宁波市深层、中层、表层土壤碳储量从大到小依次为红壤、水稻土、粗骨土、潮土、滨海盐土、黄壤、紫色土。

整体来看,土壤中碳储量的分布主要与不同土壤类型中有机碳(TOC)密度、分布面积、人为耕种影响等因素有关。

3. 主要土壤母质类型土壤碳密度及碳储量分布

宁波市土壤母质类型主要分为紫色碎屑岩类风化物、中基性火成岩类风化物、松散岩类沉积物、碎屑岩类风化物、中酸性火成岩类风化物五大类型。在分布面积上,宁波市以松散岩类沉积物、紫色碎屑岩类风化物、中酸性火成岩类风化物为主,碎屑岩类风化物、中基性火成岩类风化物相对较少。

宁波市不同土壤母质类型土壤碳密度统计结果见表5-6。

表5-6 宁波市不同土壤母质类型土壤碳密度统计表 单位:10³t/km²

土壤母质类型	深层(0~1.2m)			中层(0~1.0m)			表层(0~0.2m)		
	TOC	TIC	TC	TOC	TIC	TC	TOC	TIC	TC
紫色碎屑岩类风化物	11.42	0.77	12.19	10.34	0.68	11.02	3.48	0.14	3.62
中基性火成岩类风化物	11.79	2.46	14.25	10.40	2.04	12.44	3.06	0.40	3.46
松散岩类沉积物	13.62	4.22	17.84	12.09	3.40	15.49	3.66	0.66	4.32
碎屑岩类风化物	13.98	2.88	16.86	12.31	2.44	14.75	3.58	0.50	4.08
中酸性火成岩类风化物	12.51	1.92	14.43	11.16	1.63	12.79	3.47	0.33	3.80

由表5-6中可以看出,TOC密度在不同深度土壤中有明显差异,在深层、中层土壤中由高至低依次为碎屑岩类风化物、松散岩类沉积物、中酸性火成岩类风化物、中基性火成岩类风化物、紫色碎屑岩类风化物;在表层土壤中由高至低依次为松散岩类沉积物、碎屑岩类风化物、紫色碎屑岩类风化物、中酸性火成岩类风化物、中基性火成岩类风化物。

TIC密度在中层、表层、深层土壤中完全相同,由高至低依次为松散岩类沉积物、碎屑岩类风化物、中基性火成岩类风化物、中酸性火成岩类风化物、紫色碎屑岩类风化物。

土壤TC密度在深层中由高至低依次为松散岩类沉积物、碎屑岩类风化物、中酸性火成岩类风化物、中基性火成岩类风化物、紫色碎屑岩类风化物;在中层中由高至低依次为松散岩类沉积物、碎屑岩类风化物、中酸性火成岩类风化物、中基性火成岩类风化物、紫色碎屑岩类风化物;在表层中由高至低依次为松散岩类沉积物、碎屑岩类风化物、中酸性火成岩类风化物、紫色碎屑岩类风化物、中基性火成岩类风化物。

宁波市不同土壤母质类型土壤碳储量统计结果如表5-7、表5-8所示。

表5-7 宁波市不同土壤母质类型土壤碳储量统计表(一) 单位:10^6t

土壤母质类型	深层(0~1.2m)			中层(0~1.0m)			表层(0~0.2m)		
	TOC	TIC	TC	TOC	TIC	TC	TOC	TIC	TC
紫色碎屑岩类风化物	3.15	0.21	3.36	2.89	0.22	3.11	0.96	0.04	1.00
中基性火成岩类风化物	0.75	0.16	0.91	0.67	0.13	0.80	0.19	0.03	0.22
松散岩类沉积物	46.28	14.20	60.48	40.62	11.33	51.95	12.47	2.20	14.67
碎屑岩类风化物	3.02	0.62	3.64	2.79	0.54	3.33	0.77	0.11	0.88
中酸性火成岩类风化物	55.76	8.70	64.46	50.02	7.43	57.45	15.49	1.50	16.99

表5-8 宁波市不同土壤母质类型土壤碳储量统计表(二)

土壤母质类型	面积	深层(0~1.2m)SCR	中层(0~1.0m)SCR	表层(0~0.2m)SCR	深层碳储量全市占比
	km²	10^6t	10^6t	10^6t	%
紫色碎屑岩类风化物	276	3.36	3.11	1.00	2.53
中基性火成岩类风化物	64	0.91	0.80	0.22	0.68
松散岩类沉积物	3412	60.48	51.95	14.67	45.53
碎屑岩类风化物	216	3.64	3.33	0.88	2.74
中酸性火成岩类风化物	4456	64.46	57.45	16.99	48.52

宁波市碳储量以中酸性火成岩类风化物、松散岩类沉积物为主,二者之和占全市碳储量的90%以上。在不同深度的土体中,TOC储量分布规律相同,由高到低依次为中酸性火成岩类风化物、松散岩类沉积物、紫色碎屑岩类风化物、碎屑岩类风化物、中基性火成岩类风化物;在深层、中层土体中,TC储量分布规律相同,由高到低依次为中酸性火成岩类风化物、松散岩类沉积物、碎屑岩类风化物、紫色碎屑岩类风化物、中基性火成岩类风化物,在表层中由高到低依次为中酸性火成岩类风化物、松散岩类沉积物、紫色碎屑岩类风化物、碎屑岩类风化物、中基性火成岩类风化物。TIC与TOC储量分布规律不同,不同深度土体中碳储量分布规律相同,由高到低依次为松散岩类沉积物、中酸性火成岩类风化物、碎屑岩类风化物、紫色碎屑岩类风化物、中基性火成岩类风化物。

4. 不同土地利用现状条件土壤碳密度及碳储量

土地利用对土壤碳储量的空间分布有较大影响。周涛和史培军(2006)研究认为,土地利用方式的改变潜在地改变了土壤的理化性状,进而改变了不同生态系统中的初级生产力及相应土壤的TOC输入。

表5-9～表5-11为宁波市不同土地利用现状条件下土壤碳密度及碳储量统计结果。

表 5-9 宁波市不同土地利用现状条件土壤碳密度统计表　　　　　单位:10^3t/km^2

土地利用类型	深层(0~1.2m)			中层(0~1.0m)			表层(0~0.2m)		
	TOC	TIC	TC	TOC	TIC	TC	TOC	TIC	TC
水田	14.10	2.98	17.08	12.55	2.45	15.00	3.86	0.48	4.34
旱地	9.77	6.91	16.68	8.65	5.43	14.08	2.59	1.02	3.61
园地	12.95	3.33	16.28	11.47	2.67	14.14	3.44	0.51	3.95
林地	12.56	1.93	14.49	11.21	1.64	12.85	3.50	0.33	3.83
建筑用地及其他用地	13.46	3.58	17.04	11.96	2.91	14.87	3.64	0.57	4.21

表 5-10 宁波市不同土地利用现状条件土壤碳储量统计表(一)　　　　　单位:10^6t

土地利用类型	深层(0~1.2m)			中层(0~1.0m)			表层(0~0.2m)		
	TOC	TIC	TC	TOC	TIC	TC	TOC	TIC	TC
水田	15.63	3.30	18.93	13.91	2.71	16.62	4.28	0.53	4.81
旱地	3.32	2.35	5.67	2.94	1.85	4.79	0.88	0.35	1.23
园地	8.13	2.09	10.22	7.20	1.68	8.88	2.16	0.32	2.48
林地	50.00	7.68	57.68	44.62	6.51	51.13	13.93	1.33	15.26
建筑用地及其他用地	31.88	8.47	40.35	28.32	6.90	35.22	8.63	1.35	9.98

表 5-11 宁波市不同土地利用现状条件土壤碳储量统计表(二)

土地利用类型	面积	深层(0~1.2m)SCR	中层(0~1.0m)SCR	表层(0~0.2m)SCR	深层碳储量全市占比
	km^2	10^6t	10^6t	10^6t	%
水田	1108	18.93	16.62	4.81	14.25
旱地	340	5.67	4.79	1.23	4.27
园地	628	10.22	8.88	2.48	7.69
林地	3980	57.68	51.13	15.26	43.42
建筑用地及其他用地	2368	40.35	35.22	9.98	30.37

由表中可以看出,TOC密度在深层、中层土体中,由高到低均表现为水田、建筑用地及其他用地、园地、林地、旱地,在表层土体中由高到低则表现为水田、建筑用地及其他用地、林地、园地、旱地;TIC在不同深度的土体中的密度由高到低均表现为旱地、建筑用地及其他用地、园地、水田、林地;TC在深层土体中的密度由高到低表现为水田、建筑用地及其他用地、旱地、园地、林地,在中层土体中的密度由高到低表现为水田、建筑用地及其他用地、园地、旱地、林地,在表层土体中的密度由高到低表现为水田、建筑用地及其他用

地、园地、林地、旱地。

就碳储量而言,宁波市不同深度土体中,TC储量以林地、建筑用地及其他用地为主,二者碳储量之和占宁波市总碳储量的70%以上,是宁波市主要的"碳储库"。

第二节 天然富硒土地资源开发建议

硒(Se)是地壳中的一种稀散元素,1988年中国营养学会将硒列为15种人体必需的微量元素之一。医学研究证明,硒对保证人体健康有重要作用,主要表现在提高人体免疫力和抗衰老能力,参与人体损伤肌体的修复,对铅、镉、汞、砷、铊等重金属的拮抗等方面。我国有72%的地区属于缺硒或低硒地区,2/3的人口存在不同程度的硒摄入量不足问题。

土壤中含有一定量的天然硒元素,且有害重金属元素含量小于农用地土壤污染风险筛选值要求的土地,可称为天然富硒土地。天然富硒土地是一种稀缺的土地资源,是生产天然富硒农产品的物质基础,是应予以优先保护的特色土地资源。

一、土壤硒地球化学特征

1. 土壤中硒的分布特征

如图5-5所示,宁波市表层土壤中Se含量变化范围为0.03~3.37mg/kg,平均值为0.33mg/kg,变化范围大,变异系数为0.41,属于中等变异,说明Se在土壤中含量较均匀,人类活动对土壤中Se含量影响不大。从区域上看,总体表现为宁波市西北部和东部高、北部和南部低的特点;从地貌类型分区的角度看,平原区Se含量显著低于丘陵山区,其中平原区一般小于0.35mg/kg,丘陵山区一般大于0.40mg/kg,山脚平原及缓坡地带含量一般在0.40mg/kg左右。宁波市表层土壤Se的浓集中心位于海曙区和余姚市交界的丘陵区一带,以及东部鄞州区和北仑区丘陵区一带。低背景值中心主要位于余姚市、慈溪市北部滨海地带及宁海县和象山县南部滨海地带,以及奉化区和宁海县丘陵区部分区域。宁波市中心城区周边Se含量以中等背景值为主。

深层土壤中Se含量分布如图5-6所示,宁波市深层土壤中Se含量变化范围为0.04~0.96mg/kg,平均值为0.26mg/kg,变化范围大,变异系数为0.49,属于中等变异,说明Se含量在土壤中较均匀,人类活动对深层土壤中Se含量影响不大。从区域上看,宁波市Se含量总体表现为中部、东部和西南部高,北部和南部低的特点;从地貌类型分区的角度看,总体表现为平原区Se含量显著低于丘陵山区,其中平原区一般小于0.23mg/kg,丘陵山区一般大于0.35mg/kg,山脚平原及缓坡局部地带含量一般在0.30mg/kg左右。宁波市深层土壤Se含量浓集中心位于余姚市南部丘陵区、镇海区和江北区北部丘陵区、鄞州区中部丘陵区及宁海县西部丘陵区一带。低背景值中心主要位于余姚市和慈溪市北部滨海地带、宁海县和象山县南部滨海地带及镇海区和北仑区滨海地带。宁波市中心城区周边Se含量以中等背景值为主。

2. 土壤中硒的赋存形态特征

除土壤全硒含量外,刘冰权等(2021)研究认为硒在土壤中的赋存形态是影响农作物吸收累积最重要的因素之一。表5-12为宁波市表层土壤中硒的7种赋存形态含量统计结果。

从表5-12统计结果可以看出,宁波市表层土壤中硒形态含量由大到小表现为:残渣态＞强有机结合态＞腐殖酸结合态＞碳酸盐结合态＞铁锰氧化物结合态＞离子交换态＞水溶态。各形态含量特征如下。

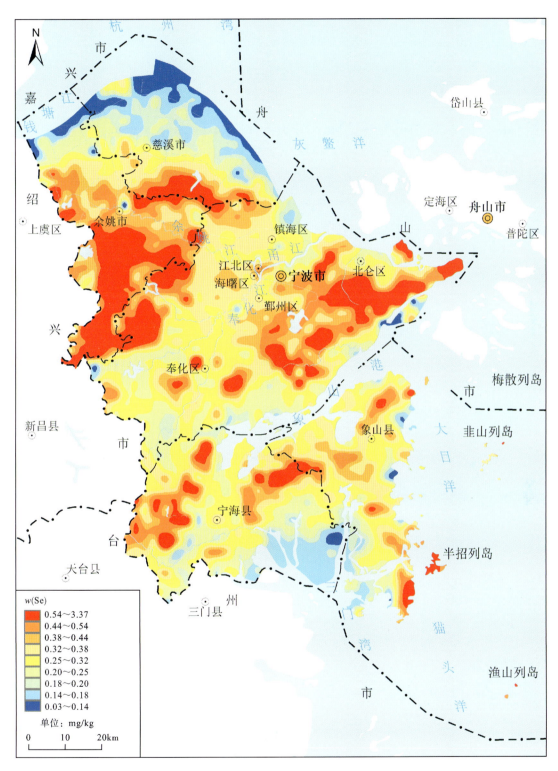

图 5-5 宁波市表层土壤中硒元素(Se)地球化学图

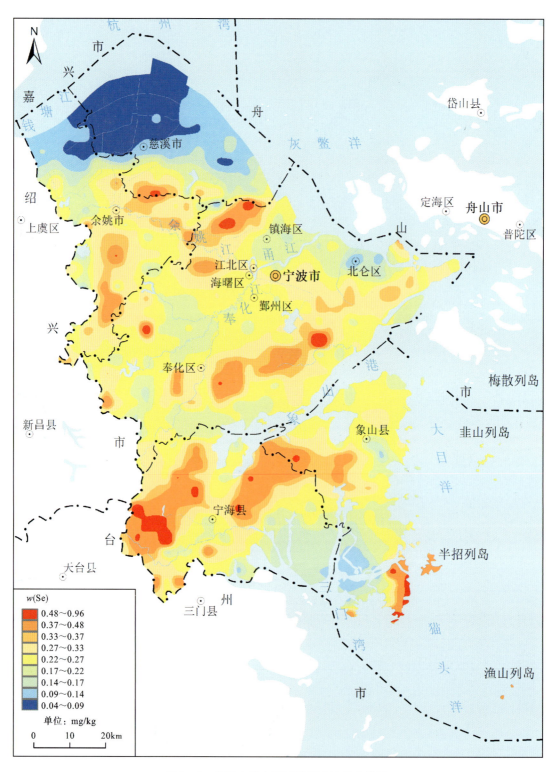

图 5-6 深层土壤中硒元素(Se)地球化学图

第五章 土壤碳与特色土地资源开发建议

表 5-12　宁波市土壤中硒赋存形态含量统计表（$n=138$）

项目	单位	水溶态	离子交换态	碳酸盐结合态	腐殖酸结合态	铁锰氧化物结合态	强有机结合态	残渣态
极大值	mg/kg	0.018	0.036	0.185	0.298	0.083	0.211	0.352
极小值	mg/kg	0.002	0.002	0.001	0.020	0.003	0.018	0.027
平均值	mg/kg	0.008	0.012	0.036	0.052	0.016	0.073	0.094
占比	%	2.75	4.12	12.37	17.87	5.50	25.09	32.30
算术标准差	mg/kg	0.003	0.008	0.048	0.035	0.016	0.037	0.067
变异系数		0.44	0.65	1.34	0.67	0.97	0.51	0.71

水溶态硒含量最少，仅占全硒含量的 2.75%，平均值为 0.008mg/kg，变异系数为 0.44，说明不同样点间含量差异较小，分布相对均匀。

离子交换态硒含量在 0.002~0.036mg/kg 之间，平均值为 0.012mg/kg，占全硒含量的 4.12%，变异系数为 0.65，相对较高，说明不同样点间离子交换态硒含量差异较小。

碳酸盐结合态均值仅 0.036mg/kg，变异系数 1.34，说明各个样点间碳酸盐结合态含量差异大，分布不均匀。

腐殖酸结合态硒平均值达到 0.052mg/kg，占比为 17.87%，各个样点间分布较均匀。

铁锰结合态硒平均值为 0.016mg/kg，占比 5.58%，各个样点间含量差异大，分布不均匀。

强有机态硒平均值为 0.073mg/kg，占比 25.09%。

残渣态硒含量在 0.027~0.352mg/kg 之间，平均值为 0.094mg/kg，占比达 32.30%。

由以上统计分析可知，从植物可吸收利用的角度分析，易被植物吸收和利用的有效态硒（离子交换态和水溶态）含量占比较小（6.87%），远小于其他形态（93.13%）。

二、富硒土地评价及开发保护建议

1. 富硒土地评价

土壤硒分级在多目标区域地球化学调查和土地质量调查获得的表层土壤分析数据的基础上，参照《土地质量地质调查规范》（DB33/T 2224—2019），等级划分如表 5-13 所示。

表 5-13　土壤硒元素（Se）等级划分标准与图示　　　　　　　　　　　　　　　单位：mg/kg

指标	缺乏	边缘	适量	高（富）	过剩
标准值	≤0.125	0.125~0.175	0.175~0.40	0.40~3.0	>3.0
颜色					
R:G:B	234:241:221	214:227:188	194:214:155	122:146:60	79:98:40

评价结果如图 5-7 和表 5-14 所示，宁波市达高（富）硒标准的表层土壤样品有 6489 件，占总样本数的 24.10%，主要分布在余姚市南部及海曙区西部、慈溪市南部、北仑区南部、鄞州区中部丘陵区及余姚市东南部、鄞州区中部山脚平原一带，富硒土壤的分布主要与成土母岩、表层土壤中有机质含量以及质地有关，丘陵山地区母岩 Se 含量相对较高，区内有机质含量较高，土质湿黏，有利于吸附 Se 元素，导致表层土壤 Se 元素的富集。Se 含量处于适量等级的样本数最多，达 16720 件，占比 62.09%，主要分布在广大平原区

图 5-7 宁波市表层土壤硒元素(Se)评价图

及奉化区东部和西部、宁海县和象山县丘陵区。边缘硒与缺乏硒土壤占比较少,仅为 11.23%、2.57%,主要分布在北东部镇海区、慈溪市至余姚市滨海一带,及宁海县和象山县南部滨海平原区。这些区域土壤养分含量低,质地以砂、粉砂为主,黏质少,总体保肥能力弱,土壤中的元素易迁移流失。再者该区母质以滨海相砂、粉砂为主,Se 含量本就偏低,故此区呈现明显的硒缺乏。硒过剩样点最少,仅 3 件,占比 0.01%,分别分布于余姚市南部丘陵区、海曙区北东靠近姚江一带及江北区北部丘陵区。

表 5-14　宁波市表层土壤硒评价结果统计表

评价结果	样本数/件	占比/%	主要分布区域
过剩	3	0.01	余姚市南部丘陵区、海曙区北东靠近姚江一带及江北区北部丘陵区
高(富)	6489	24.10	余姚市南部及海曙区西部、慈溪市南部、北仑区南部、鄞州区中部丘陵区及余姚市东南部、鄞州区中部山脚平原一带
适量	16 720	62.09	广大平原区及奉化区东部和西部、宁海县和象山县丘陵区
边缘	3023	11.23	镇海区、慈溪市至余姚市滨海一带,及宁海县和象山县南部滨海平原区
缺乏	692	2.57	慈溪市至余姚市滨海一带,及宁海县和象山县南部滨海平原区

宁波各县(市、区)统计结果显示(表5-15),余姚市高(富)硒等级样本数最多,达2324件,占余姚市所有样本数的44.74%,集中分布于南部丘陵区及东南部平原区;其次为鄞州区,达1008件,占鄞州区样本数的44.31%,分布于东南部丘陵区及山脚平原区;北仑区高(富)等级样本数761件,富硒比例全市最高,达52.27%;其他县(市、区)富硒样本数及比例均较低,其中慈溪市仅9.16%的样本达到富硒标准,但部分区域尤其是南部丘陵区及山脚平原区,富硒样本相对集中,也具备一定的开发前景。

表 5-15　宁波市各县(市、区)表层土壤高(富)硒样本统计表

县(市、区)	高(富)硒样本数/件	占比/%	县(市、区)	高(富)硒样本数/件	占比/%
余姚市	2324	44.74	慈溪市	426	9.16
海曙区	368	22.58	镇海区	95	13.40
江北区	130	18.39	鄞州区	1008	44.31
北仑区	761	52.27	奉化区	215	7.09
宁海县	405	10.24	象山县	459	13.85

2. 天然富硒土地资源开发建议

为满足对天然富硒土地资源利用与保护的需求,依据富硒土壤调查和耕地环境质量评价成果,按以下条件对宁波市天然富硒土地进行圈定:①土壤中 Se 元素的含量大于或等于 0.40mg/kg(pH≤7.5)或 0.30mg/kg(pH>7.5)(实测数据大于20条);②土壤中的重金属元素 Cd、Hg、As、Pb 及 Cr 含量小于农用地土壤污染风险筛选值要求;③土地地势较为平坦,集中连片程度较高。

根据上述条件,宁波市共圈定5处具有开发富硒农产品的潜在区域(图5-8,表5-16)。其中,Ⅰ区土地清洁,富硒地块集中,且稻谷富硒率较高,最具开发潜力;Ⅴ区土地清洁,硒在稻谷中的富集效果较好,具有较好的开发富硒农产品的优势;其他4处区域虽然土地清洁,土壤养分丰富,但农产品中硒富集效果未知,需要进一步开展农产品硒富集效果调查评价,再确定开发范围和品种。

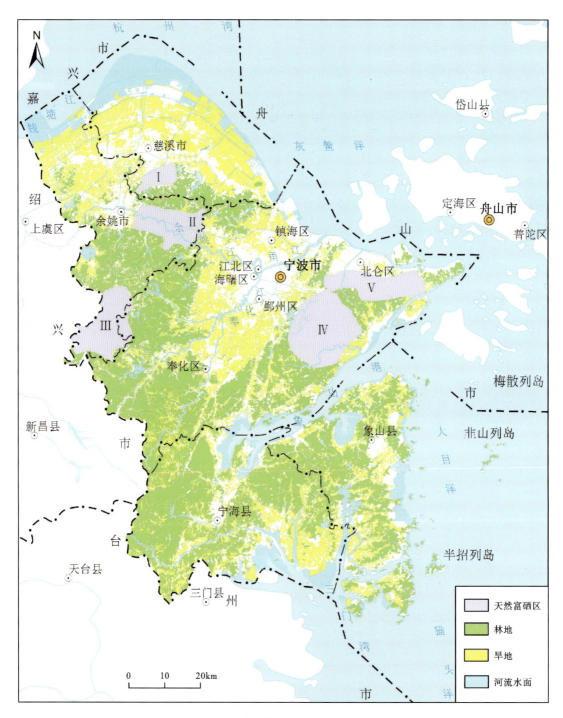

图 5-8 宁波市天然富硒区分布图

表 5-16 宁波市天然富硒区分级一览表

编号	名称	面积/km²	Se 含量/%	土地利用	富硒率/%	Se 平均值/mg·kg⁻¹	土壤养分
Ⅰ	慈溪横河-匡堰富硒区	50	0.07~0.87	以水田为主	30.7	0.35	较丰富—中等
Ⅱ	余姚凤山街道-河姆渡富硒区	156	0.30~0.67	水田	62.3	0.46	丰富—较丰富
Ⅲ	余姚大岚镇、四明山镇富硒区	202	0.35~1.47	旱地、水田	85.8	0.69	较丰富—中等
Ⅳ	鄞州塘溪-五乡富硒区	284	0.32~0.50	旱地、水田	47.7	0.42	较丰富
Ⅴ	北仑大碶-郭巨富硒区	163	0.06~2.38	以水田为主	63.9	0.52	较丰富—中等

第六章 结 语

　　土壤来自岩石，土壤中元素的组成和含量继承了岩石的地球化学特征。组成地壳的岩石具有原生不均匀性的分布特征，这种不均匀性决定了地壳不同部位化学元素的地域分异。在岩土体中，元素的绝对含量水平对生态环境具有决定性作用。大量的研究表明，现代土壤中元素的含量及分布，与成土作用、生物作用、土壤理化性状（土壤质地、土壤酸碱性、土壤有机质等）及人类活动关系密切。

　　20世纪70年代，地质工作者便开展了土壤元素背景值的调查，目的是通过对土壤元素地球化学背景的研究，发现存在于区域内的地球化学异常，进而为地质找矿指出方向。这一找矿方法成效显著，我国的勘查地球化学也因此得到了快速发展，并在这一领域走在了世界的前列。随着分析测试技术的进步和社会经济发展的需要，自20世纪90年代以来，土壤背景值的调查研究按下了快进键，尤其是"浙江省土地质量地质调查行动计划"的实施，使背景值的调查精度和研究深度有了质的提升，宁波市土壤元素背景值研究就建立在这一基础之上。

　　土壤元素背景值，在自然资源评价、生态环境保护、土壤环境监测、土壤环境标准制定及土壤环境科学研究（如土壤环境容量、土壤环境生态效应等）等方面，都具有重要的科学价值。《宁波市土壤元素背景值》一书的出版，也是浙江省地质工作者为宁波市生态文明建设所做出的一份贡献。

主要参考文献

陈永宁,邢润华,贾十军,等,2014.合肥市土壤地球化学基准值与背景值及其应用研究[M].北京:地质出版社.

代杰瑞,庞绪贵,2019.山东省县(区)级土壤地球化学基准值与背景值[M].北京:海洋出版社.

黄春雷,林钟扬,魏迎春,等,2023.浙江省土壤元素背景值[M].武汉:中国地质大学出版社.

刘冰权,沙珉,谢长瑜,等,2021.江西赣县清溪地区土壤硒地球化学特征和水稻根系土硒生物有效性影响因素[J].岩矿测试,40(5):740-750.

苗国文,马瑛,姬丙艳,等,2020.青海东部土壤地球化学背景值[M].武汉:中国地质大学出版社.

王学求,周建,徐善法,等,2016.全国地球化学基准网建立与土壤地球化学基准值特征[J].中国地质,43(5):1469-1480.

奚小环,杨忠芳,廖启林,等,2010.中国典型地区土壤碳储量研究[J].第四纪研究,30(3):573-583.

奚小环,杨忠芳,夏学齐,等,2009.基于多目标区域地球化学调查的中国土壤碳储量计算方法研究[J].地学前缘,16(1):194-205.

俞震豫,严学芝,魏孝孚,等,1994.浙江土壤[M].杭州:浙江科学技术出版社.

张伟,刘子宁,贾磊,等,2021.广东省韶关市土壤环境背景值[M].武汉:中国地质大学出版社.

周涛,史培军,2006.土地利用变化对中国土壤碳储量变化的间接影响[J].地球科学进展,21(2):138-143.